"3S"技术与集成

冯学智　王结臣　周　卫
都金康　王慧麟　等编著

商务印书馆
2016年·北京

图书在版编目(CIP)数据

"3S"技术与集成/冯学智等编著. —北京:商务印书馆,2007(2016.5 重印)
ISBN 978-7-100-05515-4

Ⅰ.3…　Ⅱ.①冯…　Ⅲ.①遥感技术②地理信息系统③全球定位系统(GPS)　Ⅳ.TP79　P2

中国版本图书馆 CIP 数据核字(2007)第 084264 号

所有权利保留。
未经许可,不得以任何方式使用。

"3S"技术与集成

冯学智　王结臣　周　卫
都金康　王慧麟　等编著

商 务 印 书 馆 出 版
(北京王府井大街36号　邮政编码100710)
商 务 印 书 馆 发 行
北京市白帆印务有限公司印刷
ISBN 978-7-100-05515-4

2007年12月第1版　　开本 787×1092　1/16
2016年5月北京第3次印刷　印张 21¾
定价:46.00元

内 容 简 介

《"3S"技术与集成》是南京大学"985学科建设"项目的研究成果,同时也是南京大学地理教学丛书的组成部分。本书基于"3S"集成的基本原理,首先系统介绍了遥感(RS)、地理信息系统(GIS)和全球定位系统(GPS)的理论基础、技术方法及"3S"技术集成的基本内涵;然后根据"3S"集成的最新研究成果和应用实践,分别从"3S"参数的地学特征表达与时空特征的兼容性、技术方法的互补性及应用目标的一致性等方面论述了"3S"集成的学术思想与技术实践。内容共分九章,第一章介绍"3S"技术集成的概貌,第二章至第四章主要从地球信息的实时获取、定位导航及管理分析的角度论述与"3S"技术集成有关的专业基础知识,第五章至第九章则分别从"3S"参数集成、技术集成及系统集成的角度重点论述"3S"集成所涵盖的关键技术与实现过程。

本书紧跟"3S"技术发展的步伐,内容新颖丰富,知识覆盖面广,概念清晰,结构合理。可作为大学相关专业本科生教材和研究生的主要参考书,也可供相关科技人员阅读参考。

编撰委员会

（以姓氏笔画为序）

冯学智　南京大学城市与资源学系
王结臣　南京大学城市与资源学系
周　卫　南京师范大学地理科学学院
都金康　南京大学城市与资源学系
王慧麟　南京大学城市与资源学系
马荣华　中国科学院南京地理与湖泊研究所
邓　敏　南京大学城市与资源学系
刘　波　南京大学城市与资源学系
安　如　河海大学水资源环境学院
宋拥军　南京大学城市与资源学系
张秀英　南京大学城市与资源学系
肖鹏峰　南京大学城市与资源学系
郑茂辉　南京大学城市与资源学系
赵书河　北京大学遥感与地理信息系统研究所
黄照强　南京大学城市与资源学系
谢士杰　南京市规划局
佘江峰　南京大学城市与资源学系

前 言

"3S"是遥感(RS)、地理信息系统(GIS)和全球定位系统(GPS)的统称,作为对地观测系统的三大支撑技术,它们是当前资源环境利用规划、自然灾害监测乃至社会可持续发展的重要技术手段,也是地学研究走向定量化的科学方法之一。其中,RS源于航空摄影测量,是一种利用地物反射或辐射电磁波的固有特性,通过观测电磁波,识别地物及其存在环境的技术。当前的遥感技术已经发展成为一种多平台、多波段、多分辨率和全天候的对地观测技术,并正朝着高空间分辨率、高光谱分辨率及高时间分辨率的方向发展。GIS源于机助制图,是随着地图学、应用数学及计算机技术的不断发展而逐渐完善起来的一种存储、管理、分析地学信息的新型综合技术。它以空间数据库为平台,以空间分析和地学应用模型为支撑,实现地学信息的模拟与综合分析,为地学应用提供辅助决策支持。GPS则是美国海陆空三军联合研制的新一代全球性、全天候和实时性的卫星导航及精密定位系统,它由空间星座、地面控制和用户接收机三个部分组成。

RS、GIS和GPS在空间信息获取、动态管理分析和综合评价应用等方面各有千秋、各具长短,相互间的渗透、集成是必然的过程。将RS、GIS和GPS三种空间信息技术以及其他相关高新技术有机地集成起来,构成一个完整、实时、动态的对地观测、综合分析及决策应用的运行系统,将极大地提高人类认知地球的能力,为解决区域范围更广、复杂性更高的现代地学问题提供有力的技术保证。"3S"技术及其集成已经成为空间信息技术一个重要发展方向,是地球信息科学技术体系的核心组成,同时也是"数字地球"的技术关键。"3S"技术集成可以在不同技术水平上实现,可基于硬件或软件集成,但核心目标就是实现多时相、多尺度、多类型的多源空间信息在同一坐标参考体系下的动态管理、分析及应用。

《"3S"技术与集成》一书是南京大学"985学科建设"项目的研究成果之一,同时也是南京大学地理教学丛书的组成部分。作者总结多年的研究实践以及丰富的教学经验,综合分析最新研究成果,力图以"3S"地学参数的集成为基点,从"3S"时空特征的兼容性、技术方法的互补性、应用目标的一致性等多个方面着力论述"3S"技术集成的学术思路、关键技术及其实现过程。全书共分九章。第一章是对"3S"技术集成的概述;第二、三、四章分别从地球信息的获取、定位、导航及管理分析的角度介绍了遥感(RS)、地理信息系统(GIS)和全球定位系统(GPS)的基础理论及专业知识；第五章至第九章是本书的核心内容，着重从"3S"参数集成、技术集成及系统集成的角度论述"3S"集成所涵盖的关键技术与实现过程。

全书以"3S"技术的"基础理论—集成原理—集成模式—技术实现"为线索，深入浅出，内容上力求"新、广、深"，即不仅要有一定的深度和广度，还要反映本学科的新动向、新问题，介绍学科前沿的新成果和新内容。读者在使用本书前要求具备相关的理论基础和专业知识。限于篇幅，有关遥感、地理信息系统和全球定位系统等更详细、更全面的内容，读者亦可参阅相关书目。

《"3S"技术与集成》是南京大学城市与资源学系地理信息系统与遥感实验室全体人员共同努力的成果。全书由冯学智教授、王结臣副教授、周卫副教授、都金康副教授、王慧麟副教授设计大纲并主持撰写。第一章由冯学智、刘波、王结臣执笔，第二章由冯学智、张秀英、阮仁宗执笔，第三章由都金康、郑茂辉执笔，第四章由王慧麟、安如执笔，第五章由赵书河、马荣华执笔，第六章由谢士杰、宋拥军执笔，第七章由周卫、郑茂辉执笔，第八章由肖鹏峰、邓敏、佘江峰执笔，第九章由王结臣、黄照强执笔。最后由冯学智负责全书的审阅统稿，郑茂辉、肖鹏峰、王得玉参与部分统稿工作，冯莉、刘伟、郑石平等协助文稿的整理和打印。

本书在编写初期，承蒙童庆禧和吴传钧两位院士审阅大纲并予以指导，在编写过程中得到校、系有关领导的关心和支持。赵锐研究员、黄杏元教授、李满春教授在本书撰写过程中给予指导和帮助，王周龙博士、康国定博士、邱新法博士、林广发博士、赵萍博士、张友水博士等提供了相关素材，为本书的完稿做了有益的工作。在本书即将脱稿时，一些先生建议增删一些内容，将书名定为《地理信息技术与集成》，但考虑到篇幅和内容的局限，在集大家之长、优化部分章节后，书名还是保持了原貌。抛砖引玉，以飨读者。对先生和同行给予的关心、关注、指导和帮助，谨此铭志衷心的感谢！

作者在书中阐述的某些学术观点，可能仅为一家之言，欢迎读者争鸣。此外，限于作者的水平和经验，书中错谬之处在所难免，恳请专家和读者批评指正！

作 者

2005 年 5 月

目 录

第一章 绪论 ... 1
§1.1 "3S"技术的最新进展 ... 1
1.1.1 RS 的最新发展 ... 2
1.1.2 GPS 的最新发展 ... 4
1.1.3 GIS 的最新发展 ... 4
§1.2 技术集成的基本内涵与模式 ... 5
1.2.1 "3S"参数的主要特征 ... 5
1.2.2 "3S"技术的集成模式 ... 8
§1.3 "3S"集成关键技术与学科交互 ... 10
1.3.1 "3S"集成的关键技术 ... 10
1.3.2 "3S"集成的学科交互 ... 14
§1.4 数据集成的理论依据与研究现状 ... 16
1.4.1 数据集成的理论依据 ... 16
1.4.2 数据集成的空间框架 ... 20
1.4.3 数据集成的研究现状 ... 25
参考文献 ... 28

第二章 对地观测与信息获取技术——RS ... 30
§2.1 电磁波与地物光谱特性 ... 30
2.1.1 地表的热辐射特性 ... 32
2.1.2 地物的反射波谱特性 ... 32
§2.2 传感器与地表信息的获取 ... 38
2.2.1 传感器的主要类型 ... 38
2.2.2 遥感图像的分辨率 ... 40
2.2.3 常用传感器与对地观测 ... 43
§2.3 遥感图像与地表信息特征 ... 48
2.3.1 遥感图像的数学表示 ... 48
2.3.2 图像的采样和量化 ... 50

2.3.3 遥感图像的信息特征 ……………………………………………… 51
§2.4 图像处理与技术应用 ……………………………………………………… 54
2.4.1 遥感图像的处理 ………………………………………………… 54
2.4.2 遥感技术的应用 ………………………………………………… 61
参考文献 ………………………………………………………………………… 71

第三章 信息管理与综合分析技术——GIS … 73
§3.1 地理信息的描述与表达 …………………………………………………… 73
3.1.1 地理空间与空间对象 …………………………………………… 73
3.1.2 矢量结构的地理信息表达 ……………………………………… 76
3.1.3 栅格结构的地理信息表达 ……………………………………… 78
§3.2 地理信息的组织与管理 …………………………………………………… 81
3.2.1 GIS与空间数据库 ……………………………………………… 81
3.2.2 空间数据的组织 ………………………………………………… 84
3.2.3 空间数据的管理 ………………………………………………… 89
§3.3 地理信息分析与应用模型 ………………………………………………… 91
3.3.1 空间分析的概念 ………………………………………………… 91
3.3.2 空间分析的基本功能 …………………………………………… 93
3.3.3 应用模型简介 …………………………………………………… 99
§3.4 地理信息可视化与虚拟再现 ……………………………………………… 102
3.4.1 地理信息的可视化 ……………………………………………… 102
3.4.2 地理信息的虚拟再现 …………………………………………… 108
3.4.3 GIS环境中空间数据的多尺度显示 …………………………… 111
参考文献 ………………………………………………………………………… 114

第四章 空间定位与导航技术——GPS … 115
§4.1 GPS的构成 ………………………………………………………………… 115
4.1.1 卫星运行系统 …………………………………………………… 115
4.1.2 地面控制系统 …………………………………………………… 117
4.1.3 GPS接收机 ……………………………………………………… 118
4.1.4 应用特点 ………………………………………………………… 120
§4.2 空间定位与导航 …………………………………………………………… 121
4.2.1 GPS参数描述 …………………………………………………… 121
4.2.2 GPS定位原理 …………………………………………………… 126
4.2.3 GPS基线向量网平差 …………………………………………… 132

目　录

- 4.2.4　GPS测时、测速与测高 ………………………………………… 137
- §4.3　GPS误差分析 …………………………………………………………… 142
  - 4.3.1　与卫星有关的误差 …………………………………………… 142
  - 4.3.2　信号传播的误差 ……………………………………………… 144
  - 4.3.3　观测与接收设备的误差 ……………………………………… 145
  - 4.3.4　野外工作失误 ………………………………………………… 145
- 参考文献 …………………………………………………………………………… 146

第五章　"3S"集成的基本原理 ……………………………………………… 147
- §5.1　"3S"参数的地学特征 …………………………………………………… 147
  - 5.1.1　空间参数 ……………………………………………………… 148
  - 5.1.2　时间参数 ……………………………………………………… 153
- §5.2　时空表达与兼容性 ……………………………………………………… 155
  - 5.2.1　时空理解与表达 ……………………………………………… 155
  - 5.2.2　时空参数的一体化 …………………………………………… 156
- §5.3　技术方法的互补性 ……………………………………………………… 157
  - 5.3.1　RS与GIS的互补 ……………………………………………… 157
  - 5.3.2　GPS与RS的互补 ……………………………………………… 162
  - 5.3.3　GIS与GPS的互补 …………………………………………… 163
- §5.4　应用目标的一致性 ……………………………………………………… 165
  - 5.4.1　RS的应用目标 ………………………………………………… 165
  - 5.4.2　GIS的应用目标 ……………………………………………… 166
  - 5.4.3　GPS的应用目标 ……………………………………………… 167
- §5.5　技术集成的可行性 ……………………………………………………… 167
  - 5.5.1　数据结构的兼容 ……………………………………………… 168
  - 5.5.2　数据库技术的支撑 …………………………………………… 170
- 参考文献 …………………………………………………………………………… 174

第六章　GPS与RS的集成 …………………………………………………… 176
- §6.1　惯性导航系统 …………………………………………………………… 176
  - 6.1.1　基本原理 ……………………………………………………… 176
  - 6.1.2　导航参数状态空间模型 ……………………………………… 178
  - 6.1.3　GPS与INS的组合模式 ……………………………………… 182
- §6.2　激光扫描技术 …………………………………………………………… 186
  - 6.2.1　激光扫描 ……………………………………………………… 186

6.2.2　激光测距 ……………………………………………………… 191
§6.3　对地观测的直接定位 ……………………………………………… 195
　　6.3.1　三维遥感直接对地定位的方法 ……………………………… 196
　　6.3.2　机载三维遥感的 GPS 定位 …………………………………… 199
§6.4　机载三维测量与 DSM 的自动生成 ………………………………… 203
　　6.4.1　机载激光三维测量系统的工作原理 ………………………… 204
　　6.4.2　数字地面模型的生成 ………………………………………… 206
　　6.4.3　地学编码影像的生成 ………………………………………… 208
参考文献 ……………………………………………………………………… 210

第七章　GPS 与 GIS 的集成 …………………………………………… 211
§7.1　GIS 数据的空间参考系统 ………………………………………… 211
　　7.1.1　坐标系和高程基准 …………………………………………… 211
　　7.1.2　参考系统间的坐标转换 ……………………………………… 216
§7.2　多尺度空间数据库 ………………………………………………… 220
　　7.2.1　多尺度空间数据的综合 ……………………………………… 220
　　7.2.2　多尺度空间数据的组织 ……………………………………… 224
§7.3　GIS 数据库维护与更新 …………………………………………… 226
　　7.3.1　数据更新手段 ………………………………………………… 227
　　7.3.2　实时更新技术 ………………………………………………… 228
　　7.3.3　数据库更新操作 ……………………………………………… 231
§7.4　GPS 在智能交通中的应用 ………………………………………… 235
　　7.4.1　车载导航的组件结构 ………………………………………… 236
　　7.4.2　车载导航的数据组织 ………………………………………… 238
　　7.4.3　应用实例 ……………………………………………………… 242
参考文献 ……………………………………………………………………… 245

第八章　RS 与 GIS 的集成 ……………………………………………… 246
§8.1　三库一体化的时空数据库系统 …………………………………… 247
　　8.1.1　时空数据模型 ………………………………………………… 247
　　8.1.2　一体化数据结构 ……………………………………………… 259
　　8.1.3　数据库管理 …………………………………………………… 267
§8.2　RS 支持下的 GIS 数据库更新 ……………………………………… 270
　　8.2.1　遥感信息的实时获取 ………………………………………… 270
　　8.2.2　变化信息的自动检测 ………………………………………… 274

  8.2.3　GIS 数据库的动态更新 ·· 278
 §8.3　GIS 辅助的遥感图像分析 ··· 280
  8.3.1　空间数据挖掘 ·· 280
  8.3.2　知识发现的方法 ·· 286
  8.3.3　基于知识的遥感图像分析 ·· 294
 参考文献 ·· 297

第九章　"3S"集成的技术实现 ·· 300
 §9.1　多源信息集成 ··· 300
  9.1.1　多源信息集成的目的和意义 ·· 300
  9.1.2　地学数据集成的系统结构 ·· 302
  9.1.3　多源数据的无缝集成 ·· 303
 §9.2　应用模型集成 ··· 306
  9.2.1　基于 COM 的 GIS 模型库 ·· 306
  9.2.2　应用模型与 GIS 集成的现状 ·· 309
  9.2.3　应用模型的集成方式 ·· 314
  9.2.4　基于 GIS 的应用模型集成 ·· 316
 §9.3　"3S"与通信技术的集成 ··· 320
  9.3.1　集成的可行性 ·· 320
  9.3.2　集成的基本模式 ·· 321
  9.3.3　集成的若干问题 ·· 323
 §9.4　技术集成的典型应用 ··· 324
  9.4.1　精准农业的应用 ·· 324
  9.4.2　急救系统的应用 ·· 328
 参考文献 ·· 332

第一章 绪 论

作为本书的绪论,本章主要从遥感(Remote Sensing,RS)、全球定位系统(Global Position System,GPS)和地理信息系统(Geographical Information System,GIS)(以下简称"3S"技术)的最新进展与应用实践,简要阐述了"3S"集成的基本内涵、理论依据及在技术集成中所涉及的关键技术。

本章共分四节,其中,第一节简要介绍了"3S"技术的一些最新的发展动向;第二节基于"3S"参数的主要特征,简要论述了技术集成的基本内涵与目前所能涉及的一些主要集成模式;第三节基于"3S"集成的关键技术,简要地论述了它所涉及的一些学科及学科间的交互问题;第四节则简要论述了数据集成的有关理论依据与空间框架。同时,对数据集成的一些研究现状也作了简要的分析与介绍,使读者对本书的内容有一个概要的了解与认识。

§1.1 "3S"技术的最新进展

"3S"技术是遥感(Remote Sensing,RS)、全球定位系统(Global Position System,GPS)与地理信息系统(Geographical Information System,GIS)技术的简称。由于其英文名称均含"S",故已形成较为通用的专业术语。

在"3S"技术中,RS是从以军事为目的的空对地观测技术逐渐演化为民用的一种高新技术。RS源于航空摄影测量,历史悠久。1839年摄影相机问世,1914年,机载摄影机研制成功。从1959年前苏联宇宙飞船"月球3号"拍摄了第一批月球相片到20世纪60年代美国海军研究局伊·普鲁伊特(Eretyn Pruitt)教授第一次提出"遥感"这个术语,RS已经形成一套较为完整的"应用卫星和卫星应用"的理论体系,技术方法也不断完善,并逐步向"遥感科学"过渡。其主体是将不同性能的观测器(Sensors)用不同的载体送入距地球一定的高度,先对地表的空对地观测,并将观测结果实时发送到地面,通过地面接收、解码与分析系统的处理、认知,获取观测信息,为进一步认知地球、合理开发和利用地球资源与环境整合提供强有力的技术支撑和手段。

GPS是美国国防部研制的用于军事目的的全星球、全天候和实时性导航、定位系统。GPS由卫星系统、地面控制系统和用户接收机三个部分组成,它的主体是美国发射的在6个轨道上运行的24颗人造卫星及地面接收机。由24颗卫星发出的信号可覆盖全球,无论在地球的任何位置,接收机都能收到3颗以上卫星发出的信号,从而确定接收机所处的位置,并计算出该位置所处的高度。GPS的研制始于1973年,经过20世纪80年代的试运行,到90年代,其应用已趋于成熟。

GIS源于机助制图。1956年,奥地利土地测绘部门用计算机管理地籍信息的实践可以说是GIS应用研究的萌芽。1960年,加拿大地理学家R.F.汤姆林森(R.F. Tomlinson)提出了GIS的概念,并组织完成了世界上第一套地理信息系统——加拿大地理信息系统(CGIS)。到20世纪80年代,随着计算机硬件性价比大幅度提高,一大批成熟的商用GIS软件平台相应出台,GIS用户已呈几何级数攀升,"地理信息系统"已作为专业人才教育专业,陆续在一些高等院校设立。目前GIS已成为以空间分析操作为工具的对地球信息进行动态管理、综合分析与空间模拟的高新技术。

"3S"技术的最新发展趋势可以从以下几个方面论述。

1.1.1 RS的最新发展

从遥感的信息接收、分析处理和技术应用的角度,其研究内容和发展趋势可涵盖以下几个方面。

1. 应用卫星的发展

应用卫星的发展主要包括遥感的多平台、多传感器和多角度。目前,遥感的多平台已逐步形成从不同空间高度对地进行观测的立体观测网,从地球同步轨道卫星的35 000km高空,太空飞船、航天飞机的200~350km的高度,到中低空飞机、升空气球的10km高度,这种立体观测网还在进一步加密。遥感的多传感器从框幅式光学相机、全景相机到光电扫描仪、CCD扫描仪直至微波散射计、激光扫描仪和合成孔径雷达,几乎覆盖了可透过大气窗口的所有电磁波段。遥感的多角度则从三行的CCD阵列同时得到三个角度的扫描成像到EOS Terra卫星上的MISR同时从九个角度对地成像,使多星种、多尺度的对地观测信息获取成为可能。

2. 传感器分辨率的发展

传感器分辨率的发展主要包括空间分辨率、时间分辨率和波谱分辨率。如果按低(1 000m左右)、中(100~20m)和高(小于20m)三个空间分辨率来划分卫星对地观测可识别的最小单元的话,除NOAA/AVHRR气象卫星1 000m左右的空间分辨率用于它固有的应用目的之外,陆地卫星(如 TM 和 SPOT)则基本完成了从中分辨率到高分辨率的改进,IKONOS 和 QuickBird 的空间分辨率已达到 m 级。小于 m 级的空间分辨率将是未来主要的发展趋势。时间分辨率已从单星 30 天左右的重复观测周期提高到 4~1/4 天的多星往返过程的补充。小卫星系列的发展,其时间分辨率还会有所提高。

波谱分辨率则主要反映在由可见光、近红外向微波波段的进一步延伸,由多光谱向高光谱波段的进一步细化,在轨的 EOS AM-1(Terra)和 EOS DM-1(Aqua)卫星上的 MODIS 传感器已具有 36 个波段的中分辨率成像光谱仪,EOS-1 高光谱遥感卫星已具有 220 个波段。这一发展,使得全天候、多极化的卫星探测信息业形成成为可能,它不仅可直接获得地表的几何形态信息,还可间接获得地表的物化参数信息。全色波段的完善还可以获得地表的真三维信息。

3. 分析处理技术的发展

分析技术的发展主要包括对地定位和智能化分析两方面。在全自动空中三角测量的基础上,利用 DGPS 和 INS 惯性导航系统的组合,可实现摄影成像和无地面控制的高精度对地直接定位,其精度可达到 m 级。该技术进一步推广应用,将改变目前摄影测量和遥感作业的工作流程,实现实时测度和数据库的更新。若与高精度激光扫描技术集成,可实现实时的三维测量(LIDAR),自动生成数字表面模型(DSM),并推算出数字高程模型(DEM)。在图像匹配的基础上,图像的自动识别功能将主要集中在图像数据的融合及基于统计和结构的目标识别与分类技术,随着遥感数据量的进一步增大和数据融合技术的逐渐成熟,快速的图像数据压缩技术将逐步趋向商业化。

4. 应用卫星的发展

应用卫星的发展将逐步从静态、二维信息获取向三维动态方向演化,定性描述将逐步向定量的表达过渡,资源探测的应用将逐渐转向环境研究的实践。随着各类空间数据库的建立和大量新的遥感数据的出现,实时的自动化监测已成为研究的热点。若将图像目标的三维重建与变化监测同步进行,可实现三维变化监测和数据库的自动更新。进一步的发展是利用智能化传感器,将数据处理在轨完成,并直接发送对地观测信息,为数字正射影像(DOM)、数字高程模型(DEM)、数字线划图(DLG)和控制点(CP)数据库直接提供所需的信息源。通过对地表的遥感和全定量化遥感技术的反演,可获得有关地物目标的几何与物化特性。随着成像机理、波谱特征和大气模型研究的进一步深入,几何与物理方程式的全定量化遥感方法正逐步从理论研究走向实用化。

1.1.2 GPS 的最新发展

由于 GPS 是利用空中三角测量的原理,通过卫星系统和地面接收机而实现定位和导航的,利用 GPS 接收机,人们总可以得到该机所处地域在任一时间的空间位置参数。与其他定位技术相比,GPS 具有全天候、全球覆盖、高精度、多用途、定位速度快、自动化程度高和抗干扰性能好等方面的特点,因此,其发展趋势可包括以下几个方面:一是卫星系统和接收机性能将得到进一步的改进,定位精度将有进一步的提高;二是导航定位方法和卫星导航、定位与通信一体化的技术将进一步得到完善,静态与事后处理的分析过程将逐步实现向动态与实时的导航、定位过渡;三是用 GPS 同时测定三维坐标的方法可将测绘定位技术从陆地与近海向整个海洋和外层空间扩展。GPS 的进一步应用将加速促进地理信息产业化的实现。

1.1.3 GIS 的最新发展

GIS 是管理和分析地学空间数据的一门综合技术,它涉及地学数据的输入编辑、存储管理、分析和输出的一整套完整过程。其核心的内容还包括空间信息的表达和技术应用等诸方面,其发展趋势可以从以下几个方面简述。

1. 空间数据库趋向"三库"一体化

随着高分辨率卫星遥感数据量的增长和数字地球的需求,面向对象的数据模型及图形矢量库、影像栅格库和 DEM 格网库"三库"一体化的数据结构逐步形成,这样的数据库结构使 GIS 的发展更加趋向自然化、逼真化,更加贴近用户。同时,以面向应用的 GIS 软件为前台、大型关系数据库为后台的数据库管理已成为当前 GIS 技术的主流。

2. 空间数据表达趋向多尺度

金字塔和 LOD(Level Of Detail)技术的多比例尺空间数据库已成为空间数据表达的主要趋势,真四维的时空 GIS 将有望从理论研究转入实用阶段。基于虚拟现实技术的真三维 GIS 将使人们在现实空间外可以同时拥有一个 Cyber 空间。

3. 数据挖掘技术可发现更多的知识

随着各类数据库的建立,从数据库中挖掘知识已成为广为关注的课题。从 GIS 空间数据库中发现知识可有效支持遥感图像解译,解决"同物异谱"和"同谱异物"的问题。从 GIS 属性数据库中挖掘知识具有优化资源配置等空间分析的功能。随着数据库容量的快速增大和对数据挖掘工具的深入研究，其应用前景是不可估量的。

4. 互联网推进互操作及地学信息服务业

联邦数据库和互操作(Federal Databases & Interoperability)成为当前国际 GIS 联合研究的热点。GIS 已成为网上的分布式异构系统，GIS 应用将为地学信息服务。互操作意味着数据库数据的直接共享，目前已兴起的 LBS 和 MLS，使 GIS 成为未来全社会的信息服务工具。

5. 将形成较完整的理论框架体系

主要内容包括：地球空间信息的基准（几何基准、物理基准和时间基准）；地球空间信息的标准（空间数据采集、存储与交换标准、空间数据精度与质量标准、空间信息的分类与代码标准、空间信息的安全、保密及技术服务标准以及元数据标准等）；地球空间信息的时空变化理论（时空变化发现的方法和对时空变化特征和规律的研究）；地球空间信息的认知，主要通过各目标各要素的位置、结构形态、相互关联等，基于静态形态分析、发生成因分析、动态过程分析、演化力学分析以及时态演化分析达到对地球空间的客观认知；地球空间信息的不确定性（类型的不确定性、空间位置的不确定性、空间关系的不确定性、逻辑的不一致性和信息的不完备性）；地球空间信息的解译与反演（定性解译和定量反演，贯穿在信息获取、信息处理和认知过程中）；地球空间信息的表达与可视化，涉及空间数据库多分辨率表示、数字地图自动综合、图形可视化、动态仿真和虚拟现实等。

§1.2 技术集成的基本内涵与模式

1.2.1 "3S"参数的主要特征

由于 RS 是利用地物的光谱反射和辐射特性，通过卫星传感器和地面接收、处理系统而实现对地观测的，所获取的地物信息可用下式表示，即：

$$\text{R. S. IMAGE} = f(x, y, z, \lambda, t_R) \tag{1-1}$$

式中：

(x, y) 为空间位置参数；

z 为对应于 (x, y) 的观测值（与空间分辨率有关）；

λ 为所使用的电磁波段（与光谱分辨率有关）；

t_R 为对地同一目标物的重复观测周期(时间分辨率)。

而利用 GPS 接收机所得到的导航定位信息可简要地用下式表示,即:

$$\text{GPS info} = \varphi, \lambda, H, t_P \qquad (1\text{-}2)$$

式中:

(φ, λ) 为接收机所处位置的经纬度坐标;

H 为对应于 (φ, λ) 的高程值;

t_P 为观测时间。

对 GIS 而言,仅从管理分析的角度,可将地学数据简单描述为一种多元信息的集合,其表达式为:

$$\text{GIS info} = \{i, j, S(A), t_G\} \qquad (1\text{-}3)$$

式中:

(i, j) 为系统所采用的空间位置坐标;

$S(A)$ 为系统坐标 (i, j) 所对应的空间特征与相应属性;

t_G 为系统信息的时间特征。

"3S"技术集成就是将上述技术和用这些技术得到的多时相、多尺度、多类型等多源地学信息统一在同一坐标系中进行信息的动态管理、综合分析与技术应用。它涉及信息的获取技术、管理技术、处理技术及应用技术等技术手段。从"3S"可提供的参数及主要特征(表 1-1)可以看出,除"3S"参数的地学特征外,在时空表达上具有兼容性,在技术方法上具有互补性,在应用目标上具有一致性,因此技术的集成具有可行性。通过位置参数的坐标转换或几何匹配,有望建立统一的坐标系统。通过空间特征的重采样或三维重建技术,有望实现多源数据的部分集成,或通过数据库技术和数据更新技术,实现图像数据库、高程数据库和图形数据库的三库一体化,并通过时间参数的应用,实现数据库的动态管理和实施更新。应该说,GPS 与 RS 是空间数据获取的两种不同方式,GIS 是管理和分析空间数据的综合技术手段,GPS 的应用可改善 RS 的空间定位精度,为 RS 数据实时进入 GIS 提供可能。

表 1-1 "3S"参数及主要特征

	RS	GPS	GIS
位置参数	x, y	φ, λ	i, j
空间特征	Z	H	$S(A)$
时间参数	t_R	t_P	t_G
表示方法	图像及属性	离散点	图形及属性

续表

	RS	GPS	GIS
数据结构	栅格		矢量
存储方式	图像数据库	高程数据库	图形数据
处理技术	图像处理	联网平差	图形操作、建模分析
主要功能	信息获取	定位导航	管理分析
主要产品	"征兆图"	"导航图"	"诊断图"
技术应用	跟踪、诊断 动态监测	控制、指挥 空间定位	评价、决策 综合分析
主要特点	面广、周期短	实时、动态	综合、定量

同时,GPS 技术与 RS 技术的集成,特别是遥感传感器与 GPS、INS 激光测高及激光断面扫描技术的集成,可望达到信息获取的智能化。GPS 与 GIS 技术的集成,特别是利用设在地面的参考点与高空 GPS 接收机进行载波相位差分测量和自动空三测量,可满足各种比例尺空间数据库的要求。GIS 与 RS 的集成,特别是将不同信息源的数据类型集成在同一坐标系用户环境之中,可实现多源数据的动态管理和空间分析操作(图 1-1)向信息化过渡。

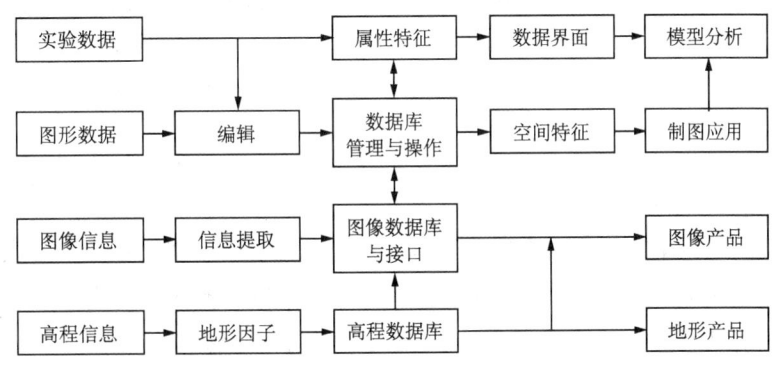

图 1-1 "3S"数据集成示意图

综上所述,要实现"3S"技术集成的目标,目前主要采用"3S"技术两两集成的方式,一是数据层面的集成,二是平台层面的集成,三是功能层面的集成。数据层面的集成是通过数据的传递来建立两两技术系统间的联系,此时平台处于分离状态,数据的传递要通过网络或人工干预完成。平台层面的集成则是在一个统一的平台中分模块实现两两技术系统的功能,各模块共用同一用户界面和同一数据库,但彼此保持相对的独立性。功能层面的集成是一种面向任务的集成方式,要求平台统一,数据库统一,界面统一,但它不再保持两两技术系统间相对独立,而是面向应用设计菜单,划分模块,往往在同一模块中包括属于不同技术系统的功能。

1.2.2 "3S"技术的集成模式

目前,"3S"技术的集成主要还是采用两两集成的模式,即通过"3S"技术与功能的两两组合,共同作用,形成有机的一体化系统,以快速准确地获取具有定位功能的对地观测信息,实现对系统信息的实时更新和对地表现象与过程的综合分析。其主要技术思路见图1-2。在这种集成模式中,遥感传感器与GPS/INS激光测高及激光断面扫描技术集成,可望达到遥感信息获取的智能化。利用设在地面参考点和高空的GPS接收机进行载波相位差分测量与自动空三测量,可满足各种比例尺空间数据库的要求。将不同信息源的数据类型集成在同一坐标系用户环境中,可实现多种数据类型的动态管理和空间分析操作,使地理信息学快速形成,并从工业化向信息化过渡。

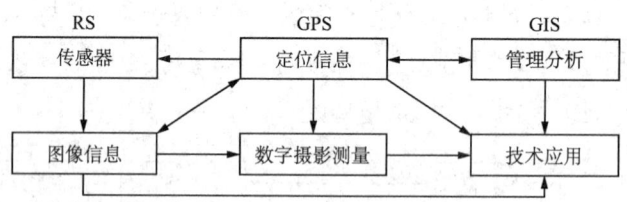

图1-2 "3S"技术集成示意图

1. RS与GIS集成模式

RS与GIS集成的主要目的是把来自于两个技术系统的多源信息集成到统一的坐标环境下,实现对多源信息的动态管理与综合分析。从这一角度出发,GIS可以看做RS技术的信息管理与综合分析的工具。因此,RS支持下的GIS数据实时更新与GIS辅助下的遥感信息综合分析成为技术集成的主要内容,特别是借助于GIS的技术支撑,运用空间数据挖掘与发现技术,解决遥感信息处理中"同谱异类"和"同类异谱"的识别难题,已成为技术集成的研究热点。GIS图形矢量库、RS图像栅格库和数字高程库的三库一体化技术也越来越受到技术集成的关注,基于这种需要,目前RS与GIS集成的模式主要从以下三个方面考虑,即:

(1) 平行的结合模式,即在集成过程中保留各自的数据库,采用不同的工具库和不同的用户界面,仅在信息的分析处理中相互借鉴、相互补充,并建立一定的关联;

(2) 无缝的结合模式,即在集成过程中,保留各自的数据库和不同的工具库,而采

用统一的用户界面,这一模式使得遥感数据的分析处理可直接与 GIS 数据库建立关联;

(3) 整体的结合方式,即在集成过程中使用统一的数据库、统一的工具库或统一的用户界面,使得在遥感数据分析处理过程中真正发挥 GIS 的辅助决策功能。

2. GIS 与 GPS 集成模式

目前,GIS 的空间信息大多以矢量化的图形方式表示,简称电子地图或数字地图。由于图形比例尺的差异,所构建的数据库的空间尺度也不会完全相同。因此,GIS 与 GPS 实时定位技术的集成可为用户提供全新的空间信息组合服务方式,满足不同比例尺空间数据库的建库要求,实现对 GIS 数据库的实时更新,这一集成模式是通过建立两两技术间统一的大地坐标系统,并通过坐标系之间的数据转换而具体体现。同时从严格意义上讲,GPS 提供的是空间点的动态绝对位置,而 GIS 使用的则是地表物体的静态相对位置。在非集成方式下 GIS 与 GPS 的应用常常产生以下两方面的问题,一是实地位置与图上位置的定位主要靠目测估计,速度和准确性受到一定影响;二是动态定位在缺乏参照物的条件下,定位精度会受到一定的影响。但在实际应用中,特别是在电子导航和智能交通等应用中,实时的数据采集和动态的信息更新既需要空间点的动态绝对位置,又需要地表物体静态相对位置,GIS 与 GPS 的集成几乎是一种必然的选择。因此,从直接面向导航、定位的应用角度,两技术的集成有以下几种模式:

(1) GPS 单机定位与栅格电子地图的组合;
(2) GPS 单机定位与矢量电子地图的组合;
(3) GPS 差分定位与矢量/栅格电子地图的组合。

3. RS 与 GPS 集成模式

RS 与 GPS 集成的主要目的是解决智能化的信息获取问题。从技术角度讲,其中之一就是利用 GPS 的精确定位功能解决 RS 的定位难题。其集成模式有两种,一种是采用同步集成方式,另一种是采用非同步集成的方式。一般的遥感对地定位技术主要采用立体观测与二维空间变换等技术,即首先利用地—空—地模式求解图像信息的空间位置变换系数,然后再利用这些位置参数或变换系数求解图像信息对应于地面目标的空间位置,生成数字高程模型(DEM)和地学编码图像。但当地面无控制点时,这一过程就难以实现。利用 GPS 的定位功能,特别是通过 GPS 与 RS 的技术集成,即采用 GPS/INS 技术,将遥感传感器的空间位置(X_S,Y_S,Z_S)和姿态参数(φ,ω,K)同步记录,并通过相应的软件处理,直接产生地学编码信息,为遥感图像的实时处理与快速编码提供可能,也为遥感信息的实时应用与数据更新提供便利。

4. "3S"整体集成模式

"3S"整体集成包括以 GIS 为中心的集成方式和以 GPS/RS 为中心的集成方式。前者的目的主要是非同步数据处理,通过利用 GIS 作为集成系统的中心平台,对包括 RS 和 GPS 在内的多种来源的空间数据进行综合处理、动态存储和集成管理,同样存在前文所说数据、平台(数据处理平台)和功能三个集成层次,可以认为是 RS 与 GIS 集成的一种扩充。后者以同步数据处理为目的,通过 RS 和 GPS 提供的实时动态空间信息,结合 GIS 的数据库和分析功能,为动态管理、实时决策提供在线空间信息支持服务。该模式要求集成多种信息采集和信息处理平台,同时需要实时通信支持,实现的代价较高。

§1.3 "3S"集成关键技术与学科交互

1.3.1 "3S"集成的关键技术

作为地球空间信息科学(Geoinformatics)的组成部分和数字地球方法论研究的重要内容,"3S"技术与集成将涉及地学、空间科学、计算机科学、数字摄影测量学等众多学科领域,其主要技术方法见表 1-2。除"3S"本身所涉及的技术内容外,还在集成过程中实现所涉及的实时空间定位、一体化信息管理、数据实时通信、数据综合分析、应用模型集成以及系统信息的虚拟再现与可视化表达等技术的相互融通。除本书所阐述的一些集成技术外,可以说,面向对象的数据模型(Object-Oriented Data Model)和超图数据结构(Hypergraph-Based Data Structure)将使一体化的数据结构成为可能。Web GIS 及虚拟 GIS 的发展,将使结构复杂的图形、图像、音频等多源数据的处理与传输逐渐变为现实。三维计算机图形学技术和高清晰显示技术的发展,可使地学信息的虚拟再现技术不断得到完善。数据建模和计算机的动态模拟技术则更加动态地描述地表现象。概括起来,其集成的关键技术可分为五个方面。

表 1-2 "3S"集成主要技术一览表

技术方法	技术内容	主要功能
RS 技术	传感器+处理系统	对地观测、技术应用
GIS 技术	数据库系统+分析模型	动态管理、综合分析
GPS 技术	卫星系统+接收系统	定位导航、高程信息
通信系统	软件支撑+网络设备	数据传输、网络化
数据挖掘	数据库+专家系统	发现知识、支撑识别

续表

技术方法	技术内容	主要功能
数据仓库	空间数据引擎＋数据库管理系统	信息管理、发布、共享
模型库管理系统	应用模型库＋管理系统	建立模型、地学分析
虚拟技术	虚拟现实技术＋计算机网络	模拟分析、三维再现
空间多尺度数据集成技术	LOD技术＋数据库技术	自动制图、综合管理
GPS/惯性导航	坐标基准＋状态描述	数据建模、动态导航
机载三维测量	姿态测量＋激光测距	三维数据获取
GPS的实时测量技术(RTK)	GPS技术＋通信技术＋测量技术	GIS数据采集、更新

1. 多源、多时相、多尺度信息的获取技术

多源、多时相、多尺度信息的实时获取、空间地理坐标的实时采集、地表三维信息的实时获取技术包括：

1) 遥感技术

运用多空间分辨率、多时间分辨率、多波谱分辨率的遥感传感器，实时获取对地观测的遥感信息。同时，可通过图像处理技术和数据挖掘技术，提高对遥感信息的识别与应用能力。

2) GPS技术

运用卫星系统和GPS接收机，实时获取地面高程与空间位置信息，实现定位与导航。

3) 空三摄影测量技术

利用航空摄影与测量技术，实时或准实时获取空间数据。

4) 定位定向系统技术

将GPS技术与空三摄影测量技术及INS惯性导航技术相结合，实现无控制点的空间数据的实时采集。基于POS系统的多传感器集成理论与方法、基于POS系统数据的航空遥感对地目标精确定位技术是目前研究的热点。

5) 激光断面扫描、测高技术

利用激光扫描、测距技术、INS惯性导航技术和GPS技术，实现实时获取地表三维数据，自动生成数字表面模型(DSM)和数字高程模型(DEM)。

2. 多源、多时相、多尺度信息的集成技术

研究多源、多时相、多尺度地理空间信息的集成管理模式、数据模型，设计和发展相应的数据管理系统，以实现图形、图像、属性、GPS定位数据等的一体化管理，为"3S"的集成处理和综合应用提供基础平台。集成技术包括：

1) GIS技术

将数据库技术与分析模型相结合，实现对多源、多时相、多尺度数据的统一管理和综合分析。

2) 多尺度地理信息的自动综合技术

运用LOD技术、数据库技术，实现空间数据的自动综合和制图。

3) 多源、多时相、多尺度地学信息的统一坐标系技术

运用GIS技术、计算机技术、测量技术，实现多源、多时相、多尺度地学信息的空间匹配和融合。

4) 多时空数据一体化管理技术

运用GPS、GIS、RS技术，结合数据库技术，实现四维空间信息的管理和分析。

5) 多源、异构数据的格式转换技术

运用互操作技术、多源空间数据无缝集成技术(SIMS)，实现空间信息的无缝集成。

3. 空间信息的动态管理与综合分析技术

依托已建立的GIS系统来实现航空、航天遥感影像的智能数字化，并快速发现空间信息的变化状况的技术，以及地学信息的发布、共享的技术。空间信息的动态管理与综合分析技术研究如何在统一的平台上对地学信息进行各种模拟、统计、分析，以实现高效率、高质量的地学分析。

1) GIS数据的自动更新技术

运用数据库技术、实时动态测量技术(RTK)、虚拟参考测站技术(VRS)，实现空

间数据的自动采集、更新。

2）数据仓库技术

运用空间数据引擎技术和数据库管理系统技术,对多源、多尺度、多时空间数据和专家知识进行管理和分析。

3）数据挖掘技术

运用数据库技术、GIS 统计分析技术及专家经验,对大量的地学数据进行知识发现,以辅助空间数据分析和影像分析。

4）模型库管理系统技术

运用数据库技术与地学建模技术,对地学应用进行建模,并对模型进行统一的管理,以实现模型的动态调用及动态组合,应用于地学分析。

5）模型库与应用系统的无缝集成技术

运用组件(COM)技术、面向对象技术,实现模型库与应用系统的无缝集成,以实现地学现象的动态分析。

4. "3S"技术集成的数据通信与交换技术

数据通信是"3S"技术集成中的一个关键问题。例如在环境监测、灾害应急、自动导航系统中,需要将 GPS 记录数据和遥感成像(CCD 记录和雷达记录等)实时传送到信息处理中心或反之将所有数据送到量测平台上去,为此,数据通信与交换技术包括:

1）数据单向实时传送的技术

运用通信技术、网络技术、数据压缩技术,实现数据的单向实时传输。

2）数据双向实时传送的技术

运用通信技术、网络技术、数据压缩技术,实现数据的双向实时传输。

3）数据交换的技术

运用 WAP 技术、信息编码、解码的技术、异构数据的融合技术对各类信息进行传输和接收,以实现数据的互操作。

5. "3S"技术集成的虚拟现实与可视化技术

"3S"集成过程中将有不同分辨率、不同时相的大量图形和影像数据,需要研究它们的多级分辨率和多尺度表示在各种介质和终端上的可视化问题。

1) 虚拟现实技术

运用虚拟、网络、人工智能、遥感、GIS、通信等技术,对地理环境进行模拟,形成虚拟地理环境,以实现对地学现象的模拟和分析。

2) 地理空间信息的可视化技术

运用计算机二维图形图像学可视化技术及计算机制图学理论,实现二维地理空间信息的可视化;运用计算机三维仿真技术实现三维地理信息可视化。

1.3.2 "3S"集成的学科交互

地学数据集成有着深厚的理论和技术基础支撑,数据集成首先是一种数据处理技术,它与许多技术分不开,同时数据集成面向应用与数据的内涵紧密联系,它的表达必然要依靠许多理论的支持(图1-3)。

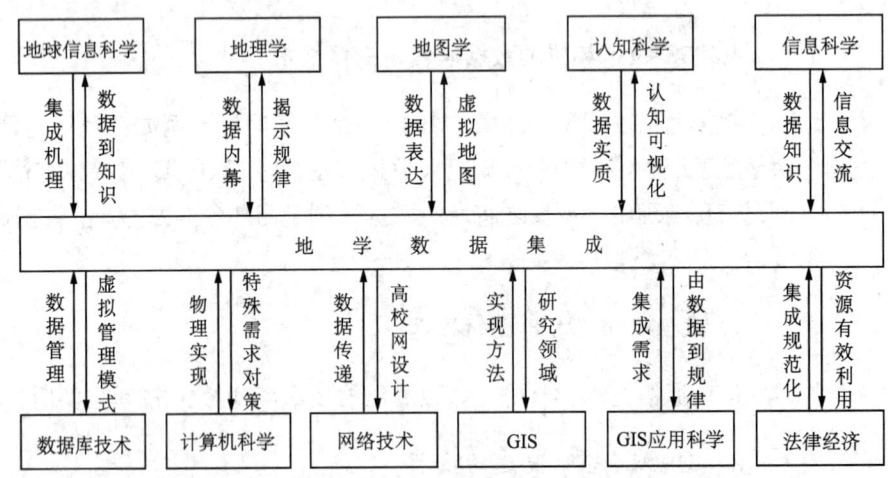

图1-3 地学数据集成与相关学科和技术的关系图

1. 相关学科的理论与规则是地学数据集成的理论依据,地学数据集成涉及的多个学科在数据集成中所起的作用有一定差异

地球信息科学以地球表层为研究对象域,以人—地相互作用关系为主题,以服务全球变化和区域可持续发展为目标,将以卫星应用等多项技术为主体的高速全息数据化集成科学体系,形成能对人流、物流、能流进行时空分析与宏观调控的战略技术系统。地球信息科学是地学数据、地理信息获取、加工处理、再现表达的理论依据。客观世界的地理过程经过加工形成的数据是信息的载体,通过对地理信息的认识,可以形成关于地理世界知识形式的规律,进而形成可以表达的地学数据。

地理学是以研究具有空间展布特征为对象和过程的经典学科,从地理学的角度出发,地学数据的内容是具有空间展布规则的地学过程,这为数据表达、获取和处理提供知识规则;地图学是将地球表面具体的或抽象的过程、特征进行可视化处理表达的学科,地学数据表达仍然继承了许多地图学的特征和处理方法,虽然地图与地学数据有一定的区别,但地图学为集成中数据的处理和表达提供了参考方式,数据集即是一种虚拟地图。

认知心理学揭示了作为主体的人对客观世界的概念化定义描述的过程,所以它有助于说明地学数据的实质,从而为数据集成的各类模糊性处理提供认知角度的理论依据。

信息科学与计算机科学是地学数据物理表达处理的基础,数据集成过程即是数据、信息、知识相互转换处理的过程;信息科学为数据集成中数据信息流的处理提供了范式或原型。数据集成的最终实现是靠软件支持的计算机来完成的,数据集成中所有的概念和逻辑模型的实施离不开计算机物理基础,在计算机要处理的各种问题中时空数据的处理是有特殊困难的一种应用,因而需要计算机实现处理地学数据的特殊需求对策。

2. 数据集成需要许多技术支持,各种技术的协同应用才能保证数据集成的实现

计算机及其他方面的新技术在数据库中已得到了广泛的应用,数据库技术为地学数据集成中对数据组织、检索、更新等操作功能的独特要求提供了可行的方法。地理信息系统是以地学数据为处理对象的专业系统,其功能是数据集成中必然要用到的,所以说地理信息系统是地学集成的实现方法和工具。分布式地学数据集成的实现与网络研究分不开,网络技术为地学数据传递提供了可靠的模式和方法。

3. 集成应用与数据政策法规分别是集成的目标和保障

地学数据集成是为地学数据应用项目服务的,所以集成的具体需求来自于数据应用项目,但需求是千差万别的,地学数据集成即是在集成需求普遍性的基础上实现对特殊需求的满足,如在重大自然灾害集成项目中即用到了多种地学数据甚至是非地学数据的集成;数据在集成处理中可以实现由数据到规律的转化,即由具体应用中数据的特征和具体数据处理中的需求抽象总结成规律性的知识,以完善集成技术的发展。

数据法规与政策指涉及数据制作、传播、共享使用有关的法规和政策,数据共享的立法,可以减少数据集成的工作量。从客观上讲,法规政策和法律的根本目的是在某些社会集团利益得到充分保证的基础上使某些社会活动有序化,但从实际意义上讲,某些数据信息方面的法规政策可能阻碍了数据共享。如目前一些数据供应组织的收费标准不同,收费政策本身对某些数据用户来说即是一种数据共享的限制。地学信息数据方面的政策和法规是地学数据集成具体实现中必然考虑的因素。

§1.4 数据集成的理论依据与研究现状

1.4.1 数据集成的理论依据

"3S"技术集成的核心是对地理信息的认知,即通过对地球圈层间信息传输过程与物理机制的研究,揭示地球几何形态和空间分布及变化规律。因此地理信息理论和地理信息认知理论是"3S"技术集成的基础理论。

1. 地理信息理论

地理信息理论主要包括地理信息熵、地理信息流、地理空间场、地理实体电磁波、地理信息关联等理论。

地理信息熵(Geographic Information Entropy),用来度量地理信息载体的信息能量。地理信息载体的信息与噪声值比,简称"信噪比",是评价地理信息载体质量的标准。

地理信息流(Geographic Information Flow)是由于物质和能量在空间分布上存在着不均衡而产生的,它依附于物质流和能量流而存在,也是物质流、能量流的性质、特征和状态的表征和知识。地理信息系统就是研究由于地理物质和能量的空间分布不均衡性造成的物质流和能量流的性质、特征和状态的表征或知识,研究地理信息流的时空特征、地理信息传输机制及其不确定性与可预见性。

地理空间场理论(Theory of Geographic Spatial Field)及地理能量信息理论:按照这种理论,对于不同的地理实体,它们的物质成分可能不同,这样就可以形成不同的地理空间或地理空间场;不同地理实体的地理空间,对人类具有不同的吸引力,这样就可能形成某些特殊的地理空间或地理空间场;不同的地理空间或地理空间场具有不同的物理参数量,也就具有不同的能量信息的空间分布特征。"3S"技术集成系统研究的对象即为这里所说的地理空间场。

地理实体的电磁波能量信息理论,是作为空间信息系统主要信息源的遥感信息的基础理论。遥感信息,只运用传感器从空间或一定距离,通过对目标物的电磁波能量特征的探测与分析,获得目标物的性质、特征和状态的电磁波信号的表征及有关知识。大量事实证明:任何物质都具有反射外来电磁波的特征;任何物体都具有吸收外来电磁波的特征;某些物体对特定波长的电磁波具有透射特征;任何地理实体由于它们的物质成分、物质结构、表面形状及特征的不同,都具有不同的电磁波辐射特征;任何统一属性或同一类型的地理实体由于物质成分和物质结构存在一定的变幅,它们的电磁波辐射数值也存在一定的变幅;由于同一类型的电磁波辐射存在一定的变幅,所以地物波谱是一个具有一定宽度的带,部分波谱带还存在重叠。这些都是遥感信息形成的基础理论。

地理信息关联理论,是从事物间的联系、依存和制约的普遍性原则出发,研究地理信息间的内在联系和机理,把握庞杂和瞬间的信息之间的相互关系,发挥地理信息综合集成的优势,更全面、客观、及时地认识世界,以此作为指导可持续发展研究中的模拟、评估和预测,并指导高水平的地理信息共享的基础理论。地理信息关联的体系可以用"维"来描述。自然维、人类系统维和能动维构成地理系统的三维模式;人类系统和能动性作为第一维,时间和空间分别作为第二维、第三维,就构成地理信息关联的三维模式。地理信息关联性理论,对于空间信息系统的信息获取、组织、分析、综合、模拟、评估、预测及地理信息融合、信息共享等等,都具有重要的理论指导作用。

2. 地理空间认知理论

认知就是"信息获取、存储转换、分析和利用的过程",即"信息的处理过程"。地理空间认知,是研究人们怎样认识自己赖以生存的环境(即地球的四大圈层及其相互关系),包括其中的诸事物、现象的相互位置、空间分布、依存关系以及它们的变化和规律。这是一个多维、多时相的认识。

地球空间认知通常是通过描述地理环境的地图或图像来进行的,这就是所谓"地图空间认知"。地图空间认知中的两个重要概念:一是认知制图(Cognitive Mapping);二是心象地图(Mental Map)。认知制图可以发生在地图的空间行为过程中,也可以发生在地图使用过程中。所谓空间行为,是指人们把原先已经知道的和新近获取的信息结合起来后的决策过程的结果。地理信息系统的功能表明,人的认知制图能力是能够用计算机模拟的。心象地图,是不呈现在眼前的地理空间环境的一种表征,是在过去对同一地理空间环境多次感知的基础上形成的,所以,它是间接的和概括的,具有不完整性、变形性、差异性和动态交互性。

地理空间认知包括感知过程、表象过程、记忆过程和思维过程等。地理空间认知的感知过程,是研究地理实体或地图图形作用于人的视觉器官,产生对地理空间的感觉和知觉的过程。地理空间认知的表象过程,是研究在知觉基础上产生表象的过程,它是通过回忆、联想使在知觉基础上产生的映像再现出来。地理空间认知的记忆过程,是人的大脑对过去经验中发生过的地理空间环境的反映,分为感觉记忆、短时记忆、长时记忆、动态记忆和联想记忆。地理信息系统的各种灵活多样的信息查询功能,信息的增加、删除、修改功能,就是计算机模拟人脑动态记忆过程的最好例证。地理空间认知的思维过程,是地理空间认知的高级阶段,它提供关于现实世界客观事物的本质特性和空间关系的知识,在地理空间认知过程中实现着"从现象到本质"的转化,具有概括性和间接性。

3. 统一的空间场

地学数据是关于地球表层各类地学过程、现象及其他有空间位置需求现象、过程的数据,地学数据存在的空间场是统一的,即连续地表空间。对空间的表达可以有多种坐标体系,如经纬度表示的球面坐标、平面坐标等,但不论以何种形式表达,存在于地表空间的地物之间的拓扑关系是可以度量的,地物存在依赖的空间基础是相对不变的。空间的连续性为地学过程在地球表面的连续展布提供了基础。

4. 地学过程的空间连续性

地学过程的连续性表现在空间和时间上。空间连续性表现为独立地学过程在空间上分布的非间断性和同类地学过程个体的连接特征,如河流发育过程中对应的一条河流(即使是一条很小的支流)也有属于自己的流域区,并且其流域区在空间上是靠河流的河道连接起来的连续体;多个河流之间在空间上又是邻接的,如我国的黄河流域与长江流域在空间上是邻接的。城市化的过程也具有这样的特点,在城市化过程中,在理想状态下它们对周围区的吸引力呈近圆形向外逐渐减弱,在更大范围上各城市的吸引区是相互重叠的。时间连续性表现在任意时段的地学过程状况都是整个地学进程中的一个片段,不论时间的计量单位是什么,它们之间都是连续的。

5. 地学过程的层次等级性

地学过程的层次等级性表现为空间域和时间域上的等级性。空间等级层次性最明显的表现是地学过程在空间上的可分解性,如干流由很多二级河流组成,二级河流又由许多三级河流构成等;国家级行政区由省级行政区构成,省级行政区又由诸多地市级单元构成,然后依次由县、乡、村、组等各级行政单元组成。由此可以将要描述的地学现象按类别层次的组织形式表达。

时间上的层次等级性表现为时间在度量上的可分解性,克利福德(Clifford)和拉奥(Rao)给出了一种时间全域的描述,其中,时间全域中的每个时间单元称为时间域,不同级别的时间域之间存在组成和继承关系,如年由月组成和继承,月由日组成和继承等。

对空间和时间等级性的综合认识可以形成对地学过程整体的级别性认知,如对地球表面的地理认知表现之一的地理意象可以分为五种类型:综合体类、景观类、区域类、地理系统类和区域地理系统类。地学过程在时间和空间上的层次等级性为地学数据综合提供了理论依据,地学数据综合的过程是主动的,它与制图概括有一定的区别和联系。

6. 认知过程的一致性

地学数据的获取过程是以主体的人对客观世界认知结果的表达(图1-4)。数据生产者根据自己的经验、知识、数据要求、满足的条件等,借助于数据位置和属性,获取工具,对客观的地理世界进行模型表达、模拟、描述、定义、解释等,以获得数据的基础材料,然后对数据材料进行规范化、标准化处理,从而形成地学数据。

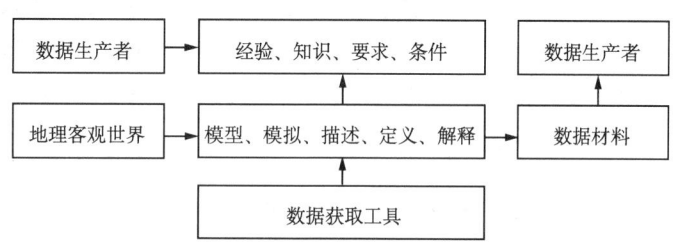

图1-4 地学数据获取的认知过程图

影响地学过程空间认知和表达的要素包括:内部因素,如个人的认识能力、主体的知识背景、感觉限制和态度等;外部因素,如地学过程信息获取工具、表达的媒体等。认知过程的统一性主要表现在:

(1) 数据表达的一致性。当把地学客体加工形成有抽象意义的地学数据时,在数据表达上表现出了很多共性。矢量数据中,数据的空间部分可表现为点、线、面、体等;属性部分则表现为可以通过一定形式与空间部分关联起来的数字、字符等内容。并且数据的空间部分和属性是完全统一的,即离开了空间,形状属性便成了没有空间容器的纯属性,离开了属性的空间形状也将成为没有地学过程意义的纯几何图形。因为这种一致性,地学数据才可以被处理。

(2) 数据体系的一致性。基于地学过程的客观性和地学认知过程的科学性,地学数据表现出内容体系的一致性。具体的分类、分级的数量值可以有差异,但这种分类分级的体系是共同的,如我国公路级别划分中有国道、省道、县道、乡村道路等分级体系,也有一级公路、二级公路等分级体系,虽然具体分类的名称和量级可能不同,但各类各级之间有一定的可比性,这对数据集成中属性的一致化、语义识别有很大意义。

(3) 相同层次上内容的一致性。出于对数据的客观需要和地学过程认知的级别层次性,数据在相同或近似层次(如数据精度)上有一致性。表现在数据形式上,在低精度(小比例尺)数据中城市都以点表示其空间位置,而在高精度(大比例尺)数据中城市是以面状要素表示其空间位置,同样在低精度城市数据中表示城市的整体性质,如城市的总人口、生产总值等,而在高精度城市数据中,则要表现城市中各功能区的属性,如某个城区的人口、文化素养等。这对数据集成中多比例尺数据的处理有一定帮助意义。

7. 依赖于元数据的地学数据透明性

地学数据的透明性是在数据集成前用户可以对要集成的对象数据有逐级(可以是数据集层次,也可以是数据特征层次)了解,即数据从形式到内容对用户来说都是透明的。这种透明性主要靠地学元数据实现。地学数据集成是对作为空间位置、属性和时间整体的地学过程或地学过程片段的综合处理,数据的透明性为数据集成的预处理和实际的内容集成奠定了基础。

8. 数据形式和内容的相对独立性

数据形式指诸如数据存储格式、存储介质、表达方式等外部特征,内容指地学数据的空间位置、属性、时间、精度等特征。相对独立性表现在形式的变动时内容保持原来的特征或者只有可控制、可描述的微小变动,而当数据内容发生变化时其形式可以保持完全不变。相对独立的根本原因在于数据形式是数据内容的一种载体,一种外在表现,跟数据内容没有必然的因果关系。这就保证了可以对数据进行诸如格式转换、投影变换、网络传输、提取、多数据集合并等集成操作而不改变数据内涵,也可以对数据记录进行删除、添加、合并、属性归一化等内容处理而保持数据外部形式的原有一致性。

1.4.2 数据集成的空间框架

构建数字化地理空间基础框架(Digital Geo-spatial Framework),在其上将地球、国家、区域或城市的多类型、多时相、多分辨率的图形、图像、文本、视频、音频信息有机地组织起来，实现海量存储、高效管理与持续更新，提供方便和直观的检索和显示手段，使全社会都能够"充分地利用和共享"信息数据。

就狭义而言，这种数字化地理空间基础框架主要由空间基准框架和地理基础框架数据组成。空间基准框架由参考椭球模型、平面基准、高程基准、重力基准和地图投影系统等组成——其作用是提供一个统一的三维、动态、实用、高精度、时空的空间定位基准，实现多源数据的无缝无边的连接和整合，保证地理空间数据的一致性、兼容性或可转换性。基础框架数据主要包括地形、地名、行政境界、道路交通、水系、土地覆盖、地籍、居民地、航空航天影像等基本内容，不仅提供了有关自然、人文、经济、环境等要素的几何位置、形态特征和相关关系，而且为定位、嵌入或配准各类图形、图像、文本、视频、音频信息提供二维或三维空间载体，使用户能够按照地理坐标或空间位置集成、检索、展示所关心的自然、社会、经济、环境信息，进行空间分布特征、运动状态、变化态势等分析模拟。

广义地讲，数字化地理空间基础框架还包括相应的法规与标准体系、网络分发服务体系和组织管理体系。法规与标准体系是关于数字化地理空间基础框架及其应用的一系列技术行为准则，包括空间参考系统、数据模型、数据字典、数据质量、数据转换格式及元数据等数据标准、技术标准和应用标准以及标准制定、发布、实施与执行监督的法规。其作用是规范地理空间信息数据描述、采集、处理、分析、查询、表示、转换的方法、工艺和服务，在分布式环境下实现多源、异质、异构数据的流通、共享与系统互操作。网络服务体系包括 GIS 技术支持和网络化的数据分发、共享的多边形数据传输交换通信网络。组织管理体系由权威的协调管理机构、数据生产部门和数据服务机构等组成。就本质而言，这种广义的数字化地理空间基础框架是国家的空间数据基础设施(NSDI)，应作为国家的公益性、基础性事业进行建设。

20世纪70年代以来，世界各国地理空间框架数据建设大体上经历了全要素框架数据和核心框架数据两个主要发展过程，现在已经开始构思新一代地理空间框架数据。

1. 全要素框架数据

早期世界各国政府测绘部门主要是生产矢量型全要素框架数据，根据平面数据模型，把现实世界空间实体抽象地看做由平面上的点、线、面构成的空间目标(Spatial Objects)，进行纸质地图的数字化，或通过摄影测量手段从影像上获取。这里要顾及点、线、面目标间的一些拓扑关系。美国地质测量局(USGS)先后完成了1∶200万全要素地形数据库、1∶10万地形数据库(部分要素)和1∶25万土地利用数据库，开始建立全国1∶2.4万地形数据库。加拿大完成了1∶25万土地利用数据库和南部人口稠密地区1∶5万矢量库。根据矢量化的等高线和地形数据,经过内插等方法,派生出数字高程模型(DEM)。

欧洲大多数国家是根据原有的地图比例尺系列生产矢量型系列框架数据。例如,英国军械测量局(Ordnance Survey)从1970年开始从事数字化制图,已完成全国范围的1∶5万、1∶25万以及城市地区1∶1 250、农村地区1∶2 500、山区及荒地1∶10 000的矢量地图。法国地理院从1985年起建立1∶5万全国地形数据库(BDTOPO),x,y精度为2.5m,z精度为1.0m。荷兰建立了覆盖全国的大比例尺(1∶1 000和1∶2 000)及1∶1万数字地形数据库GBKN。稍有不同的是,德国自1989年起开始建设全国官方的地形和制图信息系统ATKIS,包括具有拓扑关系的数字景观模型(DLM)和数字制图模型(DKM)。其中,DLM包括数字地物模型和数字高程模型,只有采样分辨率,并无地图比例尺概念;DKM是从DLM中导出的符号化的数字制图模型,考虑了符号化和图面上的容量及模式化需要,主要用于制图。此外,欧洲一些国家大力发展地籍矢量数据框架,如荷兰于1997年完成了全国地籍图数字化,建立了地籍数据与统计数据之间的自动更新机制以及地籍数据与商业注册数据之间的联系,将要建立建筑物(税收目标)与地块之间的连接。德国大多数地方都在将1∶1 000的地籍图连同GPS测定的界址点转换成基于地块的信息系统,到2007年全德国将利用这些基于地块的数据进行地籍管理、城乡规划等。

日本是亚洲地区最早开展地理信息化工作的国家之一。其中国土地理院(GSI)目前向社会提供数字地图、DEM等系列产品。数字地图系列中包括覆盖全国的86幅1∶2.5万矢量图,东京、大阪市的1∶2 500和1∶1万的矢量地图,部分地区的1∶2.5万数字影像图、1∶20万数字地图和数字影像图、数字道路图(城市为1∶2.5万,乡村为1∶5万)。数字高程模型系列中的50mDEM是根据1∶2.5万地形图生成,全国共有4 000幅图(每幅大约10km×10km);250mDEM根据1∶20万的地形图生成,共88幅(每幅覆盖面积约80km×80km);1kmDEM为166幅(每幅1km×1km)。

我国国家测绘局先后于1994年和1998年底建成了全国1∶100万和1∶25万地形数据库、数字高程模型库、地名数据库。其中全国1∶25万地形数据库含819幅图,包括水系、交通、境界、居民点、地形、植被等14层要素,DEM库分为100m×100m格网和3s×3s格网两种,地名数据库共有805 431个地名。不少城市测绘部门生产了大比例尺全要素矢量框架数据,如上海市已完成覆盖全市范围的1∶2 000数字线划地图(7 511幅)和1∶1万数字线划地图(322幅),城乡结合部和城镇地区的1∶1 000数字线划地图(5 069幅)、中心城区的1∶500数字线划地图(7 758幅)等。

2. 核心框架数据

鉴于全要素矢量数据的生产过程复杂，费用较高，美国 USGS 于 20 世纪 90 年代开始发展以"4D"产品为代表的简化型框架数据。"4D"产品是以栅格数据为基本形式，兼容矢量数据，包括数字高程模型（DEM）、数字正射影像（DOM）、数字栅格地图（DRG）和数字线划地图（DLG）。其中 DLG 不包括地形图上的所有要素，而是从中选取若干核心要素。由于"4D"产品的生产成本较低、数据组合灵活，加上影像、栅格图形和矢量图形之间能够相互补充。我国在 20 世纪 90 年代末也引入了"4D"产品的概念，在 1∶5 万数据库建设过程中先后完成了全国 1∶5 万 DRG、DEM，正在生产 1∶5 万 DOM 和 DLG。

英国军械测量局从 1980 年到 1999 年共花了近 20 年时间，才完成了 1∶1 250 和 1∶2 500 纸质地图的数字化，形成了数字线划产品 Land-Line，提供给广大用户使用。但不少用户认为 Land-Line 并不能完全满足他们的应用需求，如无法对所选择的区域范围着色、难以确定一个指定的院落、图幅的接边处理繁琐等。因此，英国军械测量局自 2000 年起开始研制一种名为数字国家框架（Digital National Framework，DNF）的新型产品，是在原 Land-Line 数据的基础上，进行一系列加工处理，包括在数据集中增加一些用于表达现实世界客观实体（如建筑院落、道路等）的多边形，以方便符号化和分析；将每一个要素赋予唯一且永久的标识码（ID），以便于关联社会经济信息和追踪变化历史；将所有的数据分块（tiles）合并成连续数据集，并引入了 COU（Change-Only Update）概念，使用户可以方便地提取所感兴趣范围内的变化要素。

在已有矢量数据的基础上，一些测绘部门大力派生简化的矢量框架数据。例如，日本 GSI 推出了比例尺为 1∶2 500 的空间框架数据（Spatial Data Framework，SDF）和数字地图 25 000 等，其中 SDF 包括路网、行政界限、内陆水体等，覆盖面积约 96 000 km^2 的主要城市区域，而 1999 年底推出的数字地图 25 000 则包括了 1∶2.5 万地图上的地名、公共设施及其他编码信息。英国军械测量局推出了国家道路地名（National Street Gazetteer）、邮政编码分区（Address-point TM）、境界数据（Boundary-line TM）、道路中心线（OSCAR Traffic Manager）等，还参与研制了欧洲行政界限数据库 SABE（Seamless Administrative Boundaries of Europe），包括 29 个国家的行政界限、名称与编码等。

3. 向新一代框架数据发展

值得指出的是，迄今为止，人们一直是按照平面或相关数据模型，将具有鲜明的多维、动态特征的现实空间世界抽象为二维、静态目标，所形成的是二维或 2.5 维框架数据,难以表达或反映三维实体及其时空变化,往往不能满足应用的要求。随着国家信息化的逐步深入和普及,人们对地理空间框架及数据的内容、维数、尺度、精度、现势、共享、服务等提出了越来越高的需求。例如,外交、边防与安全等部门需要大比例尺的真三维基础地理数据,用于调解边界纠纷、处理突发事件、开展缉枪缉毒工作等;南水北调、抗洪救灾等需要 dm 级甚至 cm 级的高精度数字高程模型;政府规划、管理与决策需要从宏观到微观的多尺度地理空间数据;许多用户希望在自然或经济变化的周期内完成数据的更新工作,以确保地理信息的实用价值和意义。

目前,一些国家的测绘部门正在积极地研究和发展新一代的地理空间框架数据。例如,2001 年 10 月初在德国汉诺威召开了一次关于"三维核心框架数据库"的学术研讨会,参加会议的代表包括德国、法国等国家测绘部门的负责人和专家。此外,一些国家积极地发展时序框架数据、多尺度框架数据、导航框架数据等。主要的发展方向可简述为如下三个方面。

1) 加强对多维动态空间数据模型的理论研究

为了做好多维动态地理空间框架数据的构建工作,需要深化对地理空间现象(实体)多维、动态特性的认识,研究多维动态空间现象(实体)的描述和表达方法,发展多维动态空间数据模型。拟解决的关键问题包括:① 地理空间信息的多维、动态机理,如多维动态实体运动状态和运动方式的发生与时效机理,多维和动态特性的分类描述,事件对时空目标作用机理等;② 多维动态空间关系理论,如三维、时空、模糊与层次等空间关系的语义研究,形式化的描述模型与表达方法研究,基于空间关系的认知、推理和存取研究;③ 多维动态时空数据模型及建模方法,如三维空间实体及其时空变化的时空对象模型,集主体—事件—状态为一体的时空数据模型,多尺度空间数据模型,基于全球坐标的球面层次数据模型,海量空间数据的集成管理模式等。

2) 开展多维动态地理空间框架数据的建设工程

为了满足国家信息化、国家安全、经济建设、社会发展和人民生活对基础地理信息资源不断增长的需求,今后将从二维地理空间框架数据向多维、动态地理空间框架数据发展,逐步地向用户提供真三维、多时态、高精度的基础地理空间数据资源。为此,应根据应用的需求,进行三维框架数据、全球空间数据库系统、无显示拓扑的框架数据、移动服务框架数据等技术设计和前期实验,制定技术规范;同时,组织研究多比例尺数据协同更新、多尺度框架数据集成、历史数据保存及时态数据组织、海量空间数据管理等方面的问题。

3) 开拓多维动态地理空间框架数据的应用领域

为了发挥多维动态地理空间框架数据的作用,应针对国家宏观管理、重大战略、重大工程和人民生活的实际需要,研究和发展各类应用系统和典型应用模式,包括面向政府的专题空间决策支持系统和面向公众的网上服务系统。为此,需要进一步发展多维数据的时空统计与内插分析方法和模型、时空数据的实时动态显示方法等。

1.4.3 数据集成的研究现状

地球空间数据集成是在应用基础上逐渐发展的,对其理论方法的研究正趋于成熟。目前,在地球空间数据集成的应用和研究中仍存在许多问题需要深入探讨。

1. 数据集成的基础研究

数据、集成软件及规则是数据集成的三个必备基础条件。数据是集成的对象;软件是可以处理空间特征、属性特征及其之间关联的通用或专题 GIS 软件,或是为数据集成专门设计的软件,它们可以实现集成的大多数操作;集成规则是进行数据集成的依据。数据集成基础研究包括数据集成机理及集成过程中诸多专题问题的研究,如地球空间数据表达、误差传递及数据质量控制、多尺度数据处理等。

(1) 数据集成机理研究。数据集成机理是在集成的各个环节中处理各类问题的理论、方法及规则。它是以地学认知为前导,以地学规律、推理为主体内容的。数据集成的研究及应用层次取决于集成各领域的专题研究的进展。地球空间数据质量控制、地球空间数据误差传递、地球空间数据表达、地学元数据、数据交换等研究使地球空间数据集成理论和技术日渐成熟;地理认知理论的提出和发展为地球空间数据的表达、数据综合处理、地球空间数据的定量化处理等提供了理论依据。

(2) 误差传递及数据质量评价与控制研究。关于误差形式、传递、消减方法及不确定性的描述表达,已有大量的文献进行论述,并形成了适合于某些应用领域的方法,但地球空间数据集成中的误差不是简单的图形问题,它与地学过程本身是密不可分的。

(3) 数据多尺度研究。从地图学中继承下来的尺度特性在地球空间数据中依然存在,因而数据用户很难摆脱许多地图特征对地球空间数据的影响,在数据中尺度概念往往用数据精度表示,但基于数据自身的精度与尺度的描述则没有明确的标准,虽然许多学者已对该问题进行了深入的研究,但仍无法确定在一定精度上要用多少个中间点构成的线来描述一条河流,一条河流小到什么程度便不必表示出来这类问题。因而尺度问题在一定程度上只能用类似于制图概括的方法来处理。

（4）地球空间数据表达研究。数据表达指如何用计算机的方法来表达地理客观世界的等级、层次特征及多种性质的地学过程和现象，其关键问题是计算机如何识别处理不同层次数据之间的联系，从这种意义上说数据表达也是数据多尺度处理的内容，其表达的难点是模糊边界的描述、空间数据分类、组织、数据结构等。

2. 数据集成的方法研究

地球空间数据集成是基于地学内容、知识和规律的，在集成中对数据处理有两种性质：一是数据外部形式协调处理，其标志是数据空间特征相对位置、特征数量、属性的构成及层次不发生变化；二是数据特征内容的变化，即集成数据参与运算，空间特征、属性内容、时间特征尺度等或多或少发生了变化，或生成了新的数据集。莱恩·塞利格曼(Len Seligman)等人把数据集成系统分为在已有的系统中做新的界面、在不同数据源之间传递统一的访问请求、数据在结构松散的互操作系统中传输、数据存储方式和数据移动等类型。每一种集成中都要用到诸如组成系统描述、界面描述、参考定义、语意相关性、转换功能模块库、访问控制和义务等。地球空间数据由于来源不同，其参考体系及各种参数存在着很大差异，如何使之匹配起来，需经一系列的转换、一致化操作等过程。对集成方法和应用的研究可分为以下几个方面：

（1）集成中的数据组织。鉴于地球空间数据的分布式特征及潜在的可视化表现力，利用多媒体技术，对地球空间数据进行可视化管理是实际可行的，也是集成数据的未来组织形式。尤特马克(Uitermark)等人论述了以OPGIS和超图等为载体实现不同数据库中数据的动态调用方法；李文珊(Wen-Syan Li)说明了地球空间数据与非地球空间数据集成的关系和复杂性，并给出了各数据库之间动态集成机制与方法；彼得罗·扬科夫斯基(Piotr Jankowski)讨论了在系统集成中基于公共数据库或数据动态交换机制的数据集成方法；蒂莫西·奈尔格斯(Timothy Nyerges)就地球空间数据集成的结构和步骤方法进行了讨论。

（2）集成中的多数据集叠加。集成中数据的叠加属于拓扑叠加，其主要目的是根据数据内容之间的相关关系，利用属性逻辑运算形成新的数据集，目前这种操作仍多采用基于栅格数据模型的叠加，尤金(Eugene)给出了基于区域属性值滤波的栅格数据集成方法，戴维·马丁(David Martin)等人讨论了基于栅格GIS集成社会经济和自然环境数据应用中的问题、思路和方法。

（3）数据格式转换。数据转换包括格式、属性分类等内容，考察转换效果的主要标志是数据损失尽可能少，其中研究最多的是数据在不同数据格式转换中的问题。马蒂凯利(Mattikalli)等人讨论了一种栅格数据到矢量数据的转换方法，其做法是先将栅格影像图转成Lattice文件，该文件中以对应网格的中心点的值来表示网格的值,然后再转成 Grid 格式,最后转换成矢量数据;阿特苏尤基(Atsuyuki)等人提出用点到多边形(Point-in-polygons)方法,由不规则区域的属性值转换成规则区域的值;约瑟夫(Joseph)等人就集成中特征边界的提取、平滑及数据处理后的拓扑重建提供了理论研究及具体方法。

(4) 遥感数据与 GIS 数据的集成。遥感是地球空间数据最直接、时效性最强的来源形式,其关键是如何把遥感数据与 GIS 数据结合起来,这方面已进行了大量的研究。威斯劳(Wieslaw)论述了遥感与 GIS 数据在土地利用变化中的结合;奥尼尔(O'Neill)等人说明了遥感与 GIS 数据集成在火灾监测及火灾损失评估中的应用方法;苏珊·林格罗斯(Susan Ringrose)讨论了遥感与 GIS 数据集成在地表植被变化检测中的使用方法;欣顿(Hinton)对遥感与 GIS 数据集成的发展、技术及对软件的需求及其在环境主题应用中的作用进行了说明。

(5) GPS 数据与地球空间数据的集成。这两类数据的集成主要是用 GPS 修正已有的地球空间数据,其原理和方法相对较简单。沃尔夫冈·伊尔森(Wolfgang Irsen)讨论了用 GPS 更新地球空间数据的方法。

3. 存在的问题与讨论

在地球空间数据集成领域虽然做了大量的研究,并且数据集成在许多的地球空间数据应用项目中得到了广泛的应用,但对地球空间数据集成的研究仍有一些问题。

(1) 已有的集成研究多侧重于具体数据集成方法的探讨及集成中某些专题内容的研究,如误差传递、数据表达等,对地球空间数据集成的一般性问题,如集成的体系、方法论、规则、依据等讨论不多,没有建立集成的理论体系,这在一定程度上限制了数据用户对数据集成的认识、理解及应用。

(2) 对地球空间数据集成具体专题的研究主要是从计算机的角度进行的,关于地球空间数据对地学过程的表达及数据要素相关性在数据中的表现讨论不多,数据质量、尺度及其关系评价处理方法仍停留在地图标准的层次上,没有建立基于地球空间数据自身特征的质量和尺度表达、转换标准。数据集成中地学过程的认知表达,基于地学规则、知识的数据处理,基于地学规则的集成结果表达等环节的研究均不能脱离地学特征而独立存在。

(3) 数据集成中元数据的使用机制、方法研究不足。目前已形成诸多的地学元数据标准,但多数标准较冗长而难以操作,并且多数把对数据集的说明及对数据特征的说明混在一起,对使用和管理都有一定的限制。我们认为元数据的内容应从地球空间数据集的共性开始,逐渐深入,对元数据的使用是从用户层出发,分析对数据集了解的层次性。

根据地球空间数据集成的研究状况及集成应用项目的特征,地球空间数据集成有以下趋势:

(1) 网络化。数据的分布式特征及项目需求数据的多元化,使集成应用项目涉及的部门、内容越来越复杂,要求在集成中能快速使用物理上分布于各个节点的数据,各类网络的建设为地球空间数据的网络化集成提供了条件。

(2) 集成机理、规范标准研究。网络、计算机及数据库技术只是为地球空间数据集成提供了可能性,而其集成的真正实现与地球空间数据的自身特征分不开,而有关地球空间数据表达、组织、抽象等问题远没有形成有效的方法。因而基于认知科学、地学的集成机理、集成规则标准、普遍意义的集成方法等仍将是数据集成研究的主流。

(3) 集成知识规则的专家系统化。集成中用到的诸多知识规则不可能让数据用户全部掌握,而数据集成应用中又离不开这些规则,因而如何将各类集成中的知识规则转化成数据用户可操作的专家系统必将是数据集成研究的另一个方向。

参 考 文 献

[1] D. J. Peuquet. Making Space for Time: Issues in Space-Time Data Representation . *GeoInformatica* ,2001, 5(1):11-32.

[2] A. Y. Tang, T. M. Adams, and E. L. Usery. A Spatial Data Model Design for Feature-based Geographical Information Systems. *International Journal of Geographical Information System* ,1996,10(5):643-659.

[3] A. Voisard and B. David. A Database Perspective on Geospatial Data Modeling. *IEEE Transactions on Knowledge and Data Engineering* ,2002,14(2):226-243.

[4] 承继成,林珲,周成虎等. 数字地球导论. 北京:科学出版社,2000.

[5] 邸凯昌. 空间数据发掘与知识发现. 武汉:武汉大学出版社,2003.

[6] 冯学智,都金康等. 数字地球导论. 北京:商务印书馆,2004.

[7] 龚健雅. 当代GIS的若干理论与技术. 武汉:武汉测绘科技大学出版社,1999.

[8] 郭华东. 对地观测技术与可持续发展. 北京:科学出版社,2001.

[9] 郭华东. 对地观测系统与应用. 北京:科学出版社,2001.

[10] 韩涛,张永忠. 时态地理信息系统研究进展和问题. 干旱气象,2004,22(3):77-82.

[11] 黄杏元. 地理信息系统概论. 北京:高等教育出版社,2001.

[12] 金国藩,李景镇等. 激光测量学. 北京:科学出版社,1998.

[13] 靳强勇,李冠宇,张俊. 异构数据集成技术的发展和现状. 计算机工程与应用,2002,38(11):112-114.

[14] 李德仁. 论RS、GPS与GIS集成的定义、理论与关键技术. 遥感学报,1997,1(1):64-68.

[15] 李德仁,关泽群. 空间信息系统集成与实现. 武汉:武汉测绘科技大学出版社,2000.

[16] 李德仁,李清泉. 论地球空间信息科学的形成. 地球科学进展,1998,13(4):319-326.

[17] 李德仁,李清泉. 地球空间信息科学的兴起与跨世纪发展. 中国测绘报,2001,4.10.

[18] 李德仁,王树良,李德毅等. 论空间数据挖掘和知识发现的理论与方法. 武汉大学学报(信息科学版),2002,

27(3):221-233.
[19] 李军,费川云.地球空间数据集成研究概况.地理科学进展,2000,19(3):203-211.
[20] 李军,庄大方.地学数据集成的理论基础与集成体系.地理科学进展,2001,20(2):137-146.
[21] 李树楷.初论三"S"一体化信息技术.环境遥感,1995,10(1):76-80.
[22] 李树楷.遥感时空信息集成技术及其应用.北京:科学出版社,2003.
[23] 李树楷,薛永琪等.高效三维遥感集成技术系统.北京:科学出版社,2000.
[24] 李英成等.快速获取地面三维数据的LIDAR技术系统.测绘科学,2002,27(4):35-38.
[25] 闾国年,张书亮,龚敏霞等.地理信息系统集成原理与方法.北京:科学出版社,2003.
[26] 刘业光,欧海平.GPS网络RTK虚拟参考站技术在广州的应用前景初探.城市勘测,2002,(2):5-8.
[27] 马荣华,黄杏元,蒲英霞.数字地球时代"3S"集成的发展.地理科学进展,2001,20(1):89-96.
[28] 毛政元,李霖."3S"集成及其应用.华中师范大学学报(自然科学版),2002,36(3):385-388.
[29] 潘瑜春,钟耳顺,赵春江.空间数据库的更新技术.地球信息科学,2004,6(1):36-40.
[30] 孙美玲,李永树.GIS环境下空间数据多尺度特征及其关键问题探讨.四川测绘,2002,25(4):154-157.
[31] 王家耀.空间信息系统原理.北京:科学出版社,2001.
[32] 王艳慧等.GIS中地理要素多尺度概念模型的初步研究.中国矿业大学学报,2003,32(4):376-382.
[33] 王英杰,袁勘省,余卓渊编著.多维动态地学信息可视化.北京:科学出版社,2003.
[34] 吴景勤.当前地理信息系统与遥感数据集成问题.铁路航测,2000(2):4-8.
[35] 邬伦,刘瑜,张晶等.地理信息系统原理、方法和应用.北京:科学出版社,2001.
[36] 尤红建,李树楷.适用于机载三维遥感的动态GPS定位技术及其数据处理.遥感学报,2000,4(1):22-26.
[37] 尤红建,马景芝等.基于GPS、姿态和激光测距的三维遥感直接对地定位.遥感学报,1998,2(1):63-67.
[38] 张瑞菊,陶华学.GIS与空间数据挖掘技术集成问题的研究.勘察科学技术,2003,(2):21-24.
[39] 钟志勇,陈鹰.空间信息数据集成分析方法的研究.遥感信息,2000,(4):24-26.

第二章 对地观测与信息获取技术——RS

本章从 RS 的物理基础、获得遥感数据的工作原理、遥感影像的数学表达和图像特征以及影像的处理和应用等四个方面论述了对地观测与信息获取技术。

第一节主要阐述 RS 的物理基础,首先介绍了电磁波与地物的相互作用以及由这种相互作用构成的地物波谱特性;然后描述了典型地物——植被、水体、土壤和岩石的光谱特征,为传感器获取目标信息提供了数据源和图像处理的理论依据。

第二节主要阐述传感器与地表信息的获取,首先介绍了光学传感器、热红外传感器和微波传感器的工作原理,然后从空间、时间和波谱三个方面描述了传感器的特征,最后对目前应用比较多的传感器从特征和应用两个角度进行了详细介绍。

第三节主要阐述遥感图像和地物信息特征,首先对图像进行了数学描述,并对影像的传输模型作了介绍,为后面的恢复处理奠定了基础;然后介绍了影像的量化处理,即把连续表征的变量用离散变量表征;最后对地物在影像上表现出来的光谱响应特征和空间特征作了介绍。

第四节主要阐述遥感图像的处理和应用,在图像处理这一部分,介绍了针对影像的系统误差和几何误差进行的恢复处理、针对图像的降质进行的间接恢复处理和增强处理、为了获得地表信息进行的分类处理以及为获得高空间分辨率和波谱分辨率的影像进行的融合处理;在应用这一部分,列举了资源调查、环境监测、灾害评估和城市研究四个方面的应用实例。

§2.1 电磁波与地物光谱特性

任何目标物都具有发射、反射和吸收电磁波的性质,这是遥感的信息源。目标物与电磁波的相互作用,构成了目标物的电磁波特性,成为遥感探测的依据。物质的这种对电磁波固有的波长特性被称做光谱特性。遥感技术系统通过测定光谱特定谱段,选择合适的传感器,就可以探测到如云、气溶胶、水蒸气、臭氧等大气成分,也可以探测到如植被、水体、雪盖与冰盖、土壤与岩石、水体等地表特征,同时还可以探测到如地表温度、海流、能量收支平衡等一些重要地球系统。

下面以氢原子吸收电磁波的现象说明电磁波与物质是如何相互作用的。氢原子由 1 个原子核和 1 个电子组成。原子的内部状态由原子固有的离散的能量状态所决定，根据这种离散的能量状态，电子存在于各自的轨道上。如果电磁波照射到处于低能级（E1）状态的氢原子上，其能量的一部分就会被吸收，造成能级提高，使电子向上一级轨道移动。这种过程叫做激发，该过程造成的能级差为 $\Delta E = E2 - E1 = hc/\lambda_H$（$h$ 为普朗克常数，c 为光速，λ 为电磁波的波长），即相当于吸收了 ΔE 的能量。也就是说，氢原子内部状态的变化是由于吸收了具有固定波长 λ_H 的电磁波而产生的。相反，当能级 E2 向能级 E1 变化时，就会从氢原子中辐射出波长为 λ_H 的电磁波来。

一切物质都由原子构成，这种构成形成了物质固有的性质。因此，物质就会根据其内部状态的变化辐射或吸收固定波长的电磁波。在物质内部状态的变化中，除上述电子的激发以外还有各种各样的形态，产生或吸收各自不同波段的电磁波。波长越短，辐射或吸收的能量越大，波长越长则辐射或吸收的能量越小。

目前遥感对地观测的光谱范围主要为可见光、近红外、热红外和微波（图 2-1）。因此，如果按照波段及辐射源来划分遥感类型，可以分为可见光和近红外遥感、热红外遥感和微波遥感。

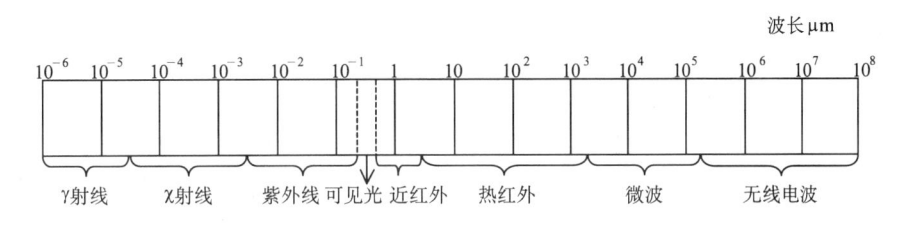

图 2-1　电磁波谱

在可见光和近红外遥感中，所观测的电磁波的辐射源是太阳。太阳辐射的电磁波的最高值在 $0.5\mu m$ 左右。该波长范围内的遥感数据对地表目标物的反射率有很大的依赖性，也就是说，根据反射率的差异可以获得有关目标物的信息。

在热红外遥感中，所观测的电磁波的辐射源是目标物。常温的地表物体辐射的电磁波的最高值在 $10\mu m$ 左右。如果不考虑大气吸收的影响，对由太阳辐射引起的目标物的光谱辐射亮度和由地表引起的目标物的光谱亮度进行比较，发现两条曲线的交点随着目标物的反射率、发射率和温度而改变，但大约在 $3.0\mu m$ 附近。所以，遥感中比 $3.0\mu m$ 短的波长范围内，主要是观测目标物的反射辐射，而在比 $3.0\mu m$ 长的波段范围内，主要是观测目标物的热辐射。

在微波遥感中，所观测的电磁波的辐射源有目标物（被动）和雷达（主动）两种，被动微波遥感观测目标物的微波辐射，而主动微波遥感观测的是目标对雷达发射的微波信号的散射强度即后向散射系数。

2.1.1 地表的热辐射特性

根据黑体辐射规律及基尔霍夫定律：

$$M = \varepsilon M_0 \tag{2-1}$$

式中，ε 为物体的比辐射率或发射率，M 为黑体辐射出射度，M_0 为实际物体辐射出射度。由于公式中的变量都与地表温度 T 和波长 λ 有关，(2-1)式又可以写做：

$$M(\lambda, T) = \varepsilon(\lambda, T) \cdot M_0(\lambda, T) \tag{2-2}$$

当温度一定时，物体的比辐射率随波长变化，这种变化规律称为物体的发射光谱曲线。在对应波长，用比辐射率值与相同温度黑体辐射值相乘，可得到对应波长的实际物体的辐射强度值。比辐射率（发射率）波谱特性曲线的形态特征可以反映地面物体本身的特性，包括物体本身的组成、温度、表面粗糙度等物理特性，特别是曲线形态特殊时可以用发射率曲线来识别地面物体。尤其在夜间太阳辐射消失后，探测其红外辐射及微波辐射并与同样温度条件下的比辐射率（发射率）曲线比较是识别地物的重要方法之一。

2.1.2 地物的反射波谱特性

在可见光与近红外波段($0.3\sim2.5\mu m$)，地表物体自身热辐射几乎为零。地物发出的波谱主要以反射太阳辐射为主。当然，太阳辐射到达地面后，物体除了反射作用外，还有对电磁辐射的吸收作用，电磁辐射未被吸收和反射的其余部分则是透过的部分。

一般来说，绝大多数物体对可见光都不具备透射能力，而有些物体，例如水，对一定波长的电磁波透射能力较强，特别是对 $0.45\sim0.56\mu m$ 的蓝、绿光波段，一般水体可透过 $10\sim20m$，混浊水体可透过 $1\sim2m$，清澈水体甚至可透到 $100m$ 的深度。有些不能透过可见光的地面物体，对波长 $5m$ 的电磁波则有透射能力。例如，超长波的电磁波的透过能力就很强，可以透过地面岩石、土壤。利用这一特性制作成的超长波探测装置探测地下的超长波辐射，可以不破坏地面物体而探测地下层面的情况，在遥感领域和石油地质领域取得令人瞩目的成果。

在物体的反射、吸收和透射物理性质中，使用最普遍、最常用的仍是反射性质。物体表面状况不同，反射率也不同。按照反射性质，可以分为镜面反射、漫反射和实际物体反射三种。

镜面反射是指满足反射定律的反射：入射波和反射波在同一平面内，入射角与反射角相等。当镜面反射时，如果入射波为平行入射，只有在反射波射出的方向上才能探测到电磁波,而其他方向则探测不到。如果是可见光,则其他方向上应该是黑的。自然界中真正的镜面很少,非常平静的水面可以近似认为是镜面。

漫反射是指不论入射方向如何,虽然反射率 ρ 与镜面反射一样,但反射方向却是"四面八方",也就是把反射出来的能量分散到各个方向,因此从某一方向看反射面,其亮度一定小于镜面反射的亮度。严格说,对漫反射面,当入射辐照度 I 一定时,从任何角度观察反射面,其反射辐射亮度是一个常数,这种反射面又叫朗伯面。设平面的总反射率为 ρ,某一方面上的反射因子为 ρ',则:

$$\rho = \pi \rho' \tag{2-3}$$

式中,ρ' 为常数,与方向角或高度角无关。自然界中真正的朗伯面也很少,新鲜的氧化镁(MgO)、硫酸钡($BaSO_4$)、碳酸镁($MgCO_4$)表面,在反射天顶角 $\theta < 45°$ 时,可以近似看成朗伯面。

实际物体反射则大多处于两种理想模型之间,即介于镜面和朗伯面(漫反射面)之间。一般来讲,实际物体表面在各个方向都有反射能量,但大小不同。在入射辐照度相同时,反射辐射亮度的大小既与入射方位角和天顶角有关,也与反射方向的方位角与天顶角有关。

地物的反射波谱指地物反射率随波长的变化规律。通常用平面坐标曲线表示,横坐标表示波长,纵坐标表示反射率 ρ。同一物体的波谱曲线反映出不同波段的不同反射率,将此与遥感传感器的对应波段接收的辐射数据相对照,可以得到遥感数据与对应地物的识别规律。

地物反射波谱曲线不仅随不同地物(反射率)不同,而且同种地物在不同内部结构和外部条件下表现形态(反射率)也不同。但是,地物反射率随波长变化有规律可循,从而为遥感影像的判读提供依据。若以占地表主导地位的植被、土壤、水体和岩石来区分地表的几种主要地物类型,这些地物的反射波谱特性可简述为四个方面。

1. 植被的反射波谱特性

健康绿色植物的波谱特征主要取决于它的叶子。在可见光波段内,植物的光谱特征主要受叶子的各种色素的支配,其中叶绿素起着主要的作用。由于色素的强烈吸收,叶的反射和透射很低。在以 $0.45\mu m$ 为中心的蓝波段及以 $0.76\mu m$ 为中心的红波段,叶绿素强烈吸收辐射能而呈现低谷。在两个吸收谷之间($0.54\mu m$ 附近)吸收很少,形成绿色反射峰。这一特征是由于叶绿素对蓝光和红光吸收作用强而对绿光反射作用强造成的。如果植物在生长时受到某种形式的抑制,比如遭到病虫害的侵袭,导致叶绿素的含量降低,则在蓝、红波段的吸收减少而反射增强,特别是红反射率增加,以至于植物的颜色变为黄色。这种现象也发生在植物衰老时,这时候叶绿素逐渐消失,叶黄素和叶红素在叶子的光谱响应中起主导作用,因而秋天的树叶变黄或变红。

在近红外波段植物的光谱特征取决于叶片内部的细胞结构。叶的反射和透射能相近,而吸收能很低。在 $0.7\mu m$ 附近,有一反射的"陡坡",至 $1.1\mu m$ 附近有一峰值,形成植被光谱的独有特征,这是由细胞壁和细胞空隙间折射率不同从而导致的多重反射引起的。因为不同类别的植物,叶子内部结构变化很大,所以植物在近红外的反射差异比在可见光大得多。因此,可以根据测量近红外波段内的反射率来区分不同的植物类型。

在短波红波段内,植物的入射能基本上均被吸收或反射,透射极少。植物的光谱特性受叶子总含水量的控制:叶的反射率与叶内总含水量约呈负相关。由于叶子细胞间及内部的水分含量,绿色植物的光谱反射率受到以 $1.4\mu m$、$1.9\mu m$、$2.7\mu m$ 为中心的水吸收带的控制,而呈跌落状态的衰减曲线。其中,$1.4\mu m$ 和 $1.9\mu m$ 处的两个吸收带是影响叶子短波红外波段光谱响应的主要谱带。$1.1\mu m$ 和 $0.96\mu m$ 处的水吸收带,虽然强度很小,但在多层叶片下,对反射率仍有显著影响。位于三个吸收带之间的 $1.6\mu m$ 和 $2.2\mu m$ 处有两个反射峰。

从以上分析可以看出,植物都有近似的光谱特征,其光谱曲线有一定的变化范围,总的"峰—谷"形态是基本相同的。但是也存在差异,这种差别与植物种类、季节、病虫害影响、含水量多少等有关系。因此,可以根据这种差异和变化鉴别植物种类和监测植物的生长(图 2-2)。

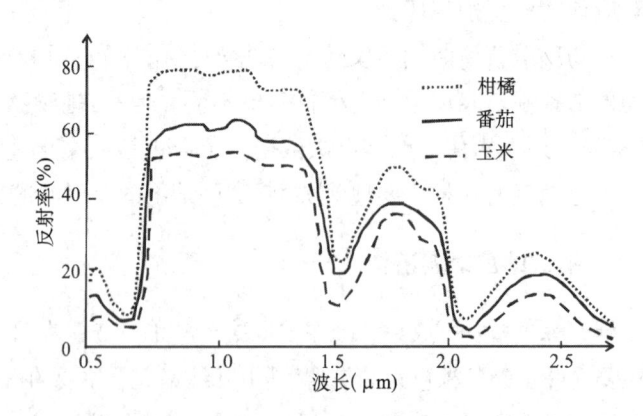

图 2-2 绿色植物反射光谱曲线

2. 土壤的反射波谱特性

自然状态下土壤表面的反射率没有明显的峰值和谷值,一般都是随着波长的增加而增加,并且此趋势在可见光和近红外波段尤其明显。虽然土壤反射光谱曲线在外形上具有共同的特性,但因土壤是由物理和化学性质各不相同的物质组成,使得不同类型的土壤有其自己的反射光谱曲线。土壤水分含量、土壤结构、土壤颜色、有机质含量以及表面粗糙度等都会对土壤的反射率产生显著影响。这些因素相互作用,很难把其中一种因素的影响贡献从其他因素的影响中独立出来。

土壤质地之所以能影响土壤的光谱反射率,一方面是由于土壤颗粒大小本身的影响,另一方面是由于土壤质地影响土壤持水能力而产生间接的影响,比如粗砂质因易于排水,水分含量较低;而细结构土壤的排水能力差,水分含量较高。一般来说,含水量高的土壤反射率相对较低,含水量低的土壤反射率相对较高。但是,在水分缺乏的情况下,土壤本身则显示相反的趋势。因此,一种土壤的反射率只能反映土壤在某种状态下的特性。

土壤有机质含量是影响土壤光谱特征的另一个重要参数。有机质含量增加会导致土壤反射率下降。研究证明,有机质含量和整个可见光段的土壤反射率是非线性关系。不同的气候环境以及有机质分解程度等均对反射率有影响。因此,当研究两者关系时,必须考虑到土壤所处的气候区和土壤本身的排水条件(图 2-3)。

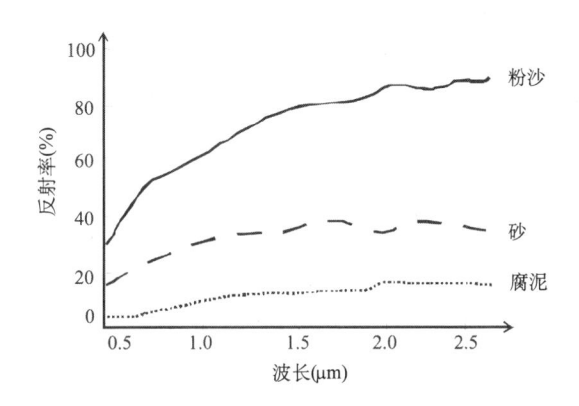

图 2-3　三种土壤的反射波谱曲线

此外,氧化铁含量也会导致土壤反射率明显下降;土壤表面粗糙度的减小会导致反射率上升,土壤颗粒变细会使土壤表面更趋于平滑,使更多的入射能被反射;土壤的颜色也会影响其反射率,随着颜色的变浅,反射率一般都增高。

3. 水体的反射波谱特性

水体反射光谱特征的主要影响因素是水体本身的光学性质和水的状态。在可见光部分,水体反射包含水面反射、水体底部物质反射及水中悬浮物质的反射三方面的贡献。在 $0.6\mu m$ 之前，水的吸收少，反射率较低，大量透射。水面反射率约5%左右，并随着太阳高度角的变化呈3%～10%不等的变化；其中，清水在蓝—绿光波段反射率为4%～5%，$0.6\mu m$ 以下的红光部分反射率降到2%～3%，在近红外、短波红外几乎全部吸收入射能量，因此水体在这两个波段的反射能量很小。这一特征与植被和土壤光谱形成十分明显的差异，因而在红外波段识别水体是比较容易的。

水的状态是指水体中所含的有机、无机悬浮物质的浓度、类型和粒度大小。悬浮的杂质对入射光有明显的散射和吸收作用。比如，泥沙不仅造成水的浑浊，而且改变水的发射光谱。随着水中悬浮泥沙浓度的增加，水体在整个可见光波段的反射亮度增加，水体由暗变得越来越亮，同时反射峰值波长向长波方向移动，即从蓝向绿向更长波段移动，而且反射峰值区变得更宽。

水中叶绿素的含量对水体的光谱响应影响很大。一般来说，随着叶绿素含量的不同，在 $0.43\sim 0.70\mu m$ 光谱段会选择性地出现较明显的差异。在波长 $0.44\mu m$ 处有个吸收峰，$0.4\sim 0.48\mu m$ 反射辐射随叶绿素加大而降低，在波长 $0.52\mu m$ 处出现"节点"，即该处的辐射值不随叶绿素含量而变化，在波长 $0.55\mu m$ 处出现反射辐射峰，并随叶绿素的增加，反射率上升。

在清澈的水中，水底的反射光和水中的散射光强度与水的深度呈良好的负相关。据测定，清洁水对 $0.47\sim 0.55\mu m$ 左右的光谱散射作用最弱，消散系数最小，即穿透能力最强，故可以认为该波段是遥感探测清洁水深的最佳波段(图2-4)。

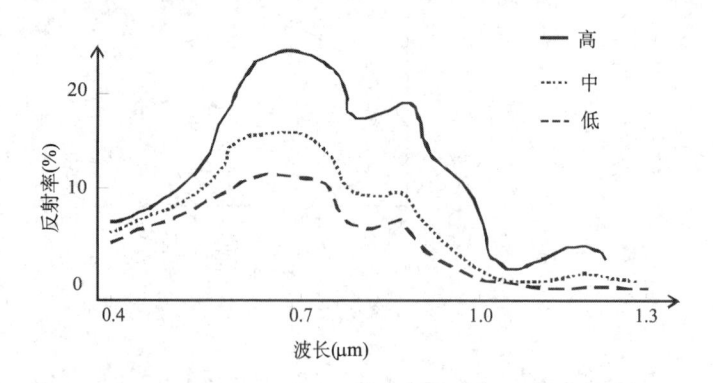

图 2-4 具有不同含沙量的水的反射波谱曲线

4. 岩石的反射波谱特性

岩石的反射波谱曲线无统一的特征，其大概趋势是反射率随着波长的增加而逐渐增加。实验表明，作为岩石主要成分的硅、铝、镁和氧在近红外波段并不产生吸收带。在 $0.4\sim 1.3\mu m$ 范围内的光谱特征是由某些阳离子的电子跃迁引起的，比如 Fe^{2+} 离子在 1.0μm 附近存在一个吸收带，而 Fe^{3+} 离子的最明显的吸收带表现在 0.9μm 附近，并且使可见光区的反射率曲线的斜率变大。在 1.3～2.5μm 波段内的吸收谱带是由 OH^- 和 CO_3^{2-} 等阴离子振动引起的。另外，只要岩石中有水存在，就会出现特殊的吸收谱带(图 2-5)。

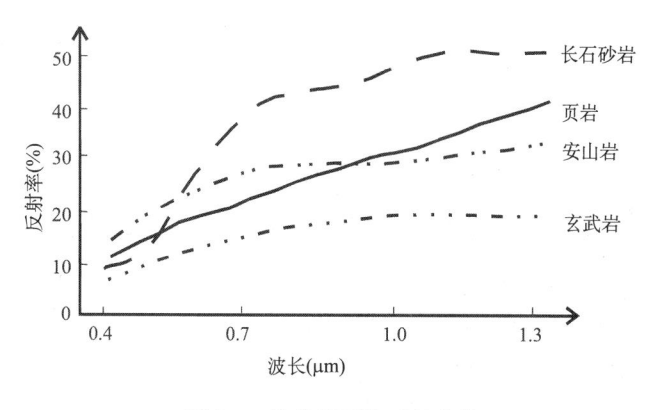

图 2-5 几种岩石的反射曲线

实际上，一种岩石的光谱特征可以表示为组成它的矿物颗粒的种类与比例、大小和形状以及它们的空间分布、组合方式和填充密度的一个复合函数。由于每种岩石都是由几种矿物组成的，因此在一般情况下，岩石的光谱特征就不可能像它的组成成分那样具有可分辨的很清晰的光谱特征。

火成岩的主要成分是硅—氧四面体，其次是铝—氧四面体，但是它们本身并没有光谱特征，因此，光谱中所出现的任何特征都是岩石内其他成分产生的，它们以构造成分、替代成分或杂质成分的形式存在于岩石中。因此，可以根据火成岩的其他附属成分的反射光谱特征来判定其类型。

沉积岩的光谱曲线通常情况下是十分清晰的，除非有不同的碳质物质而被掩盖。但是，所表现的光谱特征的成因却非常有限，主要是碳酸根的谱带、常见的风化产物黏土的谱带。另外，造成可见光及近红外区光谱扰乱的一个主要来源是三价铁氧化物，三价铁的存在使极不同的岩类光谱彼此极为相似。

变质岩的光谱均具有清晰的谱带特征，若是这些谱带消失了，则表明有颇多的不透明物质存在，例如石墨、磁铁矿或是最常见的碳质物质。变质岩的光谱特征是由为数不多的几种离子或分子基团的能级跃迁引起的。在多数情况下，光谱特征仅是岩石成分的一种间接标志。由于变质岩可以由许多种不同的矿物组成，其中一些成分，对变质环境来说完全是特殊的，所以变质岩具有各种的光谱行为。不过，类似的变质相具有类似的光谱行为，这种光谱行为从岩石的矿物学上是很容易推断出来的。

另外，除了岩石本身的组成和结构外，岩石的光谱特征还受到环境、大气等诸多因素的影响。比如，风化往往会使得近地表的岩石成分、结构产生改变，从而导致岩石的光谱特征的变异。另外，岩石的表面粗糙度、表面颜色、岩石产状、大气环境、背景地物等都可以改变岩石的波谱反射特性。

§2.2 传感器与地表信息的获取

2.2.1 传感器的主要类型

遥感是应用探测仪器，不与探测目标相接触，从远处把目标的电磁波特性记录下来，通过分析，揭示出物体的特征、性质及其变化规律的综合性探测技术。按照探测能量的波长和探测方式、应用目的，遥感可以分为可见光—近红遥感、热红外遥感和微波遥感三种基本形式。不同的遥感类型，其传感器工作的原理不同。

1. 可见光—近红外遥感

可见光—近红外遥感记录的是地球表面对太阳辐射能的反射辐射能，也就是说其传感器记录的是目标物体的反射光谱特性。按照采集数据的方式，又可分为摄影系统和扫描系统两种类型。

摄影系统采用的是光学摄影波段，即紫外—近红外波段的电磁波辐射能量。该系统把地物目标反射的太阳辐射能通过相机镜头投射到感光胶片上发生光化学反应，先形成潜影，经显影、定影和放影等过程而获得图像。传统摄影依靠光学镜头及放置在焦平面的感光胶片来记录物体影像；数字摄影则通过放置在焦平面的光敏元件，经光/电转换，以数字信号来记录物体的影像。

扫描系统采用的探测波段为 $0.3\sim1.4\mu m$，包括紫外、可见光、近红外、中红外、热红外谱区。地物目标的波谱特性直接由与运载工具飞行方向成直角转动或摆动的反射镜或棱镜组成的光机系统收集，经分光再聚焦到探测器上。探测器由感应可见光与近红外的硅光电二极管、感应短波红外与中红外的铟锑、铟砷或感应热红外的碲镉汞等光敏、热敏元件组成。这些探测元件把接收到的辐射能转换为电信号，经放大、转换等处理形成不同亮度的条带影像。连续不断的行扫描就把条带影像组合成覆盖一块地面的影像。

扫描成像与相机摄影成像的根本区别在于：整个图像不是依赖快门在曝光瞬间使胶片平面上发生光化学反应来记录成像，而是随着运载工具在向前移动的过程中，进行连续横向行扫描来获取地物目标反射或自身发射出的电磁波谱信号，逐行记录成像。

2. 热红外遥感

热红外遥感记录的是地球表面的发射辐射能。探测波段在 $3\sim18\mu m$ 范围内，位于可见光和微波之间。热红外遥感的成像是通过热红外探测器搜集地物辐射出来的热红外辐射通量，经过能量转换而变成人眼能看到的图像。从理论上讲，自然界任何温度高于热力学温度的物体都不断向外发射电磁波，其辐射能量的强度和波谱分布位置是物质类型和温度的函数。因此，热红外遥感是一种全天候的遥感手段。热红外遥感器主要包括以下三种探测仪器：热探测器、热辐射计和热红外扫描仪。

热探测器将辐射能转化成与红外辐射强度成正比的电信号，探测器由一些对特定波长有能量响应的物质组成，随着热红外探测器类型的不同，在不同波段灵敏度不同。

热辐射计是一种定量测定辐射温度的非成像装置，它用红外光敏探测器和滤色镜来测定特定波长的辐射，通常采用 $8\sim14\mu m$ 波段。它的工作原理是将从地面接收的辐射能压缩到一个内部标定源上，通过一个断电器控制使来自目标的辐射与辐射参考源的数据流交替投射到探测仪器上，通过测量两者的辐射差异来估算目标的辐射。

热红外扫描仪是在热红外遥感中应用最多的成像仪器。地面辐射的热红外能量被反射镜聚焦在热红外探测器上，探测器将辐射能转换成正比于热红外辐射强度的电信号。用胶片记录的热红外扫描仪是将放大的信号调制成一个小光源的亮度，然后用与扫描反射镜同步的反射镜，将被调制的光源的亮点扫描在记录胶片上，记录胶片前进速率和飞行器的速率与高度之比成正比，这样地面上每一条扫描线在胶片上都有一条扫描线与其相对应，形成地物热辐射图像。

3. 微波遥感

微波遥感分为主动和被动遥感两类，二者有根本的差异。记录地球表面对人为微波辐射能的反射辐射能的遥感属于主动遥感，其主动在于它自身提供能源而不依赖太阳和地球辐射，最具有代表性的主动遥感器为成像雷达；而记录地球表面发射的微波辐射能的遥感属于被动遥感。

雷达成像系统主要包括发射器、雷达天线、接收器和记录器四个部分。由脉冲发生器产生高功率调频信号；经发射器以一定的时间间隔反复发射具有特定波长的微波脉冲，这样"照射"到地面的连续微波条带就形成了一个类似于行扫描仪产生的连续视场条幅；如果每个视场条幅照射到不同微波反射、散射特性的地物，那么被同一天线接收记录的雷达反射、散射回波的强弱就会发生变化。与此同时，视场条幅的两侧至天线距离不一，自左向右或自右向左逐渐增大，因此，其回波信号到达天线的时间就会有先后。这种强弱、先后都有差异的信号，与电子钟测定的时基信号相配合，经适当处理，记录下来，就可获得一张反映地面状况的雷达图像。

被动遥感是通过传感器，接收来自目标地物发射的微波，从而达到探测目的的遥感方式。被动接收目标地物微波辐射的传感器为微波辐射计，被动探测目标地物微波散射特性的传感器为微波散射计，但是这两种传感器均不成像。

2.2.2 遥感图像的分辨率

遥感图像是各种传感器所获信息的产物，是遥感探测目标的信息载体。解译人员需要在图像上获取三方面的信息：目标地物的大小、形状及空间分布特点，目标地物的属性特点，目标地物的变化动态特点。目标地物的这些特点归纳为几何特征、物理特征和时间特征，在遥感图像中的表现为空间分辨率、光谱分辨率和时间分辨率三个参数。

1. 空间分辨率

空间分辨率指像元所代表的地面范围的大小，即扫描仪的瞬时视场或地面物体能分辨的最小单元。它们均反映对两个非常靠近的目标物的识别、区分能力，有时也称为分辨力或解像力。例如 NOAA/AVHRR 图像的一个像元约相当于地面面积 1 100m×1 100m；Landsat/TM 一个像元相当于地面面积 30m×30m；IKONOS 的全色波段一个像元代表地面 1m×1m，即其空间分辨率为 1m，它的多光谱波段一个像元代表地面 4m×4m。像元是扫描影像的基本单元，是成像过程中或计算机处理时的基本采样点。图 2-6 显示了三种不同空间分辨率的遥感影像。

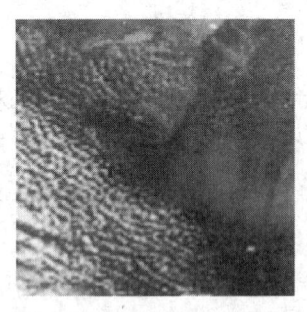

a) 1.1km的NOAA/AVHRR影像　　b) 30m的TM影像　　c) 1m的IKONOS影像

图 2-6　不同分辨率的遥感影像图

一般来说，遥感系统的空间分辨率越高，其识别能力越强。但实际上，每一物体的可分辨程度不完全取决于空间分辨率，还受形状、大小和它与周围物体的亮度差的影响。比如 Landsat/TM 的空间分辨率为 30m，但是宽度仅为 15～20m 的铁路甚至仅宽 10m 的公路，当它们通过沙漠、水域、草原、农作区等背景光谱较单调或与道路光谱差异大的地区，往往清晰可辨，这是它的独特形状和较单一的背景值所致。

遥感资料并非单纯从地面分辨率的大小来决定其用途大小，而要看它研究什么对象，解决什么问题。对于不同的应用目的，要求的概括程度不同，选择的地面分辨率也完全不同。比如，研究如大陆漂移、洋流、自然地带等大致相当于千米级（1 000～5 000m）的宏观现象，陆地卫星的空间分辨率已嫌高了，采用气象卫星便可解决问题；研究属国家级、州级的大型环境特征，陆地卫星的空间分辨率可以保证；研究如作物估产、土种识别、林火监测、污染监测等中型环境特征，一般在 50m 以上的区域范围内，采用陆地卫星资料加上航空像片便可进行工作，SPOT 卫星图像也可进行；研究如港湾、水库工程建设、城市发展规划等小型环境特征，一般在 5～10m 的地区范围内，陆地卫星对之已无能为力，主要靠航空像片或者近期发射成功的 QuickBird 和 IKONOS 影像等，SPOT 卫星图像也可以做一些工作。

2. 波谱分辨率

波谱分辨率包含两方面的信息，一是指传感器所用的波段数目、波段波长及其波段宽度，二是指辐射分辨率（图 2-7）。

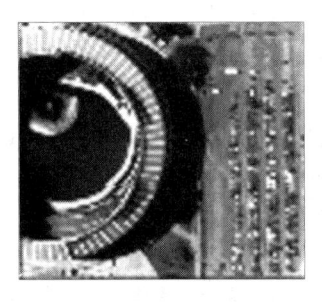

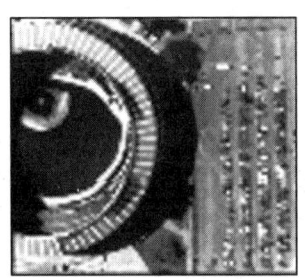

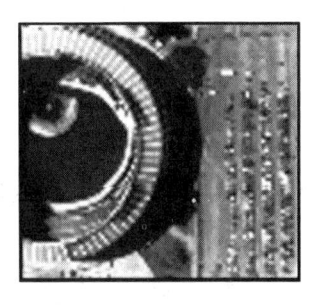

a) 蓝波段图像　　　　b) 绿波段图像　　　　c) 红波段图像

图 2-7　IKONOS 影像的蓝、绿、红三波段的图像

前者就是指传感器选择的通道数、每个通道的波长、带宽。光谱分段分得越多越细、频带宽度越窄，所包含的信息量就越大，针对性越强，则易于鉴别细微差异。因此，多光谱信息的利用不仅大大开拓了遥感应用的领域，并且使光谱选择的针对性越来越强。例如，过去的航空影像一般采用一个综合波段，卫星遥感开始利用多波段。从综合波段记录电磁波信息到分段分别记录电磁波的强度，这样可以把地物波谱的微弱差异区分并记录下来。例如，TM 影像的各个波段都针对不同地物进行探测。

但是，波段越细，各波段数据间的相关性就越大，增加了信息的冗余度；而且数量越大，给数据传输、数据处理和鉴别都带来困难。

后者是指传感器接收波谱信号时，能分辨的最小辐射度差，即传感器对光谱信号强弱的敏感程度和区分能力。在遥感图像上表现为每一像元的辐射量化级。例如，陆地卫星 Landsat5 的 TM3 波段，其最小辐射量值为 $-0.008\ 3\text{mv/cm}^3 \cdot \text{sr} \cdot \mu\text{m}$，最大辐射量值为 $1.410\text{mv/cm}^3 \cdot \text{sr} \cdot \mu\text{m}$，量化为 256 级，即该影像的取值范围为 0～255。IKONOS 影像的量化级为 11 位，则该影像的取值范围为 0～2 048。显然，IKONOS 比 TM 的辐射分辨率有所提高，图像的可监测能力增强了。

3. 时间分辨率

时间分辨率是指对同一地点进行遥感采样的时间间隔，即采样的时间频率，也称重访周期。遥感的时间分辨率范围较大：以卫星遥感来说，静止气象卫星（地球同步气象卫星）的时间分辨率为 1 次/0.5 小时；太阳同步气象卫星的时间分辨率为 2 次/天；Landsat 为 1 次/16 天；中巴（西）合作的 CBERS 为 1 次/26 天等。还有更长周期甚至不定周期的。

对于以小时为单位的一天以内的变化，如探测大气海洋物理现象、火山爆发、植物病虫害、森林火灾以及污染源检测等，主要用气象卫星获得的信息；对于以"旬"或"日"为单位的一年之内的变化，如探测植物的季相节律、再生资源调查（农作物、森林、水资源等）、旱涝、气候学、大气动力学、海洋动力学分析等，主要用陆地卫星获得的信息；对于以年为单位的长周期的变化，如湖泊的消长、河道的迁徙、海岸进退、城市扩展、灾情调查、资源的变化等，主要用较长时间间隔的各种类型的遥感资料，通过时间序列的对比来反映不同时间的轨迹。图 2-8 所示的洪泽湖地区在 1979 年、1988 年和 2002 年的 TM 图像，用三个时期的图像来监测该地区的土地利用变化。

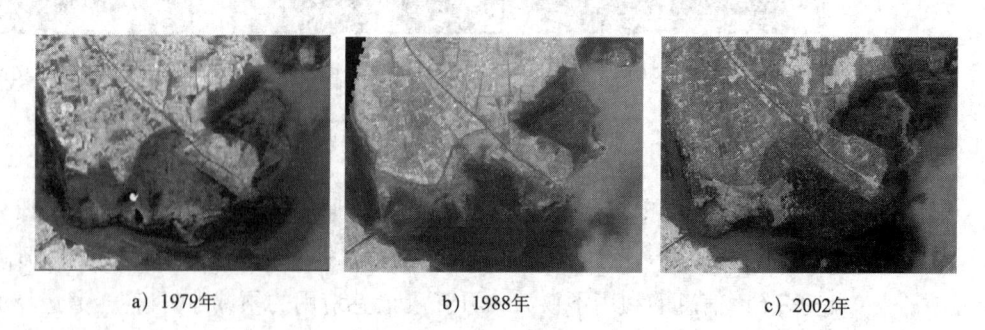

a) 1979年　　　　　b) 1988年　　　　　c) 2002年

图 2-8　洪泽湖西部地区不同时间的 TM 影像图

其实，遥感对象的变化规律要求遥感探测周期与之对应；另外一方面，对遥感本身来说，由于传感器选择波段有限制，不同的波段又有不同的时间要求，也就是要有一定的工作条件。如侧视雷达是全天候的，热红外摄影或扫描只有在清晨 2～3 点以及白天午间温度最高时为宜，多波段则必须晴空，因而需要专门研究全球天气。

2.2.3 常用传感器与对地观测

遥感图像是各种传感器所获信息的产物，是遥感探测目标的信息载体。传感器的多平台、多波段、多视场、多时相、多角度、多极化等造成了遥感数据的多维特征。这种多维特征可以通过不同的分辨率和特性来描述。表 2-1 列出了常用传感器获取的图像特征。

表 2-1 几种主要传感器及其特性

卫星传感器	波段范围	空间分辨率(m)	重访周期(天)	覆盖范围(km²)	主要用途
NOAA/AVHRR	0.58～0.68μm	1 100	0.5	2 400×2 400	植被、云、冰雪
	0.725～1.10μm				植物、水陆界面
	3.55～3.93μm				热点、夜间云
	10.5～11.5μm				云及地表温度
	11.5～12.5μm				大气及地表温度
Landsat TM	0.45～0.52μm	30	16	185×185	水深、水色
	0.52～0.60μm				水色、植被状况
	0.63～0.69μm				叶绿素、居住区
	0.76～0.90μm				植物长势
	1.55～1.75μm				土壤和植物水分
	10.4～12.5μm	120			云及地表温度
	2.08～2.35μm	30			大气及地表温度
SPOT5 HRG	0.49～0.69μm	2.5	26	60×60	1:25 万地形图修测，1:1万农村地籍图更新，小流域水土流失治理，工程选线，数字城市，三维模拟仿真，精细农业
	0.43～0.47μm	10			
	0.49～0.61μm				
	0.61～0.68μm				
	0.78～0.89μm				
	1.58～1.75μm	20			
IKONOS	0.45～0.90μm	0.82	3	11×11	大比例尺制图，城市生态，环保、资源调查，紧急事务处理
	0.45～0.52μm	3.28			
	0.52～0.60μm				
	0.63～0.69μm				
	0.76～0.90μm				

续表

卫星传感器		波段范围	空间分辨率(m)	重访周期(天)	覆盖范围(km²)	主要用途
CBERS	CCD	0.45～0.52μm 0.52～0.59μm 0.63～0.69μm 0.77～0.89μm 0.51～0.73μm	19.5	3	113×113	广泛用于土地利用、水资源调查、农作物估产、探矿、地质测绘、城市规划、环境保护、海岸带监测
	IR-MSS	0.5～0.9μm 1.55～1.75μm 2.08～2.35μm	78	26	119.5×119.5	
		10.5～12.5μm	156			
	WFI	0.63～0.69μm 0.77～0.89μm	258	5天覆盖全国	890×890	
ASTER	VNIR	0.52～0.60μm 0.63～0.69μm 0.78～0.86μm	15	16	60×60	同轨立体观测,测制1:10万地图
	SWIR	1.600～1.700μm 2.145～2.185μm 2.185～2.225μm 2.235～2.285μm 2.295～2.365μm 2.360～3.430μm	30			提高对黏土质的鉴别能力
	TIR	8.125～8.475μm 8.475～8.825μm 8.925～9.275μm 10.25～10.95μm 10.95～11.65μm	90			矿产调查,大气、陆地、海洋的监测
MODIS		0.4～14.5μm (36个波段)	B1-B2:250 B3-B7:500 B8-B36:1 000	16	2 330×10	陆地和云的分界限以及二者的属性,海洋颜色,水层性质,生物化学,大气水蒸气,地表、大气和云的温度,卷云,水蒸气,臭氧,云顶高度
SIR-C		0.40～12m 0.75～12m 0.75～12m	标准:20～60 高分辨率:10～30	在不同纬度,重访周期不同	15×15～90×90	矿产资源,水资源,林业,农业

下面详细介绍几种常用传感器的特征。

1. NOAA/AVHRR 气象卫星

NOVAA/AVHRR 为一台旋转平面镜式扫描仪。探测器扫描角度为 $\pm 55.4°$，扫描带宽约 2 800km。空间分辨率为 1.1km，部分地区为 4km。它有 5 个光谱通道，其中可见光波段 $0.58\sim0.68\mu m$，近红外波段 $0.725\sim1.1\mu m$，热红外波段分别为 $3.55\sim3.93\mu m$、$10.5\sim11.5\mu m$、$11.5\sim12.5\mu m$。重复观测周期为 0.5 天。在双星系统下，同一地点每天有 4 次过境资料。AVHRR 具有较高的辐射分辨率，其数据量化等级为 1 024，温度分辨率达到 1℃。

由于 NOAA/AVHRR 的成像范围大，有利于获得宏观同步信息，减少数据处理容量。相较于陆地卫星而言，受其成像周期、成像范围和云量等因素的影响，这样大范围内要取得卫星准同步资料是非常困难的，但是 NOAA/AVHRR 却可以轻易达到。另外，在同等量数据下，NOAA 卫星地面覆盖面积是 Landsat 的 194 倍，大大减少了数据处理和存储的工作量。

由于时间分辨率比较高，有助于捕捉地面快速动态变化信息，如日变化频繁的大气海洋动力现象等，有利于高密度动态遥感研究，同时大大增强了获取无云影像的能力。经过加工处理，可绘制出各种高质量的等值线图，如平均云量等值线图、海陆表面温度等值线图等，以进行专题分析。

2. Landsat TM 陆地卫星

陆地卫星的轨道为与太阳同步的近极地圆形轨道，可以保证北半球中纬度地区获得中等太阳高度角的上午成像，而且卫星通过同一地点的地方时相同，有利于图像对比。陆地卫星每天向西移动 2 400km，每 18 天覆盖地球一次。在扫描一幅图像的 28 秒内形成平行四边形图像，覆盖范围为 $185\times185km$。TM 的辐射分辨率为 256 级。TM 图像的地面分辨率在可见光部分为 $30\times30m$，热红外部分为 $120\times120m$。

Landsat 传感器的 TM 影像有 7 个通道的信息，蓝波段（$0.45\sim0.52\mu m$），对水体穿透能力强，对叶绿素及其浓度反映敏感，有助于判别水深、水中叶绿素分布，进行近海水域制图等；绿波段（$0.52\sim0.60\mu m$），对健康旺盛植物反射敏感，对水的穿透力较强，用于探测健康植物绿色反射率，按"绿峰"反射评价植物生命力，区分林型、树种和反映水下特征等；红波段（$0.63\sim0.69\mu m$），为叶绿素的主要吸收波段，反映不同植物的叶绿素吸收、植物健康状况，用于区分植物种类与植物覆盖度，广泛用于地貌、岩性、土壤、植被、水中泥沙流等方面；近红外波段（$0.76\sim0.90\mu m$），对绿色植物类别差异最敏感，为植物通用波段，用于生物量调查、作物长势测定、水域判别等；中红外波段(1.55~1.75μm),处于水的吸收带内,对含水量反应敏感,用于土壤湿度、植被含水量调查、水分状况的研究、作物长势分析等,从而提高了区分不同作物类型的能力,易于区分云与雪;热红外波段(10.4~12.5μm),可以根据辐射响应的差别,区分农、林覆盖类型、辨别表面湿度、水体、岩石以及监测与人类活动有关的热特征,进行热制图;中红外波段(2.08~2.35μm),主要应用于地质学领域,可以区分主要岩石类型、岩石的水热蚀变,探测与岩石有关的黏土矿物等。

由于陆地卫星覆盖范围大,可获得准同步、全球性的系统覆盖,为宏观研究各种自然现象和规律提供有利条件;另外它重复覆盖,提供不同季节、不同照度条件下的图像,可满足动态监测与预报分析的需要;低—中等太阳高度角(25°~30°)使图像上产生明暗效应,从而增强了对地质、地貌现象的研究,有利于地学分析。

3. SPOT 卫星

SPOT 的轨道是太阳同步圆形近极地轨道,轨道高度为 830km 左右,卫星的覆盖周期是 26 天,重复观测能力一般为 3~5 天,部分地区达到 1 天。较之 Landsat 卫星,其最大的优势是最高空间分辨率达 2.5m,并且 SPOT 卫星的传感器带有可定向的发射镜,使仪器具有偏离天底点观察的能力,可获得垂直和倾斜的图像,因而其重复观察能力由 26 天提高到 1~5 天,并在不同轨道扫描重叠产生立体像对,可以提供立体观测地面、描绘等高线、进行立体测图和立体显示的可能性。另外,它的灵敏度高,在良好的光照条件下可探测出低于 0.5% 的地面反射的变化。因此,SPOT 卫星能满足资源调查、环境管理与监测、农作物估产、地质与矿产勘探、土地利用、测制地图及地图更新等多方面的需求。

4. IKONOS 卫星

IKONOS 具有蓝(0.45~0.52μm)、绿(0.52~0.61μm)、红(0.64~0.72μm)和近红外(0.77~0.88μm)四个波段的信息,空间分辨率为 4m×4m;还具有全色波段(0.45~0.90μm)的信息,空间分辨率为 1m。该传感器每 1~1.5 天可以获得 1.5 空间分辨率的数据,每 3 天可以获得 1m 空间分辨率的数据。IKONOS 的辐射分辨率很高,达到 2 048,即灰度级相较于前面介绍的几种图像高很多。

在这样高的空间分辨率下,一些地物景观的结构、纹理和细节等信息更加清楚地表现出来,这就使得在获得丰富的地物光谱信息的同时还可以获取更多的地物结构、形状和纹理信息,使在较小的空间尺度上观察地表的细节变化、进行大比例尺遥感制图以及监测人为活动对环境的影响成为可能。由于时间分辨率的提高,重复轨道周期都缩短在 1~3 天之内,使得动态监测地表环境的运动变化和人类活动成为可能。

另外,IKONOS 是三线阵 CCD 扫描成像,具有同轨立体的特点,可以构成准核线的立体图像,而且中间图像与前和后图像组成不同立体,提供三维同时测量的可能性。

目前来看,全色波段广泛用于城市规划、紧急救援反应和管理、电信、水和污水管理、地籍、油气勘探和现场开发、制图和地物编绘、地理信息系统建立和更新等等。多谱段和彩色图像产品除可用于上述领域外,还可以用于农业、林业、自然资源管理和环境评估及公用事业用地监控等。

5. MODIS 卫星

MODIS 的扫描宽度为 2 330km,时间分辨率为 16 天。它拥有从可见光到热红外具有 36 个波段的扫描成像辐射计,分布在 0.4～14μm 的电磁波谱范围内。对于不同的波段,其空间分辨率不同,有 250m、500m 和 1 000m 三种。它共有 44 种产品,其中包括栅格的植被指数(NDVI/EVI)、热异常火灾、叶面积指数和光合作用有效辐射等。

在地质资源勘查方面,利用波段 20、21、22、23、31 和 32 可以反演整个地球陆地表面的温度,用于地热资源的勘查;利用波段 1、3、7 和 20 等可以得到气溶胶观测数据,尤其蓝光通道提供了将陆地上气溶胶光学厚度计算扩展到其他地物上的可能性,使人们可以直接在遥感图像上确定污染的位置和范围,并根据它们的运动、发展规律来进行预测、预报;波段 1、2、6、7、20、21、22、23、31 和 32 可以用来探测火灾;波段 4、6、7、13、16、20、26、31 和 32 均可为冰雪监测提供原始资料;其植被指数产品可以提供全球植被状态的同一时间和空间比较,可用于监测地球上植被的生长变化,以便进行变化监测和生物气候学及生物物理学的解释,如波段 1 和 13 为叶绿素的主要吸收波段,波段 3 对叶绿素和叶色素浓度敏感;利用同一地区不同时相的遥感影像进行叠加、解译和对比分析,就可以准确地得出该地区土地资源的变化,例如波段 26 和波段 3 的比值可区分土壤类型是腐殖土还是沙土或黏土,黏土在通道 5、6 附近具有强吸收,而沙土则有强反射,盐渍土的反射率比非盐渍土高得多,并随着盐渍土程度的增加,波谱特征曲线向上平移。但是,由于空间分辨率的限制,只适用研究大面积的区域。

MODIS 数据波段多,光谱范围宽,采集的数据应用广,是 TM 和 AVHRR 无法比拟的。MODIS 是高信噪比仪器,增强了云监测能力,减少了子像素云污染影响,提高了对地观测能力。因此它对于开展自然灾害与生态环境监测、全球环境和气候变化研究以及进行全球变化的综合性研究等具有重要意义。

§2.3 遥感图像与地表信息特征

2.3.1 遥感图像的数学表示

1. 遥感图像的函数形式

遥感图像记录的是遥感传感器对地观测的结果,其灰度值反映了地物的反射和发射电磁波能力,该值与工作区地物的成分、结构和传感器的性质等之间存在某种内在联系,这种内在关系可以用函数来表达,也就是说客观存在着遥感图像的模式。对于一般的陆地卫星图像,其数学模型可定义为:

$$\text{Image} = f(x,y,z,\lambda,t) \tag{2-4}$$

式中,x,y,z 表示该图像的空间特征;(x,y) 为位置信息;z 表示 (x,y) 处的反射光谱信息。如果用显函数形式,其模型可以定义为:

$$z = f(x,y,\lambda,t) \tag{2-5}$$

其中,λ 为传感器所使用的波段。如 TM 图像的 7 个不同的波段分别用 $\lambda_1,\lambda_2,\cdots,\lambda_7$ 来表示,则每个波段的函数可以用下式表示:

$$z = f_{\lambda_i}(x,y,t), \quad i=1,2,\cdots,7 \tag{2-6}$$

若固定 λ_i,得到某一波段的单色图像。t 表示获得图像的时间序列,如果 t 固定,则可得到一幅静止的图像。

通常所说的多波段、多时相的图像处理,就是指充分利用模型中提供的参数 λ 和 t 所作的各种处理。为分析模型本身的空间特征,往往将 t 和 λ_i 固定,则图像的数学模型可简化为二维的光强度函数 $f(x,y)$。该函数适应用于任何形式的图像,因此,其定义是广泛的。由于光是一种能量形式,故 $f(x,y)$ 的取值范围为:

$$0 \leqslant f(x,y) \leqslant \infty \tag{2-7}$$

其中,$0 \leqslant x \leqslant Lx, 0 \leqslant y \leqslant Ly$。

在考虑图像模式简化时,图像函数 $f(x,y)$ 只考虑了不同空间坐标位置上的像元的光谱值。实际遥感图像处理中,λ 往往通过不同波段组合来体现,即多波段组合问题;t 主要表现在同一地区不同时间的图像重复获取,即多时相组合问题。

该数学函数具有以下特点:① 函数值的物理意义明确,遥感图像的灰度值即图像函数值代表地物电磁波辐射的一种度量,也就是说图像函数值主要反映的是地物的光谱特征;② 函数定义域的限定性,由于每一种遥感传感器都具有一定的视域,因而它所获得的图像大小也是有限的,所以图像函数只在实际图像范围内有效;③ 图像函数值的限定性,图像的灰度一般都在一定的值域内变化,即有:

$$0 \leqslant f(x,y) \leqslant R_{max} \tag{2-8}$$

式中,$f(x,y)$不小于零的物理意义是地物的电磁波辐射量最小是零,不应该出现负值;R_{max}为地物的最大辐射值。

2. 遥感图像的传输模型

图像函数$f(x,y)$表示的是二维空间内物质的辐射电磁波能量的分布,是地表覆盖的直接反映,不是传感器记录下来的影像或数据本身,传感器所接收的电磁波辐射能量至少还要受到辐射电磁波与大气层的相互作用的影响。因此,遥感平台上的传感器所记录下来的物质辐射特征及几何特征与实际的地物辐射特征之间还有差别。即:作为地物反射光谱函数,受太阳光照度$i(x,y)$与地物反射率$r(x,y)$的双重影响,因此,其关系式为:

$$f(x,y) = i(x,y)r(x,y) \tag{2-9}$$

其中,$0 \leqslant i(x,y) \leqslant \infty$,取值范围取决于天气条件;

$0 \leqslant r(x,y) \leqslant 1$,取值随不同地物而异。

$f(x,y)$经过大气辐射至卫星传感器的输入端,再从卫星检波器系统输出,其地物反射光谱能量是经过大气及系统产生的衰减和畸变,加之各种噪声的影响,实际送至地面接收站的模型为:

$$g(x,y) = H_1(x,y)H_2(x,y)f(x,y) + \eta(x,y) \tag{2-10}$$

其中,$H_1(x,y)$为大气衰减函数,由大气的吸收和散射引起,造成影像辐射值Z的衰减,主要表现在分辨率的下降、对比度的下降和信息模糊;$H_2(x,y)$为系统衰减函数,由检测系统的非一致性引起,主要造成像元几何位置的失真。

该模型称为图像的传输模型,其传输过程如下式所示:

$$f(x,y) \Rightarrow \boxed{H(x,y)} \Rightarrow \oplus \xleftarrow{\eta(x,y)} \Rightarrow g(x,y) \tag{2-11}$$

式中,$H(x,y)$为$f(x,y)$的传输函数,受大气层大气散射及传感器系统的频率响应的综合影响,即:$H(x,y) = H_1(x,y)H_2(x,y)$;$\eta(x,y)$为噪声函数,包括系统噪声和随机噪声。

当 $\eta(x,y)=0$ 时,则传输模型为:

$$g(x,y) = H(x,y)f(x,y) \tag{2-12}$$

2.3.2 图像的采样和量化

图像函数 $g(x,y)$ 是一种连续变化函数,即通常所说的模拟图像。模拟图像是遥感图像光学处理的对象,遥感图像数字处理一般都是在计算机上进行的,因此,必须把模拟图像转换为数字图像。

数字量与模拟量的本质区别在于模拟量是连续变量,而数字量是离散变量。观察一幅黑白影像,其黑白程度称为灰度,是由摄影处理过程中金属银聚集而成,密度越大,影像越黑,密度越小,影像越白。黑和白的变化是逐渐过渡的,没有阶梯状。有时为了使视觉分辨效果更好和对影像质量鉴定方便,人为地在影像下部设置一条灰标,制作成不同等级的灰度值标尺,但就影像本身而言,灰度仍旧是连续变化的。

将这样一幅影像通过扫描仪或数字摄影机等外部设备送入计算机时,就是对图像的位置变量进行离散化和灰度值量化。当数字化该图像时,数字图像在空间位置上取样,产生离散的 x 值和 y 值,则每一个 Δx 和 Δy 构成的小方格称为一个像元。像元是数字图像中的最小单位。每一个像元对应一个函数值,即亮度值,它由连续变化的灰度等分得到。定义原图像函数是一个矩形区域 R 内的实函数,记做:

$$0 \leqslant g(x,y) \leqslant G \quad \text{其中} \ x \in [0, x_{\max}], \quad y \in [0, y_{\max}] \tag{2-13}$$

式中,G 为灰度值的上界;$x_{\max}$、$y_{\max}$ 分别为 x、y 方向的最大值。

数字化后,连续空间变量被等间隔取样成离散值。一幅图像可以表示为一个矩阵,若 x 方向上取 N 个样点,y 方向上取 M 个样点,则成为有 $M \times N$ 个元素的矩阵函数:

$$g(m,n) = \begin{bmatrix} f(0,0) & \cdots & f(0,N-1) \\ \vdots & \ddots & \vdots \\ f(M-1,0) & \cdots & f(M-1,N-1) \end{bmatrix} \tag{2-14}$$

式中,M 代表行数;N 代表列数。M、N 为正整数,矩阵中的每一元素代表图像中的一个像元,其面积大小相当于光学图像分割取样的最小单元 $\Delta x \cdot \Delta y$。

像元采样点阵的形式有正方形点阵、正三角形点阵以及正六边形阵列多种形式,在遥感图像的数字化过程中主要采用正方形点阵(图 2-9)。

$$\begin{pmatrix} 40 & 39 & 37 & 37 & 38 & 40 & 45 & 58 & 72 & 79 & 89 & 100 & 105 & 103 & 101 & 98 & 95 \\ 37 & 36 & 36 & 37 & 37 & 39 & 43 & 56 & 72 & 82 & 88 & 87 & 97 & 101 & 96 & 93 & 93 \\ 38 & 38 & 37 & 37 & 39 & 40 & 42 & 53 & 70 & 84 & 91 & 83 & 78 & 90 & 99 & 99 & 97 \\ 37 & 37 & 38 & 39 & 42 & 47 & 44 & 48 & 65 & 80 & 93 & 85 & 75 & 87 & 99 & 102 & 101 \\ 42 & 40 & 41 & 48 & 54 & 56 & 51 & 47 & 66 & 81 & 89 & 93 & 86 & 88 & 97 & 104 & 101 \\ 50 & 51 & 53 & 52 & 53 & 54 & 56 & 53 & 63 & 77 & 86 & 96 & 99 & 101 & 103 & 100 & 99 \\ 51 & 53 & 54 & 50 & 46 & 48 & 53 & 54 & 71 & 82 & 90 & 94 & 95 & 93 & 91 & 92 \\ 50 & 50 & 52 & 49 & 44 & 45 & 50 & 52 & 53 & 70 & 80 & 84 & 86 & 85 & 83 & 82 & 82 \end{pmatrix}$$

图 2-9　TM 影像的近红外波段的 DN 值

数字图像中的像元值可以是整型、实型和字节型。为了节省存储空间，字节型最常用，即每个像元记录为一个字节。量化后，灰度值从 0 到 2^L，共有 2^L 级灰阶。L 为正整数，通常取 6、7、8 或 11。

很显然，采样间隔越小，数字图像与模拟图像越接近，图像数字化后，图像的失真也就越小；但是采样间隔越小，图像数据量也就越大，这必然影响遥感图像数字处理的速度。灰度等级越多，对地物辐射光谱描述得越精确，但灰度等级的无限增加又会影响到图像的数据量，进而影响遥感图像数据的传输与处理，使遥感图像数字处理复杂化。

2.3.3　遥感图像的信息特征

遥感信息中最基本的几何单元是像元，每一个像元所载的信息是亮度。尽管不同的波段所代表的物理意义、地理特征是不同的，但是，无论是哪一个波段，都以归一化的灰度值来表示。不用物理意义的绝对值，而用归一化的相对值，给地理学的理论研究和实际应用带来了极大的方便。灰度在平面空间的分布又构成了地物的几何特征，为地物识别提供了信息。

1. 图像的亮度响应特征

遥感图像上每个像元亮度值的大小反映了它所对应的地面范围内地物的平均辐射亮度，很显然地物的平均辐射亮度受地物成分、结构、状态、表面特征等因素的影响。所谓亮度值，实际上是在波段记录信息的极小值与极大值之间，在 $(0, 2^n-1)$ 区间中进行内插而得到的正整数。如果以 G 表示亮度，则有：

$$G = f(i, j, \Delta x, \Delta y, \Delta \lambda, \Delta t) \tag{2-15}$$

式中，i、j 是像元的坐标；Δx、Δy 是像元的两个边长；$\Delta \lambda$ 是遥感波段长；Δt 是成像时

段。其中，$\Delta\lambda$ 的物理意义与地理意义又可表示为：

$$\Delta\lambda = f(EMV, GEO) \tag{2-16}$$

式中，EMV(Electromagnetic Wave)为电磁波谱特性，GEO(Geographic)为地理意义。EMV 与 GEO 对波长来说是复杂的隐函数。

光谱响应特征在多光谱遥感影像地物识别中是最直接也是最重要的解译元素。地表的各种地物由于物质组成和结构不同而具有独特的波谱反射和辐射特性，在图像上反映为各类地物亮度值的差异，因此，可以根据这种亮度值的差异来识别不同的物体。影像各波段的亮度值是地表光谱特征通过大气层的影响被卫星传感器接收记录的数据，每个像元各波段的亮度值代表了该像元中地物平均反射和辐射值的大小。

图 2-10 是 TM 影像上采集的典型地物的均值波谱响应曲线。横坐标的 1～6 分别代表 TM 影像的第 1～5 和第 7 波段。纵坐标是地物的光谱响应值，即 DN 值。对比图 2-2、图 2-3、图 2-4 和图 2-5，可见典型地物的光谱响应曲线与地物的光谱曲线差别很大，但是，能反映大致相同的趋势。比如，植被的光谱反射曲线，以蓝和红波段为中心有个吸收高峰，近红外波段有反射高峰，这在下面的光谱响应曲线上也得到了清楚的反映：在第 1 波段和第 3 波段有个低谷，在第 4 波段 DN 值陡增。其实，如果不考虑传感器光谱响应及大气等的影响，则波谱响应值与地物在该波段内光谱反射亮度的积分值相对应。

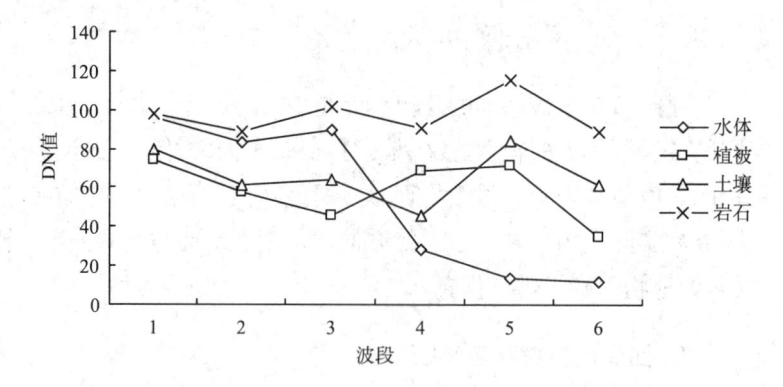

图 2-10 TM 影像上采集的典型地物的均值波谱响应曲线

从光谱响应曲线上，可以根据不同地物的光谱响应曲线的不同特征来识别地物。比如，可以利用第 4 波段的 DN 值大于其第 3 波段的 DN 值来提取植被信息；利用第 4、5、7 波段上特别低的 DN 值来提取水体信息；利用各个波段的值都比较高的特点提取岩石；剩下的地物即为土壤。

2. 地物的纹理特征

纹理是遥感图像的重要信息，不仅反映了图像的灰度统计信息，而且反映了地物本身的结构特征和地物空间排列的关系。每种地物在图像上都有本身的纹理图案，地表的山脉、草地、沙漠、森林、城市建筑群等在图像上都表现为不同的纹理特征。一般都是定性地描述这些地物之间的纹理特征差异，如粗糙度、平滑性、颗粒性、随机性、方向性、直线性、周期性等。

从一般意义上来说，纹理是物体表面灰度和颜色的二维变化图案，是物体表面灰度变化内容的表征。根据纹理在灰度空间分布的规则性和随机性，分为结构性纹理和随机性纹理两类。与之相应，也由结构法和统计法两种纹理描述方法。在遥感影像中，纹理大多为随机纹理，服从统计分布，因此，有效的表示方法为统计法。目前用得比较多的统计方法有灰度共生矩阵法、空间自相关函数法、马尔可夫随机场模型、Gibbs 随机场模型、自回归模型、分形方法、谱分析方法以及基于小波分析的多尺度纹理分析方法。

当目标物体的光谱特性比较接近时，纹理特征对于区分目标可能会起到积极的作用。例如，要区分图像上的针叶林和阔叶林，二者的光谱特性基本相同，但是它们的纹理特征有明显的区别，前者的纹理比较细，后者的纹理比较粗。如果在分类的过程中或者在分类后引入纹理信息，则可将二者分开。

3. 地物的几何特征

各种地物在空间上都具有一定的空间几何特征，在图像上表现为光谱特性相似、具有一定大小和平面形状的区域。因此，地物空间几何特征是地物识别的重要依据之一，一般从大小和形状两方面来描述。

最直接的大小表示方法是此类地物在图像上所占的像元数，也可以用所占的面积来衡量或将栅格图像转换为矢量格式进行量度。

形状是指地物的外形轮廓所构成的几何图像。通常情况下，地物的形状会存在差异，如河流和道路呈现为线状，居民地表现为不规则的团状，水田表现为规则的矩形等。关于对地物形状的描述，发展了很多指标，比如形状指数、紧凑度、延伸性、圆度、平均半径等。

4. 地物的空间布局特征

位置布局特征是指地物的环境位置以及地物间空间位置的配置关系在影像上的反映。地物在空间上的分布受自然条件的控制和人为因素的干预，往往存在某种地域分异规律。例如,山区植被分布的垂直地带性,城市中心到周围乡村土地覆盖类型的逐步过渡性变化,水库一般和大坝相邻,与河流相交的一般为桥梁,高山和陡坡上一般不会有湖泊、池塘和房屋等。探测这种空间位置和布局上的规律性,是识别地物类别的一个重要间接依据,是更高层次上的空间特征。很多学者在GIS的辅助下利用这种空间上的分布特征,对遥感影像土地利用/覆盖分类结果中的错分类别进行后处理,改进分类精度。

§2.4 图像处理与技术应用

2.4.1 遥感图像的处理

在图像获取和传输过程中,由于受到大气、传感器等方面的影响,造成图像的对比度和分辨率下降,信息模糊,并且使影像产生几何变形。因此,需要对这部分失真进行直接的信息恢复处理和间接的增强处理。在地学应用上,为了对地表地物进行识别,需要对遥感影像进行分类处理。另外,为了弥补传感器本身不能获得高波谱分辨率和高空间分辨率的矛盾,还需要对遥感影像进行融合处理。

1. 图像的恢复处理

在遥感成像时由于各种因素的影响,使得遥感图像存在一定的几何畸变和辐射量的失真。这些畸变和失真影响了图像的质量和应用,必须消除。

1) 几何校正

几何变形是指图像上的像元在图像坐标系中的坐标与其在地图坐标系等参考系统中的坐标之间的差异($H_2(x,y)$),消除这种差异的过程称为几何校正。在卫星影像数据提供给用户使用前,有些已经经过辐射量校正和必要的几何校正。

遥感图像的几何变形可分为系统性和非系统性两大类。系统性几何变形是有规律和可以预测的,因此可以应用模拟遥感平台及遥感器内部变形的数学公式或模型来预测。非系统几何变形是不规律的,其原因可以是遥感平台的高度、经纬度、速度和姿态等的不稳定,地球曲率及空气折射的变化等,一般很难预测。几何校正的目的就是要纠正这些系统及非系统性因素引起的图像变形,从而使之实现与标准图像或地图的几何整合。图像的几何校正需要根据图像中几何变形的性质、可用的校正数据、图像的应用目的,来确定合适的几何校正方法。

一般情况下,用户得到的卫星图像数据已经经过初步的几何校正,但是这种图像仍然存在着不小的几何变形,因此需要精确校正。对这种畸变,通过建立同地点地物的坐标变换式,实现空间关系的对应,使图像得到恢复;然后对空间对应关系的图像的灰度值采用一定的方法进行恢复。

2) 辐射校正

进入传感器的辐射强度反映在图像上就是亮度值。该值主要受两个物理量的影响,一是太阳照射到地面的辐射强度,二是大气对辐射的影响。当太阳辐射相同时,图像上像元亮度值的差异直接反映了地物目标光谱反射率的差异。但实际测量时,辐射强度值还受到其他因素的影响而发生改变。这一改变的部分就是需要校正的部分,故称为辐射畸变。引起辐射畸变的原因有三个:大气对辐射的影响($H_1(x,y)$),传感器本身引起的误差,太阳高度角和地形引起的误差。

(1) 大气校正:太阳光在到达地面目标之前,大气会对其产生吸收和散射作用。同样,来自目标物的反射光和散射光在到达传感器之前也会被吸收和散射。入射到传感器的电磁波能量除了地物本身的辐射以外还有大气引起的散射光。因此,大气对光学遥感的影响是十分复杂的。学者们试着提出了不同的大气校正模型来模拟大气的影响,但是对于任何一幅图像,由于对应的大气几乎永远是变化的,且难以得到,因而应用完整的模型校正每个像元是不可能的。通常可行的一个方法是从图像本身来估计大气参数,然后以一些实测数据,反复运用大气模拟模型来修正这些参数,实现对图像数据的校正。

利用辐射传递方程可以进行大气校正。由于在可见光和近红外区,大气的影响主要是由气溶胶引起的散射造成的,在热红外区,大气的影响主要是由水蒸气的吸收造成的。因此,为了消除大气的影响,需要测定可见光和近红外区的气溶胶的密度以及热红外区的水蒸气浓度。但是仅从图像中很难测定这些数据,因此,在利用辐射传输方程时,通常只能得到近似的解。

另外,还可以利用地面实况数据进行大气校正。在获取地面目标图像的同时,预先在地面设置反射率已知的标志,或事先测出若干个地面目标的反射率,把由此得到的地面实况数据和传感器的输出值作比较,以消除大气的影响。由于遥感过程是动态的,在地面特定地区、特定条件和一定时间内参照的地面目标反射率不具有普遍性,因此该方法仅适应于包含地面实况数据的图像。

此外,还有一些其他大气校正的方法。例如在同一平台上,除了安装获取目标图像的遥感器外,也安装上专门测量大气参数的遥感器,利用这些数据进行大气校正。

(2) 传感器校正:在使用透镜的光学系统中,由于镜头光学特性的非均匀性,在其成像平面上存在着边缘部分比中间部分暗的现象,即边缘减光。如果以光轴到摄像面边缘的视场角为 θ，理想的光学系统中某点的光量与 $\cos^n\theta$ 成正比，利用这一性质可以进行边缘减光的校正。

传感器的光谱响应特性和传感器的输出有直接的关系。在扫描方式的传感器中，传感器接收系统收集到的电磁波信号需经光电转换系统变成电信号记录下来，这个过程也会引起辐射量的误差。由于这种光电变换系统的灵敏度特性通常有很高的重复性，所以可以定期地在地面测量其特性，根据测量值对其进行辐射畸变校正。

(3) 太阳高度角和地形校正：为了获得每个像元真实的光谱反射，经过遥感器和大气校正的图像还需要更多的外部信息进行太阳高度和地形校正。通常这些外部信息包括大气透过率、太阳直射辐射光辐照度和瞬时入射角（取决于太阳入射角和地形）。在理想的情况下，大气透过率应当在获取图像的同时进行实地测量，但是对于可见光，在不同的大气条件下，可以进行合理的预测。

太阳高度角引起的畸变校正是将太阳光线倾斜照射时获取的图像校正为太阳光线垂直照射时获取的图像，通过调整一幅图像内的平均灰度来实现的。

倾斜的地形，经过地表散射、反射到遥感器的太阳辐射量会依赖倾斜度而变化。进行地形校正就是把在倾斜面上获得的图像校正到平面上获取的图像。因此需要用到与地区相对应的 DEM 数据，以计算每个像元的太阳瞬时入射角。

2. 图像的增强处理

图像增强的目的是对 $H_1(x,y)$ 所造成的某些信息失真或降质图像进行补偿或增强，以提高图像的识别能力。图像增强可以通过弄清楚图像中感兴趣的特征或模式，或者利用适合于人类视觉系统特性的图像显示来完成。图像的增强处理不需要定量地知道图像的降质情况，这些降质包括对比度减弱、模糊和噪声，其重点在于提取在原始图像中可能不太明显的信息。图像增强处理的技术方法基本上包含两大类，一是空间域的增强方法，二是频率域的增强方法。

1) 空域增强

空间域的增强处理主要针对图像的灰度进行增强处理。可用的增强方法和算法很多，比如灰度增强、边缘增强和彩色增强等。

灰度增强，其主要目的是通过灰度拉伸处理，扩大图像灰度值动态变化范围，可加大图像像元之间的灰度对比度。应用时，根据地物的特点，可以采用线性拉伸，分段函数拉伸，甚至是根据指数函数、对数函数、直方图调整等方法对影像逐点进行灰度值的改变。

边缘增强主要是通过空间滤波实现。图像滤波增强处理实质上就是运用滤波技术来增强图像的某些空间频率特征,以改善地物目标与邻域或背景之间的灰度反差。例如通过滤波增强高频信息抑制低频信息,就能突出像元灰度值变化较大较快的边缘、线条或纹理等细节。反过来如果通过滤波增强低频信息抑制高频信息,则将平滑影像细节保留,并突出较均匀连片的主体影像。

人眼对彩色的分辨能力要远远大于对黑白影像的识别能力,因此,彩色增强成为遥感图像应用处理的又一关键技术,应用十分广泛。在进行彩色增强时,可从具有三个以上分量的多图像中任选三个分量,即把它的维数减少,使得能够进行确定的彩色指定。常用的方法有密度分割法、彩色合成法、IHS变换法等。

2) 频域增强

频域增强是在复频率域对图像进行精处理,特别是对相乘性噪声(云和雪)、运动模糊、散焦、纹理特征等信息的衰减进行增强或恢复处理。在频率域进行增强处理比在空间域更简便易行。比如傅立叶变换可以将傅立叶变换前的空间域中复杂的卷积运算,转化为傅立叶变换后的频率域的简单乘积运算。不仅如此,它还可以在频率域中简单而有效地实现图像增强,并进行特征提取。

下面以傅立叶变换说明频率域增强方法。首先需要对原图像进行傅氏变换。然后进行谱分析,如通过低频或高频丰富与否识别纹理特征,通过频谱中存在的相互平行的暗条的方向及间距在运动模糊的图像上估计出相对运动的方向及大小,通过频谱中存在多层明暗相间的环识别散焦图像。在谱分析的基础上,选择滤波方式以突出某些频率来实现图像的增强,主要有高通滤波、带通滤波、低通滤波。最后对图像进行频率域反变换,获得增强的图像。

3. 图像的分类处理

遥感图像分类的主要目的是面向地学应用,进行地物识别。遥感图像通过像元灰度值的高低差异(反映地物的波谱特性)和空间变化(反映地物的空间分布)来表示不同属性的地物目标及分布状况。遥感数字图像分类,就是根据遥感图像数据特征的差异和变化,通过计算机处理,自动输出地物目标的识别分类结果。它是计算机模式识别技术在遥感领域的具体应用,可以大大提高从遥感图像中提取信息的速度与客观性。

目前多采用统计方法进行数字图像分类处理,这是根据图像的一些统计特征量进行的。在数学上,图像识别分类可归结为选择判别函数或建立数学模式。判别函数或数学模式的建立有两种途径:一种是从已知类别中找出分类参数、条件等,从而确定判别函数或数学模式;另一种是在缺乏已知条件的情况下,根据数据自身规律总结出分类参数、条件,并确定判别函数或数学模式。前者称为监督分类,后者称为非监督分类。

1) 非监督分类

非监督分类是依据每一类型地物具有的相似性,把反映各类型地物特征值的分布按相似分割和概率统计理论,归并成不同的空间集群,然后与地面实况进行比较来确定各集群的含义。它事先对研究区域没有了解。计算机对直接输入的各像元的数据进行运算处理,并分别归纳到与波段数相等的维数的多维空间内的若干个集群中,如图 2-11 所示。

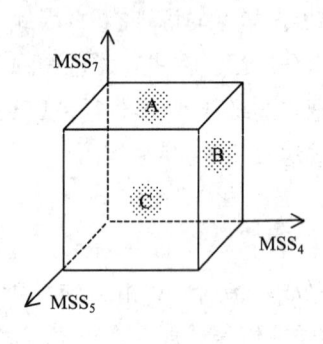

图 2-11 三维空间集群示意图

此方法的出发点是:同一特性的多波段数据,将集群于多维空间的某一确定位置周围;而不同特性的多波段数据,将集群于这个多维空间中的不同位置的区域内。对于 MSS 图像中的每个像元来说,都有与 4(或 5)个波段相对应的 4(或 5)个数据,即相当于四(或五)维空间中的一点。同类地物由于具有相似的光谱特性,像元点就会积聚在一定的空间区域内形成集群;而不同类型的地物的像元将散布在不同的空间位置中。图 2-11 中,MSS_4、5、7 这三个波段组成一个三维空间系统,A、B、C 三点及其附近为 A、B、C 三类地物分布的 3 个空间区域。可采取某种数学方法将集群的分布状态、界限等计算出来,归纳成一定的数学模式,就可以用来自动地进行识别和分类。

常见的非监督分类方法有简单集群分类、相似性距离分类、K-Means 分类、ISO-DATA 分类算法等。

2) 监督分类

监督分类的基本过程是:从所研究的图像区域里,选择一些有代表性的训练样区,这些训练样区的地面状况、地物光谱特性已通过实地调查获得资料。然后,让计算机在训练样区图像上"训练",取得统计特征参数,如各类别的均值、方差、协方差、离散度等,并以这些统计特征参数作为识别分类的统计度量。接着,计算机利用这些来自于训练区的统计标准,按照选定的统计判别规则,将图像像元数据一组一组地加以识别分类,将每一像元都纳入一定的类型中,最后得到一张类型分布图(图 2-12)。

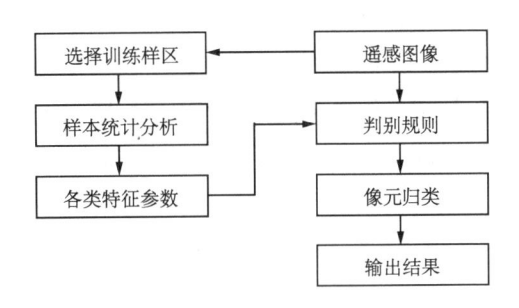

```
选择训练样区 → 遥感图像
      ↓           ↓
   样本统计分析 → 判别规则
      ↓           ↓
   各类特征参数 → 像元归类
                  ↓
                输出结果
```

图 2-12 遥感图像监督分类工作流程

监督分类简单实用，运算量少，但事先必须建立各种已知地物的参数（即样本参数）或特征函数。样本参数和特征函数的确定必须具有代表性，要有足够样本的统计数据做基础，这是监督分类的关键之一。另外，由于环境的复杂性以及干扰因素的多样性和随机性，从训练区取得的光谱特征，只能代表一定时间和一定地区的情况。所以必须选择和使用多个训练场地，才能有效地识别分类。

判别规则的确定也是监督分类的关键之一。常用的统计判别规则有：贝叶斯判别规则、最大似然判别规则、最小距离判别规则等。贝叶斯规则以先验概率、条件概率和损失函数这三个特征量为依据。最大似然判别规则指：若要把某个特征归入某一类，其条件概率应大于该特征相对于其他所有类别的条件概率。这个规则应用较广泛，效果较显著。最小距离判别规则是最简单的判别规则，它以各类的均值作为类别空间的集结中心，搜索每个像元，将它归属到中心距本像元的空间距离最小的一类中去。这个规则精度略低，但运算速度快。

由于地物光谱的复杂性、遥感图像分辨率的限制以及成像过程中诸多因素的干扰，非监督分类和监督分类这种单纯依赖光谱特性在单个像元基础上进行的分类，在地形地貌简单、地物较单一和均匀的地区应用效果较好，而在地表状况复杂的地区，"同物异谱、同谱异物"现象比较突出，较难获得令人满意的分类效果。为此，国内外学者一直都在探求能够自动、高效地实现遥感图像解译的方法，其研究思路大体分为两种：一种是研究新的分类算法，如人工神经网络方法、模糊数学方法等；二是利用多源数据，将专家目视解译时用到的知识加入到计算机自动解译过程中进行综合分类，称为专家系统分类技术或基于知识的分类技术。

4. 数据融合

数据融合的主要目的是面向应用的多时相、多空间分辨率的获取技术，以提高地物的识别能力。随着多种遥感卫星的发射成功，从不同遥感平台获得的不同空间分辨率、光谱分辨率和时间分辨率的遥感影像形成了多级多分辨率的影像金字塔序列，给遥感用户提供了海量的对地观测数据。但是受到光的能量和衍射决定的分辨极限、成像系统的调制传递函数、信噪比三个方面的限制，要同时获得光谱、空间和时间的高分辨率是很困难的，而遥感影像融合是解决多源海量数据富集表示的有效途径之一。

遥感影像融合是对来自不同遥感数据源的高空间分辨率影像数据与多光谱影像数据，按照一定的融合模型，进行数据合成，获得比单个遥感数据源更精确的数据，从而增强影像质量，保持多光谱影像数据的光谱特性，提高其空间分辨率，达到信息优势互补、有利于图像解译和分类应用的目的。

从融合层次的角度看，通常将影像融合划分为像素级融合、特征级融合和决策级融合。融合的层次决定了在信息处理的哪个层次上对多源遥感信息进行综合处理与分析（图 2-13）。多源遥感影像融合的层系的问题不但涉及处理方法本身，而且影响处理系统的体系结构，是影像融合研究的重要问题之一。

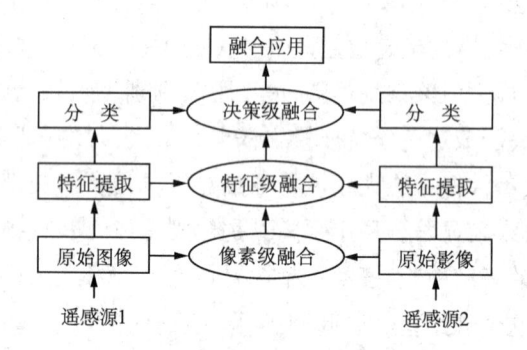

图 2-13 遥感影像融合层次结构

像素级融合是对传感器的原始信息及预处理的各个阶段上产生的信息分别进行融合处理。其优点在于它尽可能多地保留了图像的原始信息，能够提供其他两种层次融合所不具有的微信息。其主要目的是图像增强、图像分割和图像分类，从而为人工判读图像或更进一步的特征级融合提供更佳的输入信息。该层次的融合直接在原始图像上进行，或者经过适当的变换在变换域进行。像素级融合是三级融合层次中研究最成熟的一级，已形成了丰富而有效的算法，比如 HIS 变换方法、PCA 主成分分析法、HDF 高通滤波方法、Brovey 变换方法等。

特征级融合是利用从各个传感器的原始信息中提取的特征信息进行综合分析和处理的中间层次过程。通常所提取的特征信息应是像素信息的充分表示量或统计量，据此对多源遥感影像进行分类、汇集和综合。该方法的关键步骤是特征的选择。

特征级影像融合方法主要有基于 Bayesian 准则方法、Dempster-Shafer 方法、相关聚类方法、神经网络方法、模糊逻辑方法、专家系统方法、小波变换多分辨率分析方法等。基于小波变换的融合方法是目前应用较多的特征级融合算法之一,也是应用效果最好的算法。

决策级融合是在信息表示的最高层次上进行融合处理。不同类型的传感器观测同一个目标,每个传感器在本地完成预处理、特征提取、识别或判断,以建立对所观察目标的初步结论,然后通过相关处理、决策级融合判决,最终获得联合推断结果,从而直接为决策提供依据。该层次的融合的关键是权值的选择,权值的大小应该能够反映各数据源对最后分类的影响,对最终结果贡献大的数据源应具有大的权值。决策级影像融合最直接的表现是经过决策层融合的结果可以直接作为决策要素来做出相应的行为以及直接为决策者提供决策参考。决策级融合方法主要有最大似然方法、Bayesian 准则方法、Dempster-Shafer 方法、专家系统方法、神经网络方法以及模糊逻辑方法等等。

多源遥感影像经过预处理后,既可以通过影像配准后进行像素级融合,也可以对这些影像数据进行特征提取,然后进行特征级融合。经像素级融合处理的影像可用于图像增强、图像压缩、图像分类等应用,这些应用的结果即成为影像产品。特征级和决策级融合都可用于图像分类、目标检测、变化检测、目标识别等应用,而这些应用处理结果和决策级融合处理结果都被视为最终信息产品。另外,各个融合过程还将进行融合性能评价,并且进行信息反馈以优化融合处理过程。

2.4.2 遥感技术的应用

遥感是在不直接接触观测对象的情况下,对地表现状、变化动态与演变过程进行认识的技术方法与手段。从地面到航空、航天等不断发展的各种传感器所提供的遥感信息,使人们对地表现状、变化动态与演变过程的认识不断深化。在环境、资源、人口日益成为学术界关注的"热点"之际,对遥感技术方法与手段的需求更加迫切,对遥感系统的要求也越来越高,尤其是要求遥感能适时、连续地提供研究范围内的所需信息。而遥感也不负众望,为人们提供了适时、多方面、多角度的地表信息。如在对地观测中,遥感为全球变化研究及区域资源、环境研究提供了有力的支撑手段。在上述两个领域,遥感不同的平台、不同的辐射分辨率、光谱分辨率、空间分辨率、时间分辨率等为资源与环境研究提供了丰富的信息源。

目前,遥感技术已经被广泛地用于资源调查的各个方面,如陆地水资源调查、土地资源调查、植被资源调查、地质和地热资源调查、海洋资源调查等。

1. 在作物估产中的应用

农作物的生长状况与产量是全社会都十分关注的问题,是一个全球性的、国际性的问题。农作物长势监测与估产可以为国家农业政策的制定提供科学的依据。在农学原理的基础上,运用遥感技术、地理信息技术和全球定位技术,可以对农作物进行识别、长势的监测,并在其基础上建立估产模型来估算作物的产量。

不同作物之间,反射光谱特征(或植被指数)因作物叶子结构、叶绿素含量、含水量和叶子取向等作物群体特征的不同而有很大差异。如果作物物候期不同、作物覆盖度和叶面积指数有很大差别,其光谱特征的种间差异十分明显。因此,植物光谱的种间差异是确定植物分类(或作物识别)遥感数据最佳时相或其组合的依据。在选择植物分类最佳时相时,根据植物光谱的季节变化和种间差异,春、秋季往往是植物红外光谱变率最大的时期,只要植物种间光谱变率稍有差异,它们的光谱反射率就会形成明显的对比,因此春、秋季的植物种间光谱差异最大。对于农作物来说,春、秋季往往为播种期和成熟期,由于各种作物对温度条件的要求不同,其播种期和成熟期也先后不一,在春、秋季遥感图像上,早播作物和晚熟作物比较突出,因此可把这些时相作为识别此类作物的最佳时相。

根据所要估产的农作物的物候学特征和区域种植制度选取最易于区分所要估产的作物与其他作物或者植被的遥感数据。在作物估产中除了可以利用作物的光谱特征外,还可以利用农田通常都具有比较规则的几何形状(山区零星小块耕地除外)的特点。在进行农作物估产时,除了使用空间分辨率较低的卫星遥感影像,如 NOAA 的 AVHRR、中国的 FY-1 影像,并结合使用 Landsat、CBERS 等中等分辨率的影像,还可以应用较高分辨率的 SPOT 影像及高分辨率的遥感影像如 IKONOS、QuickBird 和航空遥感影像等对农作物分布图进行抽样检验,修正农作物分布图,从而较精确地求出农作物的播种面积。

作物的长势与作物的产量具有密切的关系。农作物长势监测是指对农作物的苗情、生长状况及其变化所进行的宏观监测。农作物在播种、返青、拔节、封行、抽穗、灌浆等不同阶段的苗情、长势各不相同,利用遥感信息源,如利用红光波段和近红外波段信息,可以计算作物的植被指数(如 NDVI),通过遥感并结合地面测量,可以估算作物的叶面积指数。作物的叶面积指数是决定作物光合作用速率的重要因子,叶面积指数越高,单位面积的作物穗数就越多,或者作物截获的光合有效辐射就越大。NDVI 可用于准实时的作物长势监测和产量估计。卫星传感器如 NOAA、FY-1、FY-2、MODIS 等具有高时间分辨率,利用它们可以对农作物的生长全过程进行动态监测。根据农作物的播种、返青、拔节、封行、抽穗、灌浆等不同阶段的苗情、长势制作分片分级图,并与往年进行比较,利用往年同样苗情的产量进行比较、拟合,并对可能的单产进行预估。在该阶段,如果发生病虫害或其他灾害,使农作物受到损伤,也要及时地从卫星传感器上发现,以便及时地对预估的产量作修正。

在作物类型识别与长势监测的基础上,利用数学方法模拟影响农作物产量的重要因素,可以对作物产量进行估算。目前农作物估产模型很多,有农学模型、气象模型、光谱模型和遥感模型。作物估产的遥感模型利用选定的植物灌浆期植被指数与某一作物的单产进行回归分析,得到回归方程。并在长势监测的基础上对估产模型进行修正,如果农作物返黄成熟期发生灾害或天气突变等影响农作物产量的事件,则在估产模型中考虑这种影响并在模型中加以反映。

2. 在湿地资源调查中的应用

湿地是地球上重要的生态系统之一,它们对健康环境的贡献是多方面的。它们在旱期可以保持水分,使潜水位保持一定高度和相对的稳定。在洪涝期,它们可以减轻洪涝灾害的程度,拦截悬浮颗粒和所携带的营养物质,使得通过湿地的水流比直接到达湖泊的水流所携带的悬浮物要少。另外,湿地是野生动物重要的觅食、繁殖与栖息场所。同时,湿地也是重要的教学与科研场所。

现在世界上许多国家都面临着湿地的丧失。为了保护湿地,使其不至于进一步丧失,对湿地及其周边高地进行调查和监测已经成为许多国家和政府部门面临的重要任务。卫星遥感由于可以重复性地访问某一地区,因而成为湿地及周边高地土地利用/覆盖变化监测的有力手段。由于遥感数据是以数字形式存储的,便于与地理信息系统进行集成。在进行大范围的湿地研究时,与航空遥感相比,它不仅费用低,而且耗时少。

湿地具有三个基本特征:① 在地表或植被的根区有水存在;② 有水成土存在;③ 有利于湿生或者水生植被的生长,缺少不抗水淹的植被。这三个特征分别涉及湿地的水文、土壤和植被三个方面。因此可以利用遥感直接或间接地识别湿地。湿地是那些富含水分的地块,在那里水对土壤的性质和其上的动植物群落起着主导作用。尽管湿地定义繁多,但是通常都包括三个最基本因素,即水生或湿生植被、水成土、富含水或者为浅层水所覆盖。湿地光谱信息是湿地植被、湿地水分和湿地土壤等光谱信息的综合反映。陆地卫星 Landsat TM 波段 $7(2.08\sim2.35\mu m)$ 对区分不同湿地不同的泥炭类型有重要的参考价值。近红外波段对于植被叶的结构具有敏感性,在近红外波段,不同植物种类的反射率离散程度较大,因此 TM 波段 4 对于湿地植物种群具有探测与区分作用。在中红外波段 $(1.55\sim1.75\mu m)$,土壤含水量及植物冠层的含水量可以得到明显的反映,因此 TM5 有利于对沼泽发育程度的分析判断。TM 波段3(0.63~0.69μm)对植被的种类、叶绿素含量反映敏感,因此该波段有助于植被的分析判别。

3. 在荒漠化监测中的应用

土地荒漠化是全球环境质量演变的主要表征。中国是世界上受荒漠化危害最为严重的国家,已成为制约我国西部地区社会经济可持续发展的主要因素。利用遥感技术监测土地荒漠化的发展趋势,掌握其动态变化的规律,对土地荒漠化程度进行评估分级,为荒漠化综合治理、全面规划、管理决策提供实时资料和动态信息,成为国内外地学界荒漠化研究的重要内容。

荒漠化指征即土地荒漠化的指标特征,它是判断荒漠化的手段和进行荒漠化研究的有效途径。荒漠化指标特征具有两个用途:一是用于估计过去发生的土地退化数量,二是用于判断当前管理实践对生态系统产生什么影响。

关于荒漠化指标体系,各人所建立的指标系统各不相同。贝里(Berry)和福特(Ford)以气候、土壤、植物、动物和人类影响等为依据,提出了地面反射率、沙尘暴、降水、土壤侵蚀与沉积、盐渍化、生产率、生物量、生育率等指标的荒漠化指征系统。莱因(Reining)对荒漠化的指征进一步归纳,制定了一个由物理、生物及社会三大方面指征组成的荒漠化指标体系。德雷涅(Dregne)根据各种土地利用类型确定了包括物理及生物的、社会的两个方面指征的荒漠化指标体系。FAO与UNEP以荒漠化评价为目的,根据荒漠化的七个过程分别制定了评价指标系统。该评价系统不但提出了具体的不同荒漠化过程的指征,而且还给出了定量评价指标,其中包括现状、速率与危险性三个方面的因素;过去国内学者在评价土地风蚀荒漠化危险度时又增加了人口压力和牲畜压力等方面的内容。

在建立指标体系的基础上,通过对不同荒漠化指标特征及指标进行监测,可以确定荒漠化的现状与动态变化。其一是利用地学及多源地学信息融合,通过形态学进行纹理分析,利用纹理结构参与荒漠化遥感分类,或通过DEM与NDVI指数求算地形粗糙度;融合图像的散度分析,提高不同类型及程度的土地荒漠化样本分离度。亦可利用高光谱卫星数据对某种单一的荒漠化类型(如盐渍化或风蚀荒漠化)进行监测研究。该类方法有助于提取地物的空间信息结构,在一定程度上提高了荒漠化的分类精度与工作效率。但是这些方法基本上是基于土地利用类型的荒漠化信息提取研究,对在统一的荒漠化监测评价指标体系下进行各类型及程度的荒漠化监测未给予更多的关注。其二是利用不同时相的多源卫星数据融合进行荒漠化动态监测;利用地面控制点对不同时相的多源卫星数据进行配准与复合分类处理;结合野外调研,通过不同时期土地类型动态变化研究荒漠化的动态变化规律;通过GIS数据库提供的资源环境定量数据，应用景观生态学、信息论、系统论的观点，分析荒漠化的空间格局与演化过程，预测土地荒漠化的发展趋势。此类方法无疑代表了基于遥感与地理信息系统的土地荒漠化监测的发展趋势。目前存在的问题是监测指标体系尚不完备，而且多数监测区域处于较为离散的景观单元内部。

荒漠化评价是通过研究荒漠化指标特征来对荒漠化程度进行评估分级。荒漠化评价与监测密不可分。荒漠化过程既有自然因素作用，又有人为因素的影响，因此对其进行评价必须全面综合考虑，不能顾此失彼。同时在荒漠化过程中影响因素又有轻重缓急之分和主次之别，因此在评价荒漠化过程或计算荒漠化发展程度时，评价指标的选择与剔除就有所轻重。李振山等人认为：荒漠化评价应考虑生产的实际需要，荒漠化分级不应太多，评价指标选择及荒漠化程度的计算方法应尽可能简便易行，适时提供生产规划、组织管理的基本图件与数据。为了便于对不同区域荒漠化发展程度、发展速率、整治效率、投入产出进行统一正确的评价，应选用相对指标作为评价标准，而避免用绝对指标。

由于概念上的差异，我国学者以前的研究大多数针对风蚀荒漠化展开，对于广泛意义上的荒漠化评价研究得还不多。例如有些国内学者通过单要素指标和复合指标两类，以等差、等比或等概划分原则对风蚀荒漠化程度进行分级，确定上下限，最后用评价指标值综合方法进行评价。这种方法计算过程简单，排除了靠经验规定轻重所造成的误差。另外董玉祥等从土地荒漠化监测指标体系中选取内在危险性、人口压力、牲畜压力、现状、速率作为荒漠化的危险度评价指标，分别就五个评价方面提出各自的评价因子，并给其赋予权重，然后按荒漠化的轻、中、重、极重四种程度，利用综合指数评价方程建立荒漠化危险度综合模型。

荒漠化评价可视为一个景观生态学的问题，因为它包含许多过程，且都能改变景观结构。尽管这些过程非常复杂，但还是能构造一些简单的模型去描述这些过程，这样和荒漠化相联系的一些现象就能被模拟和评价。GIS技术的模型化过程、数据类型的清晰定义、对模型进行反复修正的方法，使其在荒漠化评价中具有广阔的前景。

4. 在水质监测中的应用

遥感可以在水源的质量、数量和地理分布中发挥重要的作用。水质是水资源监测的一个重要方面，是水质遥感研究的重要内容。随着遥感技术的发展，其在水质监测中的作用越来越大。水质遥感监测是通过研究水体反射光谱特征与水质参数浓度之间的关系并建立水质参数反演算法而进行的。与常规采样水质检验相比，遥感的水质监测具有监测范围广、速度快、成本低及便于长期动态监测的优势。随着遥感光谱分辨率的提高，特别是高光谱遥感技术的发展，遥感技术在水质监测中正发挥着越来越重要的作用。

一般情况下，进入清澈水体的大部分阳光在水下 2m 内被吸收。吸收的程度取决于波长。近红外波段在水体 1/10m 深处就被吸收了，使得在近红外影像上，即使是浅水也是暗的影像色调。可见光波段的吸收会因为监测水体特征的变化而变化。通常，水面反射率约 5％ 左右，并且随着太阳高度角的变化而变化，变化范围在 3％～10％。水体可见光反射包含水表面反射、水体底部物质反射及水中悬浮物质（浮游生物或叶绿素、泥沙及其他物质）的反射等三个方面的贡献。对于清水，在蓝—绿光波段反射率为 4％～5％，0.6μm 以下的红光部分反射率下降到 2％～3％。在近红外、短波红外部分几乎吸收全部的入射能量，因此水体在这两个波段的反射能量很小。这一特征与植被和土壤光谱形成十分明显的差异，因而在红外波段识别水体是较容易的。纯净水体在可见光波段的反射率曲线是接近线性的，并且随着波长的增加，反射率逐渐减小。自然水体中污染物质的吸收和散射作用使水体的反射光谱曲线呈现不同的形态。自然水体中污染物质主要包括藻类、无机悬浮物质以及黄色物质等。

藻类在不同波长的光谱反射率与色素的光学活性、细胞的几何形态、藻类细胞外表面组成等参数有关。对特定的藻类，光谱反射率是色素吸收与细胞表面散射相互作用的结果，因为藻类中都含有叶绿素 α，所以反射波谱曲线的大致形态基本相似，不同藻类因细胞形状、色素含量组成的不同，其反射率峰值的具体位置和数值不同。叶绿素在蓝紫光波段（400～500nm）和 670nm 附近都有吸收峰。当藻类浓度较高时，水体光谱反射率曲线在这两处出现谷值，当藻类浓度很低时，这种光谱特征变得不明显，甚至消失。在 685～715nm 范围内出现反射峰是含藻类水体最显著的光谱特征，其存在与否通常被认为是判定水体是否含有藻类叶绿素的依据，反射峰的位置和数值是叶绿素 α 浓度的指示，其出现原因是由于水和叶绿素 α 的吸收系数在该处达到最小。如果藻类物质浓度极高，甚至出现大量漂浮物覆盖水面时，由于藻类细胞在近红外波段的强反射作用，水面反射率急剧增大。除了叶绿素的影响外，对反射率曲线的另一个比较显著的影响来自藻类物质的藻青蛋白，该蛋白在 642nm 处的强烈吸收作用造成该波长处出现低反射率，出现反射率的谷底或肩状现象。

总体上，悬浮物的散射作用使得水体的反射率在全部可见光和近红外波段都有所增大，影响最为显著的是在可见光波段。悬浮物的浓度、类型、颗粒大小、水底亮度及遥感器的观测角等都会影响监测水体的光谱反射率，其中悬浮物浓度、颗粒大小和矿质组成是主要的影响因素。悬浮物浓度对水体反射光谱特征的影响程度相当大。在可见光及近红外波段范围，随悬浮物含量的增加，水体的反射率增加，且随着悬浮物浓度的增大，反射峰位置向长波方向移动；700～900nm 范围内的反射率对悬浮物浓度变化敏感,是利用遥感研究悬浮物的最佳波段。诺沃(Novo)等研究发现悬浮物颗粒粒径越小,散射系数越大,相应的反射率越大;可见光波段亮色水底对悬浮物水体的光谱反射率影响最大,在 740～900nm 处由于水的吸收作用水底亮度对反射率没有影响。黄色物质的吸收系数在短波区较大,随着波长的增大,吸收系数呈指数规律衰减,因此其对水体光谱特征的影响主要在短波区。

5. 在洪灾监测与评估中的应用

洪灾是世界范围内的重大灾害,具有频发性强、时空分布广、危害性大的特点。据估算,全世界洪涝灾害所造成的损失约占各种自然灾害损失的 43%,其造成的死亡人数仅次于地震和飓风。防洪减灾是人类所面临的艰巨任务之一。遥感技术是防洪减灾工作中的重要技术手段,它可以对洪涝灾害进行实时监测、预测和评估,为制定防洪减灾对策提供可靠的依据。

由于每张遥感图像都是水体成像时的瞬时记录,并且遥感器可以定期地访问同一地区得到多期遥感数据,可以反映洪水的动态变化,监测洪水的水位变化。随着空间技术的发展,可供选择的遥感数据源越来越多。在洪涝监测应用方面,可以根据不同的需要选择不同类型的遥感数据。监测范围、时间紧迫性、监测精度、数据可得性等都是选择遥感数据源时所要考虑的。例如 NOAA 虽然空间分辨率低,但是它具有很高的时间分辨率,它可以与 Landsat TM 等中等空间分辨率的卫星传感器相结合,对洪水进行全面而及时的监测。洪灾期间多数伴随着阴雨天气,雷达遥感器可以全天候、全天时地工作,可以穿透云层,获取地面信息,为洪峰的跟踪、实时监测提供良好的信息源。

遥感数据可以帮助快速、准确地评估灾情损失。将从遥感数据中获取的洪水淹没范围图与灾前获取数字正射影像及数字专题地图相叠加,即可获得洪水淹没的受损区范围。再与灾区行政图、人口地理分布图、工农业产值分布图、居民地分布图、道路图、电力设施图与通信设备分布图等数据相叠加,即可得到各行政区的受损面积、受损人员分布、工农业受损情况、房屋以及道路等受损情况,可以快速统计出淹没地区的类别、受灾人口及分布、受灾面积、房屋损失、农作物损失及其他受灾情况等精确数据,可以快速进行灾情损失分析、评估。

水的光谱曲线的最明显特征是在 $1.00\sim1.06\mu m$ 处有一个强烈的吸收峰,在 $0.80\mu m$ 和 $0.90\mu m$ 处有两个较弱的吸收峰,在 $0.54\sim0.70\mu m$ 段反射率最高,并随着波长的增加光谱反射率呈下降趋势。在自然环境中,水体在近红外和中红外波段几乎能吸收全部的入射能量。水体在微波 1mm～30cm 范围内的发射率较低,约为 0.4%。平坦水面的后向散射很弱,因此,在雷达影像上水体呈黑色。所以雷达影像也是进行洪水淹没范围调查的有效手段。

洪水的光谱响应在不同条件下有较大差异,最重要的影响因素是含沙量。随着水体含沙量的增加,其反射率呈现上升趋势。水体的判读标志主要是色调和形状。水体的色调受水体深浅、混浊程度以及成像时光照的影响,其色调由白色调、灰色调到黑色调不等。一般情况下,水体混浊、浅水沙底、水面结冰或光线恰好反射入镜头时,其影像为浅灰色或白色;反之,河水较深或水不深但底质为淤泥时,其色调较深。

水体信息的提取可以利用目视解译,也可以利用计算机进行自动提取。近红外波段是确定水体边界范围的有效方法。在近红外波段,穿过水、气界面的太阳辐射大部分被水体所吸收,吸收的多少随波长和水深而定。理想的识别水体的波长应在 $1.5\sim1.8\mu m$ 之间。通过近红外波段,确定水体的亮度阈值,将低于该值的像元定为水体,高于该值的像元则为非水体,这样就把水体提取出来了。

利用遥感信息可以进行洪灾损失评估。选取洪水前一周即正常水位时期的遥感图像,提取研究区背景水体信息,制作平水期水域图;接着,选取洪水期遥感图像,提取水体信息,制作洪水期水域图;然后,选取洪水后一周内的遥感图像,提取水体和高湿度土壤信息,制作洪水灾后专题图。将三期专题图分别二值化制成二值影像图。将三期图像专题数据输入 GIS 软件进行叠加,即可得到受灾范围。将受灾范围图与行政区划边界叠加,再叠加各种专题数据如公路、铁路、桥梁、居民地等,即为洪水淹没范围的各种遥感专题图。结合地面调查数据和以前的研究结果,建立受灾损失估算模型,从而分片、分级、分类地进行受灾损失估算。

6. 在旱灾监测与评估中的应用

在对人类造成严重威胁的多种自然灾害中,旱灾是发生最频繁、危害最广泛的灾害之一,它直接和间接地阻碍着社会经济发展,并且威胁着人类的生存。全球有 1/2 的土地分布在干旱、半干旱地区,旱灾的影响几乎遍及全世界,且以季风区和干旱区最为突出。现代遥感技术的发展和应用为人类准确有效地监测旱灾的发生和发展并评估其影响提供了强有力的手段。

20 世纪 60 年代末 70 年代初,科学家开始研究土壤含水量对反射率的影响。70 年代后期,逐步开展了土壤水分遥感监测研究。80 年代后,遥感监测土壤水分的工作得到了迅速发展,监测手段逐步多样化,监测波段有近红外波段、中红外波段到热红外波段和微波遥感。但是,在全球范围内,把遥感应用于旱灾监测还处于探索和实验阶段。从总体上看,目前应用遥感技术监测干旱,是从两个不同的基点出发进行的,即以土壤为观测对象的旱灾监测法和以植被为观测对象的旱灾监测法。前者如热惯量法,后者如植被指数法。

卫星传感器的可见光和近红外通道的数据含有土壤水分信息,另外热红外通道信息与土壤水分具有很好的相关性;合成孔径雷达的微波图像也可以反映土壤的介电性质,介电性质直接和土壤含水量相关,因此可探测土壤的含水量,从而可以实现旱灾区的监测及灾情程度的估算。

地球上多数地区,一年中的大多数时间是有植被覆盖的,因此,研究地表有植被覆盖情况下的干旱监测方法具有现实意义。通过分析植被的长势,可以达到监测旱情的目的。当光照、温度条件变化不大时,植被生长状况与水分密切相关,水分供应程度是植被生长的关键因素。一般来说,水分供应充足,则植被长势良好,绿度值大,叶绿素含量高;反之则长势差,绿度值小,叶绿素含量低。当植被受旱、水分减少时,其叶绿素含量也相应减少,这将导致植被在可见光波段的反射率增大,在近红外波段的反射率减小。同样当地表发生旱情时,地表植被会相应出现密度减小,这也导致植被的可见光部分反射率增大,近红外波段的反射率减小。利用植被在近红外、红光波段的运算所得到的植被指数如归一化植被指数与叶绿素含量之间存在一种函数关系。通过植被指数可以监测地表植被的缺水状况,由此达到旱灾监测的目的。

7. 在城市绿地信息提取中的应用

随着城市的高速发展,城市绿地的分布及生态效益和使用功能得到高度重视。为实现城市生态绿地的规划和建设,需要进行快速、高效、高精度的城市绿地信息提取。越来越多的城市已将遥感技术与方法应用到绿化统计中,以提高绿地统计的科学性。过去,城市绿地资源调查多采用航空遥感技术。近年来随着卫星遥感技术的发展,特别是高空间分辨率传感器的出现,使得卫星遥感技术在城市绿地研究中发挥越来越重要的作用。

由于城市绿地类别较多、面积相对较小、分布不平衡,其分布多呈线带状,如行道树的分布,或者点块状,如街头花坛、绿地、公园绿地等。由于城市环境相对比较复杂,同物异谱、同谱异物现象比较明显。不仅地形起伏导致阳坡和阴坡绿地的光谱特征有差异,而且城市建筑物阴影的存在也使得阴影区绿地与非阴影区绿地具有不完全一样的光谱特征。另外,部分屋顶和路面也表现出与绿地相似的光谱特征。

为了有效地对城市绿地进行定量化分析,首先必须解决绿地信息的获取问题。传统的人工丈量和统计报表方法存在着周期长、成本高、现势性差以及可比性差等不足,而遥感技术则具有范围大、周期短、准确性高等优势,在城市绿化调查方面具有很强的先进性,不仅可以利用遥感技术进行绿地现状的研究,而且还可以利用多时相的遥感影像进行绿地变化动态研究。这对于研究城市绿地的发展动向和现有绿地流失的实施控制等都具有十分重要的意义。

目前常见的高空间分辨率卫星传感器如 IKONOS、QuickBird、OrbView 等在城市绿地调查与研究中正发挥着越来越重要的作用。IKONOS 数据有全色波段和多光谱波段等两种数据，全色波段的空间分辨率为 1m，波段范围为 0.45～0.88μm，多光谱数据空间分辨率为 4m，波段分别为：蓝色波段(0.45～0.52μm)、绿色波段(0.52～0.61μm)、红色波段(0.64～0.72μm)和近红外波段(0.77～0.88μm)。由于 IKONOS 数据是无符号 11 位 GeoTiff 格式，因此在合成时应进行合理拉伸，选择各波段最佳的光谱组合，避免光谱信息的损失。接着，将影像分层分割成各亚分类区，并逐一对各亚分类区进行分类来提取绿地。

植被指数已被广泛用来定性和定量评价植被覆盖及其长势。NDVI 利用植被在红波段的吸收峰及近红外的高反射特征来识别植被。其计算公式为：NDVI＝(IR－R)/(IR＋R)。由于针对 IKONOS 数据进行反演的相关数据较难获得，因此，可以利用 IKONOS 在近红外和红波段的灰度值近似代替 IR 和 R。由于城市的植被光谱表现是植被、阴影、土壤颜色、环境影响和湿度等综合反映，而且受传感器、大气条件和植被季相变化的影响，基于灰度值计算的植被指数通常不一致，没有一个普遍的值。草地中有的部分 NDVI 值比较大，可以通过 NDVI 阈值法直接提取，然而有些绿地光谱响应值低，NDVI 值偏小，另外当绿地为阴影遮盖时，NDVI 值也偏小，信息很弱，提取困难。对于这部分绿地的提取，可以首先进行线性增强，将红光波段的灰度值减去 20 后再进行 NDVI 分析，可以较好地提取绿地信息。

IKONOS 影像中暗色调绿地及分布稀疏绿地的 NDVI 值较低，通过植被指数阈值法不能全部提取，只能提取部分绿地。通过分析，设定 NDVI 的阈值，提取部分绿地，小于此阈值为部分绿地和背景地物。将已经提取出的部分绿地从原图像中剔除，再利用绿地在四个波段上与其他地物的差别进一步提取绿地信息。把以上已剔除了大部分像元的图像作为新的原始图像，通过灰度拉伸进行最后的分类提取。利用目视解译并选择绿地样本点，通过非监督分类方法 ISODATA 聚类技术，最后一次提取出绿地信息。

通过代数运算合并上述不同层次提取的绿地信息，由于 IKONOS 影像的高分辨率特性，提取的绿地斑块有时比较破碎，从土地利用角度来说，植被分布稀疏的绿地区域既包括绿地覆盖区，也应包括相关的空隙地，采用 3×3 窗口的上下文填充法来统计绿地信息占整个窗口的比例，当绿地比例超过 50% 时，将空隙填补为绿地信息，可在一定程度上提高绿地信息的提取精度。

8. 在城市建筑物信息提取与恢复中的应用

建筑物是城市的主体，建筑物信息对于城市的规划与管理十分重要。遥感在建筑物信息的提取中具有重要的应用。高空间分辨率遥感影像如 IKONOS、QuickBird 等的出现,为遥感技术在城市建筑物信息提取中的应用开辟了广阔的前景。利用高空间分辨率遥感数据可以提取建筑物的面积、高度和密度等信息。可以利用高空间分辨率所提取的信息进行城市建筑物的三维恢复与重建。目前,对于建筑物的提取方法有基于单幅影像和基于立体像对的两大方法。对于基于单幅影像的方法,首先进行几何校正,将该影像制作成正射影像,然后在该正射影像上利用图像处理的相应算法进行自动提取,或者通过人机交互的方式进行建筑物轮廓的半自动检测。而在基于立体像对的方法中,必须对该立体像对进行内定向、相对定向,然后借助相应的测量软件,在立体观测模式下获取建筑物的外部轮廓线。

IKONOS 图像上建筑物高度信息的提取可以利用像对法,也可以利用单幅的 IKONOS 影像上的建筑物阴影信息获取建筑物的高度。IKONOS 影像上阴影信息丰富,利用这种信息可以估算出建筑物的高度。建筑物的阴影长度 L 与建筑物高度 H 的关系为:

$$H = L \times \text{tg}\theta \tag{2-17}$$

式中,θ 为太阳高度角,可按下式计算:

$$\sin\theta = \sin\varphi\sin\delta \pm \cos\varphi\cos\delta\cos t \tag{2-18}$$

式中,φ 为地区纬度,δ 为太阳赤纬(在南半球时公式取"一"号),t 为时角。将建筑物的阴影长度代入公式,计算出建筑物的高度,并将该值赋给建筑物高程属性值,然后通过离散化、插值、滤波等处理,生成研究区建筑物高度图像。

纹理反映像素灰度的空间变化特征,是分布在整个图像或图像中某一区域内具有规律性排列的图形。考虑到纹理的精度和仿真度,通常在遥感影像中只提取建筑物的顶部纹理以及用遥感影像进行地表纹理映射,而对于建筑物的侧面纹理通常采用地面近景摄影的方式获取。

参 考 文 献

[1] B. L. Tolk, L. Han, et al. The Impact of Bottom Brightness on Spectral Reflectance of Suspended Sediments. *International Journal of Remote Sensing*, 2000, 21(11): 2259-2268.

[2] 陈述彭,赵英时. 遥感地学分析. 北京:测绘出版社,1990.

[3] 程效军,朱鲤,刘俊领. 三维建模中的纹理处理. 遥感信息,2004,(2):24-26.

[4] 戴昌达,姜小光,唐伶俐. 遥感图像应用处理与分析. 北京:清华大学出版社,2004.

[5] 董玉祥. 沙漠化灾害现状与损失评估. 灾害学,1993,8(1):13-18.

[6] 杜红艳,张洪岩,张正祥. GIS 支持下的湿地遥感信息高精度分类方法研究. 遥感技术与应用,2004,19(4):244-248.

[7] 范文义,徐程扬,叶荣华等.高光谱遥感在荒漠化监测中的应用.东北林业大学学报,2000,28(5):139-141.
[8] 冯云山,吴培祥,刘亚娟等.土壤反射光谱特性的研究.吉林农业大学学报,1989,11(2):72-76.
[9] 傅肃性.遥感专题分析与地学图谱.北京:科学出版社,2002.
[10] 郭裕元,程红.热红外遥感的成像原理及温度标定.影像技术,1998(4):37-41.
[11] 胡震峰.热红外遥感应用研究.科技情报开发与经济,2004,14(1):143-145.
[12] 李德仁,张继贤.影像纹理分析的现状和方法(一).武测科技,1993,(3):30-37.
[13] 李素菊,王学军.内陆水体水质参数光谱特征与定量遥感.地理学与国土研究,2002,18(2):26-30.
[14] 刘堂友,匡定波,尹球.湖泊藻类叶绿素-α和悬浮物浓度的高光谱定量遥感模型研究.红外与毫米波学报,2004,23(1):11-15.
[15] 刘权,任祖春,杨明.GIS支持下辉发河流域遥感洪水监测与预报系统研究.东北师大学报(自然科学版),2001,33(4):99-104.
[16] 吕斯骅.遥感物理基础.北京:商务印书馆,1981.
[17] 陆家驹,李士鸿.TM资料水体识别技术的改进.环境遥感,1992,7(1):17-23.
[18] 马建文,赵忠明,布和敖斯尔.遥感数据模型与处理方法.北京:中国科学技术出版社,2001.
[19] 梅安新,彭望琭,秦其明等.遥感导论.北京:高等教育出版社,2001.
[20] 彭望琭,余先川,周涛等译.T. M. Lillesand and R. W. Kiefer.遥感与图像解译.北京:电子工业出版社,2003.
[21] 千怀遂.农作物遥感估产最佳时相的选择研究.生态学报,1998,18(1):48-55.
[22] 日本遥感研究会.遥感精解.北京:测绘出版社,1993.
[23] 疏小舟,尹球,匡定波.内陆水体藻类叶绿素浓度与反射光谱特征的关系.遥感学报,2000,4(1):41-45.
[24] 宋晓宇,单新建.用高分辨率卫星影像辨识城市建筑物.新疆大学学报(自然科学版),2002,19(S1):108-111.
[25] 王均,章奇.红外遥感的应用.国外科技动态,1994,12(4):3-6.
[26] 吴健康.数学图像分析.北京:人民邮电出版社,1989.
[27] 杨柏林.岩矿光谱特征在遥感地质找矿中的作用.地质地球化学,1989(5):9-15.
[28] 赵英时等.遥感应用分析原理与方法.北京:科学出版社,2003.
[29] 张金存,魏文秋,马巍.洪水灾害的遥感监测分析系统研究.灾害学,2001,16(1):39-44.
[30] 张友水,冯学智,都金康.IKONOS影像在城市绿地提取中的应用.地理研究,2004,23(2):274-280.
[31] 甄春相.中国资源一号卫星及其应用.铁路航测,1999,(2):32-34.
[32] 郑肇葆,周月琴.论航空影像的纹理与描述.测绘学报,1997,26(3):228-234.
[33] 周成虎,骆剑承,杨晓梅等.遥感影像地学理解与分析.北京:科学出版社,2001.
[34] 周扬,白玉,徐青等.数字城市三维可视化技术的研究.河南测绘,2002,(2):2-8,32.
[35] 朱述龙,张占睦.遥感图像获取与分析.北京:科学出版社,2002.

第三章 信息管理与综合分析技术——GIS

GIS是在计算机软、硬件支持下,表达、存储、管理、分析和输出地理信息的技术系统,它以空间数据库为平台,以空间分析和地学应用模型为支撑,实现各种信息的模拟与综合分析,为地理研究应用提供辅助决策支持。在GIS、RS、GPS以及其他相关技术的集成应用中,GIS作为新的集成系统的基础平台,为智能化数据采集提供必要的地学知识,实现多源、多尺度地理数据的集成和动态管理,并向用户提供多种形式的空间查询、空间分析和辅助决策功能。

本章按照地理信息表达、管理、分析应用以及信息展现的思路展开阐述,共分四节。

第一节,地理信息的描述与表达。在地理空间认知、抽象的基础上,阐明空间对象及空间关系,给出基于矢量和栅格的地理信息表达模型。

第二节,地理信息的组织与管理。给出空间数据库的相关概念,简要介绍空间数据库的设计过程,重点阐述空间数据的组织管理方案以及空间数据的索引和查询。

第三节,地理信息分析与应用模型。阐明地理信息系统中空间分析的内涵以及空间分析同应用模型的关系。介绍了叠置分析、缓冲区分析、网络分析和空间统计分析等基本空间分析功能,并对应用模型的实现、管理作进一步的阐述。

第四节,地理信息可视化与虚拟再现。介绍可视化技术、虚拟现实技术的概念及相关内容,从地理信息展现的角度阐述虚拟地理环境以及地理数据的多尺度显示等。

§3.1 地理信息的描述与表达

3.1.1 地理空间与空间对象

1. 地理空间与地理信息

地理空间一般指地球表层生命过程活跃、人地关系最为密切的区域。它上至大气电离层,下至地幔莫霍面,包括岩石圈、水圈、生物圈和大气圈,之间又相互交叉,能量、信息交换极为活跃,是个复杂的开放式巨系统。以地球椭球面为界,地理空间又可以分为内地理空间和外地理空间。

地理空间所表现出来的各种地理现象和地理特征代表着现实世界。对各种地理现象认知、抽象、去粗取精后得到的实体目标即所谓的空间实体或称空间对象，它们与区域地理位置相关，具有相应的几何形态和空间分布特征，并且对象之间存在一定的相互联系和相互制约。从相对空间的角度而言，地理空间的数学描述可以表达如下：

设 $SO_1, SO_2, \cdots, SO_m$ 为 m 个不同类的空间对象，R 表示空间对象之间的相互关系，$\Omega=\{SO_1, SO_2, \cdots, SO_m\}$ 表示地理空间中各组成对象的集合，则地理空间可以表达为 $S=\{\Omega, R\}$。

在研究地理空间的组成对象及其相互关系时，首先必须确定该空间的参考体系。地理空间坐标系的建立目的就在于确定任意一个地面点的位置，这包括它在大地水准面上的平面位置以及它到大地水准面的高程，平面位置可由经纬度给定。不过，因为地理空间坐标系是球面坐标系，难以进行距离、方向、面积等参数的计算，实际研究中也不够直观，因此，理想的办法就是将球面对象映射到平面笛卡尔坐标系上，地图投影正是按照一定的数学法则来实现这种变换。

地理信息是有关地理空间对象的性质、特征和运动状态的表征以及一切与之相关、有用的知识。建立地理信息系统的目的就是在表达、存储、管理地理信息的基础上，通过地理信息的综合分析、模拟、再现等，为地理研究和空间规划管理等应用提供决策支持。地理信息来源于地理数据，后者是对相关地理现象、地理特征及关系的符号化和记载，是地理信息的载体和形式。

作为一种特殊的空间信息，地理信息除具备客观性、适用性、可传输性和共享性等基本信息特性之外，还具有以下几个特性。

（1）空间位置及分布特性：地理信息具有空间定位的特点，其描述的现象或事物通过地理坐标实现空间位置标识，并在区域上表现出一定的分布特征。

（2）多媒体特性：描述地理现象的可能包括文字、数字、地图和影像等多种符号信息，信息载体也多样化，如纸质媒介、磁带、光盘等物理介质等等。

（3）时变性：地理现象或地理事物随时间动态变化。

（4）多尺度特性：具体可包括空间多尺度、语义多尺度以及时间多尺度。同一空间对象在不同空间尺度下具有不同的几何分布特征；语义尺度主要体现在空间对象的语义描述上，如水体、河流等；时间尺度则反映为表述时空对象的时态单元的大小。

（5）多维结构特性：这不仅仅表现在几何空间的二维或三维上，还包括时间因素以及不同的细节层次和应用视角，并由此形成地理信息的多维表达框架。当前 GIS 研究热点如三维 GIS、时空 GIS、多比例尺 GIS、多重表达等均是在该多维框架下，应用已有概念、技术,在某一维或若干维进行强调或体现。

2. 空间对象与空间关系

空间对象是 GIS 所抽象、表达、操作的目标,空间对象和空间关系的描述表达是 GIS 的重要理论问题之一,也是 GIS 数据建模、空间查询、空间分析和空间推理的重要基础。

1) 空间对象

空间对象是地理空间的组成单元,是对地理现象和地理事物简化、抽象的结果。现实世界中的地理事物和现象,有的连续分布于整个研究区域,如温度场、地面高程等,有的则只是在局部内连续,具有比较明显的形状和边界,如池塘、建筑物等。应该说后者是 GIS 所主要模拟的对象,而连续的地理现象更多的是依靠可视化的手段进行表达。空间对象可能反映自然的存在,也可能是非物质的,如行政边界以及其他人为的分区等。此外,空间对象是尺度相关的,并且反映不同的研究视角,具体抽象、建模时应该综合考虑实际应用要求。

根据几何维数可以将空间对象分为点(Point)、线(Line)、面(Polygon)、曲面(Surface)和体(Volume)五种基本类型,由基本类型又可以组合表达其他复杂或不规则的空间对象,如复杂点、复杂曲线、复杂多边形等等。对空间对象的描述主要包括空间特征、属性特征和时态特征三个方面。

(1) 空间特征:包括空间的定位、几何形态、分布以及空间对象间的相互关系等等。位置、形态等几何特征的表达可以是显式或隐式的,既有精确的,也有近似的,表达模型的选择要视所研究地理现象的特征、建模的要求以及空间分析、应用等具体需求而定。空间关系也可以定性或定量表达,主要包括拓扑关系、度量关系和方位关系。

(2) 属性特征:是与空间对象相联系的一些语义变量,包括地物分类编码以及其他说明信息,可以定性或定量描述。

(3) 时态特征:指空间对象随时间而变化的特征,其表达目前仍处于研究阶段。

2) 空间关系

GIS 所表达、操作的是一系列相互联系、相互制约的空间对象,这种对象间相互关系可能是由空间对象的几何特性引起的,也可能只是纯粹语义联系,具有广泛的含义。本书主要是从狭义而言,即空间对象之间存在的几何上的约束关系,具体可以分为以下三类。

(1) 方位关系：又称方向关系，它描述空间对象之间的上下、前后、左右、东南西北等顺序关系。根据对象类型可分为面—面、面—线、面—点、线—线、线—点、点—点等多种方位关系。

一般来说，点状目标之间的方位关系比较容易确定，可直接计算两点的连线同基准线的夹角。但一旦涉及线状或面状目标，情况就比较复杂。有些方向关系描述模型将空间目标的表示限制为点，对于区域目标和线目标采用几何中心，这样就会忽略了目标大小和形状对方向关系描述的影响。基于最小外接矩形（Minimum Bounding Rectangle，MBR）的方位描述模型表示比较简单、实用，在判定目标之间方向关系时，先行判断目标之间的 MBR 是否具有该关系，然后再利用点—点关系进一步确定具体的关系。但是 MBR 方法描述也欠准确，在基于方向查询时容易产生错误的结果。其他研究较多的方法还有方向关系矩阵模型、基于 Voronoi 图的方向描述模型，等等。

(2) 度量关系：是指用某种度量空间中的度量来描述目标间的关系。这里主要是指空间对象之间的距离关系，在此基础上可以构造出对象群体间的度量关系，如聚集程度等。地理空间通常被看做欧氏空间，对象间的距离即一般概念上的几何距离，可定量计算。但距离的概念也可能被适当扩展，赋予地理意义，如"时间距离"、"生态距离"等。

(3) 拓扑关系：是指在拓扑变换（旋转、平移和缩放）下的拓扑不变量，如空间对象间的相邻、连通以及线段的流向等等。它在 GIS 数据建模和空间分析操作中具有重要意义。目前针对空间拓扑关系的研究，主要是以点集拓扑学、代数拓扑学以及图论等为基本理论基础，并取得了较大的进展与应用。埃根豪弗（Egenhofer）等人根据点集拓扑理论建立的 9 元组模型（9 Intersection Model）是目前较为成熟的拓扑描述模型。

3.1.2 矢量结构的地理信息表达

地理空间的认知、抽象属于人类认识的范畴，不同的认知角度和抽象方法最终可能得到不同的概念模型。目前对地理信息的计算机表达存在两种主要的形式——基于矢量结构的表达和基于栅格结构的表达。矢量结构利用欧氏几何学中的点、线、面及其组合体来刻画空间对象几何特征及其空间关系，能够以线划图的方式直观地表达地理空间，精确地表示地物的空间位置，最适应于离散地理特征的表达。

基于矢量结构的表达面向地理要素，每个具体目标都要有个唯一标识符，表达成分主要包括对象的几何特征、拓扑信息、属性信息和时态特征等。其中时态特征的表达是时空数据模型和时态 GIS 的重要研究课题，目前尚处于研发阶段，这里不作具体介绍。几何特征的表达要求显式存储位置坐标,并由此得到对象的几何形态和空间分布。属性信息包括地物分类编码以及其他地物相关说明信息、统计信息等等,可以以关系表的形式进行组织。拓扑关系的表达是矢量数据结构研究的焦点,一般可以根据是否明确表达空间对象的拓扑关系将矢量数据结构划分为简单数据结构和拓扑数据结构。

1. 简单数据结构

在简单数据结构中,空间数据以基本空间对象(点、线或面)为单元进行单独组织,仅记录对象位置坐标和属性信息,而不显含拓扑关系数据,其中最典型的是面条(Spaghetti)结构。

在面条结构中,每个面(多边形)都以闭合线段各自存储,多边形公共边界均获取和存储两次,这样会造成数据冗余和不一致,多边形之间容易产生裂缝或重叠现象。为克服这些局限性,比较好的办法是建立公用点位字典,多边形边界数据则由点位号给出,但这样还是没有显式建立多边形之间的拓扑关系。

面条结构的另一个不足之处是难以表达多边形的包含关系,不能解决"洞"或"岛"之类的多边形嵌套问题,但其数字化操作简单,数据编排直观。现在一些桌面GIS软件或制图系统还经常采用这种结构。

2. 拓扑数据结构

拓扑数据结构要求显式表达空间对象的拓扑信息,但实际上并不记录完整的拓扑信息,而仅仅是最基本、应用最广的点、线、面关联拓扑关系,其他关系更多的是基于关联拓扑推导或借助空间运算、操作获得。

现有拓扑数据结构包括DIME(对偶独立地图编码法)、POLYVRT(多边形转换器)、TIGER(地理编码和参照系统的拓扑集成)等,它们的共同特点是:点相互独立,点连成线(也称弧段或链),线构成面(多边形)。弧段是拓扑关系表达的桥梁,是数据组织的核心。每条弧段始于起始节点(FN),止于终止节点(TN),并与左右多边形(LP和RP)相邻接,弧段的标识符用做指针,指向表示该弧段的节点集。由弧段构成的多边形也有自己的标识号,指向弧段集。弧段只要看看左右两边的多边形号,就能知道哪两个多边形相互邻接,节点与面的关联也可由弧段间接得到。

拓扑数据结构具体由弧段坐标文件、节点文件、弧段文件和多边形文件等一系列含拓扑关系的数据文件实现。对于图 3-1 中拓扑图形,其弧段文件格式的表示如表 3-1 所示。

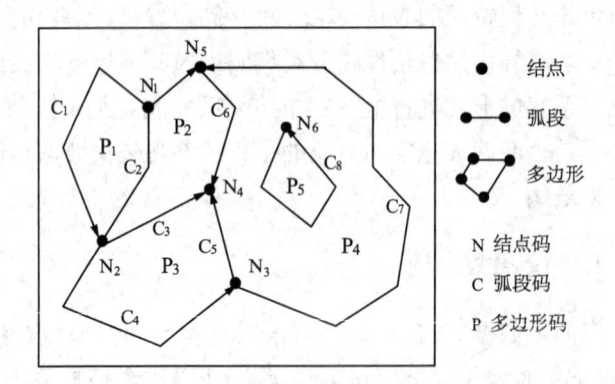

图 3-1 矢量结构图形基本元素

表 3-1 拓扑数据结构的弧段文件构成

弧段号	起结点	终结点	左多边形	右多边形
C_1	N_1	N_2	P_1	
C_2	N_1	N_2	P_2	P_1
C_3	N_2	N_4	P_2	P_3
C_4	N_2	N_3	P_3	
C_5	N_3	N_4	P_3	P_4
C_6	N_5	N_4	P_4	P_2
C_7	N_3	N_5	P_4	
C_8	N_6	N_6	P_5	P_4

应该说拓扑数据结构是比较完备的矢量数据结构,基于该结构可以实现高效的拓扑查询和拓扑分析,其数据组织相当简练紧凑,冗余度低。但也因为显式存储拓扑关系,数据准备过程需要更多的编辑工作,局部数据更新比较困难,对单个地理实体的操作效率较低。

3.1.3 栅格结构的地理信息表达

栅格结构是指将空间分割成规则的像元矩阵,在各个像元上给出相应的属性值来表示地理实体的一种数据组织形式。虽然人们比较习惯用矢量结构组织空间数据,但是对计算机表达处理而言,栅格结构显得更为适宜。

栅格结构是一种面向位置的数据结构,它所表示的是二维表面上地理数据经离散、量化的近似值,每个像元直接对应地理实体的类型、等级等属性或属性编码,像元位置则由行列号间接确定,因此,具有属性明显而位置隐含的特点。点实体在栅格结构中表示为一个像元,线实体则表示为在一定方向上连接成串的相邻像元集合,面实体由聚集在一起的相邻像元集合表示。图 3-2 是点、线、面三类实体的栅格表示示意图。

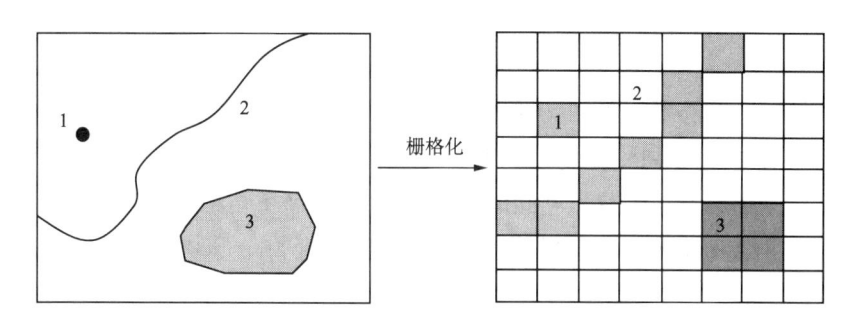

图 3-2 点、线、面的栅格表示

采用简单行列矩阵可以很方便地存储、管理栅格数据,但是当栅格单元越小、空间数据精度越高时,数据量将迅速膨胀,存储冗余也越严重。因此有必要采用压缩编码技术对栅格数据进行更好的组织管理。以下介绍两种常见的压缩编码结构。

1. 游程编码结构

所谓游程是指原始栅格矩阵中相邻同值栅格的数量。对于一幅栅格图像,其栅格阵列中常常有行(或列)方向上相邻的若干栅格单元具有相同的属性代码。游程编码结构的基本思路就是压缩这些连续重复的属性记录,具体方法是将栅格矩阵的数据序列 $X_1, X_2, \cdots, X_n$,映射为相应的二元组序列 (A_i, P_i),$i=1,\cdots,K$,且 $K \geqslant n$。其中,A 为属性值,P 为游程,K 为游程序号。图 3-3 给出一个基于行将栅格矩阵结构转换为游程编码结构的具体实例。

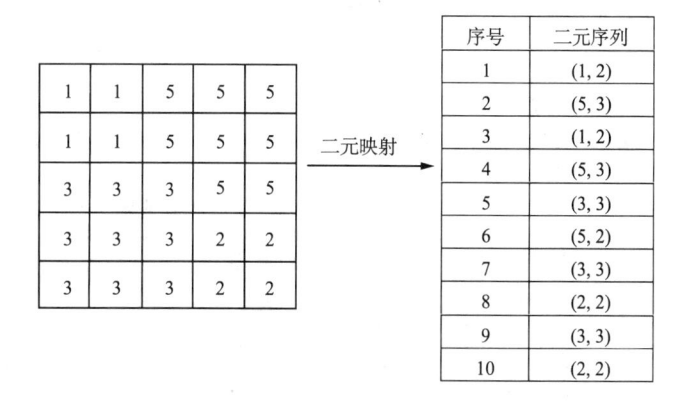

序号	二元序列
1	(1, 2)
2	(5, 3)
3	(1, 2)
4	(5, 3)
5	(3, 3)
6	(5, 2)
7	(3, 3)
8	(2, 2)
9	(3, 3)
10	(2, 2)

图 3-3 游程编码表示的栅格矩阵结构

栅格数据经过以上压缩处理,得到游程编码数据序列,为了提高系统对这些数据的访问效率,通常可以增加一个索引文件来组织数据。

2. 四叉树编码结构

栅格数据的四叉树压缩编码一直是比较热门的研究课题,其基本思想是将一幅栅格地图或图像等分为四部分,逐块检查其格网属性值(或灰度)。如果某个子区的所有格网值都具有相同的值,则这个子区就不再继续分割,否则还要把这个子区再分割成四个子区。这样依次递归分割,直到每个子块都只含有相同的属性值或灰度为止。

四叉树编码按编码方式的不同可分为常规四叉树和线性四叉树。常规四叉树每个节点通常存储 6 个量,分别是 4 个子节点指针(叶节点该类指针为空)、1 个父节点指针(根节点该指针为空)和 1 个节点值。线性四叉树只需存储 3 个量——地址、深度和节点值,数据量相对较小,应用也较为广泛。

四叉树具体建立可以采取自上而下或自下而上的方式,根据空间精度要求控制树的深度,同时达到数据压缩的目的。

矢量结构和栅格结构是模拟地理信息的两种主要方法。栅格结构类型具有"属性明显、位置隐含"的特点,它易于实现,且操作简单,有利于基于位置的空间信息模型的分析。但栅格数据表达精度不高,如要提高表达精度(栅格单元减小),数据量将急剧增大,同时也增加了数据的冗余。因此,对于基于栅格数据结构的应用来说,需要根据应用项目的自身特点及其精度要求来恰当地平衡栅格数据的表达精度和工作效率两者之间的关系。此外,因为遥感影像也是基于栅格结构,可以直接把遥感影像应用于栅格结构的地理信息系统中。

矢量数据结构类型具有"位置明显、属性隐含"的特点,它操作起来比较复杂,有些分析操作(如叠置分析等)用矢量数据结构难于实现;但它的数据表达精度较高,数据存储量小,输出图形美观且工作效率较高。两者的具体比较见表 3-2。

表 3-2　栅格、矢量数据结构特点比较

比较内容	矢量结构	栅格结构
数据结构	复杂、紧凑、冗余度低	简单、冗余度高
数据量	小	大
图形精度	高	低

续表

比较内容	矢量结构	栅格结构
遥感影像格式	不一致	一致或接近
输出表示	抽象、昂贵	直观、便宜
数据共享	不易实现	容易实现
叠置分析	不易实现	容易实现
拓扑和网络分析	容易实现	不易实现

应该说两种表达方式各有自己的优缺点，具体的选择需要综合分析多种因素而定，如研究区地理现象特征、当前可获取数据的类型、定位精度要求、所需要的空间分析类型、制图输出要求等等。此外，矢量与栅格一体化的数据结构是当前研究的热点，它吸收了二者的长处，优势互补，对图形、影像、属性数据的集成管理具有重要意义。

§3.2 地理信息的组织与管理

3.2.1 GIS 与空间数据库

数据库是信息系统基本且重要的组成部分，就地理信息系统而言更是如此。事实上，数据库管理技术已经成为 GIS 技术发展的源动力之一，每一次数据库管理技术的重大突破都可能引发 GIS 的技术变革。

这里所指的空间数据库（Spatial Database, SDB）专指 GIS 数据库，或者称地理数据库，是地理信息系统在计算机物理存储介质上以一定组织形式存储的地理数据的集合，它由多种应用数据集成，并可被应用所共享。在地理信息系统中，空间数据库发挥着核心的作用，它是空间数据存取的场所，是数据操作与综合分析的平台，对空间数据的查询、分析以及一系列的应用建模都是以数据的高效存储、管理为前提。空间数据库的布局和存取能力还直接影响到地理信息系统的运转效率甚至功能的实现。如果不能对数据访问作出快速的反应，就很难进行及时的决策，或者获取的数据不完备，不能挖掘潜在的信息或模式，最终甚至导致错误的决策。由此可见空间数据库在地理信息系统中的重要性。

1. 空间数据库系统

在通常情况下，数据库是对数据库系统（Database System）的简称，一个完整的数据库系统一般包括数据库、数据库管理系统、数据库应用、数据库管理员以及系统平台五个部分。与之相对应,空间数据库系统(Spatial Database System)也包含这几个组成部分(图 3-4)。

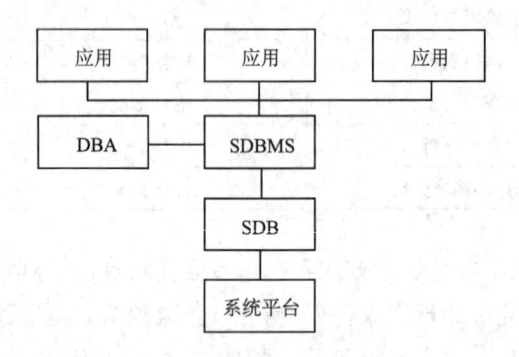

图 3-4 空间数据库系统示意图

（1）空间数据库(SDB)：地理数据的集合,以一系列特定结构的文件的形式组织在存储介质之上,包括空间数据、属性数据和时态数据等。空间数据可以是矢量数据或栅格数据,但实际上在 GIS 领域,谈及空间数据库或 GIS 数据库时,更多的是指基于矢量 GIS 的数据库系统。

（2）空间数据库管理系统(Spatial Database Management System,SDBMS)：SDBMS 是管理空间数据库的系统软件,是空间数据库系统的核心。它支持相关空间数据类型和数据模型的定义,负责实现数据的组织存储、空间查询操作以及对数据库应用端的数据共享服务等等。SDBMS 还必须能够对空间数据库进行有效的维护和控制,包括数据安全性、完整性及一致性的定义和检查、多用户访问过程中的并发控制等等。

（3）空间数据库应用(Spatial Database Application)：建立在空间数据库之上的各个应用程序,包括地理信息息统的空间分析、地学应用模型等等。

（4）数据库管理员(Database Administrator,DBA)：负责数据库的设计和维护管理,包括数据库的安全管理、系统恢复、物理结构调整等等。

（5）系统平台：数据库系统运行的平台,主要包括计算机操作系统、计算机网络等。

2. 空间数据库设计

空间数据库的设计反映了 GIS 对现实世界中地理现象认识、抽象及不断地深化的过程(图 3-5),具体是通过不同抽象层次数据模型的设计,将复杂的地理实体及关系逐层转换,由现实世界,经概念世界、信息世界,最终反映到计算机世界中的物理描述。由现实世界开始,每到一个新的世界都是一次飞跃,是一次新的提高与加工过程的结果。

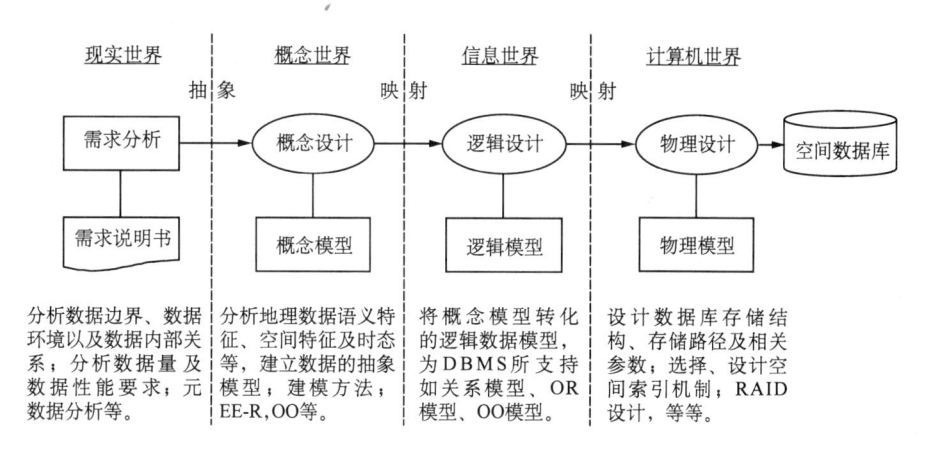

图 3-5 空间数据库设计的过程

以下以模型设计为主线,简单介绍空间数据库的设计过程。

1) 需求分析

包括需求调查以及调查结果的分析。调查一般从用户单位入手,深入了解单位组织机构、业务规范以及数据的流程、数据使用情况、数据类型和特征等等。在调查基础上分析、确定数据库系统的数据范围、数据环境以及数据的内部关系,最终形成需求分析说明书,使空间数据库的开发人员可以明确地了解用户对数据库的内容和行为的期望及要求,从而指导后续的设计开发。

2) 概念设计

对用户的需求加以解释,进一步分析数据间的内在联系,并用概念模型表达出来。概念模型是对现实世界抽象的结果,它独立于具体的数据库实现,是用户和数据库设计人员沟通的桥梁。常见的概念建模方法有实体联系模型(E-R 模型)、扩展的实体联系模型(EE-R 模型)和面向对象模型(OO 模型)等。对于空间数据库概念设计而言,空间扩展的实体联系模型和面向对象模型是不错的选择。

3) 逻辑设计

逻辑设计的主要任务是将概念设计阶段所得的概念模型映射为具体数据库管理系统所支持的逻辑数据库模型。如将 E-R 概念模型转化为 RDBMS 的关系模型,将

OO概念模型映射为面向对象的逻辑模型等等。逻辑设计的另一个重要内容是外模式设计。外模式是用户的数据视图,是对数据库逻辑结构的局部描述,它提供数据的逻辑独立性,用户通过外模式访问自己关心的数据而不破坏数据库的安全性。

4) 物理设计

物理设计的任务是将信息世界的逻辑模型映射到实际的计算机存储设备上加以实现,由物理模型表示。物理设计依赖于给定的计算机系统,通常设计人员需要考虑数据库的具体存储方式、数据分布策略以及索引结构、存取效率等等。

3.2.2 空间数据的组织

弹性、合理的数据组织结构是建立高效空间数据库的基本前提。以下简单介绍空间数据的组织以及相关的空间索引技术。

1. 基于分层的数据组织方法

人们对现实世界地理空间的认知往往局限于小空间范围内或某一个别的地理实体上,基于分层的数据组织方法即把地理实体结构化为数学上的点、线、面以及栅格单元(格网),分层后的每层数据均有相应的属性和空间等信息,逻辑组织模型如图3-6。这种基于分层的数据组织是面向地图的,在数据库中一般采用图库—图幅—图层—地理对象—几何对象的数据组织策略。在横向上,GIS数据组织通过分幅或划分格网,然后对它们进行空间索引实现的。但是,基于分层数据组织的地理现象的描述存在下述缺陷:① 现实世界空间几何目标的抽象忽视了地理现象的本质特性及其现象之间的内在联系,对现实世界的人为划分,造成了GIS的信息简化,降低了GIS信息容量;② 注重空间位置描述的矢量或栅格数据组织模型,丧失了以分类属性和相

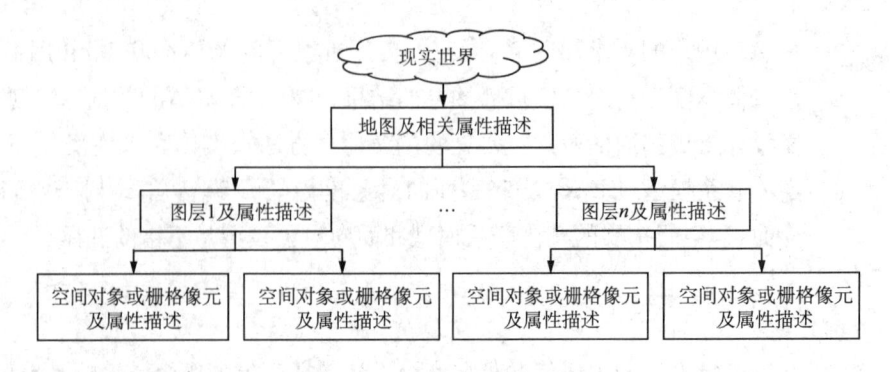

图 3-6 GIS 的分层逻辑描述

互关系为基础的结构化实体所提供的丰富的分析能力;③ 分层叠加(overlap)的方法把现实世界划分为一系列具有严格边界的图层,但这些边界不能充分地反映客观现实,从而造成了许多人为误差,另外,这种方法不能提供众多基本对象的空间分析能力。针对上述缺陷,人们寻求另外的认知方式,提出了"地理特征"的概念。

2. 基于特征的数据组织方法

对地理实体属性和关系共性的认识是人们认知的起始点。人们对客观世界的初识是基于地理特征的,这种认知方式造就了基于地理特征的数据组织方法。目前,ISO/TC211 和 OGC 分别对地理特征进行了定义。

(1) ISO/TC211 的定义。特征存在有特征类型和特征实例 2 个层次,特征类型是具有共同属性的地理现象,特征实例是特征类型的一个具体的地理现象。每个特征实例具有一个唯一的标识符,它与属性、功能和关系封装在一起,可以全面地描述该特征类型的发生发展的特点。通过标识符,特征的一系列状态或事件可以有机地联系、组织在一起,可在时空坐标系中进行时空定位,有利于时空数据的管理与查询。

(2) OGC 的定义。特征是地理空间信息的基本单元。另外,美国 USGIS 对特征也给出了自己的定义:特征是客观世界的实体或目标(数字化的/或图形)表达。可见,特征是一种针对真实地理现象的描述或表达方式,这种地理现象可以是一个真实的地理组成实体,如河流、湖泊,也可能是一种分类结果,如不同的用地类型,还可能是一种对某种现象的度量结果,如高温区、高雨区等。因此,地理特征是地球空间上客观存在的,具有描述信息的地理实体,并且这个地理实体可以由对它的标识和对它的属性和关系的描述来定义。

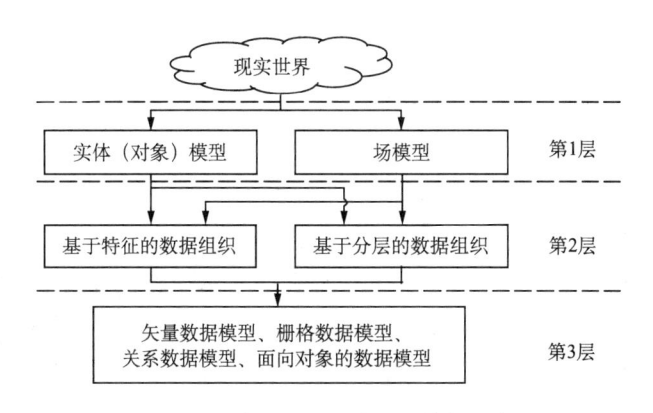

图 3-7 基于特征和基于分层的抽象层次对比

基于特征的 GIS 数据组织的基础是特征分类。它直接影响地理数据的组织、管理、查询以及分析的有效性，影响地理数据模型语义的完备性以及数据的共享。因此，基于特征的 GIS 可以使用面向对象的技术来构造。其数据组织框架需要使用认知分类理论的有关概念和制图学的有关方法。这种数据组织方法要求正确合适的地理分类体系，该体系在遵循一般分类学原则的同时，还必须考虑 GIS 技术（如面向对象技术）的需要，要求将分类体系纳入到一种由非空间属性所决定的空间体系中。

分层与特征是人们对现实世界的地理现象，通过不同的认知方式和认知手段认知的结果，代表了 GIS 的两种不同数据组织方法，后者以前者为基础，基于特征的 GIS 是基于特征的数据组织方法发展的一个方向。不管哪一种数据组织方式，其目的都是要更加精确清晰地反映各种地理特征。

3. 空间索引

空间索引是为加速空间查询操作而建立的一种辅助性的空间数据结构。它本质上是对数据空间的一种划分策略，主要有两类划分方式：一是直接针对空间对象划分，如 R 树索引；另一种是划分地图空间，间接达到空间对象组织划分的目的，如 R＋树、CELL 树、KDB 树、BSP 树等等。空间索引一般介于空间操作算法和空间对象之间，操作时按照索引策略快速定位、获取相关的空间对象集，通过过滤、排除大量与操作无关的空间对象以提高空间操作的速度和效率。空间索引的优劣直接影响空间数据库和地理信息系统的整体性能。

1) 格网型空间索引

基本思想是将研究空间按一定规则划分成大小相等和不等的格网，对格网编码并记录每一个格网所包含的空间对象。当用户进行空间查询时，首先计算出用户查询对象所在格网，然后再在该网格中快速查询所选空间实体，这样一来就加速了空间查询的速度。

2) BSP 树

BSP 树是一种二叉树，它将空间逐级进行一分为二的划分（图 3-8）。BSP 树能很好地与空间数据库中空间对象的分布情况相适应，但一般来说深度较大，对查询、插入等操作均有不利影响。

3) KDB 树

KDB 树是 B 树向多维空间的一种发展。它对多维空间中的点进行索引具有较好的动态特性，但是不能直接支持线、面要素，需要进行空间映射或变换，原始空间的区域查询可以转化为高维空间的点查询。但是空间映射或变换方法仍然存在着缺点：首先，高维空间的点查询要比原始空间的点查询困难得多；其次，经过变换，原始空间中相邻的区域有可能在变换后的点空间中距离变得相当遥远，这些都将影响空间索引的性能。

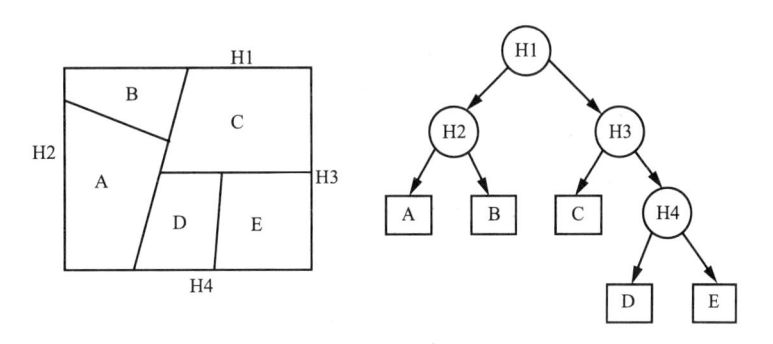

图 3-8　BSP 树空间索引

4）R 树和 R＋树

R 树索引方法通过设计一些虚拟的矩形范围，将那些空间位置相近的目标包含在这个矩形内，以这些虚拟矩形作为索引，虚拟矩形可以进一步细分形成多级空间索引。图 3-9 是 R 树空间索引的例子，R 树所有叶子节点都在同一层，它包含指向数据库中空间对象的指针和对应的最小外接矩形 MBR（Minimum Bounding Rectangle），非叶子节点则包含虚拟矩形以及指向子节点的指针。

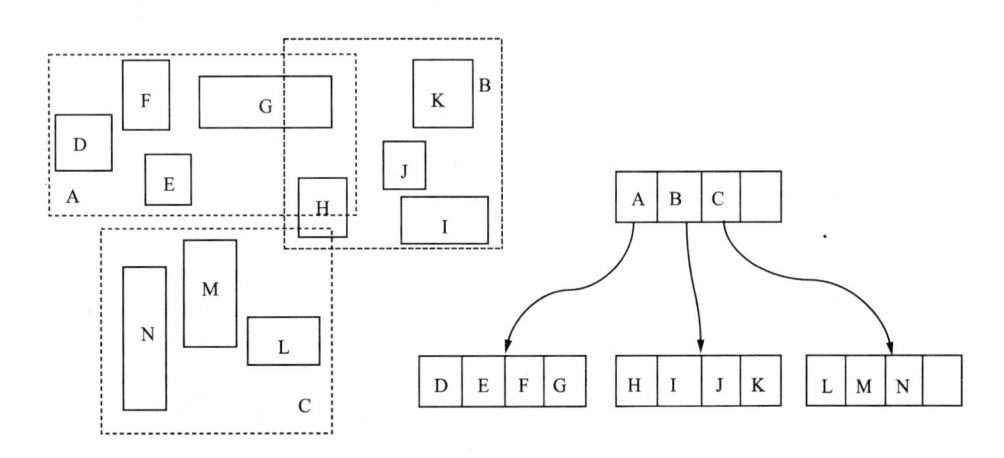

图 3-9　R 树空间索引

由于 R 树兄弟结点对应的矩形区域可以重叠,空间查询可能要遍历多个子树后才能得到最后的结果,查询效率较低。R＋树(图 3-10)是 R 树家族中另一种重要的空间索引技术,其特点是兄弟结点对应的空间区域没有重叠,空间对象可以被多个虚拟矩形所包含。没有重叠的区域划分可以使空间索引搜索的速度大大提高,不过该约束也使得空间对象插入和删除时效率降低。

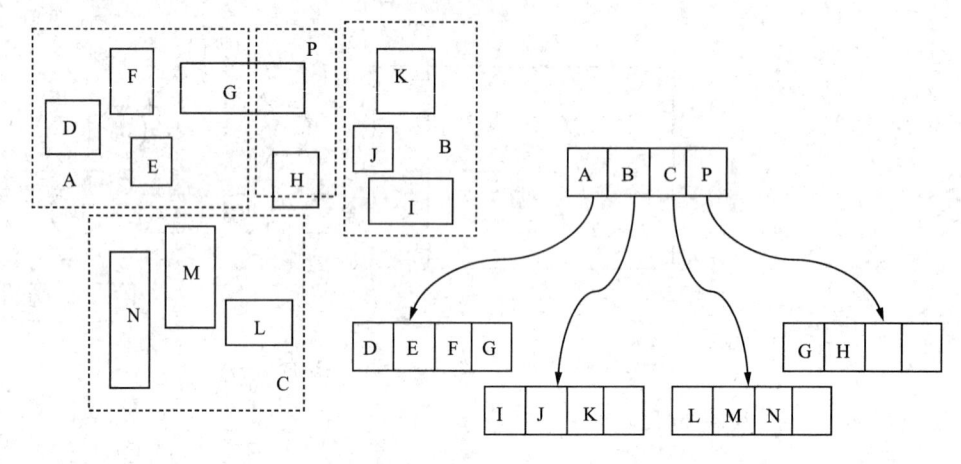

图 3-10　R＋树空间索引

5) CELL 树

由于 R 树和 R＋在插入、删除和空间搜索效率两方面难于兼顾,CELL 树应运而生。它在空间划分时不再采用矩形而是以凸多边形作为划分的基本单位,具体划分方法与 BSP 树有类似之处,子空间不再相互覆盖。CELL 树的磁盘访问次数比 R 树和 R＋树少,由于磁盘访问次数是影响空间索引性能的关键指标,故 CELL 树是比较优秀的空间索引方法(图 3-11)。

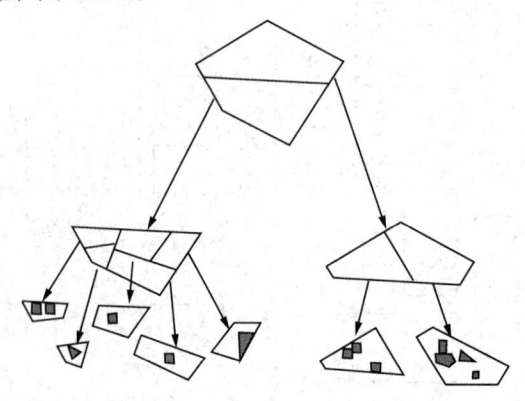

图 3-11　CELL 树空间索引

3.2.3 空间数据的管理

1. 空间数据管理的特点

相对于常规数据,空间数据的管理具有一些独特之处,这也是由空间数据的特性所决定的。首先,空间对象具有空间位置及分布特征,数据组织时除常规关键字索引和辅关键字索引外,通常还必须建立空间索引,以满足空间查询检索的需要;其次,空间对象之间存在复杂拓扑关系,拓扑关系的表达为空间分析和空间推理奠定了良好基础,但也增加了空间数据一致性和完整性维护的复杂度;第三,空间数据的非结构化特征使得它难以在通用关系数据库中直接存储表达,空间对象的几何坐标数据是不定长的,而且对象间可能存在复杂的嵌套关系,不能满足关系数据模型的范式要求;此外,空间数据还具有海量、多维、多层次、多尺度等特征,这对空间数据的管理也提出了更高的要求。

空间对象和空间关系的复杂性增加了空间数据管理的难度,因此,在建立空间数据库时除了应用通用数据库的原理和方法外,还必须采取特殊的技术和方法来解决空间数据管理所特有的问题。

2. 空间数据管理的方案

当前对于 GIS 数据主要有以下几种管理方案。

1) 文件与关系数据库的混合管理

该管理模式下图形数据和属性数据分别组织,其中属性数据由商用关系数据库管理,而图形数据以文件方式组织,严格上讲还谈不上空间数据库。两种数据的联系通过目标标识或者内部连接码进行链接。由于文件系统的功能较弱,在数据安全性、一致性、完整性以及并发控制等方面更是缺乏必要的功能,因此这种混合管理模式并不能令人满意。属于这种管理类型的 GIS 软件有 ARC/INFO、MGE、SICARD、GENEMAP 等。

2) 全关系型空间数据库管理

图形和属性数据都由商用关系数据库来存储管理。图形数据的存储主要有两种方式。第一种基于关系模型,以多个相关联的关系表的模式来组织图形数据。这种组织方式因为涉及一系列关系连接运算,相当费时。另一种方式用 blobs 字段存储不定长的几何数据。这种存储方式可以省却大量的关系连接操作,但是存储在 blobs

中的空间数据不能由 SQL 语言直接操作,需要应用端代码处理,难以利用关系代数操作的优点,而且效率低下。

3) 对象—关系型空间数据库管理

由于关系型空间数据库存储管理非结构化空间数据的效果不够理想,而且很难支持复杂空间对象和对象间的关系,一些数据库厂商在 RDBMS 底层进行改进和一定程度的面向对象扩展。通过预先定义点、线、面等空间抽象数据类型(SADT)及其操作,形成空间数据管理专用模块,用户不需要第三方软件就可以直接存储和操作非结构化、非范式的空间数据。这类产品如 Oracle 的 Oracle Spatial、Informix 的 Informix Spatial Datablade 等。此外,一些 GIS 厂商也在 RDBMS 之上开发空间数据库引擎以获得空间数据存储和管理的能力,同时进行一定的面向对象扩展,最典型是 ESRI 的 ArcSDE,它提供多种存储管理方案,还可以直接操作空间数据管理专用模块提供的空间对象。基于 ORDBMS 的空间数据管理方案主要解决了空间数据变长记录的存储问题,效率也比前面所述的二进制块的管理要高得多。但它依然没有解决对象嵌套问题,用户也不能自行定义空间数据结构,使用上仍受一定限制。

4) 面向对象空间数据库管理

面向对象模型最适合空间对象的建模和表达,它不仅支持变长记录,而且支持对象的继承、聚集和嵌套等关系。面向对象的空间数据库管理系统不再是基于 RDBMS 进行空间功能的扩展,而是直接包含到 DBMS 核心之中,它允许用户自定义空间对象的数据结构及行为,具有充分的灵活度。由于 OODBMS 技术还不够成熟,目前在 GIS 领域不太通用,尽管如此,它仍有极大的应用前景。

3. 空间数据查询

空间查询是 GIS 最基本的功能,也是用户最常用、最直接的操作手段,用户提出的问题很大一部分可以用查询交互的方式得到解决。查询操作从空间数据库中找到满足约束条件的空间对象,提取返回对象信息。这种约束条件可以是常规属性约束,也可以是基于空间位置或空间关系的约束条件,如相交、重叠、距离、方向等。空间查询功能非常重要,它是 GIS 用户进行更高层次空间分析或建模的基础。目前,GIS 中的空间查询大致可以分为三类:

(1) 基于属性特征的查询:根据地物或区域的属性数据或信息,查询数据库中满足给定条件的空间对象(集),返回相关的特征和信息,并可以以可视化的方式进行表达。属性数据通常基于关系数据库存储管理,这类查询可以通过标准 SQL 语言进行查询,属性数据和空间数据之间通过地物标识(OID)关联。

(2) 基于图形数据的查询:根据给定的空间区位规则或空间关系约束查询符合条件的空间对象(集),一般来说是在可视化图形环境下实现,具体如点查询、范围查询、拓扑查询、方位查询以及距离查询等等。点查询通过简单的鼠标点选,返回所选目标的基本几何参数和属性信息;范围查询则由给定的矩形窗口、圆或多边形等区域目标,获取区域范围内的相关空间对象。点查询和范围查询是基于空间位置特征的查询,因此也称空间定位查询。

拓扑查询、方位查询和距离查询则是典型的基于空间关系的查询。拓扑查询是最重要的空间关系查询方式,如邻接、包含、穿越查询等,有些拓扑邻接关系可由拓扑数据结构直接得到,但更多的是要通过空间运算获取。缓冲区查询是基于距离度量的重要的空间关系查询,它按给定度量计算点、线或面状地物的周围邻域,即缓冲区(Buffer),提取缓冲区内的对象和信息。例如查询距离某一垃圾填埋场不超过1 000m的饮用水源,查询街道对称拓宽 2m 时的拆迁对象,等等。此外,基于方位的查询也逐渐得到重视,特别是在军事演习模拟等对方位查询、方位分析有较高要求的领域,面向方位的空间索引技术是个研究热点。

(3) 图形与属性的混合查询:即查询条件同时包括了空间特征约束和属性条件约束两方面的内容,查询结果集应该同时满足这两个方面的要求。事实上,GIS 中的查询往往不仅仅是单一的基于图形或者基于属性的信息查询,而是包含了两者的混合查询。例如,查询与某一公交线路邻近(如不远于 500m)而且人口超过 1 000 人的居民小区。

§3.3 地理信息分析与应用模型

3.3.1 空间分析的概念

空间数据库是地理信息系统的核心,不过基于空间数据库的数据综合分析及应用才是数据管理的目的所在。当前 GIS 技术的发展已经基本上完成从数据库型 GIS 到分析型 GIS 的过渡,空间分析已经成为地理信息系统核心的功能,甚至是地理信息系统区别于其他类型系统的一个主要标志。

1. 空间分析的内涵

空间分析如此重要,众多学者也从不同的角度和层面给出自己的定义和论述,如海宁(Haining)的《社会与环境科学中的空间数据分析》、昂温(Unwin)的《空间分析入门》和古德柴尔德(Goodchild)等的《GIS 环境下的空间分析》等。然而到目前为止,尚未形成被广泛认同的概念体系,甚至连空间分析的定义、基本的研究内容都未明确界定。不过,GIS 领域中空间分析的根本目的始终很明确,那就是通过对空间数据的深加工或分析,提取数据中的新信息以及隐含的知识或模式,最终为空间决策服务。由此,对当前 GIS 中的空间分析我们可以这样表述:空间分析是基于空间数据的分析技术,它以地学原理为依托,通过相关算法,从空间数据中提取新的空间知识,为地理研究和地理决策服务。至于获得的空间知识主要包括相关地理目标的位置、分布和形态信息,目标的空间行为模式以及目标间的空间关系等等。

以上的定义涵盖较广,实际上从当前实用的角度看,GIS 中的空间分析就是基于空间数据的空间特征和非空间特征的联合分析,甚至主要就是拓扑与属性特征的联合分析。现有 GIS 工具软件提供的主要有缓冲区分析、叠置分析、网络分析、空间统计分析等基本空间分析功能。随着空间分析理论基础的发展以及分析方法和技术手段的丰富和加强,GIS 空间分析将从空间数据库中挖掘更多潜在的空间知识或模式,空间分析的内涵也可能进一步拓展,这也许也是空间分析目前缺乏一致明确的概念框架的一个原因。

2. 空间分析与应用模型

模型是对现实目标系统的一种模拟或抽象,GIS 中的应用模型是指在某一地学应用领域对解决具体问题所采用的分析方法和操作步骤的抽象或简化,其目的是为解决同类问题或相似问题提供模板或参考。应用模型的研究开发是增强 GIS 功能,拓展和深化 GIS 应用的必然要求,它同空间分析功能一样是 GIS 的重要组成部分,是发挥空间数据库作用的关键。

应用模型可以看做更高层次的空间分析,它是对基本空间分析功能的应用和发展。一般来说,一个复杂的应用模型可以分解为若干个并联或环联或是层次结构的子过程,每个子过程都需要一定的空间分析操作。因此,应用模型尽管无法枚举,但都能以基本的空间分析方法为建模组件,积木式组合而来,二者如"机器"与"零件"的关系。不过,随着应用模型的研究和发展,一些适应面广且有重要应用意义的模型将可能被固化实现为 GIS 的空间分析工具,成为更加专业化、更加复杂的应用模型的建模组件。

明确空间分析与应用模型的关系有助于地理信息系统结构及功能的设计。本节后续部分将介绍几种基本的空间分析功能以及应用模型的实现。

3.3.2 空间分析的基本功能

1. 叠置分析

叠置分析是 GIS 最常用的空间分析手段之一,它通过将同一地区两组或两组以上的图层要素叠置,产生新的多边形,并对其范围内的属性进行分析。根据数据结构可以分为矢量叠置分析和栅格叠置分析,前者一般又可以分为点与多边形叠置、线与多边形叠置和多边形与多边形的叠置。

1) 点与多边形叠置

点与多边形的叠置实际上是计算多边形对点的包含关系,确定一图层上的点落在另一图层的哪个多边形内,并为点新建相应的属性。点与多边形的叠置应用广泛,例如:将油井与矿区油量储蓄区划图叠置,确定每口井所在区划范围。

2) 线与多边形叠置

将线的图层叠置在多边形图层上,采用线和多边形的裁剪算法,确定线段落在哪个多边形内,对线段重新编号并赋予新的属性内容。线与多边形的叠置分析可以回答诸如某行政单元所包含的公路里程、某流域的河流总长等问题。

3) 多边形与多边形的叠置

多边形与多边形的叠置分析是指同一地区、同一比例尺的不同专题的多边形要素之间的叠置,它是叠置分析的主体,常用于区域多重信息提取、地理变量多准则分析和地理特征的动态变化分析等等。对多边形属性的处理而言,通常可以分为合成叠置(图 3-12(a))和统计叠置(图 3-12(b))。合成叠置将不同数据层的特征进行叠加,产生许多新的多边形,每个新多边形被赋予新的多重属性值,通过这种区域多重属性的叠加操作,可以寻找和确定同时具有几种地理属性的分布区域。统计叠置一般用于计算、提取某一要素(如土地利用)在另一要素(如行政区划)中的区域分布特征,简单讲就是通过空间对应关系将其他多边形的属性信息提取到本多边形中。但无论是合成叠置还是统计叠置,其核心都是采用多边形与多边形的裁剪算法形成新的多边形。

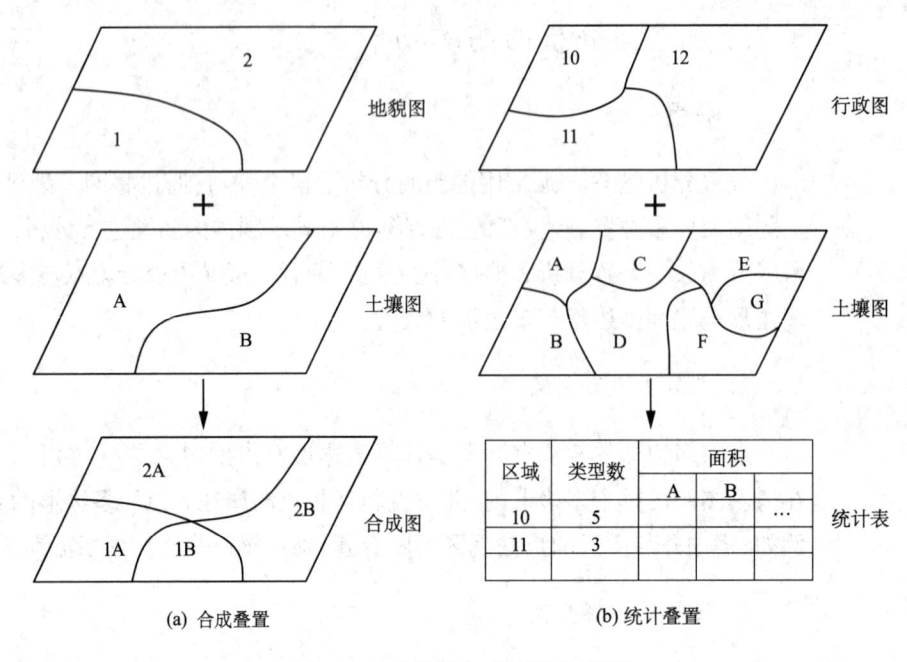

图 3-12 多边形与多边形的叠置

4) 栅格叠置分析

栅格叠置分析中参与分析的图层要素均为栅格数据，栅格数据具有空间信息隐含属性信息明显的特点，可以看做最典型的数据层面，通过数学关系建立不同数据层面之间的联系是 GIS 提供的典型功能。

设 A、B 分别表示本底和上覆栅格数据层上确定的属性值，将两层栅格数据叠置在一起，则叠置地图的相应位置上产生的新属性值可以由下式表示：

$$U = f(A, B) \quad (3-1)$$

式中，f 函数取决于叠置的要求。它可以是简单的加、减、乘、除等算术运算，也可以对原属性值简单地取平均值、最大/小值，或者是两个数据层面属性值之间的逻辑运算（与、或、非、异或等），甚至可以是更为复杂的计算方法，例如新属性的值不仅与对应的原属性值相关，而且与原属性值所在的区域的长度、面积、形状等特性相关。实践中，可能是多种运算方式的联合，并且叠置可以直接在未压缩的栅格矩阵上进行，也可在压缩编码（如游程编码、四叉树编码）后的栅格数据上进行。它们之间的差别主要在于算法的复杂性、算法的速度、所占用的计算机内存等。

从应用功能讲，栅格叠置分析类似于基于矢量数据的多边形叠置分析，常用于资源与环境领域的分析评价。相比较而言,栅格叠置算法数据存储量比较大,但是运算过程更为简单有效。

2. 缓冲区分析

缓冲区分析是 GIS 中典型的邻域分析,使用非常频繁。它根据分析对象的点、线、面实体自动建立它们周围一定距离的带状区,用于识别这些实体或主体对邻近对象的辐射范围或影响度,以便为某项分析或决策提供依据。例如,分析点状或面状污染源的影响范围,确定道路拓宽的拆迁范围等等。

缓冲区分析与前面提到的缓冲区查询是完全不同的概念,后者生成的缓冲区是暂时的,且不一定需要拓扑数据,其目的是为了查询,不破坏原有空间目标的关系。缓冲区分析则不同,它实际上涉及两步操作,第一步是按给定的距离条件,建立缓冲区多边形图层,第二步是将该图层与要进行缓冲区分析的图层进行叠置分析,得到所需要的并可保存的分析结果。缓冲区有点缓冲区、线缓冲区和面缓冲区之分(图 3-13):点状地物的缓冲区是以该点为圆心,以给定的缓冲距为半径的圆形区域;线状地物的缓冲区是线目标的两侧距离不超过缓冲距的点所组成的区域;面状地物缓冲区是沿该面目标边界线内侧或外侧距离不超过缓冲距的点所组成的区域。对于由若干点、线或面组合而成的复杂目标,其缓冲区是单个空间目标的缓冲区的并集。

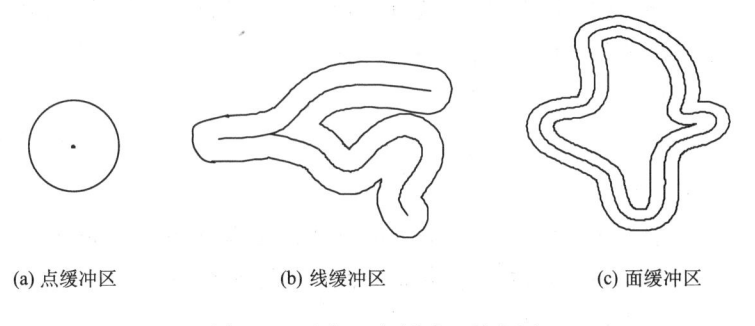

(a) 点缓冲区　　(b) 线缓冲区　　(c) 面缓冲区

图 3-13　空间目标缓冲区示意图

此外,基于栅格结构也可以作缓冲区分析,一般称做推移或扩散(Spread)。推移或扩散同样是模拟主体对邻近对象的作用过程,物体在主体的作用下在一阻力表面移动,离主体越远,作用力越弱。具体地学应用中,可以确定不同的阻力因子,建立相应的扩散模型。

3. 网络分析

网络是由结点和边的二元关系构成的系统,网络分析则是通过分析、模拟网络的状态以及资源在网络上的流动和分配情况,对网络结构及其资源的优化配置问题进行研究,图论和运筹学构成网络分析的数学基础。

在现实生活中,大量的物质传送或信息的流通都可以用网络来表示,如公路、水路等交通网络,电力、煤气、供排水等城市基础设施网络以及电信、有线电视等通信网络等等。对此类空间网络进行模型化和地理分析,是 GIS 网络分析功能的主要目的。目前网络分析在电力、通信等管线布局、电子导航以及旅游、城市规划等多个领域已经发挥着重要作用,以下仅简单介绍网络的基本数据结构以及路径分析和资源分配两个最常用的网络分析问题。

1) 空间网络的数据结构

空间网络具有一般网络的边、结点间抽象的拓扑特征,可以由抽象的图进行表示,另外它还有地理数据的几何定位特征和相应的地理属性特征。各类空间网络虽然形态各异,但其最基本的组成仍然是链和结点。

(1) 链(Link)

网络中资源运移的通道,如街道、河流、水管等,其状态属性包括其运移能力、阻力因素等。

(2) 结点(Node)

网络中链的结点,如港口、车站、电站等,其状态属性包括资源数量、资源需求等。结点中还包含以下几种特殊的类型:

障碍(Barrier):网络中资源不能通过的结点;

拐点(Turn):出现在网络链中的分割结点上,状态属性有阻力,如拐弯的时间和限制等;

中心(Center):是网络中具有从链上接受或发送资源能力的节点所在地,如水库、商业中心、电站等,其状态属性包括资源容量(如总量)、影响范围(中心到链的最大距离或时间限制)等;

站点(Stop):表示网络中装卸资源的结点所在地,如库房、车站等,其状态属性有资源需求量,以正值表示装载量,负值表示下卸量。

2) 路径分析

在 GIS 网络分析中,路径问题占有重要位置,路径分析的核心就是最优路径的求解。而所谓的最优路径可以归结为某一特定含义下距离最短的路径,这个距离可以是通常的欧氏距离,也可以表示时间距离、经济距离和风险距离等特定含义。例如在运输网络中找出运输经济成本最少的路径,在消防、救险中找出时间花费最省的路径,在通信网络中找出两点间最可靠的信息传递路径,等等。

在路径分析过程中,首先应该根据应用目的确定"最优"的含义,给出特定的距离语义。对于非欧氏距离,可以通过每条链的赋权以及相关属性信息计算得到(所以非欧氏距离也可以看做一种加权距离)。其次就是求解给定起点和终点之间的最短路径,求解方法非常多,最著名的是迪杰科斯塔(Dijkstra)在1959年提出的基于有向图的搜索算法。

迪杰科斯塔算法的基本思想是,若从结点 S 到结点 T 有一条最短路径,则该路径上的任何点到 S 的距离都是最短的。令 $d(X,Y)$ 表示点 X 到 Y 的距离,$D(X)$ 表示 X 到起始点 S 的最短距离,并假定两点之间的距离不为负,则最短路径的搜索步骤如下:

① 对起始点 S 作标记,且对所有顶点令 $D(X)=\infty$,$Y=S$。

② 对所有未作标记的点按以下公式计算距离:

$$D(X) = \min\{D(X), d(Y,X) + D(Y)\}$$

其中 Y 是已确定作标记的点。取具有最小值的 $D(X)$,并对 X 作标记。令 $Y=X$,若最小值的 $D(X)$ 为 ∞,则说明 S 到所有未标记的点都没有路,算法终止;否则继续。

③ 如果 Y 等于 T,则已找到 S 到 T 的最短路径,算法终止;否则转②。

3) 资源分配

资源分配也称定位—配置分析,是根据中心地理论框架,通过供给系统和需求系统两者空间行为相互作用的分析,从而实现网络资源布局的最优化。若已设定需求点,求供给点,则涉及定位问题(Location);若已设定供给点,求需求分配点,则涉及配置问题(Allocation);若同时求供给点和需求分配点,则涉及定位—配置问题(Location-allocation)。

定位—配置分析是 GIS 空间分析研究的热点之一。它可用来计算中心地的等时区、等交通距离区、等费用距离区等;可用来进行城镇中心、商业中心或港口等地的吸引范围分析;可以用来寻找区域中最近的商业中心,进行各种区划和港口腹地的模拟等等。定位—配置分析涉及的因素比较多,分析时要建立一系列边界条件和相关目标函数,并求解目标方程,目前最常用的算法是 P 中心模型。

4. 空间统计分析

空间统计分析主要用于空间目标的分类与综合评价。空间数据之间存在着许多内在的联系,为了找出数据隐含的主要特征和关系,分类是最基本的研究方法,分类的方法和质量对后续的空间数据分析或应用具有明显的影响。综合评价是资源环境管理、优化的重要研究手段,是区划和规划的基础。

空间统计分析涉及空间数据和属性数据的处理和统计计算,其基本方法与一般多变量统计分析类似,最根本的区别在于空间样本特有的地理位置特征。地物的分类和综合评价,都是在对一系列空间变量综合分析的基础上,求取一个或若干个新的空间变量,统计分析的结果必须能够以可视化的方式进行表达,可以被用户直观地观察和理解。

1) 空间变量的筛选

空间变量的筛选是空间统计分析重要的预处理工作。地理问题往往涉及大量相互关联的自然因素和社会因素,数据采集时许多空间变量之间是相互关联的,因此有必要通过筛选,保留一组相互独立、具有代表性的变量,减少样本数据的信息冗余,降低应用模型构造和运算的复杂度。变量筛选的方法比较多,主成分分析是较为常用的一种。它基于变量间的相关矩阵,研究变量之间的亲疏关系,以给定的阈值选取若干个较大特征值所对应的特征向量,这样就减少了指标变量的数目,克服变量选择时的冗余和相关。

2) 空间目标分类

常用的分类方法主要有聚类分析和判别分析两类。聚类分析的基本思路是:首先每个样本各自成一类,然后规定类与类之间的距离,选择距离最小的两类合并成一个新类,计算新类与其他类的距离,再将距离最小的两类进行合并,这样每次减少一类,直到达到所需的分类数或所有的样本都归为一类为止。归类时应使类间差异尽可能大,而类内差异尽可能小。判别分析一般仅用于等级系列分类,如水体污染等级、土地适宜性判别等等,它首先需要建立等级系列的因子标准,再将待分析的空间目标置于系列中的合理位置。

3) 综合分析评价

综合评价模型是区划和规划的基础。从人类认识的角度来看有精确的和模糊的两种类型,因为绝大多数地理现象难以用精确的定量关系划分和表示,因此模糊的模型更为实用,结果也往往更接近实际。综合评价一般经过四个过程:

(1) 评价因子的选择与简化;
(2) 多因子重要性指标(权重)的确定;
(3) 因子内各类别对评价目标的隶属度确定;

(4) 选用某种方法进行多因子综合。

3.3.3 应用模型简介

地理信息系统不仅要完成管理大量复杂的地理数据的任务,更为重要的是要完成地理分析、评价、预测和辅助决策的任务。单凭 GIS 的基本空间分析功能显然已经不能满足各种复杂地学应用的需要,针对专业应用领域开发各种适用于 GIS 环境的地学应用模型是地理信息系统拓展应用领域、走向实用的关键,也是现代 GIS 技术进一步发展的重要前提。

1. 应用模型的特性及分类

相对常规应用模型,GIS 应用模型主要有以下四个特性:

(1) 时空分布特性:GIS 应用模型所描述的是某特定时空跨度下的地理现象或地理过程,模型的输入和输出变量,或者是存在于地理空间中的离散对象,或者是连续分布的栅格数据,都具有明显的空间分布特征。模型设计时,还必须充分考虑时间因素对模型目标的影响,选择合理的时间粒度,才能更好地支持区域系统的动态模拟和预测。

(2) 多学科交叉特性:应用模型是对具体应用的泛化和抽象表达,GIS 应用模型目前也正不断地向各个应用领域分化。单纯的统计分析模型远不能满足专业应用分析的需要,专业知识理论同数学、计算机科学技术、模型化技术等之间交叉渗透的特点在应用建模中非常明显。

(3) 复杂性:GIS 应用模型常常涉及自然、社会、经济等多个领域,影响因子繁杂,还往往存在人为干预及其他不确定因素,很难用数学方法准确、定量地建模,而所研究目标的时空分布特性也增加了应用模型构建的复杂程度。

(4) 智能特性:GIS 应用模型的最终目的是为地学应用提供空间决策支持,而大部分地学决策问题都是结构松散、动态及不规律的,不能单凭结构严谨的数学或统计方法求解,非结构性知识的表达及推理也非常重要。要实现这种弹性模型,人工智能的应用极为关键,实际上智能化也已经成为 GIS 应用模型的一个特征和趋势。

根据建模的基础,可以分为三类:一类是基于理化原理的理论模型,又称为数学模型,是应用数学分析方法建立的数学表达式,反映地理过程本质的理化规律,如地表径流模型、地下水溶质运移模型等;一类是基于变量之间的统计关系或启发式关系的模型,又称为经验模型,该类模型的建立通常需要进行大量的观测实验;还有一类是基于原理和经验的混合模型,模型中具有基于理论原理的确定性变量,也有应用经验加以描述的不确定性变量。根据研究对象的瞬时状态和发展过程,也可将模型分为静态、半静态和动态三类:静态模型用于分析区域空间要素相互作用的格局;半静态模型用于评价应用目标的变化影响;动态模型则可以分析研究目标的时空动态演变及趋势。此外,根据建模的目的,还可以将应用模型分为分类模型、评价模型、仿真预测模型和规划模型等等。

2. 模型库及其管理

当前地理信息系统已经走过了以空间数据为中心的应用阶段,正逐步进入以决策支持为特征的应用时期,对应用模型的需求在不断地增大,这无疑也对应用模型的建造、管理提出了更高的要求。为了更有效地生成、管理和使用应用模型,借鉴数据库系统的成功经验,模型库(Model Base,MB)和模型库系统(Model Base Management System,MBMS)等相关概念被提上研究议程。

1) 模型库

模型库是指在计算机中按一定的组织结构形式存储的多个模型的集合体,它在模型库管理系统下得到有效的管理。类似数据库系统,一个完整的模型库系统应该包括应用模型库、模型库管理系统、以模型库为基础的应用程序、模型库管理员以及系统平台五个组成部分。

模型库中组织存储的是一组具有特定结构形式、相互联系的模型,每个模型可以分解为模型体和模型描述两部分。模型体包括模型的源程序、目标程序等,它是模型的主体;模型描述是模型的说明性信息,可看成模型的属性,一般以模型字典的方式存在。

模型字典描述的内容主要包括模型的编号、名称、功能、使用方法、相关参数、适用条件以及执行路径、相关的模型和方法,等等。它一般按照关系表的形式组织存放,按照模型的类别可分别建立各类模型字典库,一个库描述一类模型,每个模型可以由一条记录描述,如模型编号、名称、作者、入库时间、相关的模型文件等等。模型字典的建立有利于模型的分类、索引及更新,它还是模型标准化及模型共享的关键所在。

2) 模型库管理系统

模型库管理系统是支持模型生成、存取和各种管理控制的软件,以模型库为基础的应用程序通过它来有效地访问、存取模型。模型库管理系统的功能主要包括以下三个方面:

(1) 模型的建造支持:包括模型间的组合、模型间数据的共享和传递等基本功能要求,还包括模型自动或半自动生成方面的支持、可视化建模工具,等等。

(2) 模型的存储管理:包括模型的表达、模型的组织存储等,支持不同抽象层次表达语言之间的映射和转换。

(3) 模型的运行管理:为应用模型提供运行环境,包括模型对相关数据的存取、模型的导入和编译、模型的运行控制以及模型的查询维护,等等。

由于模型比一般数据要复杂得多,模型库系统不可能像数据库系统那样实现强大、高效的存取访问及管理控制功能,但是,通用型模型库系统平台的研究实现仍然是 GIS 应用模型有效管理的必由之路。此外,组件技术和面向对象技术在应用模型建造中的应用具有重要意义,面向对象设计的组件模型可以同 GIS 软件无缝集成,模型之间的调用通过对象提供的接口方法实现,更好地解决模型共享和安全这对矛盾。

3. 智能化空间决策支持模型

空间决策支持是地理信息系统的最高目标,GIS 必将向具有强大空间分析功能和智能化决策支持能力的空间决策支持系统(Spatial Decision Support System,SDSS)发展。决策支持系统(DSS)、专家系统(Expert System)以及知识工程领域其他相关技术的融入,使得 GIS 对空间应用的支持由一般的空间操作分析提高到模型模拟和智能化决策支持的高度。

决策支持系统是在管理信息系统(Management Information System,MIS)的基础上发展起来的,是一种辅助决策者通过数据、模型、知识以人机交互方式进行半结构化或非结构化决策的计算机系统。它为决策者提供分析问题、建立模型、模拟决策过程和方案的环境,通过调用各种信息资源和分析工具,帮助决策者提高决策水平和质量。决策支持系统主要包括数据部分、模型部分、知识推理部分以及人机交互界面。其中,专业应用模型的建立和非结构化知识的表达及推理均需要相应领域专家的参与和支持。实际上决策支持系统已经包含专家系统的相关成分,后者是模拟人类专家的推理思维过程,能以人类专家水平去解决特定领域复杂问题的计算机系统,它能够实现专家知识的获取、表达,基于知识库进行推理,并作出判断和决策。

空间决策支持系统与一般的决策支持系统相似,但它面向地学决策应用,更注重地学应用模型的建造以及空间知识的获取、表达及推理。目前的 GIS 在模拟和知识推理方面能力不足,其逻辑结构和智能层次均不能满足复杂空间决策问题的需要,不能作为新一代空间决策支持系统的神经中枢。为解决复杂的空间决策问题,需要在地理信息系统的基础上开发通用智能化的空间决策支持系统,支持空间数据获取、输入、存储、分析和输出流程,支持空间知识的获取、表达和推理,支持应用模型的生成、管理和使用，集成数据库、模型库和知识库，通过人机交互接口，完成分析、模拟及推理，辅助实现空间决策。

图 3-14 给出通用智能化空间决策支持系统的体系结构，它是个囊括决策问题、用户、领域专家以及空间数据、模型及知识集成处理的交互式复杂系统。系统的核心是一个专家系统壳(Shell)，它直接控制着系统的控制流和信息流，提供机制去表达、存储非结构化的领域知识，还包含了空间知识的推理机。专家系统壳还提供了同数据库管理系统、模型库管理系统的交换接口以及友好的用户界面，是整个空间决策支持系统的大脑。

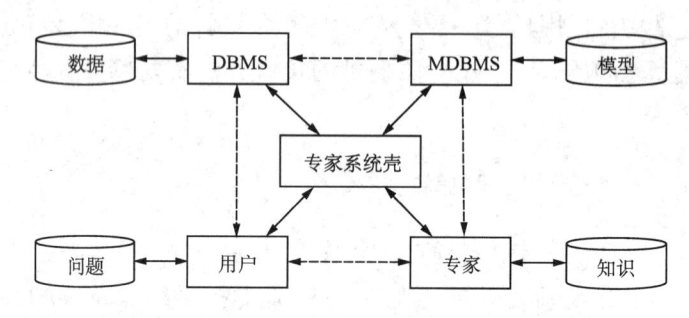

图 3-14　智能化空间决策支持系统的体系结构

§3.4　地理信息可视化与虚拟再现

3.4.1　地理信息的可视化

可视化(Visualization)是指通过一系列的转换，将原始数据转换为人们可以直观、形象理解的图形或图像。

科学计算可视化是通过研制计算机工具、技术和系统，把实验或数值计算获得的大量抽象数据转换为人的视觉可以直接感受的计算机图形图像，从而可进行数据探索和分析。

地理信息的可视化则是现有计算机可视化技术的具体应用，是以地理环境为依托，以地理信息系统为工具，采用二维、三维等表现形式，把实测或计算获得的大量抽象的空间数据转换为人的视觉可以直接感受的图形图像，从而通过视觉效果，探讨地理信息所反映的规律与知识，如图 3-15 所示。

"一幅图可抵一万字"，这是由于图像可以将大量的抽象数据有机组合到一起，并能形象生动地展示数据所表达的内容及其内部关系，使冗繁枯燥的数据变成生动直观的图形或图像，帮助人们理解原本以数字表达方式所表示的科学概念及结果。这种转换的目的不仅在于将信息转换成可被人类感应系统所领悟的格式,更重要的是可视化分析,即利用可视化去探索概念及作为概念加工和深化的一条途径,使研究人员能观察和模拟,从而丰富了科学发现的过程,给予人们深刻与意想不到的洞察力。

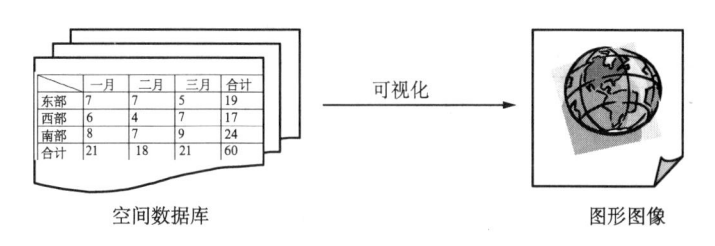

图 3-15　地理信息可视化示意图

地理信息的可视化在地球科学中具有重要意义,它对于动态地、形象地、多视角地、多层面地描述客观现实,再现和预测地学现象,都有突出的方法论意义。例如,在地质科学中用真三维反映地下矿体、矿脉(如含油体、含水体、金属矿脉等),能够帮助人们发现用常规手段难以发现的地质现象和矿藏;在大气科学中用四维(真三维加时间维)形式表示气旋、龙卷风、降水云系的发生、发展和演化过程;在水文学中用四维方式模拟整个河床内洪水的流动、涨落、对河堤的侵蚀等等,都具有十分重要的科学价值和明显的实用意义。

1. 二维空间数据的可视化——地图方法

GIS 中地理信息的可视化方法主要是对传统地图学以及制图学可视化方法的数字化实现。二维地图学方法利用计算机二维图形图像学可视化方法及计算机制图学理论,通过从地理数据库中检索图形数据、进行预处理、符号化、最后以电子地图的形式显示出来。其流程如图 3-16 所示。

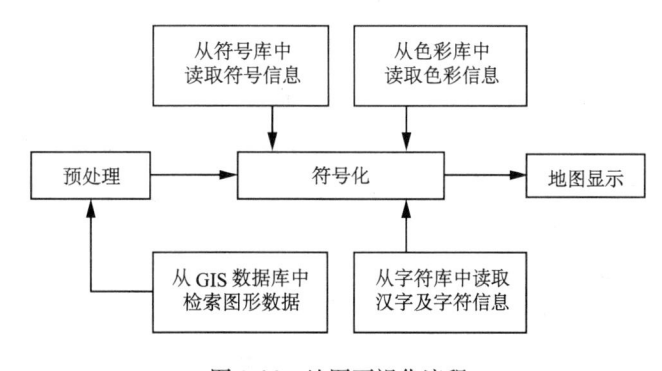

图 3-16　地图可视化流程

地图方法涉及的内容主要有以下四个方面。

1）检索数据

可视化的数据一般来源于空间数据库，根据可视化的目的，对一定区域一定属性组合的对象进行检索。检索可按照属性检索、区域检索、拓扑检索及组合检索等方式获得全部要表达的地理对象。

2）预处理

从空间数据库检索出的数据，在符号化之前，需要进行预处理，解决投影变换、数据压缩、数据转换及几何数据的光滑问题。

投影变换：当可视化的地图投影与空间数据库的投影不同时，必须进行地图投影变换，把数据具有的空间数据库的投影转换为目的投影。投影转换的方法有解析法和数值法。

数据压缩：空间数据库内几何数据是匹配于数据库比例尺的数据密度，当所需可视比例尺不同时，尤其是缩小时，数据冗余会很大，必须压缩。可使用间隔取点法、垂距和偏角法。

数据转换：目前的数据源渠道多、不规范，必须根据需要进行数据类型及格式的转换。

几何数据的光滑：空间数据库内的几何数据一般以中心轴线上的特征点离散方式存储光滑线状实体，为正确表达此类实体，就必须进行光滑处理。采用的方法有正轴抛物线加权平均法、斜轴抛物线法、多项式插值法等。

3）符号化

将特定地理信息转换成地图显示，必须对空间实体配置符号。根据绘图方式的不同，符号化分为矢量符号化和栅格符号化。

符号化的过程为：根据处理好的空间实体的属性参数表中的用户标识，从地物类型参数表中找到实体符号化时的符号代码或符号索引及符号显示颜色等参数；增加符号代码，到符号库中获取符号描述信息；根据地理实体对象的几何信息和符号描述信息，对实体对象符号化。

4）地图显示

空间图形符号化后，通过地图空间到可视空间的视见变换，显示到可视窗口中。由于计算机可以非常灵活与便捷地处理地理信息，因此可以极大地丰富传统地图学的可视化方法。如为了满足军事、旅游以及导航等需求,可以制作动态地图;为了满足专门行业需求,可以制作突出行业信息的专题地图;为了满足特定工程任务,可以结合计算与分析功能制作实时性专题地图等等。由于二维可视化含有较少的数据量,同时沿用了成熟的可视化理论方法,因此在空间信息远程可视化(如网络地图)、移动用户位置服务以及交通导航等领域有着广阔的发展前景。

2. 三维空间数据的可视化——仿真地图方法

从常识性的认知角度而言,现实世界是一个三维空间,使用计算机将现实世界表达成三维模型则更加直观逼真,因为三维的表达不再以符号化为主,而是以对现实世界的仿真手段为主。三维仿真地图是基于三维仿真和计算机三维真实感图形技术而产生的三维地图,具有仿真的形状、光照和纹理等,也可进行各种三维量测和分析。为了增强三维仿真地图的真实感,通常采用透视法、色彩、光照和明暗处理、纹理、雾化等方法。

三维仿真地图的生成需要根据光源的位置和颜色、地面的形状和方位、地面的光谱特性等计算画面中每一点的颜色,通常包括下列步骤:

(1) 将地面模型进行三角面片的镶嵌;
(2) 根据视点位置和观察方向对地面进行图形变换;
(3) 图形消隐;
(4) 用光照模型计算可见面的亮度和色彩;
(5) 三角面片的明暗处理;
(6) 纹理映射。

1) 地面模型的三角形剖分

三角形是最小的图形单元,基于三角形面片的各种几何算法最简单、最可靠。因而基于栅格结构的 DEM 需要进行三角形分割,即将每个栅格按对角线分为两个三角形。基于 TIN 结构的 DEM 则不需分割,可直接利用其构成的三角网进行计算。

2) 图形变换

为了计算的方便和二维显示,实际地面需从世界坐标系变换到以视点为中心的视见坐标系中,然后再经过透视投影,将三维地面投影到二维屏幕上,这一系列过程通称图形变换。

3) 消隐计算

当绘制一个由三维实体组成的场景时,某些物体可能被其他物体全部或部分地遮盖,随着视点的改变,这种物体之间的遮盖关系也随之改变。为了使计算机里生成的立体图能逼真地反映实际中的物体,必须消除由于光路的阻挡而不可见的物体的隐藏边、面和体,这就是消隐计算的目的。

消除隐藏点的算法很多,常用的方法是 Z 缓冲器算法。该算法在深度缓存中保存每个像素的深度值。深度通常用视点到物体的距离来度量,这样带有较大深度值的像素就会被带有较小深度值的像素替代,即远处的物体被近处的物体遮挡住。此外还有跨距扫描线算法、区域子分算法等。

4) 光照的计算

经过消隐处理的可见地形需要分解成像素并正确着色。光线照在三维物体表面上,各部分的明暗是不同的。从光源发出的光照射到景物表面时,会出现以下三种情形:① 经景物表面向外反射形成反射光;② 若景物透明,则入射光会穿透该景物,从而产生透射光;③ 部分入射光被景物吸收转化为热。其中只有反射光和入射光能够刺激人眼产生视觉效果,光线的强弱决定了表面的明暗程度,光谱决定了表面的颜色。场景中任意一点的光照效果是各个光源在该点的光照叠加后经实体表面的材质透射、反射的结果。当实体之间有光线遮挡时,还要考虑遮挡产生的阴影问题。

地面光照的计算过程大致如下:定义光源性质(镜射光、漫射光和环境光)→光源方位(距离和方向)→选择光照模型(基本的如 Lambert 漫反射模型、Phong 镜面反射模型)→定义材料属性→光照的数学计算→显示。

5) 三角面片的明暗处理

一旦算出可见的面片,即可去着色该面片。一个简单的办法是用该三角面片中心的颜色值来显示该面片,但因该法无法表示有光泽的表面,特别是因为颜色明显不连续,其逼真性大打折扣。解决的办法是利用双线性插值的方法,即利用光照模型计算出三角形每个顶点处的颜色值,三条边的颜色值由顶点的线性内插得到,而三角形内部各点的颜色值则由三条边的颜色值内插得到。

6) 纹理映射

在此之前的地形模型仅仅是具有明暗效果的光照模型,它能够直观地反映地表起伏状况,但不能重现地表的真实面貌和各要素特征。而增加地表细节——纹理映射则是建立具有真实感三维地形景观的重要手段,也是反映地表各种类型地物分布的有效途径。纹理映射的基本思想是把纹理影像"贴"到三维地形模型上,其关键是实现影像与地面之间的正确套合,使每个 DEM 格网点与其所在的影像位置——对应。

按纹理的表现形式,纹理可分为颜色纹理、几何纹理和过程纹理三大类。颜色纹理指的是呈现在物体表面上的各种花纹、图案和文字等,如大理石墙面。几何纹理是指基于景物表面微观几何形状的表面纹理,如橘子、树干、岩石等表面呈现的凸凹不平的纹理细节。而过程纹理则表现了各种规则或不规则的动态变化的自然景象,如水波、云、烟雾等。

地形外观仿真中纹理图像的来源有三个方面:① 叠加人工纹理,即在地表粘贴计算机绘制的河流、草皮、树林、沙漠等地表景观的纹理,其主要缺点是不够逼真且制作过程繁琐;② 直接用数字化的彩色地形图、专题地图作为纹理,这种方法虽然逼真效果较差,但却有准确、概括、简便的优点,在科学研究与规划、生产中广泛使用;③ 数字地球的虚拟中最常用的是以适当处理过的遥感影像作为纹理,因为卫星影像、航空照片以至于普通的照片不仅准确、逼真地反映了实地的地貌纹理形态,而且易于获取。

在二维纹理平面上,每一点均定义有一灰度值或颜色值,该平面区域为纹理空间。纹理映射就需要确定景物表面上任一可见点 P 在纹理空间中的对应位置 $T(u,v)$,而 T 处的颜色值即描述了景物表面在 P 点处的光照、颜色等纹理属性。纹理映射的实质就是从纹理空间 $T(u,v)$ 到三维地表 $P(x,y,z)$ 再到屏幕空间 $S(i,j)$ 的坐标变换(图 3-17)。

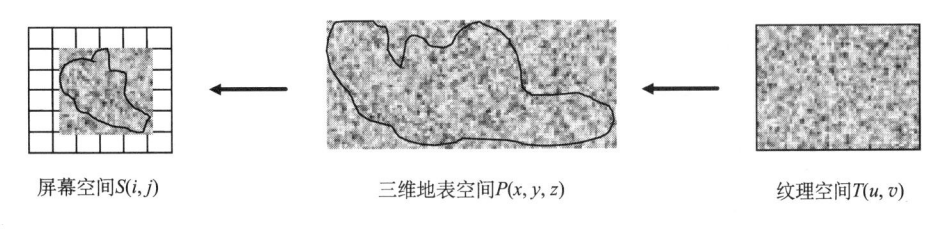

屏幕空间$S(i,j)$　　三维地表空间$P(x,y,z)$　　纹理空间$T(u,v)$

图 3-17　纹理映射基本原理示意图

图 3-18 给出地形纹理映射的例子,很显然添加纹理的地面具有更好的真实感。

(a) 经光照处理的地形 (b) 添加航片纹理的地形

(c) 叠加地图纹理的地形 (d) 叠加专题图纹理的地形

图 3-18 地形的纹理映射

3.4.2 地理信息的虚拟再现

地理信息理想的可视化是对现实世界真实的写真,并具有动态性、交互性和沉浸感。将先进的计算机可视化技术与虚拟现实技术引入地理信息系统领域,使这一理想正在成为现实。下面简单介绍其中的关键技术——虚拟现实技术。

1. 基本概念

虚拟现实(Virtual Reality)又称灵境技术,是指通过三维立体显示器、数据手套、三维鼠标、数据衣(Data Suit)、立体声耳机等使人能完全沉浸在计算机生成的一种特殊三维图形环境中的技术,人可以操作控制三维图形环境,实现特殊的目的。

虚拟现实技术在人机关系上的基本特征体现为"3I":

(1) Immersion(沉浸):是指用户可以沉浸于计算机生成的虚拟环境中,他所感觉到的与真实环境中感受到的完全一样。理想的模拟环境应该具有人所具有的一切感知功能，如视觉、听觉、力觉、触觉、运动感知、味觉、嗅觉等，达到用户难以分辨真假的程度。但由于技术的限制，特别是传感器技术的限制，目前的 VR 技术无论从感知范围还是从感知精度都无法与人相比拟。

（2）Interaction（交互）：VR 技术要把人与周围环境间的交互性加入到系统中，让虚拟环境更为真实。例如，用户去抓虚拟物体，这时手有握着东西的感觉，并可以感觉物体的硬度、粗糙度、温度和重量，被抓的物体随着手的移动而移动。目前基本实现了视觉和听觉效果，而其他力觉、触觉等感知效果正在开发与研究，味觉、嗅觉则有待于研究。

（3）Imagination（构想）：是指用户通过沉浸在"真实的"虚拟环境中，与虚拟环境进行各种交互作用，产生认识上的飞跃。

图 3-19 是虚拟现实的基本原理结构。

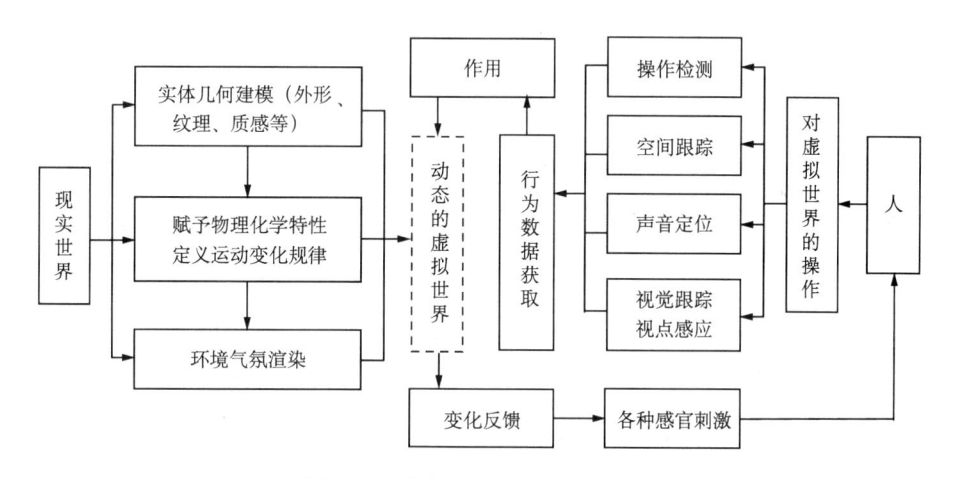

图 3-19 虚拟现实的基本原理结构

2. 人眼立体视觉原理、体视图生成与计算机立体显示

1）人眼立体视觉原理

传统的显示方法如照片、电视大多是三维场景的二维投影，其中大部分立体深度信息已经丢失了，人们只能凭借经验判断场景中的深度层次，这不是真实的三维感觉。人们通过对人眼的深入研究，获得了人眼立体视觉原理，从而使人为立体显示成为可能。

人通过双眼观察产生了立体视觉效果。在观看三维物体时，人的双眼从左右两边稍有差别的角度进行观察，因此被观察的物体在人的左右视网膜上所形成的光学影像略有差异,这种差异就是我们通常所说的双眼生理视差。视差的产生主要是因为人的双眼之间有一定的距离,这对立体视觉的形成具有非常重要的作用。当左右眼视网膜上光学影像同时传向大脑视觉神经中枢时,有视差的左右影像(即立体像对)经视神经的处理和融合,人就能感受到所看到物体的立体层次了。根据人眼立体视觉原理,我们不难得出,形成人工立体视觉必须具备下列条件:① 所观察的两幅图像必须有一定的左右视差;② 左右两眼必须分别观察左右各一幅图像;③ 图像所放置的位置必须使相应视线成对相交(即无上下视差)。

2) 体视图生成

虚拟现实技术中,体视图的计算机生成目前主要有两种方法:一种是利用编程的方法,利用计算点的视差投影算法,分别生成左右视点的图像;另一种是利用现成的三维软件,生成左右眼视图。

3) 计算机立体显示技术

根据人眼立体视觉的原理,在计算机上实现人工立体观察主要有下列三种方式:

(1) 分光法:即把左右两个视图显示在计算机屏幕的不同位置或两个屏幕上,借助光学设备,按照立体观察条件,使左右眼分别只看到相应的一个视图,或者把它们再投影到一个屏幕上,用偏振光眼镜进行观察。

(2) 补色法:就是将左右视图用红绿等两种补色同时显示出来,并用相应的补色设备观察。该方法简便易行,除补色眼镜外无需其他硬件设备,但它不适用于彩色立体观察。

(3) 幅(场)分隔法:也称时分制法,是目前广泛采用的方法。该方法将左右视图按幅(场)序交替显示,在计算机屏幕前用液晶方式或偏振光方式进行视图分拣。采用幅分隔法来进行三维景观立体显示时,显示卡必须能够先后交替显示左右视图,并且有足够的显示内存以容纳高分辨率的彩色图像,为图像漫游提供空间。为了克服图像闪烁,所采用显示器的显示场频应大于120Hz。水平方向采用不同视线参数的两幅透视图的实时显示可通过软件来控制实现。

立体显示技术给传统的计算机赋予了一个崭新的功能,由平面显示到立体显示的转变,满足了虚拟现实对视觉感受的基本需求。

3. 虚拟地理环境

虚拟现实技术、计算机网络技术与地学相结合,可产生虚拟地理环境 VGE(Virtual Geographical Environment)。它是虚拟现实技术在地学领域应用的具体实现。

从计算机技术和信息系统角度来看,虚拟地理环境是集成虚拟现实、网络、人工智能、遥感、GIS、通信等技术的一种复杂的三维空间信息系统,其形成的多用户虚拟三维环境可用于发布地学多维数据,模拟和分析复杂的地学现象过程,支持可视和不可视的地学数据解释、未来场景预现、设计规划、协同工作和群体决策等,同时它也可以用于地理教育、旅游和娱乐。其中,三维空间既可以是对应于现实地理环境的地理空间,是现实地理空间的表达与仿真,也可以是一个用于协同工作、支持群体决策的虚拟地理试验与工作空间。

虚拟地理环境是基于地学分析模型、地学工程等的虚拟现实,它是地学工作者根据观测实验、理论假设等建立起来的表达和描述地理系统的空间分布以及过程现象的虚拟信息地理世界,一个关于地理系统的虚拟实验室,它允许地学工作者按照个人的知识、假设和意愿去设计修改地学空间关系模型、地学分析模型、地学工程模型等,并直接观测交互后的结果,通过多次的循环反馈,最后获取地学规律。

虚拟地理环境特点之一是地学工作者可以进入地学数据中,有身临其境之感;另一特点是具有网络性,从而为处于不同地理位置的地学专家开展同时性的合作研究、交流与讨论提供了可能。

虚拟地理环境的发展与完善,除了依赖于计算机的虚拟现实技术外,还与地学信息获取处理技术(如遥感、遥测等)、地学分析模型构建水平、地学可视化、地学专家系统和地学空间认知理论等的发展密切相关。虚拟地理环境对地学发展有重要的意义。虚拟地理学的提出就表达了虚拟地理环境对地理学未来发展的作用和影响。另外,一般认为地理科学发展缓慢的一个原因是无法进行室内试验,从而使地学假设理论无法得到实践的检验。虚拟地理环境为地学工作者提供了可重复的信息模拟实验的可能,任何一个地学分析模型均可以由其他人在虚拟地理环境中运行模拟并实施检验,从而加速地学理论的成熟和发展。

3.4.3 GIS环境中空间数据的多尺度显示

在GIS环境下,人们总是希望(或要求)在保持计算机屏幕图形清晰易读的情况下能对同一地区或同一物体获得不同详细程度的信息。事实上,根据人的视觉规律,把同一地区或同一物体放在远近不同的位置,人眼所能观察到的该地区或物体的详细程度是不一样的。从技术的角度讲,我们可以根据人的视觉规律,为同一地区或同一物体构建"一组"不同详细程度的数据模型。在计算机生成其视景时,根据该地区或物体所在位置离视点距离的大小,调入详细程度不同的数据模型参与视景生成,用这种方法来模拟"距离越近看得越清"的视觉效果,此法也被称为细节层次(Level Of Detail,LOD)技术。

在目前的理论和技术状况下，解决这一问题的可能途径有以下几个方面。

1. 不同比例尺数字地图数据嵌套显示

这是目前 GIS 中最常用的一种方法。在 GIS 环境下，人们在计算机屏幕上浏览某个区域时，一般是首先认识整个区域的概貌，然后逐步比较详细或很详细地认知该区域内的某个重点地区或重点目标。根据人们的这种需要，可以选择现有的系列比例尺数字地图数据作为视景生成不同详细程度的数据模型，如 1∶100 万、1∶50 万、1∶25 万、1∶10 万、1∶5 万、1∶2.5 万和 1∶1 万等。这种比例尺由小到大的系列数据模型，实际上就是某个区域或地物由简略到详细的分层变换。把这种系列比例尺的数据作为某个区域或地物的 LOD 分层的依据，在视点由远到近逐渐靠近某个区域或地物的过程中，利用这种系列比例尺数据进行视景生成，就可以达到从宏观到微观或从整体到局部"距离越近看得越清"的效果（图 3-20）。

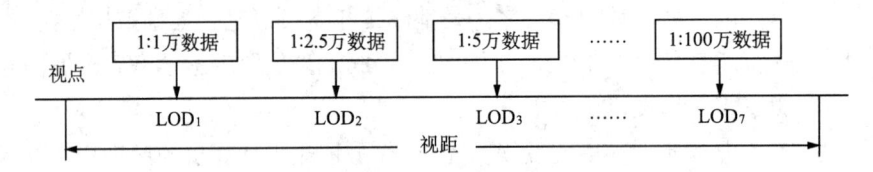

图 3-20 利用系列比例尺数据进行 LOD 分层

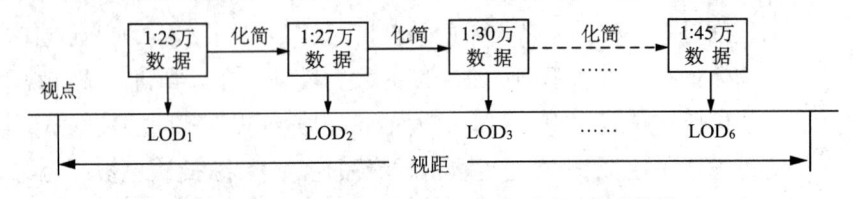

2. 一种比例尺数字地图数据的不同详细程度的分层显示

这实质上是一种简单的自动综合方法。它解决的问题是，在两种固定比例尺数字地图数据之间，获得几种不同详细程度的数据，实际上是几种不同比例尺的数据。例如，可以在 1∶25 万～1∶50 万比例尺之间，将 1∶25 万比例尺数字地图数据简化为 1∶27 万、1∶30 万、1∶35 万、1∶40 万、1∶45 万等 5 种比例尺的数据。同样可以在 1∶50～1∶100 万比例尺之间将 1∶50 万比例尺数字地图数据简化为几种比例尺的数据。在具体操作上，可以按要素参照它们在地图数据库中的各种参数，将每种要素分成与比例尺划分相应的若干个等级，以构成与比例尺划分相应的不同详细程度的数字地图数据，以实现同一比例尺数字地图数据的不同详细程度的分层显示（图 3-21）。

图 3-21 同一比例尺数字地图数据的不同详细程度的分层显示

3. 基于真正意义上的自动综合方法的空间数据多尺度表示

在 GIS 环境下，实时地实现真正意义上的空间数据自动综合，特别是根据一种基本比例尺数据派生出任意比例尺数据，是十分困难甚至是不可能的。这里说的真正意义上的自动综合，是指按国家系列比例尺地图制图规范进行制图综合，在屏幕上符号化地显示或输出符合相应比例尺地图制图规范要求的地图。在这种情况下，涉及数字地图内容的选取、化简、概括和位移等一系列复杂的问题。因此，这种方法实现的空间数据不同详细程度的显示，一般来讲只能是针对一种较大比例尺地图派生出有限的几种比例尺较小的地图，例如用 1∶5 万数字地图数据派生出 1∶10 万比例尺数字地图，用 1∶25 万数字地图数据派生出 1∶50 万数字地图，等等。事实上，任何一个国家特别是国土幅员辽阔的大国，不可能按系列建成各种比例尺（如 1∶1 万、1∶2.5 万、1∶5 万、1∶10 万、1∶25 万、1∶50 万、1∶100 万）的地图数据库，而只能建成少数几种比例尺（1∶5 万、1∶25 万、1∶100 万等）的地图数据库。所以，真正意义上的自动制图综合方法，仍然是实现 GIS 环境下空间数据多尺度显示的基础。

GIS 中空间数据多尺度显示的基本框架如图 3-22 所示。应该指出的是，如果只是通过自动制图综合得到指定比例尺的数字地图数据，就不必进行各要素相互关系处理；如果是要输出符号化的模拟地图，则必须利用移位等方法处理各要素之间的相互关系，以确保地图各要素的地理适应性。

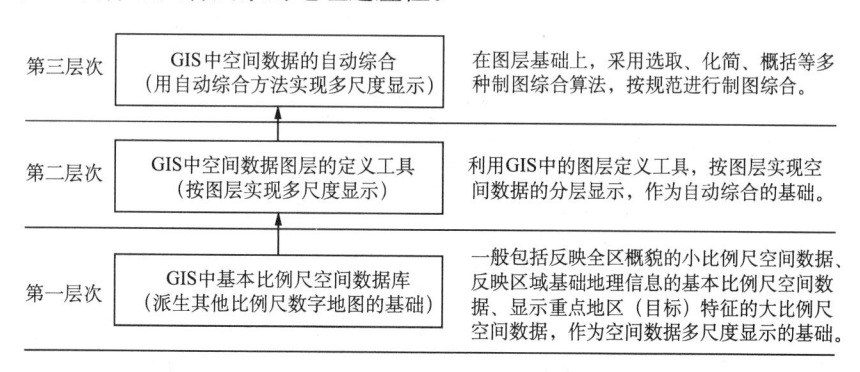

第三层次	GIS中空间数据的自动综合 （用自动综合方法实现多尺度显示）	在图层基础上，采用选取、化简、概括等多种制图综合算法，按规范进行制图综合。
第二层次	GIS中空间数据图层的定义工具 （按图层实现多尺度显示）	利用GIS中的图层定义工具，按图层实现空间数据的分层显示，作为自动综合的基础。
第一层次	GIS中基本比例尺空间数据库 （派生其他比例尺数字地图的基础）	一般包括反映全区概貌的小比例尺空间数据、反映区域基础地理信息的基本比例尺空间数据、显示重点地区（目标）特征的大比例尺空间数据，作为空间数据多尺度显示的基础。

图 3-22　GIS 中空间数据多尺度显示的基本框架

上述三种方法中，从 GIS 环境下空间数据多尺度显示要求响应速度快这一特点考虑，采用第一、二两种方法相结合是比较合适的，即在不同比例尺数字地图数据嵌套的基础上，按照保证计算机屏幕显示的清晰性要求，事先将相互嵌套的每种比例尺划分为几种（一般 4~6 种）不同的比例尺，数字地图数据详细程度的区别与所划分的比例尺相适应。这样，如果一个 GIS 中有 3 种基本比例尺数字地图相互嵌套，每种基本比例尺数字地图又可划分 4~6 种不同详细程度的比例尺数字地图,就能够基本满足 GIS 环境下空间数据多尺度显示的要求。第三种方法适用于将 GIS 作为数字制图生产平台的情况,这时可根据相应比例尺数字地图制图规范要求,采用真正意义上的自动制图综合方法,对数字地图内容各要素进行选取、图形化简、数量和质量特征概括、地图注记及各要素相互关系的处理(通常采用位移方法),并进行图廓外整饰,加绘坐标网(经纬线网和直角坐标网),符号化。最后得到的是一幅派生比例尺完全符合数字地图制图规范要求的标准数字地图。

参 考 文 献

[1] A. G. Cohn, B. Bennett, et al. Qualitative Spatial Representation and Reasoning with the Region Connection Calculus. *GeoInformatica*, 1997, 1: 1-44.

[2] M. J. Egenhofer. Point-set Topological Spatial Resolutions. *IJGIS*, 1991, 5(2): 161-174.

[3] M. J. Egenhofer. Pre-processing Queries with Spatial Constraints. *PE & RS*, 1994, 60(6): 783-790.

[4] A. Y. Tang, T. M. Adams and E. L. Usery. A Spatial Data Model Design for Feature-based Geographical Information Systems. *International Journal of Geographical Information System*, 1996, 10(5): 643-659.

[5] A. Voisard and B. David. A Database Perspective on Geospatial Data Modeling. *IEEE Transactions on Knowledge and Data Engineering*, 2002, 14(2): 226-243.

[6] 陈菲, 秦小麟. 空间索引的研究. 计算机科学, 2001, 28(12): 59-62.

[7] 陈军, 蒋捷. 多维动态地理空间框架数据建模、处理与分析. 武汉测绘科技大学学报, 2000, 25(3): 189-191.

[8] 陈军, 赵仁亮. GIS 空间关系的基本问题与研究进展. 测绘学报, 1999, 28(2): 95-102.

[9] 陈世福, 陈兆乾等. 人工智能与知识工程. 南京: 南京大学出版社, 1997.

[10] 陈述彭, 鲁学军, 周成虎. 地理信息系统导论. 北京: 科学出版社, 2000.

[11] 冯学智, 都金康等. 数字地球导论. 北京: 商务印书馆, 2004.

[12] 龚健雅. 地理信息系统基础. 北京: 科学出版社, 2001.

[13] 龚健雅. SDBMS 的概念和发展趋势. 测绘科学, 2001, 26(3): 4-9.

[14] 龚健雅. 当代地理信息系统进展综述. 测绘与空间地理信息, 2004, 27(1): 5-12.

[15] 龚建华, 林珲. 虚拟地理环境——在线虚拟现实的地理学透视. 北京: 高等教育出版社, 2001.

[16] 郭仁忠. 空间分析. 武汉: 武汉测绘科技大学出版社, 2000.

[17] 黄杏元, 马劲松, 汤勤. 地理信息系统概论. 北京: 高等教育出版社, 2001.

[18] 梁怡. 人工智能、空间分析与空间决策. 地理学报, 1997, 第 52 卷增刊: 104-113.

[19] 刘南, 刘仁义. 地理信息系统. 北京: 高等教育出版社, 2002.

[20] 王家耀. 空间信息系统原理. 北京: 科学出版社, 2001.

[21] 王劲峰, 柏延臣, 朱彩英等. 地理信息系统空间分析能力探讨. 中国图象图形学报, 2001, 6(9): 849-853.

[22] 王劲峰, 李连发, 葛咏等. 地理信息空间分析的理论体系探讨. 地理学报, 2000, 55(1): 92-103.

[23] 王桥, 吴纪桃. GIS 中的应用模型及其管理研究. 测绘学报, 1997, 26(3): 280-283.

[24] 邬伦. 地理信息系统原理、方法和应用. 北京: 科学出版社, 2000.

[25] 余倩. 基于扩展关系的空间数据库模型研究. 南京大学博士学位论文, 2001.

第四章 空间定位与导航技术——GPS

空间定位技术的出现给地理信息技术和测绘生产带来新的革命。GPS 测量技术经过 30 余年的发展,已经成为一项全新的技术并进入了科研与生产领域。它与 GIS、RS 的集成日趋明显。它提供的四维信息从军事到民用领域应用十分广泛。

随着 GPS 接收设备价格下降,它会进入测绘单位与科研领域,并逐渐取代部分现有的测量手段,成为一种高精度、快速的控制测量、航空摄影控制方法。

本章分三节介绍空间定位技术——GPS。

第一节从全球定位系统 GPS 概念入手,介绍 GPS 的基本构成与应用特点。

第二节是本章重点,针对 GPS 的信息处理流程。首先是 GPS 的信息描述,包括 GPS 几何精度因子的阐述,着重介绍 GPS 卫星定位原理,并对伪距测量定位、动态定位及载波相位 GPS 相对定位测量方法以及实际作业中 GPS 网的平差处理作了详尽的介绍;GPS 时间、速度的测定是"3S"集成的重要参数,本节对其作了简要阐述;最后是 GPS 高程测量技术介绍。

第三节是 GPS 数据的误差分析,任何测量数据都会受到误差的影响,GPS 由于信号传播路程遥远,要获得实时动态高精度的结果,必须认真对待各类数据与信息的综合处理。

§4.1 GPS 的构成

GPS(Navigation Satellite Timing and Ranging/Global Position System),即授时与测距导航系统/全球定位系统,简称 GPS 全球定位系统,是随着现代科学技术的迅速发展而建立起来的新一代卫星导航和精密定位系统。GPS 全球定位系统由美国国防部于 1973 年开始组织三军共同设计研制,在经过了方案论证、系统试验后,于 1989 年开始发射工作卫星,1994 年全部建成并投入使用。系统由空间星座、地面控制和用户接收机三部分组成。

4.1.1 卫星运行系统

GPS 空间星座部分由 24 颗工作卫星和 3 颗备用卫星组成。工作卫星分布在 6

个轨道面内。每个轨道面内分布有 3~4 颗卫星,卫星轨道相对于地球赤道面的倾角为 55°,轨道平均高度为 20 200km。卫星运行周期为 12 恒星时(11 小时 58 分钟)。因此,在同一测站每天出现的卫星布局大致相同,只是每天提前 4 分钟。每颗卫星每天约有 5 个小时在地平线以上,同时位于地平线以上的卫星数目随时间和地点而异,最少 4 颗,最多 13 颗。这样的布局可以保证地球上任何时间、任何地点至少可以同时观测到 4 颗以上的卫星,加之卫星信号的传播和接收不受天气的影响,因此 GPS 是一个全球性、全天候的连续实时的导航和定位系统。全球定位系统的组成如图 4-1。全球定位系统建成后,其工作卫星在空间的分布如图 4-2 所示。

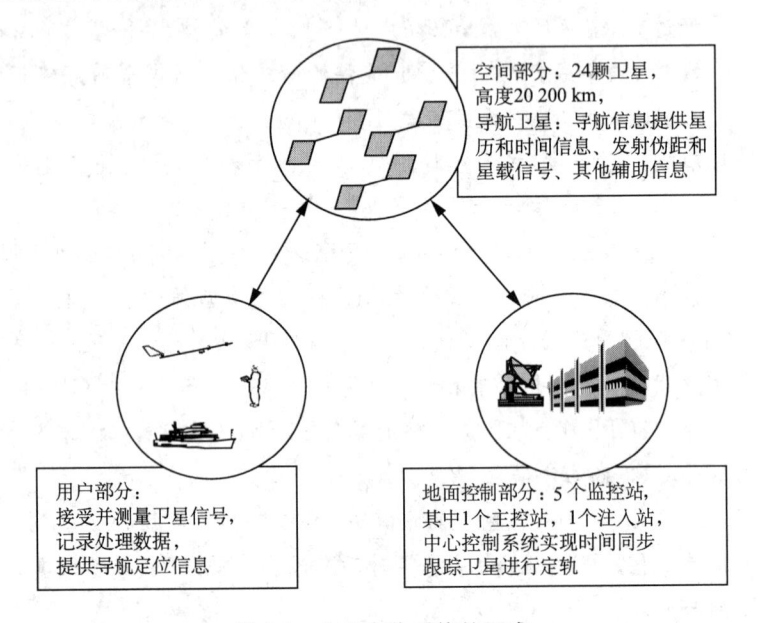

图 4-1 全球定位系统的组成

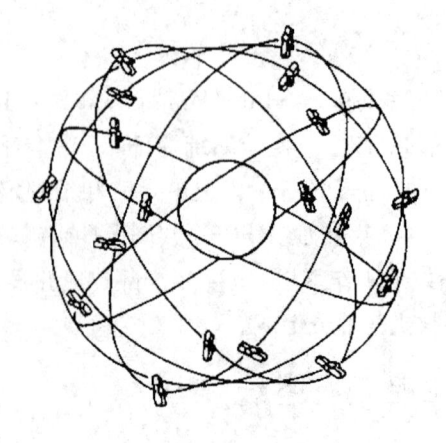

图 4-2 全球定位系统卫星分布

从1979年开始至今已有三代GPS卫星，分别为BlockⅠ、BlockⅡ和BlockⅢ。第一代（BlockⅠ）为GPS实验卫星，现已停用；第二代（BlockⅡ,ⅡA）为GPS工作卫星，至1994年已发射完毕；第三代（BlockⅢ,ⅡR）正在设计中。GPS卫星的主体呈圆柱形，直径为1.5m，重约774kg（包括310kg燃料），两侧设有两块双叶太阳能电磁板，它能自动对日定向，以保证卫星工作供电。每颗卫星装有4台高精度原子钟，为GPS定位提供高精度的时间标准。GPS卫星的外形如图4-3所示。

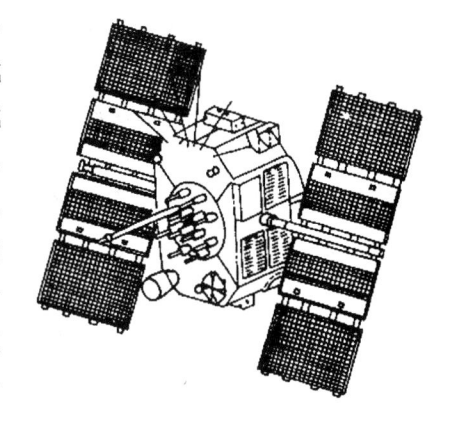

图4-3　GPS卫星外形

GPS卫星的基本功能为：① 接收和存储由地面监控站发来的导航信息，接收并执行监控站的控制指令；② 卫星上设有微处理机，进行部分必要的数据处理工作；③ 通过星载的高精度铷钟和铯钟提供精密的时间标准；④ 向用户发送定位信息；⑤ 在地面监控站的指令下，通过推进器调整卫星的姿态和启用备用卫星。

4.1.2　地面控制系统

GPS地面监控系统由分布在全球的5个地面站组成，其中1个主控站，4个注入站。5个监控站均为数据自动采集中心，配有双频GPS接收机、高精度原子钟、环境数据传感器和计算设备，并为主控站提供各种观测数据。各站在主控站直接控制下自动采集数据，对GPS卫星进行连续观测，并监控卫星工作状况。观测资料经初步处理后存储并传送给主控站，以便确定卫星的轨道。GPS卫星地面监控系统分布如图4-4所示。

图4-4　GPS卫星地面监控系统

主控站设在美国科罗拉多斯普林斯(Colorado Springs)的福尔科纳空军基地,除协调和管理所有地面监控系统外,其主要任务是:

(1) 利用本站及其他监控站的所有观测资料,推算编制各卫星的星历、卫星钟差和大气层的修正参数等,并把这些数据传送到注入站;

(2) 提供全球定位系统的时间基准;

(3) 调整偏离轨道的卫星并使之沿预定轨道运行;

(4) 启用备用卫星以代替失效的工作卫星。

注入站由分设在印度洋的迪戈加西亚岛(Diego Garcia)、南大西洋的阿森松群岛(Ascension)和南太平洋的卡瓦加兰(Kwajalein)三个站组成。其主要设备包括天线(直径3.6m)、C波段发射机和计算机。注入站的作用是在主控站的控制下,将主控站推算和编制的卫星星历、钟差、导航电文和其他控制指令等注入到相应卫星的存储系统中,并监测所注入信息的正确性。

监控站除了主控站和上述3个注入站外,还有1个位于太平洋的夏威夷(Hawaii),监控站的作用是接收卫星信号,监测卫星的工作状态。除了主控站外,整个GPS地面监控系统无人值守,各项工作高度自动化和标准化。

4.1.3 GPS接收机

GPS信号接收机的任务是:能够捕获到按一定卫星高度截止角所选择的待测卫星的信号,并跟踪这些卫星的运行,对所接收到的GPS信号进行变换、放大和处理,以便测量出GPS信号从卫星到接收机天线的传播时间,解译出GPS卫星所发送的导航电文,实时地计算出测站的三维位置、三维速度和时间。

静态定位中,GPS接收机在捕获和跟踪GPS卫星的过程中固定不变,接收机高精度地测量GPS信号的传播时间,利用GPS卫星在轨的已知位置,计算出接收机天线所在位置的三维坐标。而动态定位则是用GPS接收机测定一个运动物体的运行轨迹。GPS信号接收机所在的运动物体叫做载体(如航行中的船舰、空中的飞机、行走的车辆等)。载体上的GPS接收机天线在跟踪GPS卫星的过程中相对地球而运动,接收机用GPS信号实时测得运动载体的状态参数(瞬间三维位置和三维速度)。

接收机硬件和机内软件以及GPS数据的后处理软件包,构成完整的GPS用户设备。GPS接收机的结构分为天线单元和接收单元两大部分。对于大地测量型接收机来说,两个单元一般分成两个独立的部件,观测时将天线单元安置在测站上,接收单元置于测站附近的适当地方,用电缆线将两者连接成一个整机。也有的将天线单元和接收单元制作成一个整体,观测时将其安置在测站点上。

GPS接收机一般用蓄电池做电源,同时采用机内机外两种直流电源。设置机内电池的目的在于更换外电池时不中断连续观测。在用机外电池的过程中,机内电池自动充电。关机后,机内电池为 RAM 存储器供电,以防止丢失数据。

近几年,国内引进了许多种类型的 GPS 测地型接收机。各种类型的 GPS 测地型接收机用于精密相对定位时,其双频接收机精度可达 5mm+1ppm×D,单频接收机在一定距离内精度可达 10mm+2ppm×D。用于差分定位,其精度可达亚米级至厘米级。目前,各种类型的 GPS 接收机体积越来越小,重量越来越轻,便于野外观测。GPS 和 GLONASS 兼容的全球导航定位系统接收机已经问世。

GPS 卫星发送的导航定位信号,是一种可供无数用户共享的信息资源。对于陆地、海洋和空间的广大用户,只要用户拥有能够接收、跟踪、变换和测量 GPS 信号的接收设备,即 GPS 信号接收机,就可以在任何时候用 GPS 信号进行导航定位测量。根据使用目的的不同,用户要求的 GPS 信号接收机也各有差异。目前世界上已有几十家工厂生产 GPS 接收机,产品也有几百种。这些产品可以按照原理、用途、功能等来分类。按接收机的用途可以分为:导航型接收机和测地型接收机。

导航型接收机主要用于运动载体的导航,它可以实时给出载体的位置和速度。这类接收机一般采用 C/A 码伪距测量,单点实时定位精度较低,一般为±25m,有 SA 影响时为±100m。这类接收机价格便宜,应用广泛。根据应用领域的不同,此类接收机还可以进一步分为:车载型——用于车辆导航定位;航海型——用于船舶导航定位;航空型——用于飞机导航定位,由于飞机运行速度快,因此,航空用接收机要求能适应高速运动;星载型——用于卫星的导航定位,由于卫星的速度高达 7km/s 以上,因此对接收机的要求更高。

测地型接收机主要用于精密大地测量和精密工程测量,定位精度高,仪器结构复杂,价格较贵。这类接收机主要利用 GPS 卫星提供的高精度时间标准进行授时,常用于天文台及无线电通信中时间同步。图 4-5 为测地型 Leica 500 GPS 接收机。

按接收机的载波频率可分为:单频接收机和双频接收机。

单频接收机只能接收 L_1 载波信号,测定载波相位观测值进行定位。由于不能有效消除电离层延迟影响,单频接收机只适用于短基线(<15km)的精密定位。

双频接收机可以同时接收 L_1、L_2 载波信号。利用双频对电离层延迟的不同,可以消除电离层对电磁波信号延迟的影响,因此双频接收机可用于长达

图 4-5 Leica 500 GPS 接收机

几千公里的精密定位。

根据接收机所具有的通道种类可分为：多通道接收机、序贯通道接收机和多路多用通道接收机。GPS接收机能同时接收多颗GPS卫星的信号，并分离接收到的不同卫星的信号，以实现对卫星信号的跟踪、处理和量测，具有这样功能的器件称为天线信号通道。

根据接收机工作原理分类可分为：码相关型接收机、平方型接收机、混合型接收机和干涉型接收机。

码相关型接收机是利用码相关技术得到伪距观测值。平方型接收机是利用载波信号的平方技术去掉调制信号来恢复完整的载波信号，通过相位计测定接收机内产生的载波信号与接收到的载波信号之间的相位差，测定伪距观测值。混合型接收机综合上述两种接收机的优点，既可以得到码相位伪距，也可以得到载波相位观测值。干涉型接收机是将GPS卫星作为射电源，采用干涉测量方法测定两个测站间距离。

4.1.4 应用特点

GPS系统的特点：高精度、高效率、多功能、操作简便、全天候、应用广泛等。

1. 定位精度高

应用实践已经证明，GPS相对定位精度在50km以内可达10^{-6}，100～500km可达10^{-7}，1 000km可达10^{-9}。在300～1 500m工程精密定位中，1小时以上观测的解的平面位置误差小于1mm，与ME-5000电磁波测距仪测定的边长比较，其边长校差最大为0.5mm，校差中误差为0.3mm。

2. 观测时间短

随着GPS系统的不断完善、软件的不断更新，目前，20km以内的相对静态定位，仅需15～20分钟；快速静态相对定位测量时，当每个流动站与基准站相距在15km以内时，流动站观测时间只需1～2分钟，然后可随时定位，每站观测只需几秒钟。

3. 测站间无须通视

GPS测量不要求测站之间互相通视，只需测站上空开阔即可，因此可节省大量的造标费用。由于无需点间通视，点位位置根据需要可疏可密，使选点工作甚为灵活，也可省去经典大地网中的传算点、过渡点的测量工作。

4. 可提供三维坐标

经典大地测量将平面与高程采用不同方法分别施测。GPS可同时精确测定测站点的三维坐标,目前 GPS 水准可满足四等水准测量的精度。

5. 操作简便

随着 GPS 接收机不断改进,自动化程度越来越高,有的已达"傻瓜化"的程度。接收机的体积越来越小,质量越来越小,极大地减轻了测量工作者的工作紧张程度和劳动强度。

6. 全天候作业

目前 GPS 观测可在一天 24 小时内的任何时间进行,不受阴天黑夜、起雾刮风、下雨下雪等气候的影响。

7. 功能多、应用广

GPS 系统不仅可用于测量、导航,还可用于测速、测时,测速的精度可达 0.1m/s,测时的精度可达几十毫微秒,其应用领域不断扩大。当初,设计 GPS 系统的主要目的是用于导航、收集情报等军事目的。但是,后来的应用开发表明,GPS 系统不仅能够达到上述目的,而且用 GPS 卫星发来的导航定位信号能够进行厘米级甚至毫米级精度的静态相对定位、米级至亚米级精度的动态定位、亚米级至厘米级精度的速度测量和毫微秒级精度的时间测量。因此,GPS 系统展现了极其广阔的应用前景。

§4.2 空间定位与导航

4.2.1 GPS 参数描述

空间定位的参数为大地坐标 (X,Y,Z) 以及时间参数 T。GPS 定位与导航涉及卫星的参数,包括卫星星历与大地坐标系统。

1. GPS 卫星星历

GPS 定位处理中,卫星轨道通常是已知的。卫星轨道信息用卫星星历描述,具体形式可以是卫星位置(和速度)的时间列表,也可为一组以时间为引数的轨道参数。按提供方式又可分为预报星历(广播星历)和后处理星历(精密星历)。

卫星的位置和速度及用户定位计算的点位(未经坐标转换时)都是在协议地球坐标系(或叫地固系(ECEF))中表示的,其原点在地球质心,z 轴正方向指向协议平均地极(CTP),x 轴正方向指向赤道上的经度零点(格林尼治天文台),y 轴与 z 轴、x 轴构成右手坐标系。GPS 定位中的 WGS-84 坐标系和 ITRF 坐标系均属地固系。另外 GPS 系统主控站维持有专门的时间系统,称为 GPS 时,这是一种连续且均匀的时间系统,原点为 1980 年 1 月 6 日 0 时 UTC,单位同国际单位制(SI)时间的秒定义,其后 GPS 时不受跳秒影响。

编算和注入导航电文是 GPS 卫星地面监控系统的一项极其重要的任务。GPS 卫星的导航电文(简称卫星电文)主要包括:卫星星历、时钟改正、电离层时延改正、工作状态信息以及 C/A 转换到捕获 P 码的信息。这些数据是以二进制码的形式发送给用户的,故卫星电文又叫做数据码,或称之为 D 码。它的基本单位是长达 1 500bit 的一个主帧,它的传输速率是 50bit/s,30 秒钟才能够传送完毕一个主帧。一个主帧包括 5 个子帧,第 1、2、9 子帧各有 10 个字码,每个字码为 30bit,第 4、5 子帧各有 35 个页面,共有 37 500bit,长达 12.5 分钟,它们不像第 1、2、3 子帧那样每 30 秒钟重复一次,而需要长达 750 秒钟才能够传送完毕第 4、5 子帧的全部信息量,即第 4、5 子帧是 12.5 分钟才重复一次。

1) 载波

GPS 信号是 GPS 卫星向用户发送的用于导航定位的经过调制的调制波,调制波是卫星导航电文和伪随机噪声码(PM)的组合码。GPS 信号的产生过程如图 4-6。

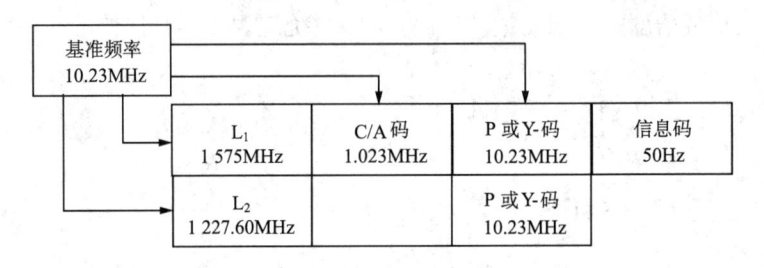

图 4-6 GPS 信号

GPS 使用 L 波段(22cm),配有两种载波:

L_1:频率 f_{L_1}=154×10.23MHz=1 575.42MHz,波长 λ_{L_1}=19.03cm;

L_2:频率 f_{L_2}=120×10.23MHz=1 227.60MHz,波长 λ_{L_2}=24.42cm。

两载波之间相差 347.82MHz,等于 L_2 的 28.3%。选择这两个载波的目的在于测量出或消除掉由于电离层效应而引起的延迟误差。

数据码和两种伪随机码分别以同相和正交方式调制在 L_1 载波上,在 L_2 载波上,只用 P 码进行双相调制。我们最关心的是测距码和卫星导航电文的数据码。

2) 测距码

(1) C/A 码

C/A 码是用于跟踪卫星、锁定卫星并进行测量的伪随机码，C/A 码是由两个 10 级反馈移位寄存器构成的 GOLD 码产生的。GOLD 码最主要的优点在于广泛用于多址通信，这是 GPS 采用 G 码作为 C/A 码的主要原因。

C/A 码又被称为粗捕获码，它被调制在 L_1 载波上，是 1MHz 的伪随机噪声码 (PRN 码)，其码长为 1 023 位(周期为 1ms)，码率为 1.023Mb/s，波长 $\lambda_{C/A}$ 为 293m。由于每颗卫星的 C/A 码都不一样，因此，我们经常用它们的 PRN 号来区分它们。C/A 码是普通用户用以测定测站到卫星间的距离的一种主要的信号。粗码(C/A 码)信号编码每 1ms 重复一次，可以快速捕捉信号，按设计用于粗略定位。假设码测量误差为波长的 1/100，此时相应的测距误差为 2.93m。

(2) P 码与 Y 码

P 码是 GPS 的精测码，码频率为 10.23MHz。它是由两个伪随机码 $PN_1(t)$ 和 $PN_2(t)$ 相乘而得到的。在实际应用中，P 码采用 7 天的周期，即规定码 $P(t) = PN_1(t) \cdot PN_2(t + n_1\tau)$ 在每星期六子夜零点置全"1"状态作为起始点，然后从中截取一段周期为 7 天的码，作为 P 码，一共取得 37 个 P 码。32 个供 GPS 卫星使用，5 个供地面监测站使用，这样可以保证 GPS 正常工作的唯一性。

P 码的码长为 6.19×10^{12} bit，所以在不知道 P 码结构的情况下，是无法捕获 P 码的。但是，GPS 试验期间，某些厂家已经掌握捕获 P 码的技术，生产出 P 码接收机。鉴于此，美国国防部又实行了 AS 政策(反电子欺骗政策)，即在 P 码上增加了极度保密的 W 码，形成新的 Y 码，绝对禁止非特许用户应用。一般用户无法利用 P 码来进行导航定位。精码(P 码)码信号编码每 7 天重复一次，且各颗卫星不同，结构十分复杂，不易捕捉，但可以用于精确定位。

P 码的码元宽度为 $0.098\ 5\mu s$，相应波长 λ_P 为 29.3m。假设码元测量误差为码宽的 1/100，则测距误差为 0.293m。所以称 C/A 码为粗测码，P 码为精测码。

3) 导航信息

电文信号同时以 50bit/s 的频率调制在载波 L_1 和 L_2 上成为导航信息。用户一般需要利用此导航信息来计算某一时刻 GPS 卫星在地球轨道上的位置，导航信息也被称为广播星历。

对于导航定位而言，GPS 卫星是一种动态已知点，它是依据卫星发送的星历算得的。卫星星历是一列描述卫星运动以及卫星轨道的参数。每颗 GPS 卫星所播发的星历,是由地面监测系统提供的。因此编算卫星星历和向 GPS 卫星注入导航电文是地面监测系统的一项极其重要的工作。

导航电文是 GPS 用户用来定位和导航的基础数据,它包括：
(1) 星历(星历数据有效龄期、星历基准时间、卫星轨道参数);
(2) 卫星工作状态;
(3) 卫星时钟改正数;
(4) 电离层时延改正数;
(5) 大气折射改正数;
(6) C/A 码捕获 P 码的导航信息。

通过导航信息,接收机可以选择图形最佳的一组信号进行观测,以利于定位数据处理。

2. 坐标系统

任何一项测量工作都离不开一个基准,都需要一个特定的坐标系统。例如,在常规大地测量中,各国都有自己的测量基准和坐标系统,如我国的 1980 年国家大地坐标系(C80)。由于 GPS 是全球性的定位导航系统,其坐标系统也必须是全球性的;为了使用方便,它是通过国际协议确定的,通常称为协议地球坐标系(Conventional Terrestrial System, CTS)。目前,GPS 测量中所使用的协议地球坐标系统称为 WGS-84 世界大地坐标系(World Geodetic System)。

WGS-84 世界大地坐标系的几何定义是:原点是地球质心,z 轴指向 BIH1984.0 定义的协议地球极(CTP)方向,x 轴指向 BIH1984.0 的零子午面和 CTP 赤道的交点,y 轴与 z 轴、x 轴构成右手坐标系。

CTP 是协议地球极(Conventional Terrestrial Pole)的简称;由于极移现象的存在,地极的位置在地极平面坐标系中是一个连续的变量,其瞬时坐标(X_P, Y_P)由国际时间局(BIH)定期向用户公布。WGS-84 世界大地坐标系就是以国际时间局 1984 年第一次公布的瞬时地极(BIH1984.0)作为基准,建立的地球瞬时坐标系,严格来讲属准协议地球坐标系。

除上述几何定义外,WGS-84 还有它严格的物理定义,它拥有自己的重力场模型和重力计算公式,可以算出相对于 WGS-84 椭球的大地水准面差距。

WGS-84 系所采用椭球参数为：

$$a = 6\ 378\ 137\text{m}, f = 1/298.257\ 223\ 563, \overline{C}_{20} = -484.166\ 85 \times 10^{-6},$$
$$\omega = 7.292\ 115 \times 10^{-5}\text{rad} \cdot \text{s}^{-1}, GM = 398\ 600.5\text{km}^3 \cdot \text{s}^{-2}。$$

在实际测量定位工作中,虽然 GPS 卫星的信号依据于 WGS-84 坐标系,但求解结果则是测站之间的基线向量或三维坐标差。在数据处理时,根据上述结果,并以现有已知点(三点以上)的坐标值作为约束条件,进行整体平差计算,得到各 GPS 测站点在当地现有坐标系中的实用坐标,从而完成 GPS 测量结果向西安-80 或当地独立坐标系的转换。

3. 几何精度因子 GDOP

在 GPS 单点定位中,采用几何精度因子(Geometric Dilution Of Position),简称 GDOP。这一概念表示点位误差随卫星星座几何位置而变化的关系。确切地说,GDOP 为精度衰减因子或误差放大倍数。

未知点的坐标可由 x、y、z 三个参量来表示,即可观测三颗卫星而获得三个观测方程,以求解出此三个未知数平面位置和高程。在实际 GPS 定位中,GPS 时间与接收机时钟是不同步的,存在着接收机时钟相对于 GPS 时间的钟差,即存在第 4 个未知数。这样,要求必须同时观测 4 颗卫星,获得 4 个观测方程,以求解出 4 个未知数。此时线性化的定位导航方程以矩阵表示为:

$$\rho = Q_P X_P \tag{4-1}$$

式中,ρ 为测点到卫星的伪距观测量;X_P 为测点的三维坐标和时钟改正矢量;Q_P 为测点到卫星构成的方向余弦矩阵,由卫星斜距与 x、y、z 平面的夹角 α、β、γ 所组成的余弦值。

如果观测的卫星超过 4 颗,在求解时,需按最小二乘法求解 X_P:

$$X_P = (Q_P^T \cdot Q_P)^{-1} Q_P^T \rho \tag{4-2}$$

当 $n=4$ 时,Q_P 为非奇异矩阵,有:

$$X_P = (Q_P)^{-1} \rho \tag{4-3}$$

设 $Q=(Q_P^T \cdot Q_P)^{-1}$,称为几何精度因子矩阵。

可以看出,Q_P 为测点和卫星位置的几何关系。$\text{Cov}(\delta_P)$ 为测距协方差,每个卫星的测距误差是互相独立的,并等于 σ_ρ,则:

$$\hat{\text{Cov}}(\delta_P) = Q \cdot \sigma_\rho^2$$

如果引入 Q 矩阵的符号表示法,则:

$$\mathrm{Cov}(\delta_P) = \begin{bmatrix} \sigma_{11}^2 & \sigma_{12}^2 & \sigma_{13}^2 & \sigma_{14}^2 \\ \sigma_{21}^2 & \sigma_{22}^2 & \sigma_{23}^2 & \sigma_{24}^2 \\ \sigma_{31}^2 & \sigma_{32}^2 & \sigma_{33}^2 & \sigma_{34}^2 \\ \sigma_{41}^2 & \sigma_{42}^2 & \sigma_{43}^2 & \sigma_{44}^2 \end{bmatrix}$$

$$Q = \begin{bmatrix} q_{11} & q_{12} & q_{13} & q_{14} \\ q_{21} & q_{22} & q_{23} & q_{24} \\ q_{31} & q_{32} & q_{33} & q_{34} \\ q_{41} & q_{42} & q_{43} & q_{44} \end{bmatrix} \quad (4\text{-}4)$$

$\sigma_{11}^2 = q_{11} \cdot \sigma_\rho^2, \sigma_{22}^2 = q_{22} \cdot \sigma_\rho^2, \sigma_{33}^2 = q_{33} \cdot \sigma_\rho^2$ 为三维方差分量，$\sigma_{44}^2 = q_{44} \cdot \sigma_\rho^2$ 为时钟方差分量。

根据 GDOP 的定义，我们可以求出以不同形式表达的关系式：

$$\mathrm{GDOP} = \sqrt{\mathrm{trace}(Q_P^T Q_P)^{-1}} = \sqrt{\sigma_{11}^2 + \sigma_{22}^2 + \sigma_{33}^2 + \sigma_{44}^2} = \sqrt{\sum_1^4 q_{ii} \sigma_\rho} \quad (4\text{-}5)$$

式中，Q_{Pij} 为矩阵 Q_P 第 i 行 j 列的元素。

根据(4-5)式，我们很容易从不同方面求出 GDOP。

GDOP 是表征星座结构对定位精度影响的总指标。在现在生产的所有 GPS 接收机中，都计算出每一时刻的 GDOP 及下列分指标：

位置几何因子：$\mathrm{GDOP} = \sqrt{\sigma_{11}^2 + \sigma_{22}^2 + \sigma_{33}^2}$；

平面位置几何因子：$\mathrm{GDOP} = \sqrt{\sigma_{11}^2 + \sigma_{22}^2}$；

高程几何因子：$\mathrm{GDOP} = \sqrt{\sigma_{33}^2}$；

时间几何因子：$\mathrm{GDOP} = \sqrt{\sigma_{44}^2}$。

4.2.2 GPS 定位原理

1. 伪距测量定位原理

伪距观测量是通过测量卫星信号从发射时刻到接收机接收时刻的时延乘以光速得到的距离观测量。传播时延是由接收机内部码跟踪环路，通过比较卫星时钟产生的测距码和接收机复制的结构完全一致的测距码，而在相关系数达到最大值时得到的。

由于 GPS 信号不是在真空中传播的，而是要经过电离层和对流层才能到达地面测站(从地面 0～40km 是对流层，从 70～100km 为电离层)，信号在经过电离层和对

流层时,传播速度会发生变化。测距方程为:

$$\rho = C \cdot (\tau_B - \tau^a) + \delta\rho_{ION} + \delta\rho_{TROP} \tag{4-6}$$

式中,$\delta\rho_{ION}$ 为电离层折射改正,$\delta\rho_{TROP}$ 为对流层改正,ρ 为卫星至接收机的几何距离,$(\tau_B - \tau^a)$ 为用没有误差的标准时钟测定的信号从卫星至接收机的实际传播时间。

于是得到实际距离 ρ 和伪距 $\tilde{\rho}$ 之间的关系式:

$$\rho = \tilde{\rho} + \delta\rho_{ION} + \delta\rho_{TROP} - CV_{t^a} + CV_{TB} \tag{4-7}$$

卫星钟的改正数 V_{t^a} 是精确已知的,接收机钟改正数 V_{TB} 为未知数,电离层折射改正 $\delta\rho_{ION}$ 和对流层改正 $\delta\rho_{TROP}$ 在导航电文中也是已知值。式中测定了伪距 $\tilde{\rho}$ 就等于测定了几何距离 ρ:

$$\rho = \sqrt{(X_S - X)^2 + (Y_S - Y)^2 + (Z_S - Z)^2} \tag{4-8}$$

式中,(X_S, Y_S, Z_S) 是卫星坐标,在卫星导航电文中求得,(X, Y, Z) 是 3 个地面位置未知数,只要观测 3 颗卫星就可以确定这 3 个未知数,把(4-8)式代入(4-7)式最后得到伪距定位方程:

$$\begin{aligned}\rho &= \sqrt{(X_{S_i} - X)^2 + (Y_{S_i} - Y)^2 + (Z_{S_i} - Z)^2} - C \cdot V_{TB} \\ &= \tilde{\rho} + \delta\rho_{ION} + \delta\rho_{TROP} - C \cdot Vt_i^a + \varepsilon, i = 1, 2, 3, \cdots\end{aligned} \tag{4-9}$$

式中,X、Y、Z、V_{TB} 为位置和接收机钟差的 4 个未知数,只要观测 4 颗卫星就可以确定这 4 个未知数,ε 为观测误差。

在一般导航型接收机中,都是采用这一数学模型计算位置的。现有的接收机都能同时跟踪 4 颗以上卫星,但在计算时仍然利用 4 颗卫星,不过是经过挑选的 4 颗卫星。按卫星星座的分布分成若干组计算 GDOP,最后选择和利用一组 GDOP 为最好的卫星作为计算数据,以得到最高的定位精度。

2. GPS 动态定位

在车辆、舰船、飞机和航天器的运行中,人们往往需要确知它们的实时位置。在这些运动载体上安置 GPS 信号接收机,实时地测得 GPS 接收天线的所在位置,叫做 GPS 动态定位。如果不仅测得运动载体的实时位置,而且测得运动载体的速度、时间和方位等参数,进而引导该运动载体准确地驶向预定位置,称为导航。导航是一种广义的动态定位。

1) 差分技术

为了消除 GPS 卫星轨道误差、电离层效应以及由于 SA 政策引起的误差,在 GPS 定位中,广泛应用差分 GPS 技术。就差分 GPS 工作原理而言,差分 GPS 可分为四类,即位置差分、伪距差分(包括一般伪距差分和相位平滑伪距差分)、广域差分和相位差分(准载波相位差分和载波相位差分)。这四种差分方法的技术难度、定位精度、作用范围等特点列于表 4-1。

表 4-1 四种差分 GPS 的比较

方 法		技术难度	定位精度 m	作用范围 km
位置差分		很容易	±10	40
伪距差分	一般伪距差分	容易	±5	40
	相位平滑伪距差分	一般	±1.5	40
广域差分		很困难	±1.0	1 000(政府部署)
相位差分	准载波相位差分	困难	±0.5	40
	载波相位差分	很困难	±0.05	10

一般伪距差分和相位平滑伪距差分是目前应用最广的技术,其原理基本相同,只是后者在计算伪距改正数时利用了相位平滑技术,使定位精度提高到±1.5m,由于伪距改正数的数据短,对设计数据链中的自动纠错编码就容易得多。这样保证伪距改正数的传输质量足够高,在限定的距离内误码率极低,大大保证了伪距差分的可靠性和实用性,已经成为差分 GPS 的主要手段。

广域差分 GPS 的差分信号,包括卫星轨道参数改正或坐标改正、卫星钟改正和电离层折射改正的广域差分信息。它利用分布在全国各地的基准站对 GPS 卫星进行连续观测,从而计算出卫星轨道改正数、卫星钟差改正数、电离层折射改正数,这其中包括 SA 政策的影响。利用专用大功率电台和卫星将这些改正数发送给用户,用户利用这些改正数对测得的观测量进行修正,最后计算出点位坐标,精度可达 1m,这样的差分方式定位精度不受距离限制。但是要实现这一目标必须由国家组织投资建设。

相位差分即 RTK(实时动态测量)技术是目前 GPS 广泛应用的精密定位技术,精度可达到厘米级。就其本身的技术而言,理论严密,技术成熟,在对各厂家 GPS 接收机近距离的演示中也显示出自动化和快速定位的特点。因此在施工测量和精密定位中得到广泛应用。但是由于相位观测数据量较大,致使数据链在传输过程中受到干扰出现误码的机会较多,难以全部纠正,做不到百分之百的实时。因此这种厘米级定位技术在工程中推广应用受到限制。针对以上技术存在的问题,出现了准载波相位差分 GPS。

它一方面提高了伪距差分的定位精度,同时保留了伪距差分数据链的优点,克服了载波相位差分数据传输难度。这样,这种技术可以进行亚米级精度的实时定位。

差分 GPS 定位之所以能提高精度,在于基准站和流动站之间的空间相关性,即通过差分技术来抵消公共误差部分。但是空间相关性是随距离增加而减弱的。因此,定位精度也随离开基准站的距离而降低。差分 GPS 误差与距离之间存在着密切的关系,要保证达到一定的精度,离基准站的距离不能过长,一般以 40km 为限。广域差分 GPS 技术就是为解决这一问题而提出的。

要实现差分 GPS 定位,需要建立 DGPS(差分 GPS)基准站。在以上 DGPS 叙述中也是根据 DGPS 改正数的方式进行分类的。DGPS 基准站根据建立的要求发布自身的改正数。例如,在伪距差分中发布相位平滑伪距改正数。在广域 DGPS 中发布的信息是卫星钟差和精密星历,在 RTK(相位差分)定位中发布的是原始相位观测量。

2) 伪距差分

伪距差分是 GPS 定位技术中应用最广的方法。伪距测量技术是测量卫星信号发射时刻到用户接收时刻之间的时间差,并乘以光速加以确定。因为卫星钟和用户接收机钟存在着偏差,所以称为伪距。作业时把两台接收机分别安置在两个测站上,同时测量来自相同 GPS 卫星的导航定位信号,用以联合测得动态用户的精确位置。其中一个测站位于已测定的已知点(基准点),设在该已知点的 GPS 接收机,称为基准接收机,安置在运动载体上的 GPS 接收机,称为动态接收机。它们同时测量来自相同 GPS 卫星的导航定位信号。基准接收机所测得的三维位置与该点已知值进行比较,便可获得 GPS 定位数据的校正值。如果及时将 GPS 校正值发送给另一台动态接收机,改正这台接收机所测得的实时位置,便叫做实时差分。若用 GPS 校正值对动态接收机所采集的定位数据进行测后修正,称为后处理差分(事后差分)。

在坐标精确已知的基准站上,安装 GPS 接收机,连续测量出全部卫星的伪距 ρ 和收集全部卫星的星历 (A,e,ω,Ω,i,t),利用已采集到的轨道参数,计算出卫星在某一时刻的瞬间位置 (X_j,Y_j,Z_j)。由于基准站的坐标精确已知 (X_r,Y_r,Z_r),这样利用卫星和基准站的坐标就可以计算出卫星到点位的真实距离:

$$\rho_n^j = \sqrt{(X_j - X_r)^2 + (Y_j - Y_r)^2 + (Z_j - Z_r)^2} \tag{4-10}$$

在基准站 R 处测得到卫星 j 的伪距为:

$$\rho_r^j = \rho_n^j + C(V_{TB}^i - V_t^{a^j}) + d\rho_r^j + L_{rion}^j + L_{rtrop}^j \tag{4-11}$$

式中,ρ_n^j 为基准站到卫星 j 的真实距离,$d\rho_r^j$ 为 GPS 卫星星历误差所引起的距离偏差,V_{TB}^i 为接收机时钟相对于 GPS 时的偏差(接收机时钟偏差),V_t^j 为卫星 j 相对于

GPS 的偏差（卫星钟偏差），L_{rion}^j 为电离层时延所引起的距离偏差，L_{rtrop}^j 为对流层时延所引起的距离偏差，C 为电磁波的传播速度。ρ_{rt}^j 可以精确计算得到，ρ_r^j 是用基准站接收机观测得到，所以：

$$\Delta \rho_r^j = \rho_{rt}^j - \rho_r^j = -C(V_{TB}^i - V_t^{d^j}) - d\rho_r^j - L_{rion}^j - L_{rtrop}^j \qquad (4\text{-}12)$$

$\Delta \rho_r^j$ 为伪距校正值。在基准站接收机测量伪距时，动态接收机也对卫星 j 进行伪距测量，测得的伪距为：

$$\rho_k^j = \rho_{rt}^j + C(V_{TB}^i - V_t^{d^j}) + d\rho_k^j + L_{kion}^j + L_{ktrop}^j \qquad (4\text{-}13)$$

如果基准站将测得的伪距校正值 $\Delta \rho_r^j$ 适时地发送给动态用户，并改正动态接收机（流动站）所测得的伪距，即：

$$\rho_k^j + \Delta \rho_r^j = \rho_{rt}^j + C(V_{TB}^i - V_t^{d^j}) + (d\rho_k^j - d\rho_r^j) + (L_{kion}^j - L_{rion}^j) + (L_{ktrop}^j - L_{rtrop}^j)$$

$$(4\text{-}14)$$

当流动站离基准站在 1 000km 以内时：

$$d\rho_k^j - d\rho_r^j = 0, L_{kion}^j - L_{rion}^j = 0, L_{ktrop}^j - L_{rtrop}^j = 0$$

故(4-14)式变为：

$$\rho_k^j + \Delta \rho_r^j = \rho_{rt}^j + C(V_{TB}^i - V_t^{d^j}) = \sqrt{(X_j - X_k)^2 + (Y_j - Y_k)^2 + (Z_j - Z_k)^2} + \Delta d_r$$

$$(4\text{-}15)$$

其中，$\Delta d_r = C(V_{TB}^i - V_t^{d^j})$。

如果基准站和流动站接收机各观测了相同的 4 颗 GPS 卫星，则可按式(4-15)列出 4 个方程式，共 X_k、Y_k、Z_k 和 Δd_r 这 4 个未知数，解算 4 个方程式，即可求出流动站的三维坐标。伪距差分的结果消除了卫星钟误差，在距离基准站约 1 000km 的动态用户，还可以消除或显著削弱星历误差和对流层/电离层时延误差。因此，可以显著提高动态定位精度。

3. 载波相位 GPS 相对定位

GPS 相对定位，又称为静态测量或精密定位，它的定位精度最高。目前，接收机的性能不断完善，功能不断加强，精度不断提高，测量基线的相对精度已达到 $10^{-8} \sim 10^{-9}$，已成为大地测量、精密工程测量、精密导航、地壳形变监测以及地球动力学研究不可缺少的技术手段。

GPS 相对定位，顾名思义，它测量的位置是相对于某一已知点的位置，而不是 WGS-84 坐标系中的绝对位置，也就是说，它精确测定出两点之间的坐标分量

($\Delta X, \Delta Y, \Delta Z$)和边长($B$)。这样如果一点的绝对坐标已知,则根据这点的已知坐标求出另一点的精确坐标。

在 GPS 相对定位中,至少要应用两台或两台以上精密测地型 GPS 接收机。两台 GPS 接收机分别安置在基线两端点,同步观测一组 GPS 卫星,以求解出基线端点的相对位置或基线向量。

这一方法也可以推广到多台接收机同时在多个点上进行观测,求解多条基线向量。GPS 相对定位不是直接求解绝对位置,而是求解两点之间相对基线向量,如图 4-7 和图 4-8 所示。GPS 相对定位原理:载波相位观测量是接收机测量得到的卫星信号载波与测量时刻接收机产生的本振载波相位的差值。相位测量只能测量不足一周的小数部分,历元间整周部分通过多普勒积分得到,而历元的整周部分未知,因而载波相位测量只适用于卫星和接收机间的部分距离观测量。

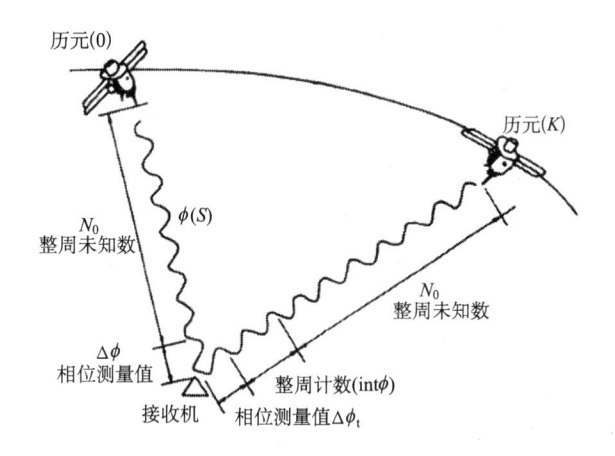

图 4-7 载波相位法原理

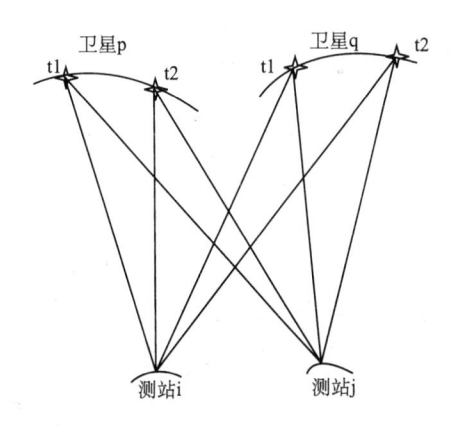

图 4-8 载波相位求差法

假设在一个测站上安置 GPS 接收机进行观测,记录的不再是伪距观测值,而是相位观测值,(4-16)式给出载波相位的观测方程。

$$\widetilde{\Phi} = \frac{f}{C}[\rho(T_B - \Delta\tau) + \rho V_{TB} - \delta\rho_{ion} - \delta\rho_{trop}] + fV_{TB} - fVt^a - N_0 \quad (4\text{-}16)$$

式中,f 为载波信号频率;

C 为光速值;

T_B 为接收机收到载波信号相位观测值瞬间的读数;

$\Delta\tau = (\tau_B - \tau^a)$ 为卫星发射载波信号相位的标准时与接收机收到此信号的标准时之差信号传播时间;

ρ 为伪距;

V_{TB}、Vt^a 分别为接收机和卫星钟改正数;

N_0 为相位的整周期数(整周未知数)。

4.2.3 GPS 基线向量网平差

GPS 基线解算就是利用 GPS 观测值,通过数据处理,得到测站的坐标或测站间的基线向量值。整个 GPS 网观测完成后,经过基线解算,可以获得具有同步观测数据的测站间的基线向量。解算得到的 GPS 基线向量是在 WGS-84 下的方位基准和尺度基准。

为了确定 GPS 网中各个点在某一特定局部坐标系(如西安大地坐标系)下的绝对坐标,这就需要通过"平差"的概念,引入该坐标系下的起算数据来实现需要提供位置基准、方位基准和尺度基准。GPS 基线向量网的平差,还可以消除 GPS 基线向量观测值和地面观测中由于各种类型的误差而引起的矛盾。

1. 坐标系变换与基准变换

在 GPS 测量中,经常要进行坐标系变换与基准变换。坐标系变换就是在不同的坐标表示形式间进行变换,基准变换是指在不同的参考基准间进行变换。

1) 空间直角坐标系与空间大地坐标系间的变换方法

在相同的基准下,空间大地坐标系向空间直角坐标系的转换方法为:

$$\left.\begin{aligned} X &= (N+H)\cos B\cos L \\ Y &= (N+H)\cos B\sin L \\ Z &= [N(1-e^2)+H]\sin B \end{aligned}\right\} \quad (4\text{-}17)$$

其中，

$$N=\frac{a}{\sqrt{1-e^2\sin^2 B}}, 为卯酉圈的半径; e^2=\frac{a^2-b^2}{a^2}$$

a 为地球椭球长半轴；b 为地球椭球短半轴。

在相同的基准下，空间直角坐标系向空间大地坐标系的转换方法为：

$$\begin{cases} L = arctan\left(\frac{Y}{X}\right) \\ B = arctan\left\{\frac{Z(N+H)}{\sqrt{(X^2+Y^2)}[N(1-e^2)+H]}\right\} \\ H = \frac{Z}{\sin B} - N(1-e^2) \end{cases} \quad (4\text{-}18)$$

在采用上式进行转换时，需要采用迭代的方法，先设 $H=0$，用第二式将 B 求出，最后再确定 H。

空间坐标系与平面直角坐标系间的转换采用的是投影变换的方法。

2）空间坐标系统的转换方法

不同坐标系统的转换本质上是不同基准间的转换，不同基准间的转换方法有很多，其中，最为常用的有布尔沙模型，又称为七参数转换法，如图 4-9 所示。

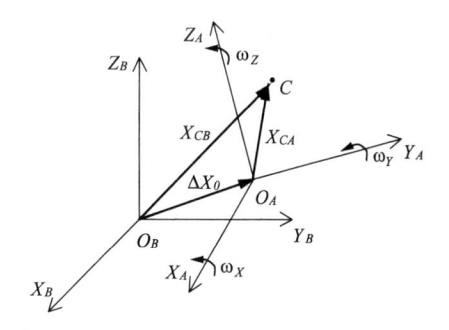

图 4-9 布尔沙模型转换

设两空间直角坐标系间有 7 个转换参数：3 个平移参数、3 个旋转参数和 1 个尺度参数。

若：

$[X_A, Y_A, Z_A]^T$ 为某点在空间直角坐标系 A 的坐标；

$[X_B, Y_B, Z_B]^T$ 为该点在空间直角坐标系 B 的坐标；

$[\Delta X_0, \Delta Y_0, \Delta Z_0]^T$ 为空间直角坐标系 A 转换到空间直角坐标系 B 的平移参数；

$(\omega_X, \omega_Y, \omega_Y)$ 为空间直角坐标系 A 转换到空间直角坐标系 B 的旋转参数；

m 为空间直角坐标系 A 转换到空间直角坐标系 B 的尺度参数。

则由空间直角坐标系 A 到空间直角坐标系 B 的转换关系为：

$$\begin{bmatrix} X_B \\ Y_B \\ Z_B \end{bmatrix} = \begin{bmatrix} \Delta X_0 \\ \Delta Y_0 \\ \Delta Z_0 \end{bmatrix} + (1+m) R(\omega) \begin{bmatrix} X_A \\ Y_A \\ Z_A \end{bmatrix} \tag{4-19}$$

其中，

$$R(\omega_X) = \begin{bmatrix} 1 & 0 & 0 \\ 0 & \cos\omega_X & \sin\omega_X \\ 0 & -\sin\omega_X & \cos\omega_X \end{bmatrix}$$

$$R(\omega_Y) = \begin{bmatrix} \cos\omega_Y & 0 & -\sin\omega_Y \\ 0 & 1 & 0 \\ \sin\omega_Y & 0 & \cos\omega_Y \end{bmatrix}$$

$$R(\omega_Z) = \begin{bmatrix} \cos\omega_Z & \sin\omega_Z & 0 \\ -\sin\omega_Z & \cos\omega_Z & 0 \\ 0 & 0 & 1 \end{bmatrix}$$

一般 ω_X、ω_Y 和 ω_Z 均为小角度,可以认为：$\sin\omega \approx \omega, \cos\omega \approx 1$。

则有：

$$R(\omega) = R(\omega_Z) R(\omega_Y) R(\omega_X) = \begin{bmatrix} 1 & \omega_Z & -\omega_Y \\ -\omega_Z & 1 & \omega_X \\ \omega_Y & -\omega_X & 1 \end{bmatrix}$$

也可将转换公式表示为：

$$\begin{bmatrix} X_B \\ Y_B \\ Z_B \end{bmatrix} = \begin{bmatrix} X_A \\ Y_A \\ Z_A \end{bmatrix} + \begin{bmatrix} 1 & 0 & 0 & 0 & -Z_A & Y_A & X_A \\ 0 & 1 & 0 & Z_A & 0 & -X_A & Y_A \\ 0 & 0 & 1 & -Y_A & X_A & 0 & Z_A \end{bmatrix} \cdot \begin{bmatrix} \Delta X_A \\ \Delta Y_A \\ \Delta Z_A \\ \omega_X \\ \omega_Y \\ \omega_Z \\ m \end{bmatrix} \quad (4\text{-}20)$$

2. GPS 网平差原理

1) 三维无约束平差

GPS 网的三维无约束平差是指平差在 WGS-84 三维空间直角坐标系下进行，平差时不引入使得 GPS 网产生由非观测量所引起的变形的外部约束条件。具体而言，就是在进行平差时，所采用的起算条件不超过 3 个。对于 GPS 网来说，在进行三维平差时，其必要的起算条件的数量为 3 个，这 3 个起算条件既可以是 1 个起算点的三维坐标向量，也可以是其他的起算条件。

GPS 网的三维无约束平差有以下主要作用：评定 GPS 网的内部符合精度，发现和剔除 GPS 观测值中可能存在的粗差。由于三维无约束平差的结果完全取决于 GPS 网的布设方法和 GPS 观测值的质量，因此，三维无约束平差的结果就完全反映了 GPS 网本身的质量好坏。如果平差结果质量不好，则说明 GPS 网的布设或 GPS 观测值的质量有问题；反之，则说明 GPS 网的布设或 GPS 观测值的质量没有问题。

得到 GPS 网中各个点在 WGS-84 坐标系下经过了平差处理的三维空间直角坐标在进行 GPS 网的三维无约束平差时，如果指定网中某点准确的 WGS-84 坐标作为起算点，则最后可得到 GPS 网中各个点经过了平差处理的在 WGS-84 坐标系下的坐标。

为将来可能进行的高程拟合，提供经过了平差处理的大地高数据，用 GPS 水准替代常规水准测量获取各点的正高或正常高是目前 GPS 应用中一个较新的领域，现在一般采用的是利用公共点进行高程拟合的方法。在进行高程拟合之前，必须获得经过平差的大地高数据，而三维无约束平差可以提供这些数据。

2) GPS 网三维无约束平差原理

在 GPS 网三维无约束平差中所采用的观测值为基线向量，即 GPS 基线的起点

到终点的坐标差,因此,对于每一条基线向量,都可以列出如下的一组观测方程:

$$\begin{bmatrix} v_{\Delta X} \\ v_{\Delta Y} \\ v_{\Delta Z} \end{bmatrix} = \begin{bmatrix} -1 & 0 & 0 \\ 0 & -1 & 0 \\ 0 & 0 & -1 \end{bmatrix} \begin{bmatrix} dX_i \\ dY_i \\ dZ_i \end{bmatrix} + \begin{bmatrix} 1 & 0 & 0 \\ 0 & 1 & 0 \\ 0 & 0 & 1 \end{bmatrix} \begin{bmatrix} dX_j \\ dY_j \\ dZ_j \end{bmatrix} - \begin{bmatrix} \Delta X_{ij} - X_i^0 + X_j^0 \\ \Delta Y_{ij} - Y_i^0 + Y_j^0 \\ \Delta Z_{ij} - Z_i^0 + Z_j^0 \end{bmatrix}$$

(4-21)

与此相对应的方差—协方差阵、协因数阵和权阵分别为:

$$D_{ij} = \begin{bmatrix} \sigma_{\Delta X}^2 & \sigma_{\Delta X \Delta Y} & \sigma_{\Delta X \Delta Z} \\ \sigma_{\Delta Y \Delta X}^2 & \sigma_{\Delta Y}^2 & \sigma_{\Delta Y \Delta Z} \\ \sigma_{\Delta Z \Delta X} & \sigma_{\Delta Z \Delta Y} & \sigma_{\Delta Z}^2 \end{bmatrix}$$

其中,$Q_{ij} = \frac{1}{\sigma_0^2} D_{ij}$,$P_{ij} = D_{ij}^{-1}$,$\sigma_0$ 为先验的单位权重误差。

平差所用的观测方程就是通过上面的方法列出的,但为了使平差进行下去,还必须引入位置基准。引入位置基准的方法一般有两种,第一种是以 GPS 网中一个点的 WGS-84 坐标作为起算的位置基准,即可有一个基准方程:

$$\begin{bmatrix} dX_i \\ dY_i \\ dZ_i \end{bmatrix} = \begin{bmatrix} X_i^0 \\ Y_i^0 \\ Z_i^0 \end{bmatrix} - \begin{bmatrix} X_i \\ Y_i \\ Z_i \end{bmatrix} = 0$$

(4-22)

第二种是采用秩亏自由网基准,引入下面的基准方程:

$$G^T dB = 0$$

$$G^T = \begin{bmatrix} 1 & 0 & 0 & \cdots & 1 & 0 & 0 \\ 0 & 1 & 0 & \cdots & 0 & 1 & 0 \\ 0 & 0 & 1 & \cdots & 0 & 0 & 1 \end{bmatrix} = \begin{bmatrix} E & E & \cdots & E \end{bmatrix}$$

$$dB = \begin{bmatrix} db_1 & db_2 & db_2 & \cdots & db_n \end{bmatrix}^T$$
$$= \begin{bmatrix} dX_1 & dY_1 & dZ_1 & \cdots & dX_n & dY_n & dZ_n \end{bmatrix}^T$$

根据上面的观测方程和基准方程,按照最小二乘原理进行平差解算,得到平差结果。
待定点坐标参数:

$$\begin{bmatrix} \bar{X}_1 \\ \bar{Y}_1 \\ \bar{Z}_1 \\ \vdots \\ \bar{X}_n \\ \bar{Y}_n \\ \bar{Z}_n \end{bmatrix} = \begin{bmatrix} X_1^0 \\ Y_1^0 \\ Z_1^0 \\ \vdots \\ X_n^0 \\ Y_n^0 \\ Z_n^0 \end{bmatrix} + \begin{bmatrix} d\bar{X}_1 \\ d\bar{Y}_1 \\ d\bar{Z}_1 \\ \vdots \\ d\bar{X}_n \\ d\bar{Y}_n \\ d\bar{Z}_n \end{bmatrix} \qquad (4-23)$$

单位权中误差：$\tilde{\sigma}_0 = \sqrt{\dfrac{V^T P V}{3n-3p+3}}$；其中 n 为组成 GPS 网的基线数，p 为基线数，$Q = P^{-1}$ 为协因数阵。

3) 三维联合平差

GPS 网的三维联合平差一般是在某一个地方坐标系下进行的，平差所采用的观测量除了 GPS 基线向量外，有可能还引入了常规的地面观测值，这些常规的地面观测值包括边长观测值、角度观测值、方向观测值等；平差所采用的起算数据一般为地面点的三维大地坐标，除此之外，有时还加入了已知边长和已知方位等作为起算数据。

4.2.4 GPS 测时、测速与测高

1. 时间的测定

随着科学技术的发展，时间与科学研究、经济建设和社会生活的联系日益密切和重要，对测时的精度要求也不断提高。因此，精密测时是现代科学技术中的一项极为重要的任务。与经典的测时方法相比，GPS 测时的精度较高且设备简单，经济可靠，因而获得了广泛的应用。利用 GPS 测时，目前主要采用单站单机测时法。

单站单机测时，即应用一台 GPS 接收机，在一个已知坐标的观测站上进行测时的方法。假设于历元 t 由观测站 T_i 观测卫星 S^j，所得伪距为 $\tilde{\rho}_i^j(t)$，则有：

$$\tilde{\rho}_i^j(t) = \rho_i^j(t) + c\delta t_i(t) - c\delta t^j(t) + \Delta_{i \cdot I_g}^j(t) + \Delta_{i \cdot T}^j(t) \qquad (4-24)$$

由于卫星 S^j 和观测站 T_i 在协议地球坐标系中的坐标均为已知，所以式中 $\rho_i^j(t)$ 为已知，而卫星钟差 $\delta t^j(t)$ 和大气折射改正 $\Delta_{i \cdot I_g}^j(t)$ 和 $\Delta_{i \cdot T}^j(t)$ 可由导航电文中给出的有关参数推算而得，因此由上式可得历元 t 时接收机的钟差：

$$\delta t_i(t) = \frac{1}{c}\left[\tilde{\rho}_i^j(t) - \rho_i^j(t)\right] + \delta t^j(t) - \frac{1}{c}\left[\Delta_{i \cdot I_g}^j(t) + \Delta_{i \cdot T}^j(t)\right] \qquad (4-25)$$

可见,在观测站坐标已知的情况下,只需观测一颗卫星便可确定未知钟差参数 $\delta t_i(t)$。不难理解,如果观测站 T_i 的坐标未知时,便需至少同步观测 4 颗卫星,以便在确定观测站位置的同时确定接收机的钟差,这就是前面所介绍的实时绝对定位的情况。测时的精度与接收机钟差精度因子 TDOP 有关。

单站单机测时的目的在于确定用户时钟相对 GPS 时的偏差,以便进一步根据导航电文所给出的信息计算相应的协调时(UTC)。所以,由此所确定的协调时的精度,除决定于卫星的轨道误差、观测站的坐标误差、卫星钟差和大气折射改正误差外,还决定于根据导航电文解出的参数,计算 GPS 时与 UTC 时差的精度。GPS 测时的方法还有不少,这里不再介绍。

2. 航速的测定

对于动态 GPS 测量的用户来说,除了需要确定 GPS 接收机载体的实时位置,往往还要求测定载体的实时的航行速度。这些载体包括船只、飞机和陆上的各种车辆。而测定这些载体的运动速度,是 GPS 定位技术应用的另一重要方面。

假设,于历元 t_1 和 t_2 测定的载体实时位置分别为 $X_i(t_1)$ 和 $X_i(t_2)$,则其运动速度可简单表示为:

$$\begin{bmatrix} \dot{X} \\ \dot{Y} \\ \dot{Z} \end{bmatrix} = \frac{1}{\Delta t} \left\{ \begin{bmatrix} X_i(t_2) \\ Y_i(t_2) \\ Z_i(t_2) \end{bmatrix} - \begin{bmatrix} X_i(t_1) \\ Y_i(t_1) \\ Z_i(t_1) \end{bmatrix} \right\} \tag{4-26}$$

其中,$\Delta t = t_2 - t_1$,而 $(\dot{X}, \dot{Y}, \dot{Z})$ 为在协议地球坐标系中物体的速度分量。由此可得物体运行方向的速度为:

$$v_s = \sqrt{(\dot{X}^2 + \dot{Y}^2 + \dot{Z}^2)} \tag{4-27}$$

这一测定航速的方法,不需要其他新的观测量,且计算简单。可见,测速问题实际上仍是定位问题。在动态定位中,实时定位与测速可同时实现。按(4-27)式所确定的航行速度是在时间段 Δt 内的平均速度。如果计算中所取时间间隔过短或过长,都难以正确地描述载体的实际运行速度。为此,我们还可以采用观测载波多普勒频移的方法,来实时测定载体运行的速度。

3. 高程的测定

1) 高程系统

在测量中常用的高程系统有大地高系统、正高系统和正常高系统。

(1) 大地高系统

大地高系统是以参考椭球面为基准面的高程系统。某点的大地高是该点到通过该点的参考椭球的法线与参考椭球面的交点间的距离。大地高也称为椭球高,大地高一般用符号 H 表示。大地高是一个纯几何量,不具有物理意义,同一个点在不同的基准下具有不同的大地高。

(2) 正高系统

正高系统是以大地水准面为基准面的高程系统。某点的正高是该点到通过该点的铅垂线与大地水准面的交点之间的距离,正高用符号 H_g 表示。

(3) 正常高系统

正常高系统是以似大地水准面为基准的高程系统。某点的正常高是该点到通过该点的铅垂线与似大地水准面的交点之间的距离,正常高用 H_r 表示。

(4) 高程系统之间的关系

大地水准面到参考椭球面的距离称为大地水准面差距 N,大地高与正高之间的关系可以表示为:

$$H = H_g + N \tag{4-28}$$

似大地水准面到参考椭球面的距离,称为高程异常,记为 ζ。大地高与正常高之间的转换需要知道该点处的垂线偏差 ε,由下式计算:

$$H = H_r \cdot \cos\varepsilon + \zeta \tag{4-29}$$

当无重力观测值而未知垂线偏差 ε 时,可视 $\varepsilon=0$,故大地高与正常高之间的关系可以表示为:

$$H = H_r + \zeta \tag{4-30}$$

似大地水准面与 GPS 参考椭球面的差距 ζ 在不同地区有不同的数据,可以采用大地测量的方式测定,对于小范围内可视为常数。似大地水准面差距一般可达几十米。由于我国境内尚未建立高精度的似大地水准面差距 ζ 分布数据,ζ 的精度较差,约为 3~6m,部分地区在 1m 以内,难以满足 GPS 高程转换的要求。

2) 高程转换方法

(1) 等值线图法

从高程异常图或大地水准面差距图分别查出各点的高程异常 ζ 或大地水准面差距 N,然后分别采用下面两式计算出正常高 H_r 和正高 H_g:

$$H_r = H - \zeta \tag{4-31}$$

$$H_g = H - N \qquad (4\text{-}32)$$

在采用等值线图法确定点的正常高和正高时要注意以下两个问题：① 等值线图所适用的坐标系统；② 在求解正常高或正高时，要采用相应坐标系统的大地高数据。采用等值线图法确定正常高或正高，其结果的精度在很大程度上取决于等值线图的精度。

(2) 地球模型法

地球模型法本质上是一种数字化的等值线图，目前国际上较常采用的地球模型有 OSU91A 等。不过可惜的是这些模型均不适于我国应用。

(3) 高程拟合法

高程拟合法就是利用在范围不大的区域中高程异常具有一定的几何相关性这一原理，采用数学方法求解正高、正常高或高程异常。通常用下面介绍的曲面拟合法解决这个问题。

在小区域的 GPS 网内，将似大地水准面当做曲面，似大地水准面差距 ζ 表示为平面坐标的函数 $f(x,y)$。通过 GPS 网中的公共点（即经过水准测量的 GPS 点）已知的高程异常 ζ 确定测区的似大地水准面形状。一般采用二次多项式作为拟合函数：

$$\begin{aligned}\zeta'(x,y) &= f(x,y) + v \\ &= a_0 + a_1 \cdot dx + a_2 \cdot dy + a_3 \cdot dx^2 + a_4 \cdot dx \cdot dy + a_5 \cdot dy^2 + v\end{aligned}$$

写成：

$$-v = a_0 + a_1 \cdot dx + a_2 \cdot dy + a_3 \cdot dx^2 + a_4 \cdot dx \cdot dy + a_5 \cdot dy^2 - \zeta'(x,y) \qquad (4\text{-}33)$$

式中：(x,y) 为点位坐标；

a_0、a_1、a_2、a_3、a_4、a_5 为待定参数；

$dx = x - x_0, dy = y - y_0 \quad \left(x_0 = \frac{1}{n}\sum x, y_0 = \frac{1}{n}\sum y\right)$；

n 为 GPS 网的点数；

v 为拟合误差。

若共存在 n 个这样的公共点，则可列出 n 个方程：

$$-v_1 = a_0 + a_1 \cdot dx_1 + a_2 \cdot dy_1 + a_3 \cdot dx_1^2 + a_4 \cdot dx_1 \cdot dy_1 + a_5 \cdot dy_1^2 - \zeta'_1(x,y)$$
$$-v_2 = a_0 + a_1 \cdot dx_2 + a_2 \cdot dy_2 + a_3 \cdot dx_2^2 + a_4 \cdot dx_2 \cdot dy_2 + a_5 \cdot dy_2^2 - \zeta'_2(x,y)$$
$$\cdots\cdots\cdots\cdots\cdots\cdots\cdots\cdots\cdots\cdots\cdots\cdots\cdots\cdots\cdots\cdots\cdots\cdots$$
$$-v_n = a_0 + a_1 \cdot dx_n + a_2 \cdot dy_n + a_3 \cdot dx_n^2 + a_4 \cdot dx_n \cdot dy_n + a_5 \cdot dy_n^2 - \zeta'_n(x,y)$$

即有：
$$V = AX - L \tag{4-34}$$
其中，
$$A = \begin{bmatrix} 1 & dx_1 & dy_1 & dx_1^2 & dx_1 \cdot dy_1 & dy_1^2 \\ 1 & dx_2 & dy_2 & dx_2^2 & dx_2 \cdot dy_2 & dy_2^2 \\ \cdots & \cdots & \cdots & \cdots & \cdots & \cdots \\ 1 & dx_n & dy_n & dx_n^2 & dx_n \cdot dy_n & dy_n^2 \end{bmatrix}$$

$$X = [a_0 \ a_1 \ a_2 \ a_3 \ a_4 \ a_5]^T$$

$$L = [\zeta_1(x,y) \ \zeta_2(x,y) \ \cdots \cdots \ \zeta_n(x,y)]$$

通过最小二乘法可以求解出多项式的系数：
$$X = (A^T P A)^{-1} \cdot (A^T P L) \tag{4-35}$$

其中，P 为权阵，它可以根据水准高程和 GPS 所测得的大地高的精度来确定，假定有 6 个及 6 个以上的公共点，应用最小二乘法的原理求得 6 个待定参数：

$$a_0, \quad a_1, \quad a_2, \quad a_3, \quad a_4, \quad a_5$$

求得以曲面形式表示的大地水准面形状后，待定点 (x_i, y_i) 的高程异常：
$$\zeta'(x_i, y_i) = a_0 + a_1 \cdot dx_i + a_2 \cdot dy_i + a_3 \cdot dx_i^2 + a_4 \cdot dx_i \cdot dy_i + a_5 \cdot dy_i^2 \tag{4-36}$$

最后求得正常高：
$$h_i = H_i - \zeta'(x_i, y_i) \tag{4-37}$$

高程拟合法同样适合大地高 H 与正高 H_g 的变换。

3）高程拟合法注意事项

上述高程拟合的方法是一种纯几何的方法，因此，一般仅适用于高程异常变化较为平缓的地区（如平原地区），其拟合的准确度可达到 1dm 以内。对于高程异常变化剧烈的地区（如山区），这种方法的准确度有限，主要是因为在这些地区，高程异常的已知点很难将高程异常的特征表示出来。

(1) 选择合适的高程异常已知点

高程异常已知点的高程异常值一般是通过水准测量测定正常高、通过 GPS 测量测定大地高后获得的。在实际工作中,一般采用在水准点上布设 GPS 点或对 GPS 点进行水准联测的方法来实现。为了获得好的拟合结果,要求采用数量尽量多的已知点,它们应均匀分布,并且最好能够将整个 GPS 网包围起来。

(2) 高程异常已知点的数量

若要用零次多项式进行高程拟合时,要确定 1 个参数,因此,需要 1 个以上的已知点;若要采用一次多项式进行高程拟合,要确定 3 个参数,需要 3 个以上的已知点;若要采用二次多项式进行高程拟合,要确定 6 个参数,则需要 6 个以上的已知点。

(3) 分区拟合法

若拟合区域较大,可采用分区拟合的方法,即将整个 GPS 网划分为若干区域,利用位于各个区域中的已知点分别拟合出该区域中的各点的高程异常值,从而确定出它们的正常高。

§4.3 GPS 误差分析

4.3.1 与卫星有关的误差

与卫星有关的误差,主要包括卫星钟的误差、卫星星历的误差、SA 技术与 AS 技术的影响、地球自转的影响和相对论效应的影响等。

1. 卫星钟的误差

尽管卫星上采用了原子钟(铯钟和铷钟),但是,由于卫星钟与 GPS 标准时之间会有偏差和漂移,并且随着时间的推移,这些偏差和漂移还会发生变化。而 GPS 定位测量都是以精密测时为依据的,卫星钟的误差会对伪码测距和载波相位测量产生误差。卫星钟偏差总量可达 1ms,产生的等效距离误差可达 300km。

卫星钟的误差可以根据导航电文中的卫星钟的钟差、钟速和钟速变化率及卫星钟修正的参考历元,采用二项式模拟卫星钟的变化,可以削弱卫星钟的部分误差,剩余误差可以通过对观测量的差分技术得到进一步的削弱。

GPS 定位系统通过地面监控站对卫星的监测来测试卫星钟的偏差,用二项式模拟卫星钟的变化,即:

$$\delta_t^s = a_0 + a_1(t - t_{0e}) + a_2(t - t_{0e})^2 \tag{4-38}$$

式中,t_{0e} 为卫星钟修正的参考历元,a_1、a_2、a_3 为卫星钟钟差、钟速、钟速变化率,这些参数可以从卫星导航电文中得到。

用二项式模拟卫星钟的误差只能保证卫星钟与标准 GPS 时间同步在 20ms 之间。由此引起的等效偏差不会超过 6m。要想进一步削弱剩余的卫星钟残差，可以通过对观测量的差分技术来进行。GPS 是基于单程测距实现的，它主要取决于预报的卫星钟。卫星钟差对 C/A 码用户和 P 码用户是相同的，而且此影响同方向无关，这在采用差分改正技术时很有用。全部差分站同用户观测值都含有相等的钟差。卫星钟差的主要误差源是 SA。SA 是变化的，超过 10 分钟不能预报。SA 对测距中误差的影响通常为 ±20m。目前，SA 政策暂取消。

卫星钟差一般由 GPS 后处理软件自动完成。

2. 卫星星历的误差

卫星星历是 GPS 卫星定位中的重要数据。卫星星历是由地面监控站跟踪监测 GPS 卫星求得的。由于地面监测站测试的误差以及卫星在空中运行受到多种摄动力影响，地面监测站难以充分可靠地测定这些作用力的影响，使得测定的卫星轨道产生误差；另外由地面注入站给卫星的广播星历和由卫星向地面发送的广播星历，都是由地面监测的卫星轨道计算出来的，这使得由广播星历提供的卫星位置与卫星实际位置之间有差。在无 SA 技术时广播星历精度为 25m（当执行 SA 技术后，广播星历精度降到 100m）。广播星历的误差对相对定位的影响为 1ppm。即对于长度为 10km 的基线会产生 10mm 的误差，对于 1 000km 的基线，将产生 1m 的误差。从中可以看到，对于长基线，广播星历误差将是影响定位精度的重要原因。

另外，卫星星历误差对相距不太远的两个测站定位影响大体相同。因此采用同步观测求差，即采用两个或多个测站上对同一卫星信号进行同步观测，然后求差，就可以减弱卫星轨道误差的影响。所以在实用中，对于基线不很长、定位精度要求不很高的情况，如相对定位精度为 1~2ppm 时，采用相对定位，广播星历就达到要求了。对于长距离、高精度相对定位，必须使用精密星历。精密星历可以向美国国家大地测量局（NGS）购买。为了提高 GPS 定位精度，我国将在上海、武汉、长春、乌鲁木齐和昆明建立我国的 GPS 跟踪网，通过跟踪监测 GPS 卫星信号解算精密星历，可以满足 1 000km 基线相对定位精度 1×10^{-8} 的要求，而且精密星历要求能达到 0.25m。

当 GPS 信息发布的卫星位置不正确时将产生星历误差。通常，此误差的径向分量最小，而切向误差和横向误差则可能大一个数量级。幸运的是，这两种较大的分量误差不影响定位精度，只有卫星位置误差沿视线方向的投影才产生定位误差。由于卫星误差反映了位置预报，故星历误差随着最后一个地面注入站注入信息的时间而增长。此外，SA 是星历误差的重要组成部分。据鲍恩（Bowen）研究，就 24 小时预报而言,测距误差中星历误差约占 2.1m。正如所料,这些误差同卫星钟密切相关。顺便指出,这些误差对 C/A 码和 P 码是相同的。

4.3.2 信号传播的误差

信号传播误差主要包括电离层折射的影响、对流层折射的影响。

1. 电离层折射的影响

从地面 70km 向上直到大气层顶部都为电离层,在这一层中,由于太阳的作用,使大气中的分子发生了电离,使得卫星信号产生了延迟。电离层延迟的影响在地磁赤道附近要比其他地方大些,并随太阳周期的变化而变化。因此,在某些地区和某段时间,电离层的影响很大。对于电离层延迟的影响可以采用以下途径解决:

(1) 采用电离层模型加以改正。在导航电文中提供的 GPS 信息能够不断更新这些参数,利用电离层改正模型的有效精度,温带区约±2~±5m。该模型一般用于单频接收机,用目前所提供的模型可将电离层延迟影响减少 75%。

(2) 采用双频接收机。利用 L_1/L_2 频率的双频观测值可直接解算电离层时延。L_1 和 L_2 到达时间之差可直接进行代数解算。对于一台质量较好的双频接收机而言,在基本消除电离层影响后,应能提供±1~±2m 的测距精度。

(3) 采用"码/载波相位扩散技术"(简称 CCD 技术)。就一阶项而言,电离层对码观测值的影响为 $\frac{40.3}{f^2}\int_s n_e ds$,对相位观测值的影响为 $-\frac{40.3}{f^2}\int_s n_e ds$。由此可见,电离层对两种观测值的影响绝对值相同,符号相反。用两个或多个观测站同步观测量求差,由于卫星到两个测站电磁波传播路径很相似,因此,通过求差,可以削弱电离层延迟的影响,并使单频接收机的测程扩大到 400km,精度达到 $\pm 1cm + 2\times 10^{-6}D$。

(4) 基于准实时更新。它将用于广域差分 GPS。此技术在全球温带也能得出±1~±2m 或更高的精度。

2. 对流层折射的影响

从地面向上 70km 为对流层,此层集中了大气质量的 99%,也是气象现象主要出现的地区。电磁波在其中的传播速度与频率无关,只与大气的折射有关,还与电磁波传播方向有关,在天顶方向延迟可达 2.3m,在高度角 10°时可达 20m。可以采用以下措施减少对流层折射对电磁波的延迟:

(1) 用模型进行改正:实测地区气象资料利用气象模型改正,能减少对流层对电磁波延迟的 92%~93%。

(2) 基线较短时,气象条件较稳定,两个测站的气象条件一致,利用基线两端同步观测求差,可以很好地减弱大气折射的影响。目前,短基线、精度要求不是很高的基线测量,只用相对定位即可达到要求。

4.3.3 观测与接收设备的误差

观测误差和接收设备的误差包括接收机钟差、通道间的偏差、锁相环延迟、码跟踪环偏差、天线相位中心的偏差。观测误差不仅与仪器硬件和软件对卫星信号观测能达到的分辨率有关,还与天线的安置精度有关。要减弱观测误差和接收设备的误差,必须在作业前先了解仪器的性能、工作特性及其可能达到的精度水平,这是制定GPS作业计划的依据,也是GPS定位测量顺利完成的保证。因此,必须定期对GPS接收机进行实测检验,检验项目有:① 天线相位中心稳定性测试;② 内部噪声水平测试;③ 野外作业性能及不同测程精度指标的测试;④ 频标稳定性检验和数据质量的评价;⑤ 高低温性能测试。

4.3.4 野外工作失误

野外工作失误包括错误的测量天线高、错误的测站名、对中误差、选择了错误的天线类型、矛盾的接收机设置(例如:同步率、卫星开启或禁用、数据格式)。以上都是操作错误或粗差。我们可以通过严密的野外观测程序减少粗差。作业前,检查各接收机的设置,确保各接收机设置正确一致;作业时,以英尺和米测量记录天线高,并且在观测开始和结束时分别记录两次,有助于消除测量误差。野外记录的测站名、位置、观测时间和天线高要清楚、准确。

对于GPS控制网基线测量,在基线长度较短的情况下(10～30km),GPS的星历误差、卫星钟的误差、SA技术与AS技术、地球自转和相对论效应的影响对测量精度影响较小(它只影响单点定位和长基线测量精度)。据大量资料的分析,各GPS点之间的距离小于10km时,主要误差是周跳、天线对中误差和多路径效应误差。只要仔细操作,天线对中误差可减少到±1～±3mm,影响不大。而多路径效应误差在一般情况下为±1～±5cm,在高反射条件下(水面、平坦光滑地面和平整的建筑物)可达±19cm。

电离层延迟和对流层延迟主要影响基线测量两点间的高差精度,两点间高差越大影响越大。电离层和对流层延迟对平面坐标影响甚微,几乎没有影响。电离层和对流层延迟具有相关性,基线越短相关性越强,在短基线测量中,它们的影响比较容易消除。

参 考 文 献

[1] 安德欣,谢世杰,高启贵.GPS精密定位及其误差源.地矿测绘,2000,(1).

[2] 陈文贵.GPS测量误差来源及消除措施.科技交流,2004,(1).

[3] 方子岩.航空摄影测量新的发展及应用.地矿测绘,1998,(1).

[4] 韩明锋,丁万庆,谢世杰.GPS误差概论.测绘通报,1999,(5):4-6,12.

[5] 康红星.GPS-RTK技术在城市控制测量中的应用.工程设计与建设,2004,36(1):33-36.

[6] 李德仁,关泽群著.空间信息系统的集成与实现.武汉:武汉测绘科技大学出版社,2000.

[7] 李德仁,袁修孝,巫兆聪等.GPS辅助全自动空中三角测量.遥感学报,1997,1(4):306-310.

[8] 刘大杰,施一民,过静珺编著.全球定位系统(GPS)原理与数据处理.上海:同济大学出版社,1996.

[9] 刘基余,李征航,王跃虎等编著.全球定位系统原理及其应用.北京:测绘出版社,1993.

[10] 刘经南等编著.GPS网布设与数据处理(培训教材).武汉测绘科技大学,1995.

[11] 万幼川.我国遥感科学与技术发展现状.地理空间信息,2003,1(2):3-5.

[12] 王慧麟,谈俊忠,安如等编著.测量与地图学.南京:南京大学出版社,2004.

[13] 王密,郭丙轩,雷霆等.车载GPS导航系统中GPS定位与道路匹配方法研究.武汉测绘科技大学学报,2000,25(3):248-251.

[14] 王让会,张慧芝.关于GPS研究中几个问题的探讨.遥感技术与应用,2000,15(1):68-70.

[15] 王晓海.GPS及应用新发展.电信工程技术与标准化,2002,(3):1-5.

[16] 吴志正.全球定位系统的现状与发展.现代通信,2001,8.

[17] 武汉测绘科技大学测量平差教研室编著.测量平差基础.北京:测绘出版社,1996.

[18] 赵新维.GPS定位技术及其应用.武汉大学索佳测绘技术研究中心,讲义,1996.

[19] 周中谟,易杰军编著.GPS卫星测量原理与应用.北京:测绘出版社,1992.

第五章 "3S"集成的基本原理

本章主要从"3S"参数的地学特征、时空表达与兼容性、技术方法的互补性、应用目标的一致性、软件集成的可行性五个方面描述"3S"集成的基本原理。全章共分五节：

第一节，主要从空间参数、时间参数等方面描述"3S"参数的地学特征；

第二节，主要从时空理解与表达、时空参数的一体化等方面描述时空表达与兼容性；

第三节，主要从 RS 与 GIS 的互补性、GPS 与 RS 的互补性、GIS 与 GPS 的互补性三个方面描述技术方法的互补性；

第四节，主要从 RS、GIS 和 GPS 的应用目标等方面描述应用目标的一致性；

第五节，主要从数据结构的兼容性、数据库技术支撑等几个方面描述技术集成的可行性。

§5.1 "3S"参数的地学特征

"3S"集成的目的是对现实世界或现实世界的自然现象通过计算机进行数字刻画、模拟和分析，本质是对地理空间对象的地学特征进行空间描述与表达，包括从现实世界到比特世界以及从比特世界到计算机世界的两个转换过程，这两个过程是通过对空间对象的定位、地学信息的空间获取以及空间分析等功能的综合集成来实现的。地学特征首先表现为空间对象的大范围，即对象分布的范围广，在空间上是三维的；其次，目标对象与周围环境紧密关联，因此空间对象之间的空间位置关联，即拓扑关系，是我们准确刻画地学现象的必要元素；再次，不同的空间对象具有不同的形态特征，如纹理、形状、大小等；最后，地理现象、事物等具有多尺度特征。地学特征的表达是通过计算机转换为地学信息来实现的，地学信息具有多维动态的特性，是由地学对象属性、时间和空间三种元素构成的信息元组成，可以通过下式来描述：

$$I_s = f_s(x,y,z,t,A) \tag{5-1}$$

式中，(x,y,z)表示空间位置信息，其中隐含着空间位置关联信息；t表示地理现象、事物发生的时间信息；A表示目标对象的属性信息；下标s表示具有属性A的目标对象在时间t时的空间尺度；f_s表示目标对象的地学信息之间的函数关系；I_s表示目标对象在空间尺度s下的地学信息。

从单独的空间对象出发，可以认为地学特征表现在三个方面，即：空间特征、光谱特征以及时间特征，我们可以利用光谱特征来识别地物类型、识别地表对象，利用相对位置、绝对位置以及空间对象的形状、大小和纹理等来描述空间特征，利用时间特征来记录地表空间对象的变化，这恰好对应了遥感信息的三个物理属性，即：空间分辨率、波谱分辨率和时间分辨率。

5.1.1 空间参数

根据空间分布的平面形态，把地面对象分为三类：面状、线状和点状。可以从四个方面来确定地物的空间分布特征：空间位置、大小(对于面状目标)、形状(对于面状或线状目标)、空间关系(对于集合体)。前三者是针对单个目标而言的，可以通过数据的形式来表示。面状目标的空间位置可由其界线的一组(x,y)坐标来确定，并可相应地求得其大小和形状参数；线状目标的空间位置可由线性形迹的一组(x,y)坐标来确定；点状目标的空间位置由其实际位置或中心位置的(x,y)坐标确定。

一定空间范围内的地面目标之间具有一定的空间分异规律，表现出一定的空间组合关系，如北京、西安等城市特有的四方形城墙包围的传统的古都式空间结构。另外，地面目标的空间分布特征、空间组合关系往往受地域分异规律的控制。如我国南方地形、构造较为复杂，造成其他环境要素组合如水系、植被和土壤等的复杂化，土地资源和土地利用类型差异较大。因而从北往南自然景观的分异越来越明显，类型增多，基本景观单元变小，形状复杂程度增加。再如，生活在高山上的植被具有十分明显的垂直分布特征，不同高程z处生长有不同的植被类型。这些空间分异规律、空间结构可以通过空间目标的描述参数(x,y,z)利用一定的数学关系间接获取。

获取地面目标信息的方式不同，空间参数的表达方式也不同。RS通过像元位置和像元值来表达，不同的空间像元对应地表不同的空间位置；GIS通过不同投影下的地理坐标来表达，而GPS除表达精确的地理坐标外，还表达高程信息。

1. RS的空间参数

卫星图像的几何性质主要包括遥感器构像的数学模型和图像的几何误差，研究卫星图像的几何性质是为了对图像进行正确的几何处理，以确定目标的形状、大小和空间位置等。传统的航天摄影测量学中卫星图像的数学模型是瞬时构像方程，对动态传感器还需要建立一些附加方程,这些模型只能表示摄影瞬间的几何关系,不能连续地表示所采集的数据,不能以连续无误的比例尺表示卫星同一轨道的不同图幅的地面轨迹,所得到的卫星图像几何畸变较大。在卫星图像的形成过程中,卫星的飞行、轨道的进动与地球的自转存在着相对运动,使得像点与相应的地面点的几何位置关系都与时间有关。

直观地讲,一幅卫星遥感影像记录了逐个像元的位置(r,c)以及像元值D,可以通过下式来描述:

$$I_R = f(r,c,D) \tag{5-2}$$

像元行列位置(r,c)中隐藏着地物的空间特征如形状、大小、纹理等,另外还包括地物间的空间位置配置关系。地物的影像形状大致分为线性体、面状体、扇状体、带状体和斑状体,地物的影像大小与影像的空间分辨率密切相关,地物间的空间位置配置关系即位置分布特征表现为一定的几何组合类型(如均一型、镶嵌型、穿插型、杂乱型),具有一定的布局规律。实际上,目前在遥感影像的判读过程中,像元位置(r,c)更多地被用来空间定位,对应于地面位置(x,y,z),应用频率最高的是影像的像元值D。

地物的空间特征如大小、形状等主要是通过光谱特征数据即像元值D的变化来体现的,如一定宽度的水泥公路和河流(图 5-1),借助于它与两边地物(如草、农田等)的像元值反差,极易识别,但对铁路而言,由于其像元值与周围的像元值差异较小,就较难识别,因此这种带状地物主要是借助于它们与周围地物的像元值的带状差异而凸显出来的。地物在影像上的大小特征与地物的背景有关,另外依赖于遥感图像的空间分辨率,即不同空间分辨率的遥感影像反映不同尺度的空间特征。

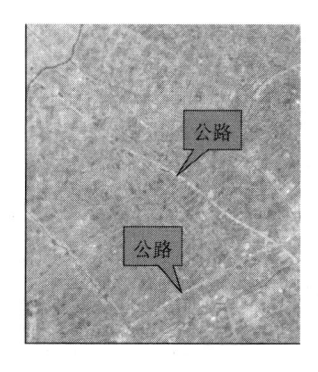

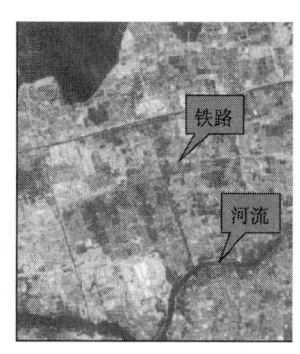

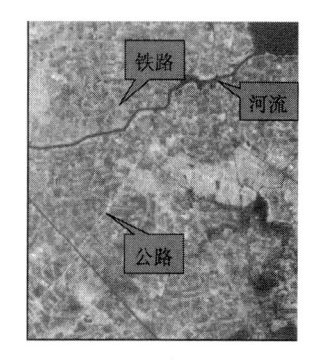

图 5-1 地物的空间特征——线状地物的表现

(苏州地区 2002 年 7 月 Landsat ETM 5、4、3 波段组合)

影像的纹理结构也是通过像元值的变化(主要是通过一定区域内像元值的变化频率)体现出来的,如农田、河流、城市(镇),对于一定空间分辨率的遥感图像(如TM,图 5-2)而言,可以根据它们纹理结构上的差异区分出来;有些地物,如草地和灌木依照影像的形状和色调不易区分,但草地影像呈细致丝绒状的纹理,而灌木林为点状纹理,比草地粗糙,易于区分。纹理是一个复杂的结构特性,能够作为地物的区域特征加以分割,可以使用自相关函数法、单位面积内边缘数以及灰度的空间相关性等方法对它进行描述和测量。

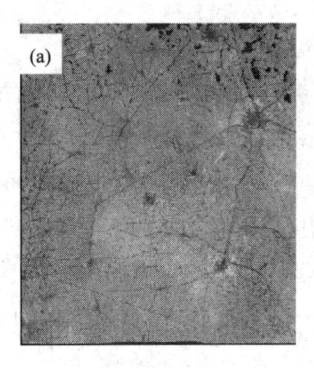

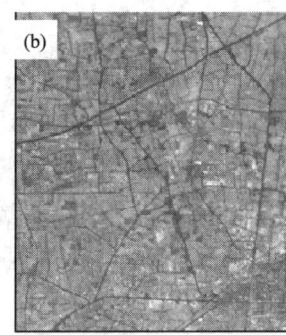

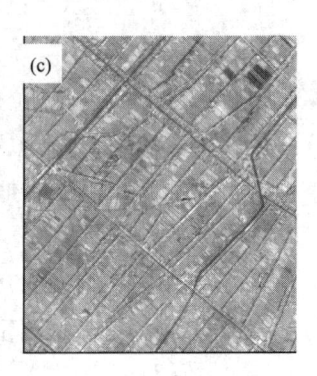

图 5-2 地物的空间特征——影像纹理
(a) 杭州地区 1999 年 7 月 Landsat ETM 5、4、3 波段组合
(b) 苏州地区 2003 年 11 月 Landsat ETM 5、4、3 波段与 SPOT4 全色波段融合
(c) 苏州地区 2001 年 5 月尖兵三号影像(3m 分辨率)

1) 自相关函数测量法

计算每点 (i,k) 的自相关函数,设运算窗口为 $(2W+1)\times(2W+1)$,则有:

$$R[(\varepsilon,\eta);(j,k)] = \frac{\sum_{m=j-W}^{j+W}\sum_{n=k-W}^{k+W}F(m,n)F(m-\varepsilon,n-\eta)}{\sum_{m=j-W}^{j+W}\sum_{n=k-W}^{k+W}[F(m,n)]^2} \tag{5-3}$$

如果自相关函数散布宽,表示像素之间的相关性强,一般对应于粗纹理;反之,表示像素之间的相关性弱,一般对应于细纹理结构。

2) 灰度的空间相关性——互发生率

设图像中任意两点 (k,l) 和 (m,n),它们之间的距离为 d,两点之间的连线与 x 轴夹角为 θ(θ 取四个方向,即 $0°,45°,90°,135°$)。$I(k,l)$ 为点 (k,l) 的灰度等于 i,$I(m,n)$ 为点 (m,n) 的灰度等于 j,则其互发生率 $p(i,j,d,\theta)$ 定义为:

$$p(i,j,d,\theta) = \#\{[(k,l),(m,n)] \in (L_r \times L_c) \times (L_r \times L_c)/d,\theta,$$
$$I(k,l) = i, I(m,n) = j\} \tag{5-4}$$

(5-4)式表示在图像域 $L_r \times L_c$ 范围内,两个相距为 d、方向为 θ 的像素点,其灰度分别为 i 和 j 的像素在图像中出现的概率。纹理细的图像,其互发生率比较均匀地散布,粗纹理的互发生率集中在对角线附近;对于有方向性的纹理图像(如地质断面图),随方向的不同,其分布有较大的变化。

3) 单位面积内的边缘数

一般情况下,粗纹理图像中单位面积内边缘数较少,细纹理图像中的边缘数较多,因此以像素为中心的一定大小区域内的边缘数可以作为纹理的特征。

影像的亮度值 D 只是影像的直观表象。高于绝对温度零度的物体,都具有发射与其自身状态相适应的电磁波的能力,发射能力的大小主要取决于发射率 ε 的高低,除黑体外,其他物体的 ε 在 $0\sim1$ 之间。根据基尔霍夫定律,任何物体的发射率 ε 等于同温度时的吸收率 α,对于不透明物体而言,有:

$$\alpha + \rho = 1 \tag{5-5}$$

式中,α 为吸收率,ρ 为反射率,于是有:

$$\varepsilon = \alpha = 1 - \rho \tag{5-6}$$

因此地物的发射光谱可以通过测定地物的反射光谱来实现。任何遥感影像都是地物电磁波谱特性的客观记录,通过反射光谱中区域反射光谱特征,可以准确地识别地物目标;从记录电磁波谱辐射能量的图像反推地物目标的属性类别及其时空分布是通过遥感图像获取空间参数的根本所在。影像的亮度值 D 可以描述为反射率随波长 λ 变化的函数,即:

$$D = \rho(\lambda) \tag{5-7}$$

于是有:

$$I_R = f(r,c,\lambda) = f(X,Y,Z,\lambda) \tag{5-8}$$

2. GIS 的空间参数

从认知的观点出发,空间可以分成两种基本类型,即大尺度空间和小尺度空间。大尺度空间是超过个体的定点感知能力,即不可以从一个固定点来完全感知的空间;小尺度空间则可以从一点感知。地理空间是大尺度空间,为了感知这一空间,需要借助地图、遥感影像等，或者亲临空间，此时人所感受或了解的空间就变为小空间；实际上，对大空间的认知是通过小空间的判断和理解进行的。因此大尺度空间必须分割成许多小尺度空间，对大尺度空间的认知可以通过计算小尺度空间着手，然后再通过一定的抽象和压缩，转变为可以通过计算机表示的数字符号等形式。GIS 就是通过小空间来感知大空间的一种非常好的手段和方法，是一种典型的空间参数表达媒介，连同其涉及的理论以及应用的目标和范围，共同形成了地理信息科学，其所表达和描述的就是大尺度的地理空间。GIS 表达和描述的信息 I_G 可以用下式表示：

$$I_G = f(X,Y,Z,A) \tag{5-9}$$

式中，(X,Y,Z) 表示地物目标的空间位置，A 表示地物目标的属性。其中空间位置是以恰当的空间投影方式为基础，在一定的系统（地理）坐标（小尺度空间）中实现的。因此(5-9)式可以进一步细化为：

$$I_G = f_p(X,Y,Z,A) \tag{5-10}$$

式中，p 表示空间投影。

3. GPS 的空间参数

GPS 定位属于无线电定位范畴，是星→地传输方式，即无线电信号穿透平流层、对流层。与通常无线电定位中的无线电信号在对流层中传播不同的是，星→地传输中无线电信号穿透对流层的路径长度要短，受对流层中气象因素的影响要小得多，且覆盖面要大得多，但二者的定位原理是相同的。最基本的方法是距离交会定位方法，最基本的数学模型是非常简单的交会定点模型。GPS 工作卫星位置 A 的坐标已知 (X_A,Y_A,Z_A)，那么卫星与置于待定点 P 的 GPS 接收机 (X_P,Y_P,Z_P) 间的距离 S_{PA} 可以用简单的解三角形数学公式算出：

$$S_{PA} = \sqrt{(X_P - X_A)^2 + (Y_P - Y_A)^2 + (Z_P - Z_A)^2}$$

S_{PA} 值中 X_P、Y_P、Z_P 是待定值，有 3 颗 GPS 卫星分别为 A 星、B 星、C 星时，那么其观测方程为：

$$\begin{aligned} S_{PA} &= \sqrt{(X_P - X_A)^2 + (Y_P - Y_A)^2 + (Z_P - Z_A)^2} \\ S_{PB} &= \sqrt{(X_P - X_B)^2 + (Y_P - Y_B)^2 + (Z_P - Z_B)^2} \\ S_{PC} &= \sqrt{(X_P - X_C)^2 + (Y_P - Y_C)^2 + (Z_P - Z_C)^2} \end{aligned} \tag{5-11}$$

从上式可知，只要 GPS 接收机接收到 3 颗 GPS 工作卫星的信号即可按照上式列出误差方程式求出接收机的位置 (X_P,Y_P,Z_P)。这与通常地面测量中采用的距离交会定点方法的基本原理没有区别。

GPS 定位精度会受到钟差、对流层延迟、电离层延迟等因素的影响,由于这些因素涉及时间参数,将在 5.1.2 中作较详细叙述。

已知 GPS 接收机的位置 (X_P,Y_P,Z_P),即得到了该点的地理位置与高程。

5.1.2 时间参数

在卫星图像的成像过程中,卫星的飞行、轨道的进动等都与地球的自转存在着相对运动,使得像点与地面点的几何位置关系都与时间 t 有关,是一个动态的成像过程,其中包括四种相对运动:扫描镜摆动、卫星沿轨道运动、地球自转和轨道进动。由于这些动态因素的影响,图像不可避免地会产生变形。

卫星遥感影像具有周期性、瞬时性的特点,遥感通常瞬时成像,可获得同一瞬间大片面积区域的景观实况。遥感获取影像数据的周期性可以用时间分辨率表现,即对同一地点进行遥感采样的时间间隔,或称为重访周期。GIS 数据有一定的更新周期,具有时间序列属性,因此不论是遥感影像的行列值 (r,c)(最终要转换为 (X,Y,Z)),还是 GIS 数据的空间坐标 (X,Y,Z),都是时间 t 的函数,因此时间 t 就成了动态测图的一个参数,所需要的投影由静态变为动态。在 GIS 时间序列数据的一个瞬间,投影是静态的,可以表示为:

$$x = \overline{f}_1(\phi,\lambda), \qquad y = \overline{f}_2(\phi,\lambda) \tag{5-12}$$

式中,ϕ,λ 表示经纬度。考虑时间序列、动态瞬时的情况下,(5-12)式转换为:

$$x = f_1(\phi,\lambda,t), \qquad y = f_2(\phi,\lambda,t) \tag{5-13}$$

如果以直角坐标的形式来表示,则(5-13)式变为:

$$x = f_1(X,Y,Z,t), \qquad y = f_2(X,Y,Z,t) \tag{5-14}$$

这是一种四维空间与二维平面之间的一一对应映射,函数 f_1、函数 f_2 取决于不同的投影限制条件。将(5-13)式反解,则可得到用 x,y,t 表达 ϕ,λ 的方程式:

$$\phi = \varphi_1(x,y,t), \qquad \lambda = \varphi_2(x,y,t) \tag{5-15}$$

GPS 记录地物的空间位置具有瞬时性。(5-11)式中 GPS 接收机至 GPS 工作卫星的距离 S_{PA}、S_{PB}、S_{PC} 一般采用无线电信号的传播速度与传播时间的乘积得到,即 $S = \Delta t \cdot V$,其中 Δt 为传播时间,V 为无线电信号传播速度(30 万 km/s),Δt 的获得靠 GPS 工作卫星上的时钟和 GPS 接收机上的时钟计时得到。从无线电信号传播速度可知,若距离误差要求 30cm,相当于 Δt 为 1ns(10^{-9}s)。若维持时钟在几个小时内具有 1ns 以上的准确度,那么时钟本身误差应在 10^{-13}s 的量级。一般将这种钟差作为待定值，通过最小二乘平差计算来求解。这样需要观测 4 颗 GPS 工作卫星，(5-11)式变为：

$$\begin{aligned}
S_{PA} &= \sqrt{(X_P - X_A)^2 + (Y_P - Y_A)^2 + (Z_P - Z_A)^2} \\
S_{PB} &= \sqrt{(X_P - X_B)^2 + (Y_P - Y_B)^2 + (Z_P - Z_B)^2} \\
S_{PC} &= \sqrt{(X_P - X_C)^2 + (Y_P - Y_C)^2 + (Z_P - Z_C)^2} \\
S_{PD} &= \sqrt{(X_P - X_D)^2 + (Y_P - Y_D)^2 + (Z_P - Z_D)^2}
\end{aligned} \quad (5\text{-}16)$$

在通过观测计算 GPS 接收机至 GPS 工作卫星的距离中，尚需要加入对流层延迟改正、电离层延迟改正。实际应用中，GPS 接收机至 GPS 工作卫星的距离 D_{PA}、D_{PB}、D_{PC}、D_{PD} 完整的观测方程式为：

$$\begin{aligned}
D_{PA} &= S_{PA} + V \cdot (T_A - T_P) - V \cdot t_A + d_{trop} + d_{ion} + d_{mp} + d_{meas} + d_{SA} + URE + U_P \\
D_{PB} &= S_{PB} + V \cdot (T_B - T_P) - V \cdot t_B + d_{trop} + d_{ion} + d_{mp} + d_{meas} + d_{SA} + URE + U_P \\
D_{PC} &= S_{PC} + V \cdot (T_C - T_P) - V \cdot t_C + d_{trop} + d_{ion} + d_{mp} + d_{meas} + d_{SA} + URE + U_P \\
D_{PD} &= S_{PD} + V \cdot (T_D' - T_P) - V \cdot t_D + d_{trop} + d_{ion} + d_{mp} + d_{meas} + d_{SA} + URE + U_P
\end{aligned}$$

$$(5\text{-}17)$$

(5-17)式是 GPS 接收机位置(X_A, Y_A, Z_A)的基本观测方程式，即 GPS 观测 4 颗以上 GPS 工作卫星就可以按最小二乘平差求得 GPS 接收机的位置，获得该点的地理位置和高程信息。

GPS 定位方法按照应用状况分为静态和动态两类。即 GPS 接收机是在高速运动平台上实施导航与定位（动态），还是处于固定位置进行定位测量静态。在高精度进行大地测量、工程测量、地球动力学测量时，观测点固定，可以利用较长时间的观测段重复测量方法，在一个固定点进行静态定位的 GPS 观测。这时候 GPS 观测的时间参数只与 Δt 有关。GPS 接收机设置在移动性平台（船舶、飞机、汽车等）上，用于对飞行平台实时导航，这时候待求点的地理坐标是一个随时间变化的量。

根据不同的观测量进行定位测量可分为伪距测量和载波相位测量。根据 GPS 工作卫星发射无线电信号到 GPS 接收机所需要的时间与信号传播速度的乘积，计算出 GPS 接收机至 GPS 工作卫星的距离，这种方法称为伪距离测量。这种方法测量得到的距离值中包含了误差项，尤其是钟差，因此这个距离不是 GPS 接收机与 GPS 工作卫星间的真实距离，故称为伪距离测量，伪距的精度不高。载波相位测量是将 L_1(19cm)和 L_2(24cm)载波作为测量信号，对其进行测量，测量的精度可达到毫米级甚至亚毫米级。载波信号是一种正弦波,载波相位测量仅测量其不足一周的小数部分。GPS 接收机对载波相位的观测值由三部分组成:① $t(i)$ 时刻载波相位的测量值 φ_i,是小于一周的小数;② 锁定时刻 $t(0)$ 至观测时刻 $t(i)$ 间,GPS 接收机对来自 GPS 工作卫星的载波信号进行拍频计数,得到累计的整周数 $N(i)$;③ $t(0)$ 时刻所测载波的整周数 $N(0)$,这是个未知数,又称整周模糊度。

任意时刻 $t(i)$ 的载波相位观测值应为:

$$\phi_i = \varphi_i + N(i) + N(0) \tag{5-18}$$

若知道了 $N(0)$ 即得到正确的相位置,知道波长则可得出相位距离值。

§5.2 时空表达与兼容性

5.2.1 时空理解与表达

空间和时间是物质存在的基本形式,空间、时间和运动着的物质不可分割。研究物质和运动,离不开对空间和时间的研究。空间表示的是事物的广延性、结构性和并存性。任何事物都有一定的体积、规模和一定的内部结构,同其他事物之间都有一定的位置上的并存关系。时间表示事物的持续性和顺序性。任何事物都有一个或长或短的持续过程,并有一定的发展顺序。

整个物质世界的空间和时间是无限的。科学技术的发展不断突破认识上的局限,不断证明着空间、时间的无限性。当然,空间、时间的无限性单靠具体科学的证明是不够的,还需要从哲学上运用辩证思维去加以把握。物质和运动是永恒存在的。它们既不能被创造,也不能被消灭,只能永无止境地由一种形态转化为另一种形态。这种永恒存在和永无休止的转化过程,就表现为空间、时间的无限性。

RS、GIS、GPS 以各自的方式理解、表达地理现象的时空特性。

遥感信息是多源的。它是由平台的高低、视场角的大小、波段的多少、时间频率的长短四方面的因素决定的。平台位置与视场角会影响传感器成像时地表地物的投影变形大小,波段数反映获取信息的丰富度,时间频率则表征数据更新周期的长短。

RS 主要以影像的方式记录成像瞬间成像区域的地表特征,这是一种视觉上比较直观的表达方式。单波段图像的亮度值反映地物在该点的反射率,某点的地理坐标可以通过影像的辐射校正以及几何纠正处理后获得,其他一些属性信息可以经过遥感影像的增强处理提取表达出来。光谱曲线是确定特定地物类型的比较可靠的依据,它反映同一地物的反射率随着入射波长变化的规律。

为了能够利用信息系统工具来描述现实世界,并解决其中的问题,必须对现实世界进行建模。对于 GIS 而言,其结果就是空间数据模型,空间数据模型被称为是整个 GIS 理论中最为核心的内容。空间数据模型可分为 3 种:场模型、对象模型(或称要素模型)和网络模型。沃博伊斯(Worboys)在空间场模型和对象模型的基础上,将其扩展为时空场模型和时空对象模型。普科特(Peuquet)提出了离散的观点和连续的观点,即时空场模型和时空对象模型,作为时空数据模型的理论框架基础。

GPS 测量可以同时获得相对精度较高的三维坐标,即大地经度 L、大地纬度 B 和大地高 H。L、B 可以经过严密的数学公式转换为高斯平面坐标 X、Y,大地正常高 h 也可以根据 $H=h+\zeta$(ζ 是高程异常)算出。

5.2.2 时空参数的一体化

时间和空间参数在描述空间对象的特征时一般是不可分割的。空间信息的可视性较强,通常情况下不会被忽视,而时间是不可触摸的,容易被忽略,但是时间信息却是不可缺少的。世界的任何发展变化过程都是时间的函数,缺少了时间信息,各种数据的使用价值将大大降低,基于全球资源环境开展的各种变化检测将无法进行。时间参数与空间参数共同作用,地理信息的表达才会更加完善。

RS 中,空间参数表达的信息包括地表植被分布与类型、地形地貌、地物分布、区域景观等。时间参数可以是成像日期,成像瞬间的确定实际上已经固定了成像时的大气状况、辐射状况以及当时的空间信息;时间参数也可以是成像的周期性,同一区域不同周期的遥感影像是进行大面积变化监测的重要数据源。

空间数据库、空间数据模型是 GIS 的特有之处。目前,许多学者已经开始研究能表达地理现象时间行为的时态 GIS。研究与空间对象相伴随的变化是理解时间的最好方式,于是,GIS 空间数据库向时空数据库转变,空间数据模型向时空数据模型转变。

根据对时空表达方式的不同,当前的时空数据模型可分为基于空间的时空数据模型、基于时间的时空数据模型、时空一体化数据模型以及时空专题复合集成数据模型 4 种类型。一般而言,快照模型存储历史数据相对简单,但时态分析能力差;基状修正模型对于矢量 GIS 很适合,易于在当前的 GIS 中实现,但时态分析能力较弱;时空复合模型包括了时态分析需要的拓扑信息,但难与当前的 GIS 结合;集成模型提供了可行的方案,但操作复杂、数据冗余等问题突出。由于时态 GIS 的复杂性和特殊性,基于时空数据模型的时空数据库实际运行在 GIS 应用系统的实例并不多。

GPS 定位、导航过程中时空参数一直相关出现,其一体化特征显而易见。

RS、GIS、GPS 的时空参数一体化还体现在三者之间。时间参数是联系三者数据的重要纽带,只有相近时间获得的数据进行集合才有现实意义。也可以根据三者空间信息间的互补性与协同性,使地学特征得到更完善的表达。

RS、GIS、GPS获取数据手段的不同带来参数的描述与表达方式的不尽相同,但它们的目标实质上是相同的。

通过传感器瞬时成像,将特定区域内现实空间的地物信息载入图像空间,进而进入计算机空间,进行信息处理并应用于相关领域。

GIS通过各种数据采集方法,将图形数据数字化,属性数据经过键盘输入存入计算机系统,用于时空分析,从而为决策提供依据。

GPS接收机瞬时接收无线电信号,获得接收机的地理位置与高程信息,这些数据经过差分处理、扫描脉冲时刻GPS天线同步位置解算、坐标基准变换、坐标投影变换、偏心矢量改正等一系列处理,转入计算机空间,为GIS提供时空分析需要的高精度定位信息和高程信息。

§5.3 技术方法的互补性

5.3.1 RS与GIS的互补

随着遥感空间分辨率、光谱分辨率以及时间分辨率的提高,遥感数据量将成倍增长,需要高速、高精度的数据处理系统予以支持,以充分发挥遥感快速、综合优势。GIS作为空间数据处理分析的工具,可用于提高RS空间数据的分析能力及信息识别精度,使遥感应用的深度和广度达到一个新的水平,而GIS又需要应用RS提供资料更新其数据库中的数据,于是,RS成为GIS重要的信息源。

1. RS与GIS在信息识别方面的互补性

RS的本质是运用地物的光谱反射原理通过卫星传感器和地面接收系统获取地面坐标、反射值、波段和时间之间的关系,从而得到所需地物的真实反映。但是,由于存在异物同谱与同物异谱现象,单纯依靠遥感数据获取地物信息存在许多不确定因素,因而需要某些与背景有关的辅助信息参与信息确定的过程。另一方面,能够对不同类型的信息进行分析、处理和加工的GIS系统已经应用到空间信息的各个方面,如城市、农业、制图、土地、环境等领域的信息都可以利用GIS系统来管理,因而这些具有明确意义的信息都可以作为确定地物类型的依据。即,GIS可以提供遥感图像处理所需要的一些辅助数据,也可以将实地调查所获得的非遥感数据与遥感数据结合,从而提高遥感图像处理和解译的精度。例如,在根据遥感图像解译某地区植被覆被情况时,参照本地区现存植被图,则可以大大减少解译工作量,提高解译精度。

2. RS 与 GIS 在信息更新方面的互补性

空间数据库是 GIS 最基本与最重要的组成部分，是 GIS 的核心与运行的基础，是 GIS 生存与发展的保障。空间数据库的诞生和发展是为了使用户能够方便灵活地查询出所需的地理空间数据，同时能够进行有关地理空间数据的插入、删除、更新、分析、查询等操作。目前，空间数据库正在努力克服传统数据库的局限性，与面向对象模型相结合，向更加适合管理复杂多变的地理信息的数据库方向发展。GIS 空间数据库的发展趋势主要有：

(1) 应用面向对象模型，建立具有更丰富语义表达能力并具有模拟和操纵复杂地理对象能力的空间数据库；

(2) 引入多媒体技术拓宽空间数据库的应用领域，现在广义的地理信息不仅包括图形、图像和属性信息，而且还包括音频、视频、动画等多媒体信息；

(3) 结合虚拟现实技术建立可视化空间数据库，这里地理空间数据被转换成一种虚拟环境，人们可以进入该数据环境中，寻找不同数据集之间的关系，感受数据所描述的环境；

(4) 应用分布式处理和 Client/Server 模式，使空间数据库具有 Internet/Intranet 连接能力，实现分布式事务处理、透明提取、跨平台应用、异构网互联、多协议自动转换等功能。

空间数据库的不断完善，必定能够更加高效地管理复杂多变的地理信息。然而，数据不是一成不变的。数据库只有及时更新才能满足分析决策的需求。遥感提供的短周期、高分辨率影像就可以作为 GIS 空间数据库的数据源。

目前，航空航天遥感传感器数据获取技术不仅趋向多平台、多传感器、多角度，其空间分辨率、光谱分辨率和时间分辨率也在不断提高，为短周期、高精度获取地理信息提供了保障。卫星遥感的空间分辨率从 IKONOS 的 1m 进一步提高到 QuickBird 的 0.62m，高光谱分辨率已达到 5～6nm，500～600 个波段。在轨的美国 EO-1 高光谱遥感卫星，具有 220 个波段，EOS AM-1(Terra) 和 EOS PM-1(Aqua) 卫星上的 MODIS 具有 36 个波段的中等分辨率成像光谱仪。时间分辨率的提高主要依赖于小卫星技术的发展，通过发射地球同步轨道卫星和合理分布的小卫星星座以及传感器的大角度倾斜，能够以 1～3d 的周期获得感兴趣地区的遥感影像。由于具有全天候、全天时的特点，加之利用 INSAR 和 D-INSAR，特别是双天线 INSAR 进行高精度三维地形及其变化测定的可能性，SAR 雷达卫星为全世界所普遍关注。例如，美国宇航局的长远计划是要发射一系列太阳同步和地球同步的长波 SAR，美国国防部则要发射一系列短波 SAR，实现干涉重访间隔为 8d、3d 和 1d，空间分辨率分别为

20m、5m 和 2m。我国在机载和星载 SAR 传感器及其应用研究方面正在形成体系。"十五"期间,我国将全方位地推进遥感数据获取的手段,形成自主的高分辨率资源卫星、雷达卫星、测图卫星和对环境与灾害进行实时监测的小卫星群。

当然,遥感获取的数据不可能直接作为 GIS 数据库的数据源,也不可能直接作为 GIS 数据分析查询的对象。遥感数据必须经过相应处理才能应用于 GIS 中。将遥感图像进行不同地学专题信息的提取,获取主题数据以更新 GIS 数据库中的地学专题图,或者利用遥感图像获取地面高程,更新 GIS 中的高程数据。

利用图像理解技术获取遥感影像不同专题信息的方法如下:由分析遥感影像解译过程和认知机制入手,实现遥感数字图像地学专题解译知识的表示,建立地学遥感图像解译知识库。在此基础上,采用模式识别方法对遥感数字图像进行预分类,在分类基础上,抽取数字图像形态和空间关系等特征,将原始数字图像与预分类图像叠合,抽取每个区域内部的纹理特征。然后,综合运用遥感图像光谱特征、形态与纹理特征以及空间关系等特征作为识别信息,运用模式识别与专家系统相结合的方法,指导遥感图形的特征匹配与地物识别,实现典型地区的遥感数字图像的地学专题信息的提取。最后,将这些获取的地学专题信息与 GIS 数据库中原来存储的专题信息比较,检查专题信息是否相同;若不相同,则可以将遥感数字图像中获取的专题信息作为数据源,实现地理数据库的更新。

从不同角度拍摄同一地区的航空照片和高分辨率卫星数字影像,对于重叠成像区,可以利用数字影像相关技术获取其地形高程信息。获取遥感图像高程信息的原理是:将空间部分重叠的两幅图像进行投影校正,并且精确配准位置(光学像片首先要数字化),测出每个像元的灰度值梯度,构造灰度值矩阵,通过对不同配置位置的交叉相关,根据两影像中地物光束或地物辐射电磁波信号的连续相对位移,算出相关系数,相关系数的最大值定义为两影像像元的灰度向量间夹角最小,在此基础上剔除粗差,建立地面高程模型,确定图像中每个点的高程。

我国科学工作者在上述研究中,提出并解决了沿核线法进行数字影像重采样和影像匹配的跨接理论与算法,实现了遥感数字影像从单点影像匹配发展到总体影像匹配,提出的影像匹配理论和算法解决了特征提取与高精度定位问题,提高了从遥感数字影像获取地面高程的精度。随着高分辨率遥感影像在民用领域的推广使用,利用高分辨率影像获取地面高程的成本将会降低,它将成为更新 GIS 数据库高程数据的一个重要数据来源。

3. RS 与 GIS 在信息分析方面的互补性

对于各种地理信息系统,遥感是其重要的外部信息源,是其数据更新的重要手段。尤其对于全球性的环境变化研究和地理动力学分析,更必须有卫星遥感所提供的覆盖全球的动态数据与地理信息系统的结合。而反过来,地理信息系统则可以提供遥感图像处理需要的一些辅助数据,以提高遥感图像的信息量和分辨率,同时,也可以为处理后的图像数据提供分析方法。

1) RS 的数据处理

遥感数据处理主要有物理和统计两种方法,这两种方法都要结合影像处理技术。由于统计法不需要在小区域内开展复杂的物理量测,因此统计法适用于大区域,而物理法适合于基础研究。图像解译对分析遥感资料很有帮助,在某些情况下甚至优于数值分析(例如到边远地区野外作业或在计算机设备缺乏的项目中)。

所有的遥感数据要先经过一定的预处理,即数据要校准、标准化、大气校准、几何校准和地址编码。处理方法可再划分为两类:物理的程序和统计的程序,两者的界限是人为规定的,很多应用程序是两者的结合。物理程序适于发展一些基本的原理以利于将来的应用,其研究重点是太阳辐射和地球表面间相互作用的模型研究。这些模型通过物理性质已知的地表物体的量测得到证实,然后用这些模型根据已知的(测得的)光谱特征去确定一个物体的未知特征。但是,这类模型输入只能在很小区域内确定物体的特征,因为在较大地区使用固定的仪器是不可能的。比如大气校准是通过气球探测数据实现的,对靠近探测地点的封闭区域和探测发生的时刻进行校准十分必要。特别是在人口稠密的地区,大气层时空变化很大,对于较大的区域和不在同一探测时间作的遥感记录,其校准值与实际情况偏离较大。

处理遥感数据的第二种方法即统计法,是遥感应用中最常用的技术。统计方法的本质是地球表面上的各种物体根据它们的类型反射、吸收和释放辐射能。物体的类型不是以一个反射值或放射值表示,而是以每一光谱段上特殊范围内的一组值为特征。每一测量值通过 N 维空间的一组矢量表达。量测轴与传感系统的光波段对应。根据其特定的反射值和放射值寻求演算法对每一个测量值进行分类是统计方法的目标,分类便是通过寻找决策规则(分类演算法)完成的。决策规则根据每个量测值的统计分布将特征空间细分为决策区(物体类型)。利用每一级的标准方差和协方差,每一量测值根据其特定光谱特征划分为一个物体类型。这些参数程序建立在每一类型的概率分布函数的基础上,用于函数的参数是由已知的训练数据组自动或手工算出并输入分类演算法中。训练数据通常根据地面真实情况与遥感数据获取,在野外作业期间收集特征性已知的地区样本。使用参数分类程序的第一步是特征提取或选取,允许删减多余的信息(如通过主成分分析)以及特征空间的转移。第二步是将所有的矢量分为一个特殊的物体类型,通过监督或非监督的分类技术完成,目前最常用的是以监督技术为基础的分类。

后处理程序是处理遥感数据的最后步骤。分类结果可滤去噪声,从栅格转向矢量,将数据输到 GIS 中以便分析处理。

2) GIS 的数据分析

查询、统计、计算功能是 GIS 以及其他自动化地理数据处理系统应具备的最基本的分析功能。空间分析则是 GIS 的核心功能,也是 GIS 与其他计算机系统的根本区别。

GIS 的空间分析可分为三个不同的层次。① 空间检索,包括从空间位置检索空间物体及其属性和从属性条件检索空间物体。"空间索引"是空间检索的关键技术,如何有效地从大型 GIS 数据库中检索出所需信息,将影响 GIS 的分析能力。而且,空间物体的图形表达也是空间检索的重要部分。② 空间拓扑叠加分析,空间拓扑叠加实现了输入特征属性的合并以及特征属性在空间上的连接。空间拓扑叠加本质是空间意义上的布尔运算。目前,空间拓扑叠加被许多人认为是 GIS 中独特的空间分析功能。有一点需要指出,矢量系统的空间拓扑叠加需要进行大量的几何运算,并在叠加过程中会产生许多小而无用的伪多边形(Silver Polygon),其属性组合不合理,伪多边形的产生是多边形矢量叠加的主要问题。③ 空间模拟分析,空间模拟分析刚刚起步,目前多数研究工作着重于如何将 GIS 与空间模拟分析相结合。其研究可分为三类:一类是 GIS 外部的空间模型分析,将 GIS 当做一个通用的空间数据库,而空间模型分析功能则借助于其他软件。第二类是 GIS 内部的空间模型分析,试图利用 GIS 软件来提供空间分析模块以及发展适用于问题解决模型的宏语言。这种方法一般基于空间分析的复杂性与多样性,易于理解和应用,但由于 GIS 软件提供的空间分析功能极为有限,这种紧密结合的空间模型分析方法在实际 GIS 的设计中较少使用。第三类是混合型的空间模型分析,其宗旨在于尽可能地利用 GIS 提供的功能,同时也充分发挥 GIS 使用者的能动性。目前,基于矢量数据的空间分析模型包括拓扑叠加(Overlay)模型、缓冲区分析(Buffer)模型、网络(Network)模型等,基于栅格数据的空间分析模型主要有数字地面模型(DTM)等。通过数字地面模型产生的有序数字集合,可以刻画地球表面事物与现象在空间分布的各种特性。

另外,对于地理属性数据,GIS 也提供了属性分析功能。属性分析功能的实现主要依赖于属性数据分析模型来实现。模型构建者应熟悉模型应用领域的实际背景,透彻地把握与理解问题的本质,并且具备解决问题的专业知识。常用的属性数据分析模型有:

(1) 统计系列模型:一类为地物分布统计分析模型,另一类为时间序列统计分析模型；

(2) 相关分析系列模型：经常采用的有典型相关分析、回归分析模型等，这类模型应用于求解地理要素之间数量关系的相关分析；

(3) 分类系列模型：包括模糊聚类、多级聚类、最大似然比分类与判别分析模型等；

(4) 评价系列模型：包括评价要素选择模型、因子权重分配模型、评价模型、分等定级模型等；

(5) 预测系列与动态模拟模型：包括回归预测模型、趋势分析模型与系统动力学等模拟模型；

(6) 规划系列模型：包括线性规划模型、非线性规划模型、动态规划模型、投入—产出模型等。

上述属性数据分析模型，在具体应用中，要根据不同区域、不同时间和具体情况来确定参数与系数，才能有针对性解决实际问题。

5.3.2 GPS与RS的互补

遥感通过非接触传感器获得所摄目标的影像，由影像提取各种几何信息和属性信息，前者亦常称为空间定位问题。

随着以GPS为标志的空间定位系统的发展，GPS实时、精确的定位功能克服了RS定位问题，GPS的快速定位为RS数据快速进入GIS系统提供了可能，保证了RS数据及地面同步监测数据获取的动态匹配。传统的遥感对地定位技术主要采用立体观测、二维空间变换等方式，采用地—空—地模式先求解出空间信息影像的位置和姿态或变换系数，再利用它们来求出地面目标点的位置，从而生成DEM和地学编码图像。但是，这种定位方式不但费时费力，而且当地面无控制点时更无法实现，从而影响数据实时进入系统。而GPS的快速定位为RS实时、快速进入GIS系统提供了可能，其基本原理是用GPS/GPS/INS(惯性导航系统)方法，将传感器的空间位置(X_s, Y_s, Z_s)和姿态参数(Φ, ω, k)同步记录下来，通过相应软件，快速产生直接地学编码。

此外，利用RS数据也可以实现GPS定位遥感信息查询。

GPS与RS的结合就是要实现无地面控制点(GCP)的情况下空对地的直接定位。李德仁等在20世纪80年代末就开始了GPS在RS中的定位研究。他们指出，在已成功用于生产的全自动化GPS空中三角测量的基础上，利用DGPS和INS惯性导航系统的组合，可形成航空/航天影像传感器的位置与姿态的自动测量和稳定装置(POS)，从而可实现定点摄影成像和无地面控制的高精度对地直接定位。在航空摄影条件下的精度可达到dm级，在卫星遥感的条件下，其精度可达到m级。该技术的推广应用,将改变目前摄影测量和遥感的作业流程,从而实现实时测图和实时数据库更新。若与高精度激光扫描仪集成,可实现实时三维测量(LIDAR),自动生成数字表面模型(DSM),并可推算出数字高程模型(DEM)。

随后,李树楷于20世纪90年代初创造性地提出了将激光测距和扫描成像仪在硬件上实现严格匹配,形成了扫描测距—成像组合遥感器,再和GPS、INS进行集成,构成三维遥感影像制图系统。

随着GPS进入到完全运作阶段(FOC)以及高重复频率激光测距技术的应用,将GPS、INS和激光测距技术进行集成得到机载扫描激光地形系统已成为国内外遥感界研究的热点。尤红建在适用于机载三维遥感的动态GPS定位技术的研究中,认为三维遥感直接对地定位采用了GPS定位技术、姿态测量系统和扫描激光测距技术来直接对同步获取的遥感数据进行三维定位,能够实时(准实时)地得到地面点的三维位置和遥感信息,具有快速实时(准实时)且无需地面控制,是遥感对地定位的重大突破。在他随后的相关研究中,对中国自行研制、具有独创性的机载三维遥感影像制图系统中的动态GPS定位技术特点和要求进行了分析,认为机载三维遥感对GPS定位的特点要求主要表现在:① 高精度差分GPS定位;② GPS数据和遥感数据的同步联系;③ 适应机载动态分行作业的要求。同时,还具体论述了应用于三维遥感的GPS定位数据的处理和算法流程。

美国NASA在1994年和1997年两次将航天激光测高仪(SLA)安装在航天飞机上,试图建立基于SLA的全球控制点数据库,激光点大小为100m,间隔为750m,每秒10个脉冲;随后又提出了地学激光测高系统(GLAS)计划,已于2002年12月19日将该卫星ICESat发射上天。该卫星装有激光测距系统、GPS接收机和恒星跟踪姿态测定系统。GLAS发射近红外光(1 064nm)和可见绿光(532nm)的短脉冲(4ns)。激光脉冲频率为40次/s,激光点大小实地为70m,间隔为170m,其高程精度要明显高于SRTM,可望达到m级。他们的下一步计划是要在2015年之前使星载LIDAR的激光测高精度达到dm和cm级。

法国利用设在全球的54个站点向卫星发射信号,通过测定多普勒频移,以精确解求卫星的空间坐标,具有极高的精度。测定距地球1 300km的Topex/Poseidon卫星的高度,精度达到±3cm。用来测定SPOT4卫星的轨道,3个坐标方向达到±5m精度,对于SPOT5和Envisat,可望达到±1m精度。若忽略SPOT5传感器的角元素,直接进行无地面控制的正射像片制作,精度可达到±15m。

5.3.3 GIS与GPS的互补

GPS是一种可供全球享用的空间信息资源。陆地、海洋和空间的广大用户只要持有一种能够接收、跟踪和测量 GPS 信号的接收机就可以进行全球性、全天候和高精度的导航和测量。利用 GPS 可以直接获取地理信息。GPS 可为 GIS 及时采集、更新或修正空间定位数据，为 GIS 从静态管理扩展到动态实时监测提供了有力的技术支持。

1. 在数据采集中的技术互补

数据是 GIS 的血液，数据采集是实现 GIS 决策功能的基础。目前，成本高、更新慢、精度低是 GIS 数据采集中遇到的重要难题。数据采集花费大，据统计，GIS 中数据采集的费用约占总项目的 80%，如此高耗费也就决定了数据更新的滞后性。同时，尽可能减小数据的误差也是广大 GIS 工作者一直努力的目标。

数据采集的方式有很多，包括地图数字化、遥感、航空摄影测量以及基于 GPS 的 GIS 野外数据采集。高精度 GPS 定位技术的出现，大大简化了空间数据的获取，并提高了空间数据的精度。用户只要手持高精度 GPS，就可以进行导航与数据采集。GPS 用于 GIS 数据采集，可以使数据采集更为精确、快速、可靠。与其他 GIS 数据采集手段相比，GPS 采集 GIS 数据有独特优势：

（1）GPS 提供高精度的空间信息，采用先进的 GPS 接收机技术并利用差分 GPS 能在一两分钟内提供分米级精度的定位；

（2）GPS 与计算机(电子手簿)结合能在定位的同时采集详细的属性数据，实现空间数据与属性数据同时获取，提高 GIS 数据的完整性和准确性，这一点是 GPS 与 GIS 集成的重要切入点；

（3）GPS 用于 GIS 的数据采集，提高了 GIS 数据的数字化程度，速度更快，成本更低；

（4）GPS 采集 GIS 数据也能够缩短局部 GIS 系统的更新周期，更新更加灵活、方便、快速。

GPS 用于 GIS 采集的流程可以分为以下几个步骤：

（1）在内业编辑数据词典，然后传输到电子手簿中供外业数据采集使用；

（2）建立基准站(在已知点上)；

（3）利用 GPS 流动站设备采集 GIS 数据；

（4）将外业数据传输到计算机进行编辑和处理；

（5）将处理后的数据传输到 GIS/CAD 系统。

目前，GPS 用于 GIS 采集的其中一种产物就是车载 GPS 道路信息采集系统。

2. 基于 GIS 的 GPS 定位信息查询

通过 GIS 系统，可使 GPS 的定位信息在电子地图上获得实时、准确而又形象的反映及漫游查询。通常 GPS 接收机所接收的信号无法输入底图，若从 GPS 接收机上获取定位信息后，再回到地形图或专题图上查找，核实周围地理属性，该工作十分繁琐，而且花费时间长，在技术手段上也是不合理的。如果把 GPS 接收机同电子地图相配合，利用实时差分定位技术，加上相应的通信手段组成各种电子导航和监控系统，可广泛应用于交通、公安侦破、车船自动驾驶等方面。

§5.4 应用目标的一致性

5.4.1 RS 的应用目标

遥感是从事全球变化研究以及区域资源环境调查及动态监测的无可替代的宏观观测技术手段，是建设"数字地球"的重要信息源。

全球变化研究涉及的学科和领域众多，所需的数据量巨大，种类也繁多。随着遥感技术的发展，遥感数据的种类更加繁多，而且提供数据的质量也日趋改观。目前，遥感技术所能提供的数据种类有：大气的垂直温度剖面，降水量及频度，大气与同温层臭氧含量，云覆盖率，海面温度，雪线，海冰线及海冰厚度，植被指数，反射率，风暴位置，太阳能入射量，太阳能通量及光谱，地球辐射量，海洋叶绿体含量，痕量气体，海洋表面风，浪高及方向，洋流，同温层及中间层的化学构成，大地热容量、地面温度，同温层与上层对流层的化学构成，地面风速及方向，同温层微粒与臭氧，土地利用状况，海洋泥沙含量，浅海地形，陆地冰的范围与厚度，土壤类型及变化，火山爆发与火山灰分布，土壤湿度及变化，海岸滩涂及变化，大地径流量，森林及草场火灾，积雪范围与厚度等。由此可见，遥感技术已渗入到全球变化研究的很多领域。

土地覆盖及其变化是全球变化研究计划中的重要研究内容，而区域和全球土地覆盖的监测正是遥感技术发挥重要作用的地方，是其他方法无法替代的，也是遥感技术在全球变化研究中应用最成熟的一项技术。为监测全球和大陆尺度上的植被状况，自 20 世纪 80 年代开始筹划利用 NOAA/AVHRR 的 1km 分辨率遥感数据建立全球陆地应用数据集，之后该项工作并入 IGBP 计划之中而成为 IGBP2D IS 的一部分。全球 1km AVHRR 陆地数据集的最主要应用就是产生标准化差植被指数（NDVI），通过 NDVI 值生成全球陆地覆盖图（分类图）并用于监测季节性植被状况与变化。利用 NDVI 分类图，还可以研究冰川进退和沙漠的变化等。另外，Landsat

导航计划获得了70年代早期到现在的世界热带森林的1 000幅Landsat MSS和TM图像,分析这些图像就可确定20世纪70年代末、80年代中和90年代三个时期的毁林程度。随着微波遥感技术的发展,利用微波遥感数据监测植被的工作也已开展。乔恩德赫瑞(Chondhury)等的研究表明,37GHz的极化亮温差$\$T(=T37V-T37H)$可以作为植被变化的指示因子,并尝试利用$\$T$对全球的植被覆盖进行制图研究。

此外,遥感应用领域还集中在以下几个方面:
(1) 重大自然灾害监测与评价;
(2) 主要农作物遥感估产与长势监测;
(3) 再生资源以及生态环境遥感动态调查与监测;
(4) 城市与区域规划与管理。

所有这些应用聚焦点就在于如何实现动态监测,这也是遥感应用的重要目标。"动态监测"就是按一定周期进行重复监测,可称为"时效性";在一定"时效性"要求内实现全球或区域范围监测的能力可称为"广域性";监测各种专业要素需要相应的尺度,其结果有相应的精度,可称为"准确性";完成专题要素的变化模型需要几个周期以上的连续监测数据,可称为"连续性"。适应这四项条件的遥感"动态监测"工程是一项高度集成化、一体化的集成体系。这是一个艰难的发展过程,但终将会成为遥感对地观测技术的重要发展方向。

5.4.2 GIS的应用目标

20世纪六七十年代,随着资源开发与利用、环境保护等问题的日益突出,人类社会迫切需要一种能够有效分析、处理空间信息的技术、方法和系统。与此同时,计算机软硬件技术也得到了飞速的发展,与此相关的计算机图形和数据库技术也开始走向成熟。这为GIS理论和技术的创立提供了动力和技术支持。虽然计算机制图、数据库管理、计算机辅助设计、管理信息系统、遥感、应用数学和计量地理学等技术能够满足处理空间信息的部分需求(如绘图),但无法全面地完成对地理空间信息的有效处理。在此情况下,GIS理论和技术方法应运产生,并随着信息技术的发展和其理论技术方法的进步渗透到人类生活的许多方面。目前,GIS在以下方面得到了普遍应用:

(1) 专题地图制图:如地形测量、人口、社会经济指标统计图等;
(2) 矿产资源评价:应用于地质制图、工程地质、地质灾害、品位估算与预测等;
(3) 环境评价与监测:环境影响评价、灌溉适宜性评价、污染评价等;
(4) 土地、水资源调查与管理:土地管理、道路设计、文物保护、水质评价等;

(5) 管网、交通模拟模型:煤气管道、污水管道、输电线路、铁路、公路的网络模型研究;

(6) 导航系统:空中管制、海图制作等;

(7) 城市规划:居民点、商业网点、道路的设计,各种管网工程设计与管理,各种城市景观的规划与设计;

(8) 数字城市,等等。

无论用于哪些方面,GIS 最终都是作为对地观测技术的信息加工与输出基地,并作为网络总的资源、环境等基础国情信息的来源。GIS 更重要的功能是提高动态分析决策能力,成为服务于政府宏观决策的重要工具之一。

5.4.3 GPS 的应用目标

GPS 最初设计用于导航、收集情报等军事目的。但是随着其民用市场的开放,这一高新技术正在逐步被扩展到广阔的应用领域。用 GPS 信号可以进行海、陆、空、地的导航,导弹制导,大地测量的精密定位,时间传递和速度测量等。其应用前景表现在以下几个方面:

(1) 在测绘领域,GPS 定位技术已经用于建立高精度的大地测量控制网,测定地区动态参数;建立陆地及海洋大地测量基准,进行高精度海陆联测以及海洋测绘。

(2) 监测地球板块运动状态和地壳形变。

(3) 在工程测量方面,已经成为建立城市与工程控制网的主要手段;在精密工程的变形监测方面,它也发挥着极其重要的作用。

(4) GPS 定位技术也用于测定航空航天摄影瞬间相机的位置,可在无地面控制或仅有少量地面控制点的情况下进行航测快速成图,引起了 GIS 及全球环境遥感监测的技术革命。

(5) 日常生活是一个难以用数字预测的广阔领域,手表式的 GPS 接收机将成为旅游者的忠实导游。

综上所述,无论是 RS 的动态监测、GIS 的高动态分析决策,还是 GPS 实时定位,其研究对象都是与地学相关的地理空间数据,通过实时获取、分析地理空间数据,研究它们的变化并进行动态决策,来实现对区域或者全球范围内资源、环境的动态监测。

§5.5 技术集成的可行性

RS、GIS、GPS 三种技术在各自独立发展的基础上逐步走向集成化是当代科学技术向着多学科综合化发展的一种必然趋势,也是出于各自的技术特点而需要在功能上紧密协作的结果。而三者数据结构的兼容性、强大的数据库支撑、强大的系统支撑以及更加完善高效的分析方法又使"3S"的软件集成成为可能。

5.5.1 数据结构的兼容

RS提供的数据源经过校正后是栅格结构的正射影像图;目前,存在的GIS数据结构主要有栅—矢转换混合型数据模型、具有空间栅格索引的矢量存储结构、空间数据的栅格存储结构、面向对象的时空数据模型、基于扩展关系模型的整体空间数据管理模型、基于特征的GIS模型等;GPS提供地理位置坐标的同时,也提供用于生成DEM的高程数据。为了实现RS、GIS、GPS一体化数据更新,数据结构应当满足以下四方面的要求:

(1) 支持RS与GIS的整体集成。GIS的数据结构既可以支持GIS的功能,也能支持直接对GIS数据进行图像处理,避免GIS数据与图像数据之间的转换,最终达到图像处理模块与GIS模块合二为一。

(2) 解决遥感图像分类精度与GIS数据精度不匹配的问题。由于遥感图像分辨率的限制,从遥感图像中所能识别地物的最小粒度往往与GIS中的数据不一致,而且不同遥感数据源的分辨率也不一致,因此以遥感数据更新GIS可能造成GIS中数据的混乱、冲突。要解决这一问题,GIS的数据结构应支持各种数据在不同分辨率上分层融合。

(3) GIS的数据结构应有利于知识的提取与组织利用。地理目标具有丰富的属性特征,目标之间有很强的空间相关性,目标受地理环境的影响很大。GIS的数据结构应当能够表达复杂对象,有一定的空间表达能力、语义表达能力,有利于数据间以"联想"的方式传递信息。

(4) 为了设计GIS中的点、线、面状地物的具体数据结构,规定如下:A. 地面上的点状地物是地球表面上的点,它仅有空间位置,没有形状和面积,在计算机内部仅有一个位置数据;B. 地面上的线状地物是地球表面的空间曲线,它有形状但没有面积,它在平面上的投影是一条连续不间断的直线或曲线,在计算机内部需要用一组元子填满整个路径;C. 地面上的面状地物是地球表面的空间曲面,并具有形状和面积,它在平面上的投影是由边界包围的紧致空间和一组填满路径的元子表达的边界组成。

陆守一等设计了一种以栅格为基础的数据结构,为了提高用点线的栅格表达精度,作者提出了细分格网方法。线性四叉树编码、多级格网方法和对地物的规定为矢量与栅格一体化的数据结构奠定了基础。在一体化数据结构中,所有几何位置数据采用线性四叉树地址码为基础数据格式,保证了各种几何目标的直接对应;采用细分格网方法使不存储原始采集的矢量数据成为可能,用转换后的数据格式亦能保持较好的精度;对地物的规定是我们设计点、线、面数据结构的基本依据。

1. 点状地物和结点的数据结构

只要将点的坐标转化为 Morton 地址码 M0 和 M1,而不管整个构形是否为四叉树。这种结构简单灵活,不仅便于点的插入和删除操作,而且能处理一个栅格内包含多个点状目标的情况。所有的点状地物以及弧段之间的结点用一个文件表示,其结构如下表所示。

表 5-1　点状地物和结点的数据结构

点标识号	M0	M1	高程 Z
...	...	...	...
10025	43	4082	432
10026	105	7725	463

2. 线状地物的数据结构

表 5-2　弧段的数据结构

弧标识号	起结点号	起结点号	中间点串(M0,M1,MZ)
...	...	...	...
20078	10025	10026	58,7749,435,92,4377,439...
20079	10026	10032	90,432,502,112,4412,496...
...	...	...	...

表 5-3　线状地物的数据结构

线标识号	弧标识号串
...	...
30031	20078,20079
30032	20092,20098,20099

3. 面状地物的数据结构

表 5-4 面状地物的数据结构

面标识号	弧标识号串	面块头指针
40001(A)	20001,20002,20003	0
40002(B)	20002,20004	16
40003	20004	64

表 5-5 2DRE 线性表

基本格网 M0	码循环指针
0	32
16	52
32	56
52	61
56	62
61	B
62	A
…	…

4. 复杂地物的数据结构

表 5-6 复杂地物的数据结构表

复杂地物标识号	简单地物标识号串
…	…
50008	10025,30008,30025
50009	30006,30007,40032

5.5.2 数据库技术的支撑

空间数据库管理系统是 GIS 的核心，每一次空间数据库管理系统的技术变革都带来 GIS 软件技术的革命。目前，围绕空间数据的管理方法，已经出现了文件—关系数据库混合型、全关系型、对象—关系数据库型和面向对象数据库等不同的管理模式。其中，面向对象模型最适于空间数据的表达和管理，它支持变长记录，支持对象嵌套、信息集成、聚集等机制，而且允许用户根据需要，定义出合适的数据结构和一组操作。目前，已经推出了若干个面向对象数据库管理系统，如 O2 等，也出现了一些基于面向对象的数据库管理系统的地理信息系统,如 GDE 等。但由于面向对象数据库管理系统还不够成熟,价格又昂贵,目前在 GIS 领域还不太通用。相反,基于对象—关系的空间数据库管理系统则可能成为 GIS 空间数据管理的主流。

以上所述主要是针对矢量空间数据的管理而采取的方案。当前除图形矢量数据以外,还存在大量影像数据和 DEM 数据,如何将矢量数据、影像数据、DEM 数据和属性数据进行统一管理,实现三库一体化,已成为空间数据库的一个重要研究方向。一种实现方案是采用面向对象矢栅一体化空间数据模型。

面向对象的矢栅一体化数据模型是面向对象技术与空间数据库技术相结合的产物。在面向对象数据模型中,其核心是对象(Object),对象是客观世界中的实体在问题空间中的抽象。空间对象是地面物体或者说地理现象的抽象。空间对象有两个明显的特征:一个是几何特征,它有大小、形态和位置;另一个是物理特征,即地物要素的属性特征,表明它是道路,还是河流或房屋。就物理特征来说,一般将空间对象进行编码,国家亦有空间要素的分类编码标准。从几何特征而言,空间对象在二维 GIS 中可以抽象为零维对象、一维对象和二维对象。

实际上,我们将零维对象均抽象为点对象,一维对象称为线对象,二维对象抽象为面对象。为了直观地表达空间对象及周围环境的状态和性质,一般需要注记,亦可称为注记对象。

图 5-3 所示为 GeoStar 中面向对象集成化的数据模型。在这一数据模型中,有 4 类空间实体对象:点对象、线对象、面对象、注记对象。它们可以看成是所有空间地物的超类。每个对象又根据其物理(属性)特征划分成地物类型,一个或多个地物类组成一个地物层。地物层是逻辑上的,一个地物类可能跨越几个地物层,这样就大大方便了数据处理。例如,一条通航的河流可以在水系层,也可以在交通层,它不像在 Coverage 模型中那样,需要从一个层拷贝到另一个层进行处理。

在地物层之上是工作区,一个工作区是一个工作范围,它可以包含该范围内的所有地物层,也可以是几个地物层。多个工作区可以相互叠加在一起。在横向,若干个工作区组成一个工程,工程是所研究区域或一项 GIS 工程所涉及的范围,如一个城市、一个省,也可能是一个国家。一个工程是一个空间数据库。

为了将影像和 DEM 与矢量化的空间对象集成在一起管理,定义影像和格网 DEM 作为两个层。这两个层的操作和管理与地物层相似,但其存储方式不同。影像层和 DEM 层可以置于工作区中,也可以置于工程中。当置于工作区时,它们可以是单幅图的影像或 DEM。但是在工程中,它们需预先建立影像数据库和 DEM 数据库,此时做到矢量数据库、影像数据库和 DEM 数据库的集成化管理。

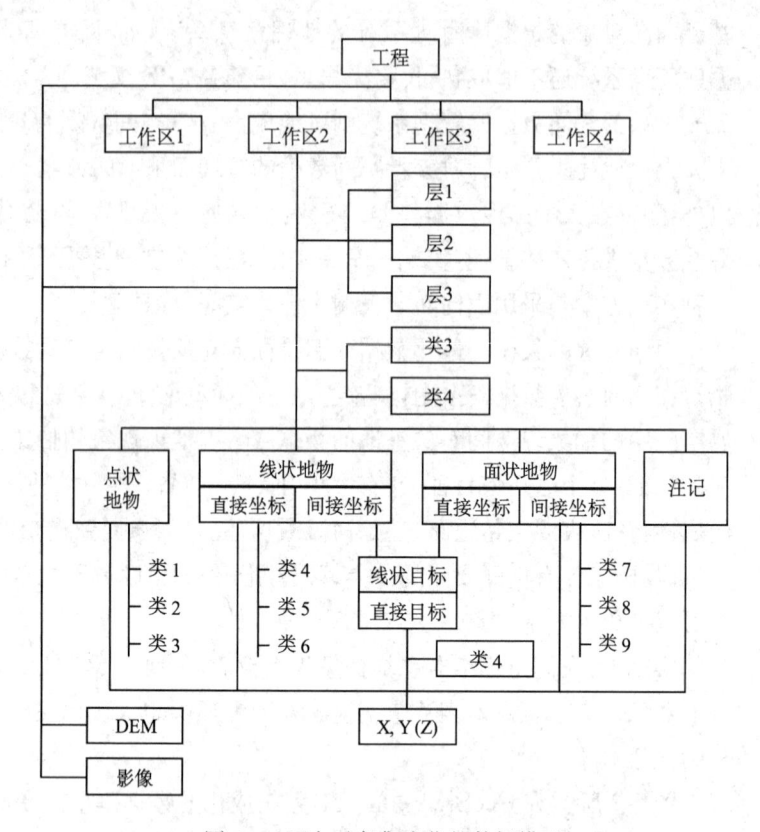

图 5-3 面向对象集成化的数据模型

影像、矢量、DEM 集成化空间数据库在管理时仍然划分为 3 个子库，如图 5-4 所示。3 个数据库可以分别建库，亦即采用三种类型数据库管理系统。在建立了各种类型的数据库之后，可以分别进行空间数据的查询、分析与制图。另外，为了与其他两种类型的数据集成管理，可各自提供一套动态链接库函数，使之能在矢量数据库管理系统中调用影像数据库和 DEM 数据库。同样在 DEM 数据库管理模块中也可以通过动态链接库调用矢量数据库和影像数据库，进行深层次、多数据源的空间查询、分析与制图。

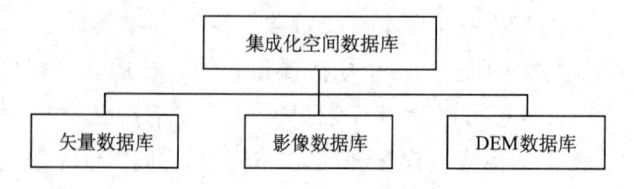

图 5-4 集成化空间数据库系统

矢量数据管理直接采用面向对象技术。为此,应开发一个面向对象空间数据管理的引擎,负责空间对象的操作与管理,如图 5-5 所示。

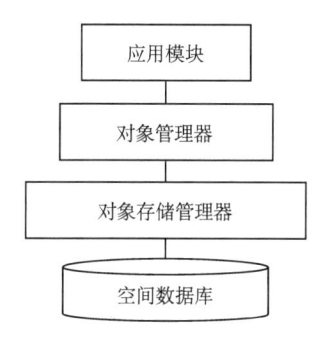

图 5-5　面向对象空间数据管理

空间对象管理主要由对象存储管理器和对象管理器组成。对象存储管理器主要负责对空间各类对象存取,建立空间索引,实现对持久对象的存储以及记录空间操作的事物日志,并且在必要时对空间对象进行恢复。对象管理器主要负责空间对象的生成、分配对象和工作区的唯一标识、实现对空间对象的调度、完成各种基本的空间查询、维护空间对象的一致性、实现在网络环境下的多用户控制以及实现对地物类、层、工作区、工程等的管理。

影像数据库管理的核心是将影像分块和建立影像金字塔。由于一幅影像数据量太大,难以满足实时调度的要求,所以需将分幅的影像进一步分块存放,如将 512×512 作为一个子块。通过索引记录块的指针,使得在影像漫游时,根据空间位置索引到指针,直接指向并调用数据块。另外,当比例尺缩小时,需要看到更抽象的影像,如果直接从底层调用数据后再抽取,速度太慢。所以需要建立影像金字塔,根据不同的显示比例,调用不同金字塔层次上的数据。影像数据库的数据结构如图 5-6 所示。

DEM 建库的目的就是要将所有相关的数据有效地组织起来,并根据其地理分布建立统一的空间索引,进而可以快速调度数据库中任意范围的数据,达到对整个地形的无缝漫游。同样,采用金字塔数据结构,根据显示范围的大小可以灵活方便地自动调入不同层次的数据。从而,既可以一览全貌,也可以看到局部的微小细节。

通过"工程—工作区—行列"结构,便可唯一地确定 DEM 数据库范围内任意空间位置的高程。为了提高对整体数据的浏览效率,DEM 数据库采用金字塔层次结构和根据显示范围的大小来自动调入不同层次数据的机制。

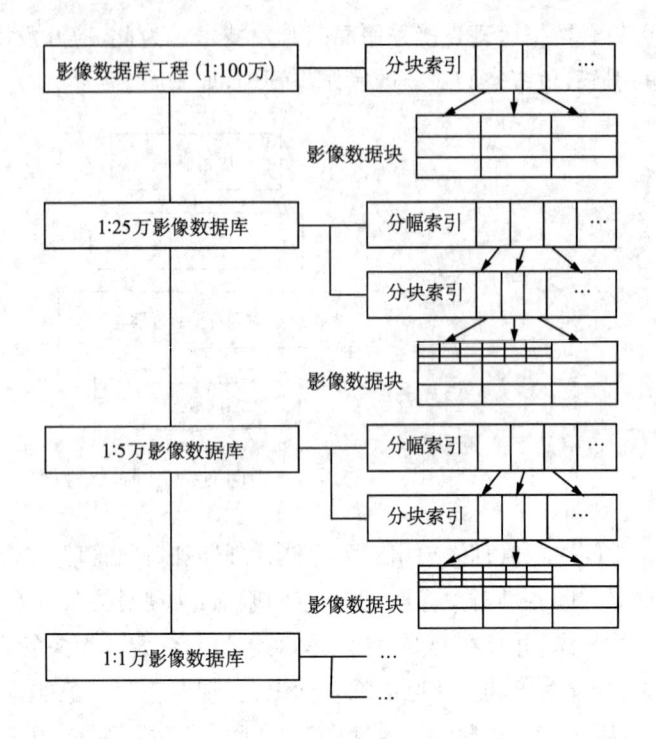

图 5-6　多级比例影像数据库数据结构

参 考 文 献

[1] Choudhury B J, Tucker C J. Monitoring Global Vegetation Using Nimbus-7 37 GHz Data: Some Empirical Relations. *Int. J. Remote Sensing*, 1987, 8(7): 1085-1090.

[2] Loveland T R, Belward A S. The IGBP-DIS Global 1km Land Cover Data Set, DISCover: First Results. *Int. J. Remote Sensing*, 1997, 18(15): 3289-3295.

[3] Peuquet D J. Making Space for Time: Issues in Space -Time Data Representation. *GeoInformatica*, 2001, 5(1): 11-32.

[4] Worboys M F. *GIS: A Computing Perspective*. London: Taylor & Francis Inc., 1995.

[5] 冯筠等. 遥感技术在全球变化研究中的应用. 遥感技术与应用, 16(4): 239.

[6] 龚健雅. 空间数据库管理系统的概念与发展趋势. 测绘科学, 26(3): 5-8.

[7] 龚健雅. 地理信息系统基础. 北京: 科学出版社, 2000.

[8] 郭达志. 地理信息系统原理与应用. 徐州: 中国矿业大学出版社, 2002.

[9] 韩涛等. 时态地理信息系统研究进展和问题. 干旱气象, 2004, 22(3): 79-80.

[10] 何庆成. RS 和 GIS 技术集成及其应用. 水文地质工程地质, 2000, 27(2): 44-46.

[11] 黄杏元. 地理信息系统概论. 北京: 高等教育出版社, 2001.

[12] 黄照强. "3S"的集成与一体化数据结构分析. 地质与勘探, 37(5): 53-55.

[13] 江斌,黄波,陆锋.GIS环境下的空间分析和地学视觉化.北京:高等教育出版社,2002.
[14] 李德仁.论21世纪遥感与GIS的发展.武汉大学学报(信息科学版),28(2):127-128.
[15] 李德仁,关泽群.空间信息系统的集成与实现.武汉:武汉大学出版社,2000:93-94.
[16] 李树楷等.GPS在遥感信息对地定位应用中的试验研究.环境遥感,1992,7(2):153-160.
[17] 李树楷.机载激光遥感影像制图系统.北京:科学出版社,1998.
[18] 李树楷等.遥感时空信息集成技术及其应用.北京:科学出版社,2003.
[19] 李天文.GPS原理及应用.北京:科学出版社,2003.
[20] 李小文.全球变化研究中的遥感技术.地球科学进展,1988,(1):28-35.
[21] 陆守一,唐小明,王国胜.地理信息系统实用教程.北京:中国林业出版社,1998.
[22] 马荣华.地理空间认知与GIS空间数据组织研究.南京大学博士学位论文,2002.
[23] 马荣华,戴锦芳.GIS的分层与特征的数据组织模式.地球信息科学,2003,5(3):42-46.
[24] 马荣华,黄杏元,蒲英霞.数字地球时代"3S"集成的发展.地理科学进展,2001,20(1):89-96.
[25] 梅安新等.遥感导论.北京:高等教育出版社,2001.
[26] 任留成.空间投影理论及其在遥感技术中的应用.北京:科学出版社,2003.
[27] 孙成权,张志强,李明等.国际全球变化研究核心计划(三).北京:气象出版社,1996.
[28] 王英杰,袁勘省,余卓渊.多维动态地学信息可视化.北京:科学出版社,2003.
[29] 邬伦,刘瑜,张晶等.地理信息系统原理、方法和应用.北京:科学出版社,2001.
[30] 杨春贵.马克思主义哲学教程(修订本).北京:中共中央党校出版社,1997.
[31] 尤红建,李树楷.适用于机载三维遥感的动态GPS定位技术及其数据处理.遥感学报,2000,4(1):22-26.
[32] 尤红建,马景芝等.基于GPS、姿态和激光测距的三维遥感直接对地定位.遥感学报,1998,2(1):63-66.
[33] 岳彩荣."3S"技术及其在林业上的应用与展望.林业资源管理,1999,(3):70-75.
[34] 赵文斌等."3S"技术集成及其应用研究进展.山东农业大学学报(自然科学版),2001,32(2):234-238.
[35] 赵英时等.遥感应用分析原理与方法.北京:科学出版社,2003.
[36] 周成虎,骆剑承,杨晓梅等.遥感影像地学理解与分析.北京:科学出版社,2001.

第六章　GPS 与 RS 的集成

随着 GPS 技术的应用、RS 的技术进步以及激光扫描测距技术的发展,遥感对地定位发生了根本性的变革,即由传统的地—空—地定位模式向空—地定位模式进行转变,这种转变是遥感对地定位的重大突破,大大解放了生产力。

本章主要描述利用 GPS 定位技术、姿态测量系统和激光扫描测距技术来直接对同步获取的遥感数据进行三维定位,实时(准实时)地得到地面点的三维位置和遥感信息,它具有快速实时(准实时)的特点,且无需地面控制。全章共分四节:第一节,主要介绍惯性导航系统的基本原理及 GPS 与 INS 的组合模式;第二节,主要是介绍激光扫描技术和激光测距技术;第三节,主要介绍机载三维遥感的 GPS 定位方法和数据处理方式;第四节,主要描述机载三维测量技术及数字地面模型和地学编码影像的生成。

§6.1　惯性导航系统

惯性导航系统(Inertial Navigation System,INS)是利用惯性敏感元件测量航行体相对惯性空间的线运动和角运动参数,在给定的运动初始条件下,由计算机推算出航行体的姿态、方位、速度和位置等参数,从而引导航行体完成预定的航行任务。

惯性导航最主要的惯性敏感元件是加速度计和陀螺仪。用这两种惯性元件与其他控制元件、部件、计算机等组成测量系统,完成导航参数的测量,故称惯性导航系统(简称惯导系统)。惯导系统依靠自身的惯性敏感元件,不依赖任何外界信息测量导航参数,因此,它不受天然的或人为的干扰,具有很好的隐蔽性,是一种完全自主式的导航系统。

6.1.1　基本原理

惯性导航所遵循的基本定律是牛顿运动定律。在 INS 中安装一个稳定平台,用该平台模拟当地水平面,建立一个空间直角坐标系,三个坐标轴分别指向东向 e、北向 n 及天顶方向 u——通常称为东北天坐标系。在载体运动过程中,利用陀螺使平台始终平行于当地水平面,三个轴始终指向东、北、天方向。在这三个轴向上分别安装上东向加速度计、北向加速度计和垂直加速度计,测量载体沿东西方向的加速度 a_e、南北方向的加速度 a_n 和沿天顶方向的加速度 a_u。将这三个方向的加速度分量进行积分,便可得到载体沿这三个方向上的速度分量,即(6-1)式:

$$\begin{cases} v_e(t_k) = v_e(t_0) + \int_{t_0}^{t_k} a_e dt \\ v_n(t_k) = v_n(t_0) + \int_{t_0}^{t_k} a_n dt \\ v_u(t_k) = v_u(t_0) + \int_{t_0}^{t_k} a_u dt \end{cases} \quad (6\text{-}1)$$

欲求得载体在地球上的位置,可用经纬度和高程表示,经过对速度积分就可得到,即(6-2)式:

$$\begin{cases} \lambda = \lambda_0 + \int_{t_0}^{t_k} \dot{\lambda} dt \\ \varphi = \varphi_0 + \int_{t_0}^{t_k} \dot{\varphi} dt \\ h = h_0 + \int_{t_0}^{t_k} \dot{h} dt \end{cases} \quad (6\text{-}2)$$

式中,λ_0、φ_0、h_0 为载体的初始位置;$\dot{\lambda}$、$\dot{\varphi}$、$\dot{h}$ 分别表示经、纬度和高程的时间变化率,可由运动速度计算,即(6-3)式:

$$\begin{cases} \dot{\lambda} = \dfrac{v_e}{(N+h)\cos\varphi} \\ \dot{\varphi} = \dfrac{v_n}{M+h} \\ \dot{h} = v_u \end{cases} \quad (6\text{-}3)$$

将上两式整理,就可得到载体的瞬间位置:

$$\begin{cases} \lambda = \lambda_0 + \int_{t_0}^{t_k} \dfrac{v_e}{(h+N)\cos\varphi} dt \\ \varphi = \varphi_0 + \int_{t_0}^{t_k} \dfrac{v_n}{M+h} dt \\ h = h_0 + \int_{t_0}^{t_k} v_u dt \end{cases} \quad (6\text{-}4)$$

式中,M、N 分别表示地球椭球的子午圈、卯酉圈曲率半径。若地区近似看成一个半

径为 R 的球,那么 $M=N=R$。

应指出,由于初始位置 $(\lambda_0,\varphi_0,h_0)$ 需事先已知并输入惯导系统,所以惯性导航属于相对定位导航系统。

6.1.2 导航参数状态空间模型

根据现代控制理论,一个客观物理过程通常可以利用一个状态模型来描述。状态空间方法是一个非常方便的数学工具,用于对动态系统进行数据建模和分析。

1. 坐标系简介

惯性导航中所采用的坐标系可以分为惯性坐标系与非惯性坐标系。惯性导航区别于其他类型的导航方案的根本不同之处就在于其导航原理是建立在牛顿力学定律(惯性定律)的基础上,这就有必要首先引入惯性坐标系,作为讨论惯导基本原理的坐标基准。在地球表面上运动的载体如飞机、导弹、船舶、车辆等,选取地心坐标系已经足以满足精度要求 (10^{-7})。我们知道,进行导航的主要目的就是实时地确定载体的导航参数,如姿态、位置、速度等。载体的导航参数就是通过各个坐标系之间的关系来确定的,这些坐标系是区别于惯性坐标系并根据导航的需要选取的。我们将它们统称为非惯性坐标系,如地球坐标系、地理坐标系、导航坐标系及载体坐标系等。

1) 地理坐标系

地理坐标系(下标为 l)是飞行器上用来表示飞行器所在位置的东向、北向和垂线方向的坐标系。地理坐标系的原点 O 选在飞行器重心处,x_l 指向东,y_l 指向北,z_l 沿垂线方向指向天(东北天)。

2) 导航坐标系

导航坐标系(下标为 n)是在导航时根据导航系统工作的需要而选取的作为导航基准的坐标系。当把导航坐标系选择与地理坐标系相重合时,可将这种导航坐标系称为指北方位系统,为了适应在极区附近导航的需要往往将导航坐标系的 z_n 轴与 z_l 轴重合,而使 x_n 与 x_l 及 y_n 与 y_l 之间相差一个自由方位角 α,这种导航坐标系可称为自由方位系统。

3) 惯性坐标系

惯性坐标系(下标为 i)是用惯导系统来复现导航坐标系时所获得的坐标系。惯性坐标系的坐标原点 O 位于平台的重心处。当惯导系统不存在误差时,惯性坐标系与导航坐标系重合,当惯导系统出现误差时,平台就要相对于导航坐标系出现误差角。对于平台惯导系统,惯性坐标系是通过平台台体来实现的,对于捷联惯导系统,则是通过存储在计算机中的方向余弦矩阵来实现的,因此又叫做"数学平台"。

4) 载体坐标系

载体坐标系(下标为 b)是固定在载体上的坐标系。载体坐标系的坐标原点 O 位于载体的重心处,x_b 沿载体横轴指向右,y_b 沿载体纵轴指向前,z_b 垂直于 Ox_by_b,并沿载体的竖轴指向上。

2. 惯性坐标系里表示的导航方程

根据牛顿第二定律,地球引力场中单位质点的运动方程,在惯性坐标系中可以表示为:

$$\ddot{r}^i = f^i + G^i \tag{6-5}$$

式中,r^i 是从坐标系原点至运动物的位置向量;$\ddot{r}^i$ 是位置向量二阶时间导数及运动体的加速度向量;f^i 是比力向量(观测值);G^i 是地球引力加速度向量。(6-5)式是一个二阶微分方程组,可以转换成如下形式的一阶微分方程组:

$$\begin{cases} \dot{r}^i = V^i \\ \dot{V}^i = f^i + G^i \end{cases} \tag{6-6}$$

一般情况下,我们的观测量(比力、角速度)都不是在惯性坐标系里获得的。对于捷联惯性导航系统,观测量来自于两组惯性元件:加速度计及陀螺仪。前者给出比力向量 f 在载体坐标系(b)3 轴上的分量;后者观测的是载体坐标系相对于惯性坐标系旋转角速度 ω_{ib}^b 向量在 b 系 3 个轴上的 3 个分量。这些向量可以利用相应的坐标转换矩阵变换到惯性坐标系,即:

$$f^i = R_b^i f^b \tag{6-7}$$

式中,R_b^i 为载体坐标系(b)至惯性坐标系(i)的转换矩阵。

坐标转换矩阵 R_b^i 可以通过两种方法求取。

1) 方向余弦法

解以下的微分方程:

$$\dot{R}_b^i = R_b^i \Omega_{ib}^b \tag{6-8}$$

式中，Ω_{ib}^b 是角速度向量 ω_{ib}^b 的反对称矩阵，即 $\Omega_{ib}^b = \begin{bmatrix} 0 & -\omega_x & \omega_y \\ \omega_z & 0 & -\omega_x \\ -\omega_z & \omega_x & 0 \end{bmatrix}$，这里$(\omega_x, \omega_y, \omega_z)$是由 INS 陀螺仪提供的 ω_{ib}^b 的 3 个坐标分量。

2) 四元数法

载体坐标系相对于惯性坐标系的转动可用四元数 Q 来表示，即：

$$Q = q_0 + q_1 i_b + q_2 j_b + q_3 k_b \tag{6-9}$$

式中，四元数的基 i_b、j_b、k_b 取值与载体坐标系的基 $\overline{i}_b$、$\overline{j}_b$、$\overline{k}_b$ 相一致，从而四元数微分方程为：

$$\dot{Q} = \frac{1}{2} Q \omega \tag{6-10}$$

式中，

$$\omega = 0 + \omega_x i_b + \omega_y j_b + \omega_z k_b$$

将上式写成矩阵形式，得：

$$\begin{bmatrix} \dot{q}_0 \\ \dot{q}_1 \\ \dot{q}_2 \\ \dot{q}_3 \end{bmatrix} = \frac{1}{2} \begin{bmatrix} 0 & -\omega_{nbx}^b & -\omega_{nby}^b & -\omega_{nbz}^b \\ \omega_{nbx}^b & 0 & \omega_{nbz}^b & -\omega_{nby}^b \\ \omega_{nby}^b & -\omega_{nbz}^b & 0 & \omega_{nbx}^b \\ \omega_{nbz}^b & \omega_{nby}^b & -\omega_{nbx}^b & 0 \end{bmatrix} \tag{6-11}$$

(6-11)式为四元数微分方程，对它求解可实时地求出 q_0, q_1, q_2, q_3，则坐标转换矩阵 R_b^i 为：

$$R_b^i = \begin{bmatrix} q_0^2 + q_1^2 - q_2^2 - q_3^2 & 2(q_1 q_2 + q_0 q_3) & 2(q_1 q_3 + q_0 q_2) \\ 2(q_1 q_2 + q_0 q_3) & q_0^2 - q_1^2 + q_2^2 - q_3^2 & 2(q_2 q_3 - q_0 q_1) \\ 2(q_1 q_3 + q_0 q_2) & 2(q_2 q_3 + q_0 q_1) & q_0^2 - q_1^2 - q_2^2 + q_3^2 \end{bmatrix} \tag{6-12}$$

另一方面，若计算出了矩阵 R_b^i，就可以由此求得飞行器的 3 个姿态角。

与之相类似，引力向量通常也不是在惯性坐标系，而是在地球坐标系中表示的，需要将其转换至惯性坐标系(i)，如：

$$G^i = R_e^i G^e \tag{6-13}$$

将(6-7)式、(6-13)式代入(6-6)式：

$$\begin{cases} \dot{r}^i = V^i \\ \dot{V}^i = R_b^i f^i + R_e^i G^i \end{cases} \tag{6-14}$$

将上述各类观测量所满足的微分方程组合起来，便可得到下列微分方程组：

$$\dot{X}^i = \begin{bmatrix} \dot{r}^i \\ \dot{V}^i \\ \dot{R}_b^i \end{bmatrix} = \begin{bmatrix} V^i \\ R_b^i f^b + R_e^i G^e \\ R_b^i \Omega_{ib}^b \end{bmatrix} \tag{6-15}$$

按(6-15)式，利用观测量就可以解算出运动载体的位置、速度及姿态信息。该式可以看成描述捷联惯导系统动态行为的状态空间模型，它描述了我们所需要的导航信息与各类观测量之间的数学关系。

3. 当地坐标系的导航方程

惯性坐标系中的基本方程是用来确定导航参数的基本模型，但大多数情况下，人们所感兴趣的是用地理坐标(λ,φ,h)或地心直角坐标(如：$(X_{WGS-84},Y_{WGS-84},Z_{WGS-84})$)表示的位置及地速(相对于地球的运动速度)。因为在这种情况下，对许多状态变量的建模更为有利。采用当地水平坐标系，其3个坐标轴分别指向基于法线建立的(大地)东、北、天方向，它的好处是，作为系统输出的导航参数，我们可以直接得到点的地理坐标或大地坐标(λ,φ,h)。取位置状态变量为：

$$r^n = \begin{bmatrix} \varphi \\ \lambda \\ h \end{bmatrix} \tag{6-16}$$

在当地水平坐标系里表示的地速状态变量为：$V^n = R_e^n \dot{r}^e = \begin{bmatrix} V_e \\ V_n \\ V_u \end{bmatrix}$ (6-17)

将(6-17)式两边进行微分，可得位置变率与运动速度的关系式：

$$\dot{r}^n = D^{-1} V^n \tag{6-18}$$

其中，$D^{-1} = \begin{bmatrix} 0 & \dfrac{1}{M+h} & 0 \\ \dfrac{1}{(N+h)\cos\varphi} & 0 & 0 \\ 0 & 0 & 1 \end{bmatrix}$ (M、N 分别为大地子午圈、卯酉圈的曲率半径)

对(6-18)式两边求导,得:

$$\dot{V}^n = (R_e^n V^e)' = \dot{R}_e^n V^e + R_e^n \dot{V}^e$$

$$= \dot{R}_e^n V^e + R_e^n (R_b^e f^b - 2\Omega_{ie}^e V^e + g^e)$$

$$= R_b^n f^b - (2\Omega_{ie}^n + \Omega_{en}^n) V^n + g^n \tag{6-19}$$

式中,g^n为当地水平坐标系里表示的重力向量。

R_b^n为B系至N系的坐标变换矩阵,可以通过解下面的矩阵微分方程得到:

$$\dot{R}_b^n = R_b^n \Omega_{nb}^b = R_b^n (\Omega_{ib}^b - \Omega_{in}^b) \tag{6-20}$$

式中,Ω_{ib}^b、Ω_{in}^b分别是角速度向量ω_{ib}^b和ω_{in}^b相应的反对称矩阵;ω_{ib}^b是惯性系统的直接观测量;ω_{in}^b则可由下列计算:

$$\omega_{in}^b = R_n^b \omega_{in}^n = R_n^b (\omega_{ie}^n + \omega_{en}^n) = R_n^b \begin{bmatrix} -\dot{\varphi} \\ (\dot{\lambda} + \omega_e)\cos\varphi \\ (\dot{\lambda} + \omega_e)\sin\varphi \end{bmatrix} \tag{6-21}$$

组合(6-18)、(6-19)、(6-21)各式,可得当地水平坐标系中捷联惯导系统的状态空间模型为:

$$\dot{X}^n = \begin{bmatrix} \dot{r}^n \\ \dot{V}^n \\ \dot{R}_b^n \end{bmatrix} = \begin{bmatrix} D^{-1} V^n \\ R_b^n f^b - (2\Omega_{ie}^n + \Omega_{en}^n) V^n + g^n \\ R_b^n (\Omega_{ib}^b - \Omega_{in}^b) \end{bmatrix} \tag{6-22}$$

方程给出了当地水平坐标系中的力学编排方程。这个导航方程的输出(即状态向量的解算结果)包括:地理坐标(λ, φ, h)、地速(V_e, V_n, V_u)和姿态角信息(翻滚角 roll、俯仰角 pitch 和航向角 yaw)。

6.1.3 GPS 与 INS 的组合模式

理想的导航系统应该满足如下要求:全球覆盖;高的相对精度和绝对精度;对高动态载体具有良好的实时响应;能够提供三维位置、三维速度和航向姿态数据;工作不受外界环境的影响;具有抗人为和非人为干扰的能力;不易被敌方利用;可供广大用户使用;能够自主地进行故障排除;可靠性高,与现行机载设备的规范要求相符;价格便宜,可以为广大用户所接受。尽管目前 GPS 在诸多性能指标上已达到了预定的目标,但由于 GPS 的动态响应能力较差,易受电子战中施放干扰的影响和受外界环境及信息遮挡的限制,因而不能满足理想导航的要求。GPS/INS 组合可以克服各自缺点,取长补短,使组合后的导航精度高于系统单独工作的精度,从而有可能成为真正的理想导航系统。

1. GPS 与 INS 的组合模式

GPS 定位系统与惯导系统的组合,根据不同的应用要求可以有不同的组合。按照深度,可以把组合系统分为如下四类。

1) 用 GPS 重调惯导

这是一种最简单的组合方式,可以有两种工作方式。① 用 GPS 给出位置、速度信息,直接重调惯导系统的输出。在 GPS 工作期间,惯导显示的是 GPS 的位置和速度。GPS 停止工作时,惯导在原存储数据的基础上变化,即 GPS 停止工作瞬时的位置和速度作为惯导系统的初值。② 把惯导和 GPS 输出的位置和速度信息进行加权平均。在短时间工作的情况下,第二种工作方式精度较高,而长时间工作时,由于惯导误差随时间增长。因此,惯导输出的加权随工作时间增长而减少,性能和第一种工作方式基本相同。

2) 用位置、速度信息进行组合

用 GPS 和惯导输出的位置和速度信息的差值作为量测值,经组合卡尔曼滤波,估计惯导系统的误差,然后对惯导系统进行校正。这种组合模式的优点是组合工作比较简单,便于工程实现,而且两个系统独立工作,使导航信息有一定的冗余度。缺点是位置和速度误差通常是时间相关的,特别是 GPS 接收机应用卡尔曼滤波器时更是如此。解决这个问题的方法有:① 加大组合滤波器的迭代周期,使迭代周期超过误差的相关时间,在这个周期内可把量测误差作白噪声处理;② GPS 滤波器和组合滤波器统一考虑,用分散滤波器理论进行设计。其原理框图如图 6-1 所示。

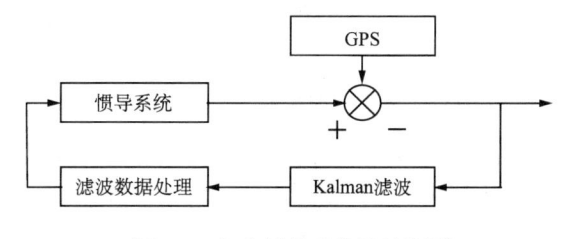

图 6-1 组合导航系统的结构图

3) 用伪距、伪距率组合

这种模式是指惯导和 GPS 接收机输出的原始信息（raw data）相组合，如伪距、伪距率或载波相位，用 GPS 给出的星历数据和惯导给出的位置和速度计算相应于惯导位置和速度的伪距和伪距率，并把它与 GPS 测量的伪距和伪距率相比较作为量测值，通过组合卡尔曼滤波估计惯导系统和 GPS 的误差量，然后对两个系统进行开环或反馈校正。由于 GPS 的测距误差容易建模，因而可以把它扩充为状态，通过组合滤波加以估计，然后对 GPS 接收机进行校正。深组合虽然结构复杂，实现难度大，但其具有精度高、鲁棒性好和抗干扰等优点，因而深组合已成为国内外组合导航研究的热点之一。

4) 用惯性位置和速度信息辅助 GPS 导航

GPS 接收机的导航功能有很多也采用卡尔曼滤波技术。对一般的 GPS 接收机，其导航滤波器的状态为 3 个位置、3 个速度、3 个加速度、用户时钟误差和时钟频率误差共 11 个，如果把 GPS 接收机导航滤波器位置、速度状态看做惯导系统简化的位置、速度误差状态，用 GPS 滤波器的估计值校正惯导输出的位置和速度信息，即得到 GPS 的导航解。

2. GPS 与 INS 的组合方案

在用卡尔曼滤波器实现 GPS 与 INS 的组合时，尽管其原理是相同的，但实现起来又有不同的实施方法。经常采用的有分布式组合与全组合两种方案。

1) 分布式组合方案

分布式组合方案的基本过程是：INS、GPS 数据经过时空同步处理后，先利用 INS 信息探测并修复周跳（若 GPS 提供的不是相位数据，则不需要此过程），然后 GPS 数据单独进行动态定位解算。利用定位结果作为滤波器的量测输入信息进行最优滤波，从而获得位置、速度、姿态等定位信息，如图 6-2 所示。

这种组合的优点在于：① 可靠性高，即使当 GPS、INS 某一部分失灵时，组合系统仍可继续给出定位结果，保证定位的连续性；② INS 卡尔曼滤波器的量测方程简单；③ 各个子滤波器的状态变量少，计算简单；④ GPS、INS 各自的数据处理有相对独立性，便于相互检核，是动态测量系统质量控制的有效措施。

缺点是：① 至少需要同步观测 4 颗卫星；② 需要 2 个卡尔曼滤波器。

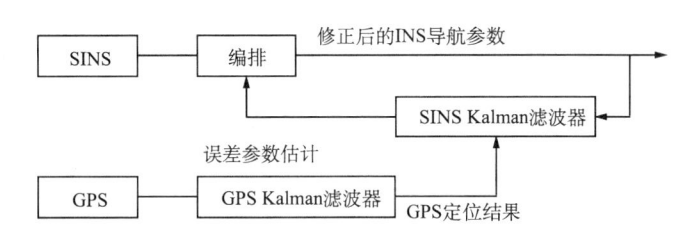

图 6-2　分布式组合闭环校正方案

2) 全组合方案

全组合方案直接取 GPS 原始观测值作为 INS 卡尔曼滤波器的量测输入信息，即将 INS 结果与 GPS 观测数据都一起输入一个共同的卡尔曼滤波器，进行组合处理，不需要 GPS 滤波器，如图 6-3 所示。

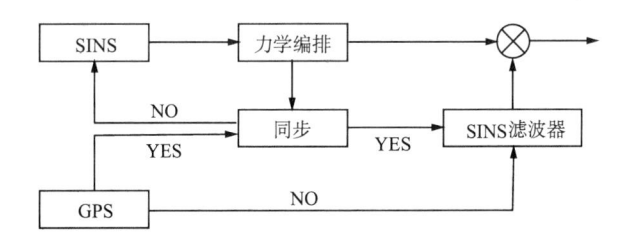

图 6-3　全组合卡尔曼滤波原理

这种组合的优点是：① 直接采用 GPS 的原始观测值，无量测输入相关问题，组合紧凑，所以运算精度高、速度快，更适合于实时应用；② 不需要同步测 4 颗卫星；③ 只需要 1 个卡尔曼滤波器；④ GPS 不能正常工作时，可由 INS 供给各种导航定位参数。

缺点是：① 状态变量多（增加与 GPS 有关的项），量测方程复杂；② 可靠性不如分布式组合方法。

全组合方案分为开环与闭环两种方案：

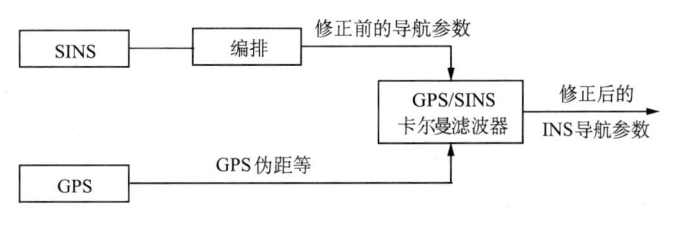

图 6-4　开环组合

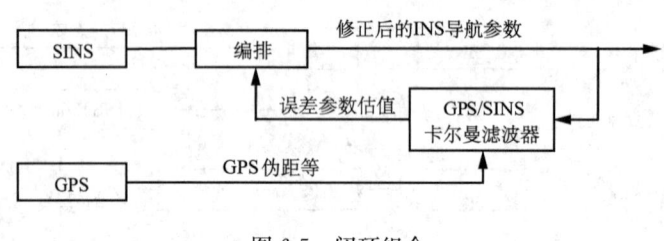

图 6-5 闭环组合

§6.2 激光扫描技术

激光(Laser)是受激辐射产生的光放大(Light Amplification by Stimulated Emission of Radiation)。它是激光工作物质的原子受激产生辐射跃迁,形成粒子束反转并达到一定的程度,经光学谐振腔放大达到震荡后产生的,它与其他物质自发辐射的发光机理不同,因而具有方向性好、亮度高、单色性和相干性好等优点。因此,激光技术在国民经济的许多领域得到广泛的应用,同时激光技术也得到不断的发展。激光扫描技术工作的基本原理是以脉冲激光或连续激光为辐射源、以激光波束扫描的工作方式来获取区域目标的特征或距离的,广泛地应用于医学、出版印刷、传真、测量等领域。

在测绘领域,激光扫描测距的运用给机载地面测绘带来了一场革命,它大大提高了作业效率和测绘能力,以激光扫描测量技术为核心的机载地面测绘系统能够提供亚米级测量精度和米级分辨率的地面物体的三维坐标,与遥感影像配合,更加增强了对地物的识别能力。

6.2.1 激光扫描

目前用于扫描的仪器、特征和扫描技术叙述如下。

1. 激光断面仪

机载激光系统的研究开发在 20 世纪 80 年代始于美国,但未能取得进展。1987年,德国斯图加特大学的摄影测量学院开始进行激光断面测量系统的组成及试验研究。研究的目的在于提供森林地区的数字高程模型(DEM),并同步进行差分 GPS 动态定位的研究。

机载激光系统成为了摄影测量中第一种真正实用的多传感器系统:GPS 提供坐标基准和定位信息,INS 提供空间方向,而激光则测量激光脉冲发射器至地面反射点间的距离,最终可确定地面反射点的坐标。

加拿大欧普泰克(Optech)公司早期生产的激光断面仪的测距范围仅有 300m,且测量率很低(为 25Hz)。激光固定在飞机一个接近垂直的位置上,沿航线测量地形断面。

激光脉冲在植被上的反射有几种可能。激光脉冲可能直接在冠盖上反射或不被干扰地到达地面,然而,在绝大多数情况下,部分能量在植被中损耗掉了,部分能量在穿透植被过程中反射回去了,这样就有好几种不同的返回信号。

在这种情况下,就有可能仅记录下最后返回的与地表有关的返回信号。最终得到的断面即可清晰地表示出植被上和植被中以及地面的反射点。1988~1992 年间的实验表明,对针叶林的穿透率在 24%~39%之间,对落叶林的穿透率在 22%~25%之间。对落叶林而言,在冬季其穿透率会提高很多。早期试验表明激光点的垂直精度在 10~20cm。激光断面仪只是研究开发的第一步,只有发展成为扫描系统并提高测量率才能为实际作业应用提供必须的区域覆盖。

2. 激光扫描仪

通过使激光束垂直于航向产生折射,激光扫描器可瞬时实现区域覆盖。瞬时折射角必须精确测出,这样利用几何原理即可确定每个激光点的坐标。

为获得目标区高度点覆盖,需大大提高测量率。以 TopScan/Optech 系统为例,其扫描率可设置为 10Hz,航速为 215km/h,这样每 3m 即得到一条扫描带,扫描角设为 2×15°(这样如果航高为 1 000m,则扫描带宽则为 540m),测量率为 2kHz(最近已提高到 5kHz),这样每条扫描带内就有 100 个点,平均每 5m 1 个点。在森林地区,扫描角度必须始终小于 10°,并且仅有 2%~40%的返回脉冲与地表有关。

3. 基本特征

激光扫描的基本特征是它具有实现几乎完全自动化的潜力,且 GPS、INS 和激光数据可以用数字方式记录下来,在进行 GPS 处理和必要的系统检测后,就开阔地形而言,地面点的计算、DEM 的内插以及 DEM 的生成就相当简单。

4. 主要的激光扫描技术

对于激光扫描技术,目前国内外使用的大体有六种:旋转多面镜扫描、检流计和谐振镜低惯量扫描、旋转光楔扫描、电光扫描、声光扫描和全息光栅扫描。它们的主要特点、原理及其应用领域如图 6-6 所示。

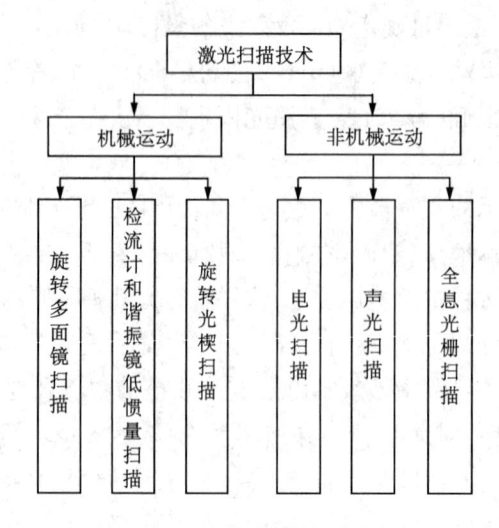

图 6-6 主要激光扫描技术

1) 旋转多面镜扫描

旋转多面镜扫描简称为转镜扫描,它主要包括一个多面棱镜和一个由控制系统驱动的马达。旋转多面镜通常做成正棱柱体或棱锥体的形状(如图6-7所示),侧面都加工成反射镜面,所以其工作原理基于平面镜的反射特性实现偏转。其特点是转速高、扫描角度大、稳定性好,属于机械式高惯量激光扫描。扫描系统的主要参数为:扫描角的范围为 5°～360°,扫描速率(单向重复速率)为 30～20 000Hz,扫描分辨率为 20 000 点数/每条扫描线,扫描线性 0.02%。由于旋转多面镜扫描线性范围小,要

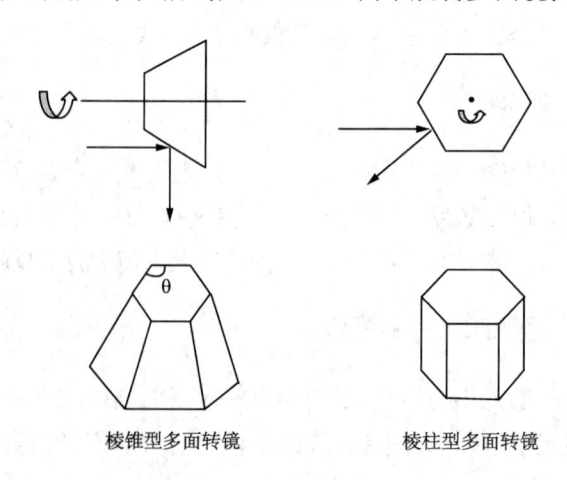

棱锥型多面转镜　　　　　棱柱型多面转镜

图 6-7 棱锥型和棱柱型多面转镜示意图

获得高的扫描速度,不但加工精度要求高、必须具有一定的加工技术和检验手段,而且投资较大。同时它对小角度扫描占空比小,能量浪费大。因此它广泛用于激光打印机、图像激光显示、数据扫描存储及条形码扫描识别等技术领域。

2) 检流计和谐振镜低惯量扫描

低惯量扫描器是指用反射镜偏转光束并具有低转动惯量转子的扫描器,它是利用光的反射原理实现偏转的。低惯量扫描器有两种类型:检流计扫描器和谐振镜扫描器。检流计扫描器能产生稳定状态的偏转,高保真度的正弦扫描以及非正弦的锯齿、三角或任意形式的扫描。谐振镜扫描器只能工作在很窄的频率范围内,它的振荡是谐振运动。其主要参数(以谐振镜扫描器为例)谐振频率100Hz,频率温度稳定度1 000PPkm/K,扫描角15°,扫描镜尺寸15mm×16mm等。由于谐振镜低惯量扫描器扫描速度低,因此,它主要应用在图像传递、光学仪器、医学应用、加工工艺、图像投影等方面。

3) 旋转光楔扫描

旋转光楔扫描应用光的折射原理来实现光束的偏转,并且用机械运动作为装置。它的扫描速度很快,视场角可达40°×40°,但由于光发生折射时存在色散现象,因此像素分布不均匀,成像质量不高。

4) 电光扫描

前面三种扫描是以机械运动来实现偏转的,而电光扫描和声光扫描属于非机械扫描。一般情况下,电光器件和声光器件被用做调制器,对输出的激光信号进行强度调制,用于偏转器的电光器件和声光器件被称为电光扫描器和声光扫描器。电光扫描的基本原理是应用偏转器材料折射率变化的电光效应,因此它是利用电光效应实现偏转的。数字电光偏转器根据不同的数字信号"0"或"1",加载不同的电压,改变偏转器的折射率,控制出射光点置于两个光点位置中的一个位置上。如果用n个电光偏转器串接,就有2^n个光点位置。当n个调制器获得快速的数字信号电压,出射点在扫描线的2^n个位置上不断移动,从而获得所需的扫描线。数字电光偏转器还具有提供随机扫描的特点,它比一般的线性扫描器具有更大的灵活性,此外电光偏转技术可以实现连续非数字的模拟偏转,但电光偏转器普遍电路复杂,价格昂贵,又由于偏转器由多个电光器件串接,光能的利用率低,目前还没有做成所需实际系统的扫描器。

5) 声光扫描

声光扫描的偏转原理是利用激光束在折射率周期性变化的声光材料中的衍射现象。在声光偏转中,载频的频率是变化的,经过声光偏转器,出射光束的衍射角随着加载的载频的变化而变化。频率随时间的变化可以是斜坡函数,也可以是线性调频脉冲及各种不同要求的频率随机变化的调频脉冲。在实际中,可以同时加载几个载频,获得几个偏转点,各光点之间的平衡是通过特殊的电路实现的,但声光扫描器的速度相对较慢。

6) 全息光栅扫描

全息光栅扫描是以全息术为基础的激光扫描。它的出现是激光扫描技术的一大发展。它类似于通常的多面镜扫描那样需要机械运动去改变激光光束的偏转,又像声光偏转那样应用光学衍射原理而不是反射原理。它能够提供方位和多焦距的扫描,满足一些特殊应用的需要,而且其结构简单,价格低廉,广泛地应用在一般的应用领域中。由于计算全息图的灵活性及制作方便,因此,应用计算全息图作为光栅扫描器有了很大吸引力。人们开始用计算机制全息图,由此获得的计算全息光栅扫描器具有许多优点:① 灵活性大,可在扫描方向得到线性或非线性的扫描速率,并根据预先要求的扫描迹线方程,能方便地设计需要的计算全息光栅扫描器;② 计算全息图可先记录在胶片平面上,然后卷成圆筒型扫描器,或记录成圆盘型光栅扫描器,这样可便于高速旋转,实现快速扫描;③ 计算全息图可做成二元的,故具有失真小、噪声小的优点;④ 可用漂白技术提高扫描器的衍射效率或用相息图技术进一步提高衍射效率。正是由于计算全息光栅扫描器具有上述独特的优点,广泛用于传真再现、文字资料阅读显示、集成电路的图形发生及材料的激光加工等方面。

5. 主要的扫描方式

激光扫描方式主要有两种,即圆锥扫描方式和线扫描方式。

(1)圆锥扫描方式:顾名思义,从空间对地是一种类似圆锥体式的旋转扫描。圆锥体的顶点一般是固定角度,圆锥体在地面上的"脚印"是一个近似的圆形斑。这个圆形斑在地面上的移动轨迹又是一个近似的圆形,完成一次扫描过程,即地面上圆形斑的移动轨迹成闭合圆的过程。随着飞行器的运动,这一闭合圆随之移动,最终一圆套一圆地覆盖全航带,完成二维扫描。

(2)线扫描方式:线扫描方式是遥感器在获取地面光谱能量信息时,沿着飞行方向的垂直方向成直线状扫描,其扫描轨迹在每一个扫描行内地面采样点轨迹是条直线。同样,通过飞行器的飞行运动,一条直线接一条直线地沿飞行方向排列,连续地覆盖整个航带,完成二维扫描。

(3)两种扫描方式的比较。两种扫描方式各有利弊。圆形轨迹的优点是所有测高点的激光倾角相同,大气距离相同,斜线误差小,测距精度高,但圆形轨迹的采样点分布不均匀,会给图像处理带来困难;直线轨迹可以获得规则的采样点分布,但扫描倾角不同会带来斜线测距误差,需要在信号处理中进行补偿,扫描图案的设计要考虑到技术上可行的激光脉冲重复率和扫描率对图案的约束,最大激光倾角与航空作业效率的折中。但总的来看,在其他设备精度不变的情况下,采用圆锥扫描时,系统的总体性能比采用线扫描时高。具体表现为采用圆锥扫描时的定位误差小,定位误差的变化幅度也小。另外,采用圆锥扫描方式时,激光测距仪的激光脉冲的利用率比采用线扫描时的利用率高得多,这对缩小激光测距点的间隔、增加单位面积内的激光测距点的密度,进而提高数字高程模型和地学编码影像的精度非常有利。

6.2.2 激光测距

激光扫描技术的应用非常广泛,而且不同的应用领域采用了不同的激光扫描手段和方式。现仅讨论激光测量技术应用于地形测量的基本原理和方法,其他方面应用不再赘述。自从第一台激光器诞生以来激光技术便用于测量,而且从传统的点对点的距离测量发展到无合作目标激光扫描测量技术,为空间信息的获取提供了全新的技术手段,使人们从传统的人工单点数据获取变为连续自动数据获取,提高了观测的精度、速度。但是根本上讲,激光扫描测距有两种方法,即脉冲法和相位法。

1. 脉冲法测距

脉冲激光测距利用激光脉冲持续时间极短、能量在时间上相对集中、瞬时功率很大的特点,在有合作目标的情况下,可以达到极远的里程,在进行几公里的近程测距时,如果精度要求不高,即使不使用合作目标,只是利用被测目标对脉冲激光的漫反射取得反射信号,也可以进行测距。目前,脉冲激光测距方法已获得广泛的应用,如地形测量、战术前沿测距、导弹运行轨道跟踪以及人造卫星、地球到月球距离的测量等。脉冲激光测距的原理(图6-8)是激光器发出一持续时间极短的脉冲激光(称为主波),经过待测的距离射向被测目标。被反射的脉冲激光(回波信号)返回测距仪,由光电探测器接收。

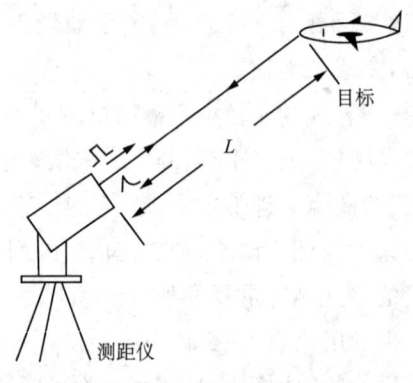

图 6-8 脉冲激光测距原理图

与微波雷达测距的原理一样,根据主波信号与回波信号之间的时间间隔,即激光脉冲从激光器到待测目标之间往返时间 Δt,就可算出待测目标的距离 L 为:

$$L = \frac{1}{2}c \cdot \Delta t \qquad (6\text{-}23)$$

式中,c 为光速。

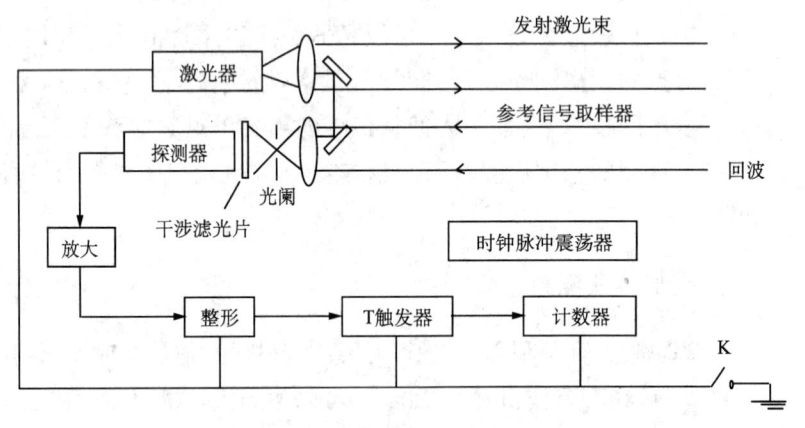

图 6-9 脉冲激光测距仪结构简图

脉冲激光测距的过程如图 6-9 所示,它由脉冲激光发射系统、接收系统、门控电路、时钟脉冲振荡器以及计数显示电路等组成。其工作过程是:首先启动复位开关机,复原电路给出复原信号,使整机复原,准备进行测量;同时触发脉冲激光发生器,产生激光脉冲。该激光脉冲有一小部分能量由参考信号取样器直接送到接收系统,作为计时的起始点,大部分光脉冲能量射向待测目标。由目标反射回测距仪处的光脉冲能量,被接收系统接收,这就是回波信号。参考信号(主波信号)和回波信号先后由光电探测器变换为电脉冲,并加以放大和整形。整形后的参考信号使 T 触发器翻转,控制计数器开始对晶体振荡器发出的时钟脉冲进行计数。整形后的回波信号使 T 触发器的输出翻转无效,从而使计数器停止工作。这样,根据计数器的输出即可计算出待测目标的距离 L,为:

$$L = cN/2f_0 \tag{6-24}$$

式中,N 为计数器计到的脉冲个数,f_0 为计数脉冲的频率。

系统的分辨率决定于计数脉冲的频率。若要求分辨力为 1m,则根据上式,要求计数脉冲的频率为:

$$f_0 = c/2 \times 1\text{km} = 150\text{MHz} \tag{6-25}$$

由于计数脉冲的频率不能无限制地提高,所以脉冲激光测距的精度一般较低,通常为数米的量级。关于脉冲测距精度,可以表示为:

$$\Delta L = (1/2)c\Delta t \tag{6-26}$$

c 的精度主要依赖于大气折射率 n 的测定,由 n 值测定误差而带来的误差约为 10^{-6},因此对于短距离脉冲激光测距仪(几至几十公里)来说,测距精度主要决定于 Δt 的大小。影响 Δt 的因素很多,如激光的脉宽、反射器和接收光学系统对激光脉冲的展宽、测量电路对脉冲信号的响应延迟等。

空气折射率与气压、温度、湿度及大气成分有关,并且不同波长的空气折射率也不同。埃德雷(Edlen)给出了空气折射率的计算公式,还得出了折射率随温度和气压的关系。

2. 相位法测距

相位测距的方法是通过对光的强度进行调制实现的,原理如下:

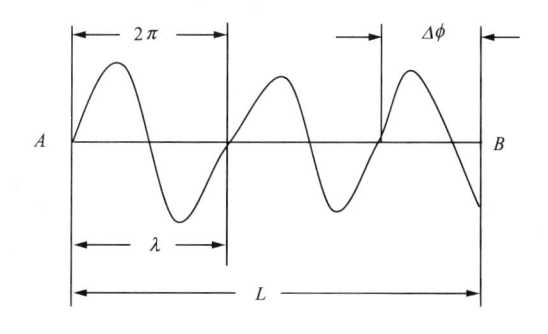

图 6-10 用"光尺"测量距离

设调制频率为 f,调制波形如图 6-10 所示,波长为 $\lambda=c/f$,式中 c 为光速。由图可知,光波从 A 点传到 B 点的相移 ϕ 可表示为:

$$\phi = 2m\pi + \Delta\phi = (m+\Delta m)2\pi \tag{6-27}$$

式中,m 是零或正整数,Δm 是小数,$\Delta m=\Delta\phi/2\pi$。AB 两点间的距离为:

$$L = ct = c\phi/2\pi f = \lambda(m+\Delta m) \tag{6-28}$$

式中,t 表示光由 A 点传到 B 点所需时间。由上式可知,如果测得光波相移 ϕ 中 2π 的整数 m 和小数 Δm,就可确定出被测距离 L,所以调制光波被认为是一把"光尺",即波长 λ 就是相位式激光测距仪量度距离的一把尺子。

不过,用一台测距仪直接测量 A 和 B 两点光波传播的相移是不可能的,因此采用在 B 点设置一个反射器(即所谓合作目标),使从测距仪发出的光波经反射器反射再返回测距仪,然后由测距仪的系统对光波往返一次的相位变化进行测量。图 6-11 示意地表示光波在距离 L 上往返一次后的相位变化。

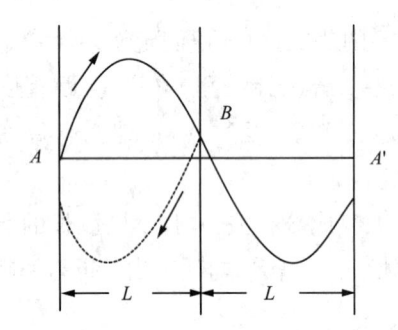

图 6-11 光波往返一次后的相位变化 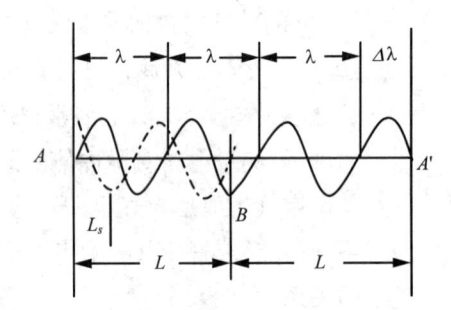　　图 6-12 光波经距离 $2L$ 后的相位变化

为分析方便,假设测距仪的接收系统置于 A'(实际上测距仪的发射和接收系统都是在 A 点),并且 $AB=BA'$,$AA'=2L$(图 6-12),则有 $2L=\lambda(m+\Delta m)$,或者,$L=\lambda(m+\Delta m)/2=L_s(m+\Delta m)$,式中,$m$ 是零或正整数,Δm 是小数。这时 L_s 为量度距离的一把"光尺"。但需要指出的是,相位测量技术只能测量出不足 2π 的相位尾数 $\Delta\phi$,即只能确定小数 $\Delta m=\Delta\phi/2\pi$,而不能确定出相位的整周期数 m,因此,当距离 L 大于 L_s 时,仅用一把"光尺"是无法测定距离的。但当距离小于 $\lambda/2$ 时,即 $m=0$ 时,可确定距离 L 为:

$$L = \lambda/2 \times (\Delta\phi/2\pi) \tag{6-29}$$

由此可知,如果被测距离较长,可降低调制频率,使得 $L_s>L$ 即可确定距离 L。但是由于测相系统存在的测相误差,使得所选用的 L_s 愈大时测距误差愈大。例如,

如果测相系统的相误差为1‰时,则当测尺长度$L_s=10$m时,会引起1cm的距离误差,而当$L_s=1\,000$m时,所引起的误差就可达1m。所以,既能测长距离又要有较高的测距精度,解决的办法就是同时使用L_s不同的几把"光尺"。例如要测量584.76m的距离时,选用测尺长度L_{s1}为1 000m的调制光作为粗尺,而选用测尺长度L_{s2}为10m的调制光作为精尺。假设测相系统的测相精度为1‰,则用L_{s1},可测得不足1 000m的尾数584m,用L_{s2}可测得不足10m的尾数4.76m,将两者结合起来就可以得到584.76m。

这样,用一组(两个或两个以上)测尺一起对距离L进行测量,就解决了测距仪高精度和长测程的矛盾,其中最短的测尺保证了必要的测距精度,最长的测尺则保证了测距仪的测程。

相位测距法既能保证足够大的测量范围,又能保证较高的绝对测量精度,因此得到广泛的应用。影响相位测距精度的主要因素除了仪器本身的误差外,主要受到大气温度、气压、湿度等因素的影响。

上述的激光扫描技术及其测距原理,已在LIDAR系统或激光雷达系统中应用。最重要的应用是激光扫描测距技术与GPS、INS和RS等技术集成为机载或车载地形测绘或影像制图系统,能够实时或准实时进行三维测量,获取地物三维数据或地表三维遥感信息。

§6.3 对地观测的直接定位

常规的遥感对地定位技术主要采用了立体观测、二维空间变换等方式,如摄影测量、SPOT、JERS-1等。它们都是利用野外测定的地面控制点(或地图上选取),通过立体观测、图像的影像相关及摄影测量的交会定位原理,采用地—空—地模式先解求出空间影像的位置和姿态(外方位元素)或变换系数,再利用它们来求地面某一目标点的位置,从而生成DEM和地学编码图像,它是目前各国普遍用于地形测绘的成熟技术。但是它的生产作业周期较长,需要地面控制点,效率较低,在一些困难地区难以进行作业。采用传统的方法来获取地学编码图像和DEM套合的三维遥感信息,如利用航空摄影测量方法,一般要有三个步骤:① 利用地面控制点进行绝对定向;② 立体匹配获取DEM;③ DEM和图像的匹配。

立体观测已有百年的发展和完善历程,正在实现从模拟图像到数字图像,从地—空定位原理到空—地定位模式的变革过程。立体观测系统也是当今世界各国用于测绘的通用型技术,星载、机载对地观测技术系统中依然有不少采用立体观测方式;干涉雷达系统适用于微波范围,具有全天候优势,能获取三维位置的对地观测系统,星载、机载干涉雷达均已实现了三维地形信息的获取。

机载三维遥感的特点是在获取图像的同时能够对地面目标进行定位,因此三维遥感获取技术系统是能够直接对地定位的遥感系统。

6.3.1 三维遥感直接对地定位的方法

1. 三维遥感直接对地定位的原理

机载三维遥感信息获取系统的对地定位采用了视距测量的几何原理,从空中直接获取地面目标的三维位置和与之匹配的光谱信息,完全不同于原来的对地定位理论。我们知道,当空间有一向量,其向径为 S,方向为 $(\alpha,\omega,\kappa,\theta)$,如能测出起点坐标 (X_0,Y_0,Z_0),则该向量的另一端点 $P_i(X_i,Y_i,Z_i)$ 就可以唯一确定下来,而当 S、α、ω、κ、θ、X_0、Y_0、Z_0 存在一定误差时,则 P 的位置也会在一个误差椭球范围内。

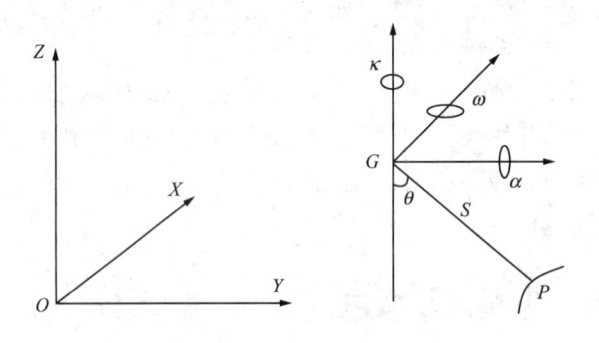

图 6-13 三维遥感对地定位原理

三维遥感对地定位系统应用扫描激光测距仪,按固定脉冲间隔 θ 获取地面采样点到投影中心间的距离 S,动态 GPS 定位系统同时获取投影中心的坐标,再利用高精度的姿态测量装置获取投影中心处主光轴的姿态,则地面点 P 坐标可由它们求出:

$$\begin{cases} X_i = f_1(X_0,Y_0,Z_0,\alpha,\omega,\kappa,S,\theta) \\ Y_i = f_2(X_0,Y_0,Z_0,\alpha,\omega,\kappa,S,\theta) \\ Z_i = f_3(X_0,Y_0,Z_0,\alpha,\omega,\kappa,S,\theta) \end{cases} \quad (6\text{-}30)$$

如果配上同步成像传感器,获取与激光测距点对应的、严格匹配的地面光谱图像信息 H,则可以得到三维遥感图像 (X_i,Y_i,Z_i,H_i)。

2. 三维遥感直接对地定位的求解

如图 6-14 遥感器在空中的投影中心 G 点由 GPS 测出位置 (X_G,Y_G,Z_G),姿态测

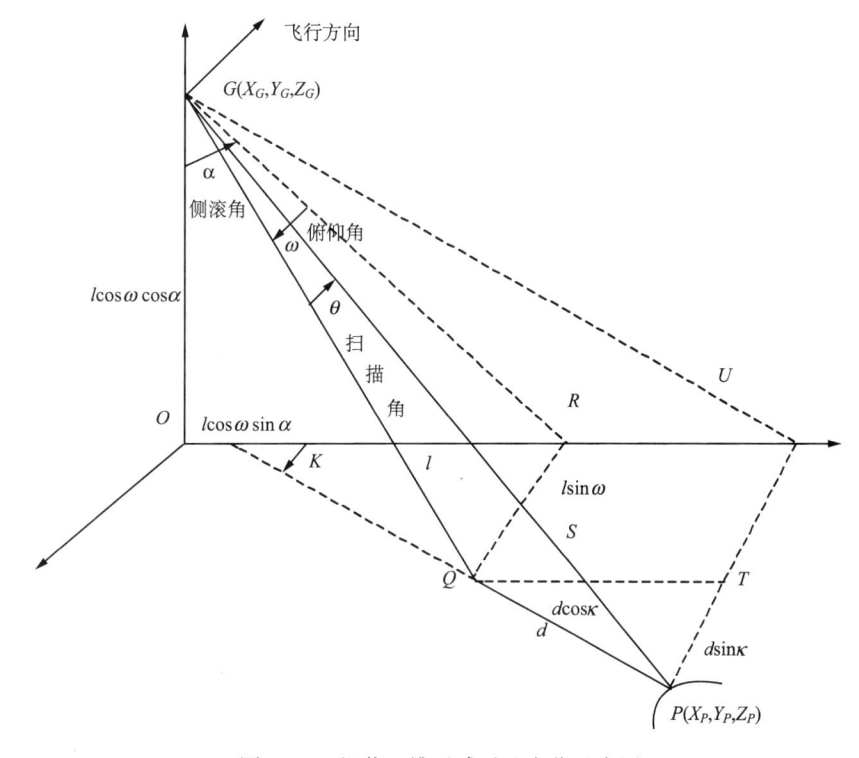

图 6-14 机载三维遥感对地定位示意图

量装置测出偏航角 κ,测滚角 α,俯仰角 ω,扫描激光测距仪测出斜距 S(即 GP 长度),同时成像光谱仪测出对应于该地面点的像元信息 H。首先根据一个扫描周期内,激光测距点 P 对应的像元与扫描周期内中间像元(即所谓的机下点 Q)之间的夹角为 θ,根据矢量求解原理可知地面 P 点的坐标为:

$$\begin{cases} X_P = X_G + \Delta X \\ Y_P = X_G + \Delta Y \\ Z_P = X_G + \Delta Z \end{cases} \tag{6-31}$$

ΔX、ΔY、ΔZ 为地面点 P 相对于扫描投影中心 G 的坐标增量。在图上令 $GQ=t$,$QP=d$,则可知:

$$\begin{cases} \Delta X = l\cos\omega\sin\alpha + d\cos\kappa \\ \Delta Y = l\sin\omega + d\sin\kappa \\ \Delta Z = l\cos\omega\cos\alpha \end{cases} \tag{6-32}$$

式中,α、ω、κ 为三个姿态角,关键在于求解 l 和 d。

在 △QPG 中，根据余弦定理可得：

$$d^2 = l^2 + S^2 - 2lS\cos\theta \tag{6-33}$$

在直角 △QPT 中，有 $QT=d\cos\kappa$，$PT=d\sin\kappa$
在直角 △OQR 中，有 $QR=l\sin\omega$，$OR=l\cos\omega\sin\alpha$
在直线 OUR 中，$OU=OR+RU=OR+QT$，即：

$$OU = l\cos\omega\sin\alpha + d\cos\kappa \tag{6-34}$$

且：

$$PU = PT + UT = PT + QR = d\sin\kappa + l\sin\omega \tag{6-35}$$

在直角 △PGU 中，$GU^2 = GP^2 - PU^2$
把(6-35)式代入得：

$$GU^2 = S^2 - (d\sin\kappa + l\sin\omega)^2 \tag{6-36}$$

在直角 △GOU 中，$GU^2 = OG^2 + OU^2$
把(6-34)式代入得：

$$GU^2 = (l\cos\omega\cos\alpha)^2 + (l\cos\omega\sin\alpha + d\cos\kappa)^2 \tag{6-37}$$

由(6-36)和(6-37)式可得：

$$S^2 - (d\sin\kappa + l\sin\omega)^2 = (l\cos\omega\cos\alpha)^2 + (l\cos\omega\sin\alpha + d\cos\kappa)^2 \tag{6-38}$$

再由(6-33)和(6-38)式联立可解得：

$$\begin{cases} l = S\cos\theta - \dfrac{S\sin\theta}{\sqrt{1-b^2}}b \\ d = \dfrac{S\sin\theta}{\sqrt{1-b^2}} \end{cases} \tag{6-39}$$

其中，$b = \cos\omega\sin\alpha\cos\kappa + \sin\kappa\cos\omega$
把(6-39)式代到(6-32)和(6-33)式便得到三维定位公式：

$$\begin{cases} X_P = X_G + \left(S\cos\theta - \dfrac{S\sin\theta}{\sqrt{1-b^2}}b\right)\cos\omega\sin\alpha + \dfrac{S\sin\theta}{\sqrt{1-b^2}}\cos\kappa \\ Y_P = Y_G + \left(S\cos\theta - \dfrac{S\sin\theta}{\sqrt{1-b^2}}b\right)\sin\omega + \dfrac{S\sin\theta}{\sqrt{1-b^2}}\sin\kappa \\ Z_P = Z_G + \left(S\cos\theta - \dfrac{S\sin\theta}{\sqrt{1-b^2}}b\right)\cos\omega\cos\alpha \end{cases} \tag{6-40}$$

3. 机载三维遥感直接对地定位的实现

实现三维遥感对地定位的条件是，能够精确测定遥感器的空中位置，测定遥感器的三个姿态参数和遥感器到地面目标的距离。GPS定位技术、惯性测量技术和扫描激光测距技术的发展和不断完善可以满足这个条件。利用这三个成熟的单项技术进行集成,就可以实现从空中直接测定地面目标三维位置的设计思想。

(1) 精确测定空中位置的GPS技术。作为美国海陆空三军联合研制的全球定位系统,GPS已于1996年初进入完全运作阶段(FOC),2000年5月1日又宣布取消了SA政策。现在全球任何地方都可以进行三维定位。GPS的定位精度从20m到cm级不等,可应用于空中载体测量和定位。GPS应用于遥感也有10多年的历史,目前机载GPS定位可以达到厘米级的精度,而且考虑了空中应用和系统集成的要求,设计有多种接口和协议。

(2) 测定姿态的惯性测量系统。惯性导航系统应用了加速度计、惯性平台进行姿态测量和定位,它已经应用了数十年,过去由于累计误差大使得精度难以提高,近年来随着各种新型陀螺如激光陀螺、光纤陀螺的应用,尤其是其和GPS进行组合,使得精度有所提高。目前国外利用惯导和GPS组合测定姿态已经达到了15角秒的精度,如加拿大的阿普拉尼克斯(APPLANIX)公司POS系列姿态测量系统,其实时姿态精度为30角秒,事后处理可以达到15~20角秒。我国惯性测量系统的精度与国外还有一定差距,中国科学院李树楷研制的机载三维成像仪中选用的姿态测量装置,是利用平台式惯性测量单元和GPS进行组合。主要利用GPS的三维位置、速度不断对惯性测量的漂移进行积分校正。经过实际检验,其精度可优于100角秒。

(3) 测定飞机到地面空中几何距离的扫描激光测距技术。利用激光测定距离已有很长的历史,机载测距最早于20世纪60年代开始试验,70年代中期在北美开发,但一直到80年代末随着GPS的应用才开始进入实质性的应用阶段。而机载扫描式的激光测距直到20世纪90年代初才成为现实。

6.3.2 机载三维遥感的GPS定位

1. 机载三维遥感对GPS定位的要求

机载三维遥感属于动态飞行作业,要求尽可能得到高精度的遥感器空中三维坐标,因此机载三维遥感中GPS定位应具备如下特点和性能。

(1) 高精度差分GPS定位。机载三维遥感要求采用差分GPS系统,为此必须在测区的坐标已知点上架设一台高性能GPS接收机作为基准站,同时还必须架设数据发射电台,以便把必要的数据发送给作业飞机上的接收电台。为了保证实时GPS定位精度可靠,基准站一般应架设在测区较为中心的制高点上,且远离高压线、水面和大型构筑物等可能对GPS产生多路径影响的干扰源。

（2）GPS 数据和遥感数据的同步联系。为了将 GPS 数据应用于机载三维遥感的定位，就要把 GPS 数据和遥感数据直接联系起来，一般采用 GPS 接收机实时记录遥感扫描脉冲时刻的方法，因此机上 GPS 接收机应该具备实时记录外部脉冲信号时刻的事件标记（Event Mark）功能。这样扫描测距传感器到地面某个像元时会产生同步脉冲信号，GPS 可以立即接受到这个信号并解求出这个时刻在 GPS 时间系统中的时刻（精度可以达到 1 微秒），GPS 接收机可以把这个时刻存储在内存里（如 Trimbel、Ashetech 等测量型 GPS 接收机）。遥感应用中迫切希望能实时从 GPS 接收机中提取定位结果，目前有个别接收机已经具备了这一功能（如 NovAtel 接收机），但还必须精确知道接收机接收到卫星信号时刻到给出定位结果时刻的时间延迟，10 毫秒的延迟对于静态用户是没有多少影响的，但对于飞行速度为几十米/秒到数百米/秒的机载系统却意味着近半米到数米的误差。实时读取定位数据时，必须严格计算这个时间延迟。GPS 在机载三维遥感影像制图系统中的功能联系图如图 6-15 所示。

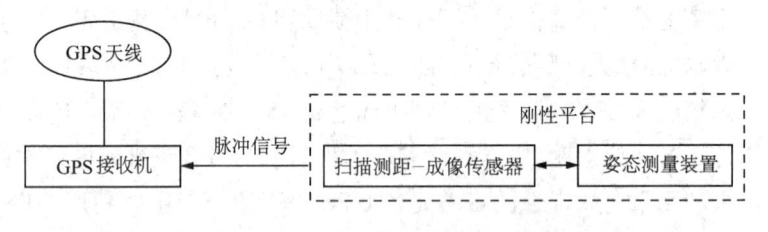

图 6-15　GPS 和机载遥感器的功能联系

（3）适应机载动态飞行作业要求。机载三维遥感系统是一种动态飞行作业环境，GPS 接收机的动态性能要好，一般必须适合遥感平台几十米到几百米/秒的高速度飞行和一定的加速度性能，满足一定的防震、抗震标准；GPS 天线也必须是高动态性能（配备高灵敏的前置放大器），能在高速运动中快速捕获 GPS 信号并尽量保持不失锁。GPS 只能计算出 GPS 所在的位置，它与扫描测距传感器的光学中心位置不可能重合，即偏心矢量，必须在野外精确测定，可以采用近景摄影测量法、经纬仪或全站仪测量法、平板玻璃直接投影测量法等成熟的方法。为了 GPS 数据处理的高精度，GPS 接收机的数据采样间隔越小越好，目前不少 GPS 已经具备了 20Hz 采样率的高速采样功能，即每秒可以给出 20 个定位结果，完全可以满足航空遥感的应用要求。

2. 机载三维遥感的 GPS 数据处理

GPS 数据处理是将 GPS 数据变成符合遥感实际应用的遥感器光学投影中心的位置，它包括如下处理过程（图 6-16）。

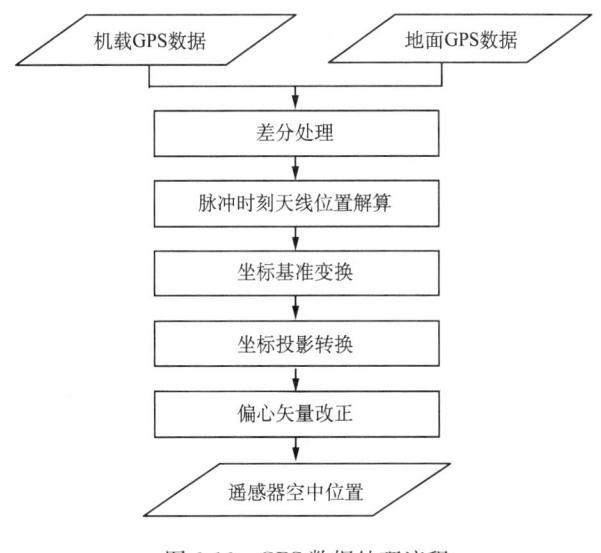

```
机载GPS数据      地面GPS数据
        ↓           ↓
         差分处理
            ↓
      脉冲时刻天线位置解算
            ↓
         坐标基准变换
            ↓
         坐标投影转换
            ↓
         偏心矢量改正
            ↓
        遥感器空中位置
```

图 6-16 GPS 数据处理流程

(1) GPS 的差分处理。为了得到高精度定位结果,一般采用差分技术才能达到 m 级甚至 cm 级的三维坐标。若采用实时差分技术,则必须配备数传电台,同时还要用微机实时记录定位结果。地面基准站 GPS 接收机和机载 GPS 接收机所接收的原始测量数据还能进行事后高精度处理,这样可以作为一种数据备份。事后处理精度常常要高于实时定位。事后差分处理一般利用 GPS 载波相位数据进行动态解算,可以采用搜索算法、卡尔曼滤波算法等一些成熟的算法进行载波相位模糊度计算。目前事后处理速度也很快,且精度能优于几个厘米。

(2) 扫描脉冲时刻 GPS 天线同步位置的解算。由于 GPS 定位只能按固定的某种采样率(如 1 次/秒或最多 20 次/秒)进行 GPS 天线位置的高精度测量和求解,而扫描测距—成像遥感器扫描到某个像元的脉冲时刻是任意的,它与 GPS 给出的测量结果在时间上不能做到严格同步,因此必须根据扫描脉冲时刻 t 等间隔的 GPS 定位结果序列中拟合内插出来。一般可以采用多项式最小二乘拟合算法来精确内插出脉冲时刻的三维位置 (X,Y,Z)。经过多次试验和检测,利用脉冲时刻前后各 5 秒的 GPS 定位结果进行三次曲线拟合处理,完全可以达到厘米级的拟合精度。由于采用了"移动窗口"的序贯算法,运算时间短,4 小时飞行数据只需 5 分钟即可完成,而且精度有保证。

(3) 坐标基准转换。GPS 所有的观测和计算都是以 WGS-84(World Geodetic System 1984)椭球作为坐标参照基准,而中国遥感和制图却普遍采用北京-54 椭球作为坐标基准,为此必须按 Bursa-Wolf 转换模型进行坐标基准变换。

$$\begin{bmatrix} X \\ Y \\ Z \end{bmatrix}_{BJ-54} = \begin{bmatrix} \Delta X \\ \Delta Y \\ \Delta Z \end{bmatrix} + \begin{bmatrix} 1+\Delta k & \varepsilon_Z & -\varepsilon_Y \\ -\varepsilon_Z & 1+\Delta k & \varepsilon_X \\ \varepsilon_Y & -\varepsilon_X & 1+\Delta k \end{bmatrix} \times \begin{bmatrix} X \\ Y \\ Z \end{bmatrix}_{WGS-84} \quad (6-41)$$

其中,ΔX、ΔY、ΔZ 为 3 个原点平移参数,ε_X、ε_Y、ε_Z 为 3 个坐标旋转参数,Δk 为尺度比参数。

这 7 个转换参数一般可从国家测绘部门获得,也可以利用两个坐标参考系内均匀分布的几个公共的坐标已知点进行反求。对于局部地区面积不大(50km 范围内),可以认为 ε_X、ε_Y、ε_Z、Δk 都是 0,从而变成 3 个参数的转换公式。

(4) 坐标投影变换。由于 GPS 测量的结果是空间地心坐标,而制图和测绘中均以平面为基础,为此要将空间地心坐标投影成平面坐标。地图投影方法很多,我国采用高斯—克吕格投影(简称高斯投影)。大地地理坐标(φ, l)还必须进行投影变换而变成高斯平面坐标(x, y)。

$$\begin{cases} x = s + \dfrac{\lambda^2 N}{2}\sin\varphi\cos\varphi + \dfrac{\lambda^4 N}{24}\sin\varphi\cos^3\varphi(5 - \text{tg}^2\varphi + 9\eta^2 + 4\eta^4) + \\ \qquad \dfrac{\lambda^6 N}{720}\sin\varphi\cos^5\varphi(61 - 58\text{tg}^2\varphi + \text{tg}^4\varphi) \\ y = \lambda N\cos\varphi + \dfrac{\lambda^3}{6}N\cos^3\varphi(1 - \text{tg}^2\varphi + \eta^2) + \\ \qquad \dfrac{\lambda^6}{120}N\cos^5\varphi(5 - 18\text{tg}^2\varphi + \text{tg}^4\varphi + 14\eta^2 - 58\text{tg}^2\varphi\eta^2) \end{cases} \quad (6-42)$$

其中,

$$N = \dfrac{a}{\sqrt{1 - e'^2 \sin^2\varphi}}, s = \dfrac{N\lambda''\cos\varphi}{\rho''}, \eta^2 = e'^2\cos^2\varphi$$

$\lambda = l - l_0, a = 6\,378\,245.0, e'^2 = 0.006\,738\,525\,414\,684$

利用此公式的换算精度为 0.001m。l_0 为中央子午线经度。

(5) 偏心矢量改正。由于 GPS 天线相位中心不能与激光扫描测距遥感器光学中心一致,两者之间存在一段距离,即存在偏心矢量,这可通过野外测量可以精确测定出偏心矢量(u, v, w),同时能从姿态测量装置得到该时刻三轴的姿态参数,从而可以按坐标变换公式求出光学中心的三维位置。

$$\begin{bmatrix} X \\ Y \\ Z \end{bmatrix}_{遥感器} = \begin{bmatrix} X \\ Y \\ Z \end{bmatrix}_{天线} - \begin{bmatrix} A_1 & B_1 & C_1 \\ A_2 & B_2 & C_2 \\ A_3 & B_3 & C_3 \end{bmatrix} \times \begin{bmatrix} \mu \\ \nu \\ \omega \end{bmatrix} \quad (6-43)$$

式中，

$A_1 = \cos\varphi\cos\kappa - \sin\varphi\sin\omega\sin\kappa$

$A_2 = \cos\varphi\sin\kappa - \sin\varphi\sin\omega\cos\kappa$

$A_3 = -\sin\varphi\cos\omega$

$B_1 = \cos\omega\sin\kappa$

$B_2 = \cos\omega\cos o$

$B_3 = -\sin\omega$

$C_1 = \sin\varphi\cos\kappa + \cos\varphi\sin\omega\sin\kappa$

$C_2 = -\sin\psi\cos\kappa + \cos\psi\sin\omega\cos\kappa$

$C_3 = -\cos\varphi\cos\omega$

其中的 3 个姿态参数：俯仰角 φ，侧滚角 ω，航向角 κ 由姿态测量装置（惯性导航系统 INS）同步测量给出。

经过上述处理就能得到扫描测距遥感器在扫描时刻光学中心的三维位置。

§6.4 机载三维测量与 DSM 的自动生成

自从 1839 年由达格瑞（Daguerre）和尼普斯（Niepce）拍摄第一张像片以来，利用像片制作像片平面图技术一直沿用至今。1901 年荷兰人福凯德（Fourcade）发明了摄影测量的立体观测技术，使得从二维像片可以获取地面三维数据（X、Y、Z）成为可能。一百多年来，立体摄影测量仍然是获取地面三维数据最精确和最可靠的技术，也是国家基本比例尺地形图测绘的重要技术。

近年来，随着机载激光扫描技术的出现，实时或准实时地获取地表三维数据已成为可能，并在遥感、摄影测量、测绘等领域逐渐得到应用。

LIDAR（Light Detection And Ranging），早期又称 LADAR（Laser Detection And Ranging），是由激光测距部件（发射和接收激光信号）、光机扫描部件、控制处理部件等重要硬件组成。机载 LIDAR 系统是设计安装在飞机上的激光系统，用于获取被测物体的三维坐标，它不仅包括 LIDAR，还必须包括测定激光扫描仪的位置和方位姿态的设备。现在激光 LIDAR 系统多指激光测距优化仪、高精度惯性参考系统和全球定位系统等的集成系统。

现在发展的机载激光三维测量系统或机载激光扫描测图系统多以 LIDAR 技术系统为核心，它严密整合了：

(1) 动态差分 GPS 接收机，用于确定扫描装置的投影中心的空间位置；

(2) 姿态测量装置（一般采用惯性导航系统），用于测定扫描装置的主光轴的姿

态参数;

(3) 激光测距仪,用于测定传感器到地面点的距离。

机载 LIDAR 技术系统的特点是:① 可以通过扫描装置远离机身扫描航线,并沿地面采集点状数据;② 与常规航摄系统相比,常规航摄航带间需保持 60% 左右的重叠,而 LIDAR 系统可自动调节航带宽度,使其精确地与航摄宽度相匹配;③ 其平面精度可达到 1m,其高程精度可达到 15cm,扫描采集间隔可达到 2~12m;④ LIDAR 系统的激光脉冲不易受阴影和太阳角度的影响,从而减少太阳角度和阴影对数据采集的影响,并且其高程精度可不受航高限制;⑤ 利用测量每个激光脉冲从发射源到被测物体表面再返回系统的时间来计算距离;⑥ 航摄时配合动态 GPS 及惯性测量系统 IMU,即可获取脉冲发射瞬间射点的空间坐标及其空间姿态,从而解算出被测物体的三维坐标。

6.4.1 机载激光三维测量系统的工作原理

1. 工作原理

(1) 定位原理:机载激光三维测量系统(包括机载激光扫描地形测图系统和机载激光扫描测距—成像制图系统两类),采用遥感直接对地定位模式,其基本原理是,假设三维空间中一点的坐标已知,如果能够求得这一点到地面上某一待定点的矢量,则地面上待定点的坐标就可以根据端点加矢量的方法求出。这也是遥感直接对地定位的基本原理。对机载激光三维测量系统而言,在获取地面待定点空间坐标的同时,还获取了该点的光谱信息。

(2) 测距原理:激光扫描测量系统大都以脉冲式激光测距原理为基础。与常规的激光测距、机载激光测高、人工激光测距、激光测月等测量原理并无本质区别。不同的只是:机载激光扫描测量采用高重复频率的激光器作为测量光源,变单次(或低重复频率)测量为准连续高速测量。同时,采用扫描方式,使测量光束按设计要求改变测量方向,以满足按一定的格网密度和航带宽度快速采集地形高程或海底水深数据的要求;另外,用于不同目的的激光扫描测量系统,其主要区别也仅在于激光脉冲的峰值功率、脉冲重复频率、激光波长以及处理模型等方面。

(3) 距离量测过程:首先是激光发射,在触发脉冲的作用下,激光器发出一个极窄脉冲(约为几纳秒),通过扫描镜射向地面,同时激光信号被取样得到激光主波脉冲;第二是激光探测,通过同一个扫描镜和望远镜收集地面点的回波光信号;第三是时延估计,对不甚规则的回波信号进行相应的处理,估计出目标的可能时间延迟,给出回波脉冲信号,该脉冲信号的前延就代表目标回波的时延;第四是时间延迟测量,通过距离计数等方法测量出激光回波与激光发射主波脉冲之间的时间间隔。从而得到飞机到地面采样点之间的距离。

同时,航摄时配合动态 GPS 及惯性测量系统,即可获取脉冲发射瞬间射点的空间三维坐标及其空间姿态,从而根据遥感直接对地定位的原理解算出被测物体的三维坐标。

2. 数据获取

机载激光三维测量系统是硬件集成系统,在飞行过程中要获取、记录和处理所需的各种参数和数据以实时获取地表的三维数据。

(1) 多源数据的获取:机载激光扫描测图系统获取的数据包括扫描激光测距数据、动态 GPS 定位数据、图像数据、平台姿态参数、激光点分布模式和行计数等辅助数据,以硬件的方式实时采集、记录和显示,这几种数据流通过某种同步信号联系起来,以便进一步的处理。一般是数据格式器以扫描仪的同步发生器——光电编码器产生的码信号为基准将测距数据、定位数据、姿态测量参数、图像数据以及辅助数据融合成数据流格式,通过二进制位并行、字节串行方式输至数据记录器和移动窗显示器。主要通过 GPS 数据的处理过程获取待测点的三维坐标。

(2) GPS 数据的处理:GPS 数据的处理是将 GPS 数据变成符合遥感实际应用的遥感器光学投影中心的位置。经过 GPS 的差分处理、扫描脉冲时刻 GPS 天线同步位置的解算、坐标基准转换、坐标投影变换、偏心矢量改正等一系列处理,就能得到扫描测距遥感器在扫描时刻光学中心的三维位置。

(3) 计算激光测距点的三维坐标:设遥感器在空中的投影中心 G 点由 GPS 测出位置 (X_G, Y_G, Z_G),姿态测量装置测出偏航角 κ,侧滚角 a,俯仰角 ω,扫描激光测距仪测出斜距 S。首先根据一个扫描周期内,激光测距点 P 对应的像元与扫描周期内中间像元(所谓机下点 Q)之间的夹角为 θ,根据矢量求解原理可知地面 P 点的坐标为:

$$\begin{cases} X_P = X_G + \left(S\cos\theta - \dfrac{\sin\theta}{\sqrt{1-b^2}}b\right)\cos\omega\sin a + \dfrac{S\sin\theta}{\sqrt{1-b^2}}\cos\kappa \\ Y_P = Y_G + \left(S\cos\theta - \dfrac{\sin\theta}{\sqrt{1-b^2}}b\right)\sin\omega + \dfrac{S\sin\theta}{\sqrt{1-b^2}}\sin\kappa \\ Z_P = Z_G + \left(S\cos\theta - \dfrac{\sin\theta}{\sqrt{1-b^2}}b\right)\cos\omega\cos a \end{cases} \quad (6-44)$$

其中,$b = \cos\omega\sin a\cos\kappa + \sin\kappa\cos\omega$

根据此公式便可计算所有待测点的三维位置。

6.4.2 数字地面模型的生成

利用上述以 LIDAR 技术系统为核心的机载激光扫描地形测图系统获取的地表三维数据,通过一定的处理方法,可以快速获得一定区域的数字表面模型(DSM)和数字高程模型(DEM)。

与常规的数字地面模型的数据源不同,机载激光扫描测量系统通过遥感直接对地定位的模式,直接获取地面的密集的激光采样点的三维数据,经过处理后便得到地面目标的三维位置数据,这是生成数字地面模型的直接数据源。

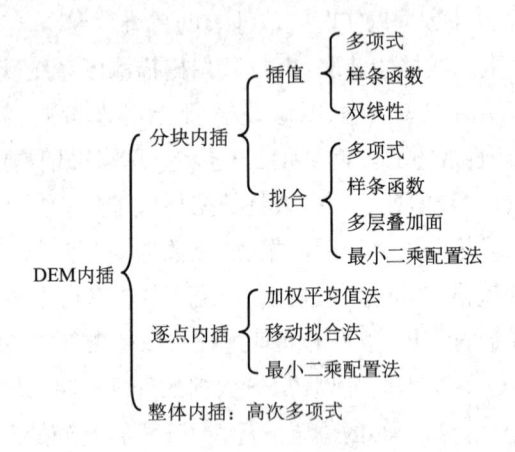

$$
\text{DEM内插}\begin{cases}
\text{分块内插}\begin{cases}
\text{插值}\begin{cases}\text{多项式}\\\text{样条函数}\\\text{双线性}\end{cases}\\
\text{拟合}\begin{cases}\text{多项式}\\\text{样条函数}\\\text{多层叠加面}\\\text{最小二乘配置法}\end{cases}
\end{cases}\\
\text{逐点内插}\begin{cases}\text{加权平均值法}\\\text{移动拟合法}\\\text{最小二乘配置法}\end{cases}\\
\text{整体内插:高次多项式}
\end{cases}
$$

图 6-17 DEM 内插方法分类图

1. 地面高程数据的提取与处理

由于发射的激光遇到地面或地面上的目标即反射回来,按照上述处理所得到的采样点不一定落在地球表面上,可能落在楼房建筑物或树上面,尤其是城市地区、居民地、林地等地方,因此要用分类、滤波处理方法把非地面点分离出来,仅保留地面点数据作为"种子点"来快速生成数字地面模型(若不进行处理可能得到数字表面模型)。这个过程要依靠专门的滤波包括形态滤波或卡尔曼滤波以及内插软件解决。但是目前的滤波软件大都还很不完善,智能化程度较低,有待于进一步研究和开发。

另外由于激光扫描测距仪的能量和重复频率有限,为了能得到高密度的激光测距点,必须采用合适的扫描方式。一般而言,采用圆扫描方式可以得到比较密集的地面激光测距点以提高数字地面模型的精度。

2. 采样点坐标的内插

为了事后处理和航带间的 DEM 拼接,可采用了包含信息头的格网数据结构来表示 DEM。根据一条航带所有的激光采样点即可以得到该航带的 DEM 的数值范围,再依据采样步长即可以计算出该航带 DEM 的高度和宽度。

依据该航带的起点坐标和采样步长(SampleInterval)就可以依次计算所有激光采样点所对应的格网坐标。激光点坐标(X,Y,H)的格网坐标为(I,J,H):

$$\begin{cases} I = (X - \min X)/\text{SampleInterval} & (6\text{-}45) \\ J = (Y - \min Y)/\text{SampleInterval} & (6\text{-}46) \end{cases}$$

仅利用原始地面激光采样点生成的只是粗略的数字地面模型,中间有许多漏点尚需进行内插处理。实际上,有了粗略 DEM 数据后,就可以利用上述的内插或拟合方法中的一种或几种来推求出邻近没有激光采样点的 DEM 值。例如,为了能满足实时、准实时快速处理要求,在原始采样数据也比较密集的情况下,可采用二次多项式的内插方法,内插模型为:

$$H_{\text{interpolate}} = a_0 + a_1 x + a_2 y + a_3 xy + a_4 x^2 + a_5 y^2 \qquad (6\text{-}47)$$

其中,a_0、a_1、a_2、a_3、a_4、a_5 为系数,依据已有的激光采样点进行最小二乘法反求,x、y 为已知采样点的平面位置。内插加密后生成满足精度要求的航带数字高程模型,再如对于"三维成像仪"所获取的三维数据利用多层叠加面插值法加小区插值法生成数字高程模型。

3. 航带间数字高程的拼接

机载激光扫描测量系统,由于旁向扫描视场有限,因此每条航带的 DEM 数据覆盖宽度只有几百米,要完成一定的作业面积就必须飞行多条航线,而且这些航线还必须保持一定的重叠度。但是,由于各种误差的存在和影响,使得两条航带的 DEM 拼接中会存在系统误差和随机误差。为了使测区 DEM 拼接正确,必须通过一定的方法确定(如重叠区域的影像来确定系统误差)和消除航带间出现的系统误差;同时,还必须利用一种变系数的加权平均算法消除随机误差,之所以这样,是因为根据理论分析知道圆扫描的定位误差与扫描角度密切相关,一般在扫描角两侧的误差要大于中心附近的误差。由于飞行的复杂性,两条航线间每行扫描数据的重叠都是不一样的,所以权系数是随每行而变化的,每行中的每个像素也是变化的,这样保证了重叠区到非重叠区的平稳过渡,真正做到无缝拼接。

具体拼接时,根据每条航带各自的 DEM 数据信息头就可以确定重叠区域,然后按行进行自动拼接,重叠区按变权的加权平均进行计算,非重叠区不变。这样便形成了一定区域的 DEM。

6.4.3 地学编码影像的生成

目前,还有一种类型的激光三维测量系统——机载激光扫描测距—遥感影像制图系统,它不仅能生成 DEM,而且能同步直接生成地学编码影像(或称正射影像),因此该系统直接获取了地表的三维遥感信息。

1. 机载激光扫描测距—遥感影像制图系统的组成与原理

系统采用多波段遥感成像与激光扫描测距共用一套主光学系统,实现激光测距点与相应像元时、空匹配,直接得到图像像元三维地理坐标的技术系统。用多波段图像数据作目标识别,使采用其他技术作目标定位的常用专题制图流程简化,并以几何级数提高遥感应用流程效率,有特殊需要时可成为实时技术系统。

信息获取子系统是一套集光机扫描成像技术、激光测距技术、GPS 导航定位技术、姿态测量技术、数据传输和存储技术和计算机技术等技术于一体的高技术产品。系统由三部分组成,其中的导航定位和姿态测量部分与机载激光地形测量系统相同,两者最大的区别是将激光测距仪与多光谱成像仪共用一套主光学系统,构成激光测距/成像组合遥感器。激光测距仪的激光发射、接收和光谱成像都由同一个扫描反射镜实现视场扫描,激光回波信号和光谱成像利用同一个望远镜系统接收,采用多视场光栏及分色器件将它们送到相应的探测器。各种探测器视场的严格重合,是实现激光测距点与成像点准确位置匹配的重要技术。

2. 三维遥感信息数据的获取

飞行后获取激光测距、光谱成像、姿态测量、GPS 4 种主要的原始数据,这些数据具有如下的特点:姿态数据与相应扫描行的光谱数据匹配;光谱图像上每隔固定像元数、扫描行数有一个与相应像元时空匹配的激光测距数据;记录在 GPS 数据串中的脉冲时间标记在时间上,与发出脉冲的相应行的中心像元成像时刻匹配。这 4 种数据的信息处理流程,首先是依前所述的直接空—地定位模式作定位处理,生成 DEM 和地学编码影像(或称正射影像图);其次在定位理论的基础上再作目标属性识别与分类的定性处理;最后制作出专题数据。这与常规的生成 DEM 和正射影像图的作业流程有很大差异。

激光测距/成像像元点对的三维坐标获取与机载激光扫描地形测绘系统相似,可通过 GPS 数据处理、坐标变换和计算等过程而得到。

3. 地学编码影像的生成

地学编码影像是将遥感图像按地学规律分别予以有序编码,一般按地理坐标予以相应的编码,同时在图像上增加以地理坐标格网化的其他影像信息、背景信息,构成一种数字信息序列。单纯的遥感影像信息,可称之为数字正射影像图或具有准确地理位置并按地理坐标格网化的遥感影像。

以计算出的激光测距/成像像元"点对"作为样本点,经拟合可内插出 DEM 和地学编码图像。根据两者叠加和投影差改正的需要,内插步长取等值。拟合内插的方法的选择取决于地形复杂程度、精度要求以及"点对"的密度。一般来说,与通常采用地形图数值化后生成 DEM 的拟合内插方法没有区别,与利用共线方程式对卫星作几何精纠正时的拟合内插重采样方法没有区别。不同的是激光测距/成像像元点"点对"是已具有三维坐标的像元,其本身不存在投影差改正。生成 DEM 和地学编码图像一般有随机型正变换和地理坐标格网化逆变换两大类方法,通常采用后者生成 DEM 和地学编码图像。

地理坐标格网化逆变换是指利用"点对"的图像坐标(I,J)和"点对"的三维地理坐标(X,Y,Z),依一定的数学模型建立图像空间与地理坐标空间之间的变换关系式,依此关系式有一组(X,Y),即可内插出相应的图像坐标(I,J),将此坐标(I,J)像元的灰度放到(X,Y)位置上。若 X、Y 按一定步长的地理坐标格网顺序的取图像坐标的灰度,那么即形成地理坐标格网化排列灰度图像。按图像种类和地形起伏又可分为两类,即全区逆变换和分区线性内插逆变换。

随机型正变换是指直接求每个像元的三维地理坐标(X,Y,Z),并将相应像元灰度按解算出的三维地理坐标排列在地理坐标空间的过程。

不论哪类生成地学编码图像的方法,最终灰度插值或重采样是必须的步骤。这是因为由于飞行速度的变化、飞行姿态的变化等使得按行扫描得到原始图像并不能将地面完全覆盖,中间有一些点不能扫描到,即产生"漏扫描"现象。通常有三种灰度插值方法,即三次卷积法、双线性内插法、最近邻内插法等。三次卷积法精度高,插值后的图像可视性好,但计算量大,且灰度值本来是地物波谱辐射、反射能量大小的一种尺度,三次卷积法破坏了原图像的灰度分布,影响目标识别时的可信度,双线性内插值同样存在这一问题;作为遥感图像,定位准确是必须的,不破坏目标属性识别的灰度值同样重要。因此,最近邻插值法常用于地学编码图像的生成。

由于机载激光遥感影像制图系统航空作业时,与常规航空摄影作业一样,会有旁向重叠、多航线飞行的现象,因此一个测区的遥感地学编码图像必须通过航带地学编码影像镶嵌而成。但是由于存在系统误差和随机误差,必须采用一定的误差技术处理,以保证航带间图像拼接的精度。具体拼接时,根据每条航带各自的影像数据信息即可确定重叠区域,然后按行进行自动拼接,重叠区域按变权的加权平均进行计算,非重叠区不变,这样保证了重叠区到非重叠区的灰度的平稳过渡,真正做到无缝拼接。

参 考 文 献

[1] 陈烽. 机载激光测深中激光传输通道的光学特性. 应用光学,2000,21(3):32-38.

[2] 陈烽,陈良益,薛鸣球. 机载激光测深海洋传输通道的吸收和散射特性分析. 光子学报,1997,26(6):561-565.

[3] 陈建新,姜兴山等. CO_2 激光成像雷达扫描技术的发展. 激光与光电子学进展,1997,(7):31-34.

[4] 黄漠涛,翟国君,杨锡君等. 多波束和机载激光测深位置归算及载体姿态影响研究. 测绘学报,2000,29(1):82-88.

[5] 江月松. 机载GPS、姿态和激光扫描测距集成定位系统的精确定位方程、误差分析与精度评估. 遥感学报,2001,5(4):241-247.

[6] 金国藩,李景镇等. 激光测量学. 北京:科学出版社,1998.

[7] 李树楷. 遥感时空信息集成技术及其应用. 北京:科学出版社,2002.

[8] 李树楷,薛永琪等. 高效三维遥感集成技术系统. 北京:科学出版社,2000.

[9] 李英成等. 快速获取地面三维数据的LIDAR技术系统. 测绘科学,2002,27(4):35-38.

[10] 李志林,朱庆等. 数字高程模型. 武汉:武汉大学出版社,2001.

[11] 刘基余,李松. 机载激光测深系统测深误差源的研究. 武汉测绘科技大学学报,2000,25(6):491-495.

[12] 徐启阳,杨军,杨克诚等. 船载与机载激光测深的比较. 海洋通报,1995,14(4):19-25.

[13] 徐启阳,杨军,朱晓等. 机载激光测深回波信号的处理和研究. 光子学报,1996,25(9):788-792.

[14] 尤红建等. 基于机载三维成像仪快速获取数字地面模型. 测绘工程,2003,12(2):14-16,33.

[15] 尤红建,李树楷等. 适用于机载三维遥感的动态GPS定位技术及其数据处理. 遥感学报,2000,4(1):22-26.

第七章 GPS 与 GIS 的集成

GPS 与 GIS 由于功能上存在明显的互补性,将它们集成在一个统一的平台中,其各自的优势才能得到充分发挥。从 20 世纪 90 年代开始,随着"3S"集成日益受到关注和重视,GPS 与 GIS 集成从技术和应用上均进入了新的发展阶段。两者的集成不仅能充分发挥其各自的优势,而且能够产生许多新的功能。如果说 GPS 和 GIS 技术的单独应用提高了空间数据获取和处理的精度、速度和效率,那么两者的集成优势更表现在其动态性、灵活度和自动化等方面。动态性是指数据源与现实世界的同步性、不同数据源之间的同步性以及数据获取与数据处理的同步性。灵活度是指用户可以根据不同的应用目的来决定相应数据采集和数据处理,建立二者之间的联系以及反馈机制,从而以最恰当的方式完成指定的任务。自动化是指集成系统能够自动完成从数据采集到数据处理的各个环节,不需要人工干预。以上各种优势不同程度地反映在各种具体的集成模式中。

GPS 技术正沿着卫星系统性能改进、接收机性能改进和导航定位方法完善三个方向发展。20 世纪 90 年代开始,GIS 用户呈几何级数攀升,这为 GPS 与 GIS 的集成奠定了良好的技术和应用基础。

GPS 与 GIS 集成的技术基础是计算机技术,数学基础是统一的坐标系统,集成应用主要在于利用 GPS 对 GIS 数据进行更新以及 GPS 与 GIS 结合的车载导航。本章对上述几个方面进行了阐述。

§7.1 GIS 数据的空间参考系统

7.1.1 坐标系和高程基准

1. 坐标系统

目前我国常用的坐标系有北京-54 坐标系和西安-80 坐标系以及 WGS-84 坐标系。地方的独立坐标系大多数是由北京-54 坐标系或西安-80 坐标系发展而来。

1) 1954 北京坐标系

建国初期，由于特定历史条件，20 世纪 50 年代，在我国天文大地网建设初期，采用了克拉索夫斯基椭球元素，并与前苏联 1942 年普尔科沃坐标系进行联测（水准面不同），经计算建立大地坐标系。

我国所测 4 万个一、二等三角点和十几万个三、四等三角点以及以这些控制点为根据所完成的各种基本地形图均属于 1954 北京坐标系统。但该坐标系统存在如下主要缺陷：

① 克氏椭球的长半径比用现代方法精确测定的长了 100 多 m；

② 定位后的参考椭球面与我国大地水准面符合较差，由西向东存在系统性倾斜，东部经济发达地区的差值可达到几十米，给距离造成的影响约为 1/10 万；

③ 该系统提供的大地点坐标是通过分区局部平差逐级控制求得，往往使得不同年代、不同单位、不同时段测算出的成果出现矛盾，误差累积较大。

2) 1980 西安坐标系

1982 年我国完成了全国天文大地网整体平差，建立了新的坐标系统，称为 1980 西安坐标系，其参考椭球采用 1975 IUGG 第 16 届大会推荐的地球参数（简称 IAG-75 椭球）。

IAG-75 椭球参数精度较高，与 IAU（1976）天文常数系统中的地球椭球参数完全一致，在椭球定位上，以我国范围内高程异常平方和最小为原则，与我国大地水准面吻合较好。

该坐标系是参心坐标系。Z 轴平行于由地球地心指向 1968.0 地极原点（JYD）的方向；大地起始子午面平行于格林尼治天文台子午面，X 轴在大地起始子午面内与 Z 轴垂直指向经度零方向；Y 轴与 Z、X 轴构成右手坐标系。坐标系也具有 a、GM、$J2$、ω 四个基本常数。

1980 年国家大地坐标系建立以后实施了全国天文大地网整体平差。

3) WGS-84 坐标系

WGS-84（Word Geodetic System 1984）坐标系是美国国防部研制确定的大地坐标系，是一种协议地球坐标系。WGS-84 坐标系的定义是：原点是地球的质心，空间直角坐标系的 Z 轴指向 BIH（1984.0）定义的地极（CTP）方向，即国际协议原点 CIO，它由 IAU 和 IUGG 共同推荐。X 轴指向 BIH 定义的零度子午面和 CTP 赤道的交点，Y 轴和 Z、X 轴构成右手坐标系。WGS-84 椭球采用国际大地测量与地球物理联合会第 17 届大会测量常数推荐值。4 个基本常数为：长半轴 a、地心引力常数 GM、正常化带谐系数 J2、地球自转速度 ω。由该 4 个常数可进一步计算出第一、第二偏心率和扁率。GPS 单点定位的坐标以及相对定位中解算的基线向量属于 WGS-84 大地坐标系，因为 GPS 卫星星历是根据 WGS-84 而建立起来的。

4）ITRF 坐标框架

国际地球参考框架 ITRF(International Terrestrial Reference Frame)是地心参考框架。由空间大地测量观测站的坐标和运动速度定义。

ITRF 实质上是一种地固坐标系，原点在地球体系的质心，以 WGS-84 椭球为参考椭球。

ITRF 常用于高精度的 GPS 定位。中国国家 GPS 网数据处理的坐标参考系采用了 ITRF。根据国际大地测量协会(IAG)的推荐，中国国家 A 级及 B 级 GPS 大地控制网的全部数据处理置于 ITRF 坐标参数系中进行。动态定义的 ITRF 坐标框架，顾及了地壳运动和极移等地球动力学诸因素，它是高精度大地控制网所必须依附的坐标体系，同时，采用这一体系也便于继续和全球其他各种大地、天文和地球物理数据进行拼接。

5）地方坐标系统

地方坐标系统是指某个城市(区域)所建立的与国家坐标系统相联系的、相对独立和统一的坐标系统。"城市测量规范"规定，"城市平面控制测量坐标系统的选择应以投影长度变形值不大于 2.5cm/km 为原则，并根据城市地理位置和平均高程而定。"也就是要求控制网边长归算到参考椭球面(或平均海水面)上的高程归化和高斯正形投影的距离改化的总和限制在一定数值内，使实测平距接近于由控制点平面坐标反算的边长，以满足城市 1：500 比例尺测图和市政工程放样的需要。一般地说，地方坐标系统采用高斯正形任意带投影，投影于抵偿高程面、平均海水面或区域平均高程面上，并经坐标的平移旋转而形成。

2. 高程基准

地面点到大地水准面的高程，称为绝对高程。如图 7-1 所示，P_0P_0' 为大地水准面，地面点 A 和 B 到 P_0P_0' 的垂直距离 HA 和 HB 为 A、B 两点的绝对高程。地面点到任一水准面的高程，称为相对高程。图中 A、B 两点至任一水准面 P_1P_1' 的垂直距离 HA' 和 HB' 为 A、B 两点的相对高程。

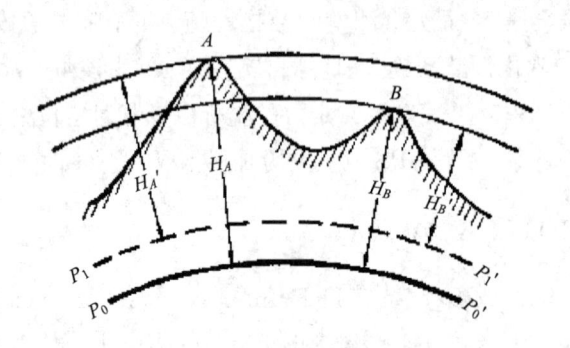

图 7-1　地面点的高程

高程基准是推算国家统一高程控制网中所有水准高程的起算依据，它包括一个水准基面和一个永久性水准原点。

水准基面，通常理论上采用大地水准面，它是一个延伸到全球的静止海水面，也是一个地球重力等位面，实际上确定水准基面是取验潮站长期观测结果计算出来的平均海水面。

1) 1956 年黄海高程系

中国以青岛港验潮站的长期观测资料推算出的黄海平均海面作为中国的水准基面，即零高程面。中国水准原点建立在青岛验潮站附近，并构成原点网。用精密水准测量测定水准原点相对于黄海平均海面的高差，即水准原点的高程，定为全国高程控制网的起算高程。

2) 1985 年国家高程基准

基准面为青岛大港验潮站 1952~1979 年验潮资料确定的黄海平均海面。新老高程基准相差仅 29mm。

但需要说明的是这一高程基准面只与青岛验潮站所处的黄海平均海水面重合，所以我国陆地水准测量的高程起算面不是真正意义上的大地水准面。要将这一基准面归化到大地水准面，必须扣掉青岛验潮站海面地形高度。初步研究表明，青岛验潮站平均海水面高出全球平均海水面 0.1m，比采用卫星测高确定的全球大地水准面高 (0.26 ± 0.05)m。

在我国的一些地区，还同时采用其他的高程系统，如长江流域习惯采用吴淞高程基准、珠江地区习惯采用珠江高程基准等。

3. 大地坐标系的发展过程

我国大地坐标系的发展经历了由参心坐标系到地心坐标系的过程。北京-54 与西安-80 均属参心坐标,最大特点是短距离精度高,密度大,使用时间长。但具有局部性,精度只有 $10^{-5}\sim 10^{-6}$。而地心坐标系具有 10^{-7} 的精度。地方坐标系的特点是相互独立、使用方便,但与地心坐标不发生联系,与国家坐标系的关系也不精确。要在维持坐标系统连续性和相对稳定性的基础上,保持坐标系统的先进性、科学性和实用性。最终目标是建立我国海陆空统一的、高精度的、具有一定密度的、与世界坐标系接轨的大地坐标系。纵观科学技术的发展和应用需求的更新,我国的参心基准必将被动态连续和高精度的地心基准所取代,这是地理信息产业整体化发展的必然要求。

地心基准是现代大地测量的一个标志。空间大地测量在我国大地测量技术中的主导地位已使我国的区域性大地测量直接或间接地纳入到全球大地测量的范畴,并使参考基准从二加一维发展到三维或四维成为现实。而 1980 年国家大地坐标系只是 20 年前局部定位的结果,此后的 20 年正是我国空间大地测量飞速发展的时期。对比这一时期前后的大地测量理论和技术状况,可见其差距很大。从现势性方面看,1980 年国家大地坐标系是以 50 年代布设的一等锁为时间历元的,至今该基准在西部的点位漂移已达 m 级,东部达 dm 级。因此,在我国大地测量的发展历程中,1980 年国家大地坐标系的实际应用只能作为一个过渡。

从用户的应用需求来看,采用地心基准能使综合集成的地理信息应用简单化(不需转换接口),并能确保地理信息在种类、空间、时间等方面的"无缝"衔接。地心基准的实施是地理信息产业整体化发展的必然要求。

(1)导航等集成应用的要求。当前和未来大多数地图(含空间数据库)的用户是与卫星导航应用相联系的,如车载导航系统、动态指挥和管理等。以地心基准作为地图的数学基础,能使 GPS 等空间导航结果直接在地图平台上定位。这一应用需求与过去是不同的。过去人们使用地图只是关心相对位置,而非绝对位置,例如依据独立地物、居民地等判断位置和方位。当然,用户并无地心基准的需求。除不同种类地理信息的集成应用外,不同区域、不同时间的地理信息参考于同一基准后,同样能直接相互叠加,从而避免了附加的转换接口。

(2)地理信息的应用在空间域上的整体性要求。地球是一个整体,而社会和技术的发展,将使地理信息的应用打破以国界为应用范围的传统模式而扩展至整个地球空间。以地心基准为参考是这种转变得以实现的基础。时态数据库要求参考基准能长期维持。另一方面,数字化时代控制点的高精度信息均可在空间数据库中保存,而手工模拟地图上所表示的控制点精度则受制于绘图精度。即数字地图并不损失高精度基准的信息量,相反,高精度基准的采用还会扩展空间数据库在地学研究中的应用价值。参心基准是静态基准,而地心基准则可长期维持。在 GIS 中,历史信息、当前信息和未来信息应参考于同一基准,这就要求基准系统在时间域上是连续的。动态地心参考系能模拟地壳构造因素引起的位置漂移。虽然,在制图应用等场合 20~30 年内可不顾及这项影响,但一旦要考虑此项影响,地心基准可确保系统连续,而不会产生像今天我们要取代 1954 年北京坐标系那样所面临的一系列困惑。

(3)地心基准是确保海图与地形图间"无缝"拼接的前提条件。国际海道测量局已确定以 WGS-84(1994 年起该系已与 ITRF 一致)作为海图的基准,将各国海图统一为地心基准在航海应用中的现实意义是不言而喻的。如能使地形图的基准与海图一致,则有利于近海岸的舰船和航空导航。否则,导航系统与地图平台、海图与地形图之间均存在着额外的外部转换。国际组织提出的跨国界洲际 GIS、全球测图等计划的实施需要以地心系为基准。高动态大地测量技术可确定遥感平台的瞬时地心坐标,这表明遥感信息将直接参考于地心基准。GPS 广域差分技术已使控制点随测随用成为现实,所对应的基准为地心系且要求在时序上连续,即不同时期所测的点应属于同一系统。

7.1.2 参考系统间的坐标转换

1. 坐标转换的基本概念

椭球面是大地坐标系统中比较重要的概念。从大地测绘的角度来看,地球不是一个标准的椭球体,理论上的椭球面只是对地球表面的近似,在定义的坐标系统中,任何点 P 的位置都可以用 (B,L,H) 来表示:B 称为大地纬度,为过 P 点的椭球面法线与 XOY 平面的夹角;L 称为大地经度,为过 P 点和 Z 轴的平面与 XOY 的夹角;H 称为大地高程,为 P 点到椭球面的最短距离。参见图 7-2,图中示意了 $P(X,Y,Z)$ 与 $P(B,L,H)$ 的几何关系。

1980 年我国采用新的椭球常数并重新定位 Z 轴和 X 轴的方向,称为 80 国家大地坐标系。地球面、WGS-84 坐标系、国家坐标系的关系参见图 7-3。

54 坐标系和 80 坐标系的水准面均以 1956 年青岛验潮站求出的黄海平均海水面为基准,按照我国天文水准路线推算出来。P 点到水准面的最短距离称为水准高(正高 Hg),由于水准面和椭球面不一致,H 和 Hg 会相差一个大地水准面差距 N。

平面坐标系统转换主要是地方独立坐标参照系及其与国家标准平面坐标系统(54 坐标系、80 坐标系)之间的转换,需要根据坐标系各自的椭球参数推算出对应的坐标转换公式。

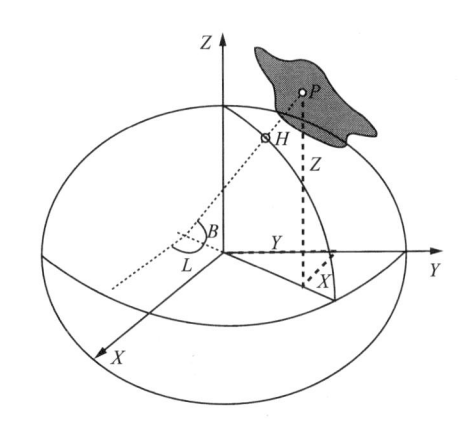

图 7-2　(X,Y,Z) 与 $P(B,L,H)$ 的几何关系

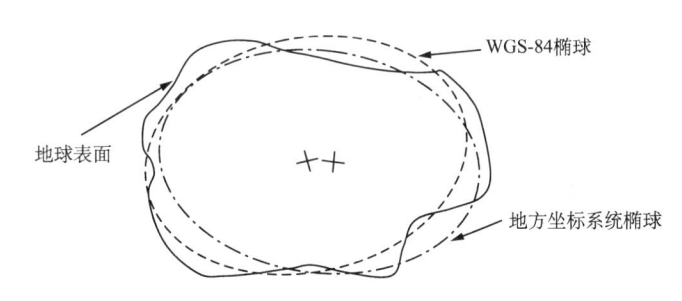

图 7-3　地球表面、WGS-84 坐标系、国家坐标系的关系

坐标转换可分为相同投影面上的坐标转换和不同投影面上的坐标转换。

GIS 系统中的基准面通过当地基准面向 WGS-84 的转换七参数来定义,转换通过相似变换方法实现。假设 X_g、Y_g、Z_g 表示 WGS-84 地心坐标系的三坐标轴,X_t、Y_t、Z_t 表示当地坐标系的三坐标轴,那么自定义基准面的 7 个参数分别为:3 个平移参数 ΔX、ΔY、ΔZ 表示两坐标原点的平移值;3 个旋转参数 ε_x、ε_y、ε_z 表示当地坐标系旋转至与地心坐标系平行时,分别绕 X_t、Y_t、Z_t 的旋转角;最后是比例校正因子,用于调整椭球大小。

2. 坐标表示的基本方法

目前大致有三种坐标表示方法:经纬度和高程,空间直角坐标,平面坐标和高程。

我们通常说的 WGS-84 坐标是经纬度和大地高程,北京-54 坐标是平面坐标和高程。

关于转换的严密性问题,在同一个椭球里的转换是严密的,而在不同的椭球之间的转换是不严密的。举个例子,在 WGS-84 坐标和北京-54 坐标之间是不存在一套转换参数可以全国通用的,在每个地方会不一样,因为它们是两个不同的椭球基准。

那么,两个椭球间的坐标转换应该是怎样的呢?一般而言比较严密的是用七参数法,即 X 平移、Y 平移、Z 平移、X 旋转、Y 旋转、Z 旋转和尺度比 K。要求得七参数就需要 3 个以上的已知点,如果区域范围不大,最远点间的距离不大于 30km(经验值),可以用三参数,即 X 平移、Y 平移、Z 平移,而将 X 旋转、Y 旋转、Z 旋转、尺度变化 K 视为 0,所以三参数只是七参数的一种特例。

在一个椭球的不同坐标系中转换需要用到四参数转换,计算四参数需要 2 个已知点。

举例说明:一个测区,需要完成 WGS-84 坐标到地方坐标系(54 椭球)的坐标转换,整个转换过程是:

(1) WGS-84 大地经纬度、大地高>WGS-84 空间直角坐标 XYZ>经过七(三)参数转换>北京-54 空间直角坐标>北京-54 大地经纬度>高斯坐标投影>北京-54 平面坐标。

(2) 北京-54 平面坐标>经过四参数转换>地方平面坐标。

上述(1)中,七(三)参数由至少三(一)个已知重合点计算,参数指的是采用相应的"空间直角坐标"和三维坐标转换模型(布尔萨公式)求得。

此外,还有三维的四参数、五参数和六参数等似乎意义不大,远没有七参数与三参数以及二维(平面)的四参数应用广泛。

二维的四参数是通常平面坐标系之间的换算,需要至少 2 个已知重合点计算 4 参数(仿射变换需要至少 3 个联系点)。

对于七参数计算,如 WGS-84 到 80 坐标系的七参数计算,由 80 坐标系的大地坐标 B、L、H(80 椭球高)转换为空间直角坐标时,H 的大小影响转换的 X、Y、Z,从而不同的 H 可以拟合出不同的七参数,但不同的七参数换算的结果却相差很小(基本一致),这说明 H 对于最终的换算结果影响不大。

根据试算,如果将 80 的椭球高 H 加上某个常数(10m),虽然换算的 XYZ 相差较大,但获得的七参数与使用 H 获得的七参数基本一致;如果 80 采用 84 的大地高,计算的七参数与采用 80 的椭球高 H 计算的七参数相差很大,但两者换算结果 XY 差几个毫米,H 差几个厘米。

综上所述,大地高精度主要表现为对于高程的影响,对平面坐标影响较小。这与王解先等人的验算结论是一致的。王解先等在"WGS-84 与北京-54 的转换问题"一文中提出的主要结论为:

(1)GPS测定点可以通过先投影,再用平面转换模型转换到当地平面坐标,高程可以用高程拟合的方法来获取,即平面与高程分别转换得到。这种转换模型数值上稳定,但含有高斯投影变形的影响,只适用于测区范围较小的情况。

(2)GPS测定点通过空间转换,可同时得到平面坐标和高程,通常在测区范围较大情况下使用。采用空间转换模型时,高程的精度对平面坐标的影响很小,且当测区范围较小时,空间转换模型的七参数中,旋转参数和尺度缩放参数与坐标平移参数具有较强的相关性,使得七参数与三参数转换模型的效果相差不大。

(3)鉴于工程施工中需要的是水准高而非大地高,建议使用水准高代替54坐标中的大地高来求空间转换参数,从而可以使GPS测定的坐标直接转换为平面坐标和水准高。这在无验潮水深测量等实时GPS定位应用中使用方便。但应该注意的是空间转换模型是一个几何转换,GPS点通过平移、旋转、缩放变换到54坐标系,公共点内部的结构被认为是刚性的。用水准高代替大地高时,尽管转换模型对高程并不敏感,转换出来的平面坐标不会受大的影响,但大地水准面的不规则性将体现在高程转换残差中,在大地水准面复杂的地区转换出来的水准高精度较低,实际应用时可以通过拟合模型,对高程转换残差进行拟合,在转换出来的高程上加一个修正量以获得精确的水准高。

从某城市基准网的参数拟合和换算结果来看,大地高的换算精度(1~2mm)远远高于高程的换算精度(100mm),这是很自然的,因为大地水准面不是一个规则的曲面。从总体来看,80西安的换算精度高于54北京。坐标y的换算精度(70mm)高于x的换算精度(100mm)。

3. 解算流程

四参数采用高斯平面坐标的拟合方法,即源基准如WGS-84的高斯投影和新基准如西安-80高斯投影坐标的拟合。七参数的拟合计算是在空间直角坐标系中进行的,解算参数流程见图7-4,相应的换算流程见图7-5(以WGS-84换算80西安为例)。

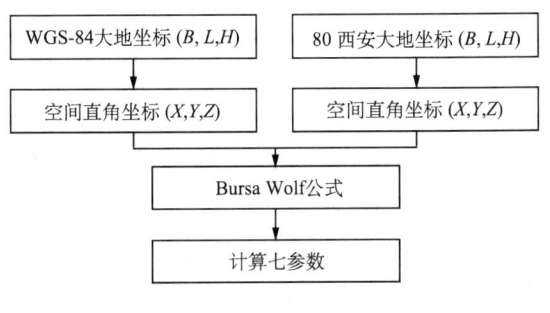

图7-4 计算七参数流程

如果采用其他高级语言求解,则可以使用"求解线性最小二乘问题的豪斯赫尔德变换法"或"求解线性最小二乘问题的广义逆法"。

需要说明的是,三参数是通过空间直角坐标 3 个方向的平移获得的,即 3 个平移参数。这是在假设两个坐标系互相平行,即不存在欧勒角情况下导出的,这在实际情况中往往不可能出现,但由于欧勒角不大,且求算欧勒角的误差与所求欧勒角本身数值属同一数量级,所以,国内外大量的数值均如此处理。这也是七参数与三参数换算结果差异不大的原因。

坐标转换分别采用四参数和七参数等多种参数计算和换算,换算结果表明,二维与三维的换算结果比较相差很小。根据对 50 个点的换算数据统计,对于 80 西安坐标系,二维与三维的换算结果 x 最大差 0.88mm,y 最大差 3.94mm。对于 54 北京坐标系,二维与三维换算结果在 x 方向最大差值为 1.47mm,y 方向最大差值为 3.27mm。一般来说,公共点数量较少时最好使用二维转换模型。

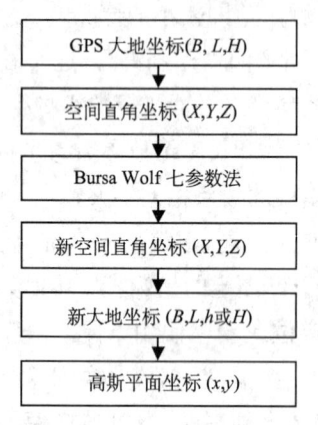

图 7-5 利用七参数换算流程

§7.2 多尺度空间数据库

7.2.1 多尺度空间数据的综合

"尺度"是地理现象相关的最基本但也是难以理解和容易混淆的概念之一,它有多种含义,在这里一般指信息被观察、表示、分析和传输的详细程度。由于不可能观察地理世界的所有细节,而多种地理现象和过程的尺度行为也并非按比例线性或均匀变化,因此需要研究地理实体的空间形态和过程随比例尺变化的规律,这是建立 GIS 多尺度空间数据处理模型表示方法的基础。

由于地理信息的自动综合这个困扰地图学及 GIS 领域的国际性难题至今难以解决,当前的 GIS 数据库为了满足人们浏览空间数据集的不同需求,不得不存储多种比例尺、不同详细程度的空间数据,即同一空间实体的多种表示共存于同一个数据库中,因此会产生大量的数据冗余及相应的一系列弊端,更重要的是在进行跨图幅综合分析时会产生一系列的问题。因此需要寻求合适的空间数据多尺度处理与表示方法,能够通过多尺度的操作,使之从一种表示完备地过渡到另一种表示。这种完备性包括保持相应尺度的空间精度和空间特征,保持空间关系的一致性以及维护空间目标语义的一致性。

目前,自动综合的理论研究主要涉及以下几个方面的内容。

(1) 基于地图信息和地图传输的地图综合理论。由科拉西(Kolacny)和拉塔捷斯基(Ratajski)首次提出,现已为大家所接受。按照这一思想,地图制图过程是一系列的信息转换过程,制图综合的目的和作用就是通过对制图对象的选取、化简、分类、分级和符号化这一系列抽象过程,使地图使用者能更有效、更容易地通过地图获取尽可能多的信息。

(2) 基于认知的地图综合理论。基于认知的地图综合理论认为,认知是地图综合赖以实现的基础。根据认知科学的原理,人类的认知过程包括感知、记忆和想象,具有对所观察的图形进行再组织和再构建的天然能力和需要,而在地图综合过程中,根据人类认知特点与需要建立地图综合原则,将能较好地适应人类读图并解译、理解、记忆和使用地图信息的需要。但就目前的研究状况而言,基于认知的地图综合还远未形成可实际用于地图综合的体系,能解释以往的方法却不能指导现实的作业。这一理论的完善和实用化,尚需实验心理学提供更丰富的经验与理论解释。

(3) 基于感受的地图综合理论。按照罗宾逊(Robinson)等人的观点,地图综合过程分为化简、分类、符号化和归并四种类型,其中符号化是对简化和分类的结果赋予各种标志,从而使地图综合变成视觉可见的。显然,符号化的结果是否符合用图者的感受规律,将在很大程度上影响制图综合的效果。感受理论能够为制图数据的分类分级及其符号化、地物轮廓形状的化简,特别是地图注记的取舍与配置等问题提供理论依据和指导。就目前的研究现状而言,如何合理地安排注记与地图要素之间的关系,使多要素自动综合的表达效果最好,应该是感受理论要回答的问题。

地图自动综合是一个从原始的地图数据库(大比例尺)综合得到较小比例尺的地图数据库,并生成可视化地图产品的过程。它能降低数据采集、存储、检查和更新的费用,并可提高已建成的数据库的潜在价值。自动综合这个研究主题是由托布勒(Tobler)开始的,他提出了一些计算机制图综合处理的基本原则。在此之后,很多学者也进行了相关的研究,提出了很多理论和方法。但在上世纪80年代以前的研究,普遍存在两点不足:一是基本集中在中、小比例尺的范围,而对大比例尺中的面状要素很少涉及;二是研究方法基本局限在某一种算法处理某种要素方面,这样就不可能解决具有连带关系(即空间关系)的制图综合问题。之后,这两方面都有了很大的进展,有代表的是维卡斯(Vicars)与罗宾逊(Robinson)以及穆勒(Muller),他们一方面考虑了大比例尺地图的综合,另一方面也开始考虑采用知识库与专家系统的技术来解决问题。

用于自动综合的方法主要有交互式自动综合和批处理式自动综合两类。其中批处理式综合又包括面向信息的自动综合、面向滤波的综合方法、启发式综合方法、专家系统综合方法、分形综合方法、数学形态学方法以及小波分析综合方法等。虽然现在出现了一些自动综合适用系统,但需要解决的问题还远未解决,如自动综合的模型、算法、知识及其协同应用等问题。还有,为满足空间数据多尺度显示的速度要求,也需在自动综合方法、过程及实现方面作进一步的研究。自动综合的主要方法与技术特点如表 7-1 所示。

表 7-1 自动综合的主要方法及其技术特点

方法	比较项目	基本思想	优点	缺点
交互式自动综合		低层次的任务由软件执行,高层次的任务由人来实现和控制	用户可在系统选项中自由选择被综合的对象和综合所用到的工具	效率低,自动化程度也不高
批处理式自动综合	面向信息的自动综合	原图上信息密度太大的位置,在缩小后的地图上不能保证它的视觉易读性;可通过改变其制图目标的方法,使目标概率增加,而使信息量减少	直观、综合,目标明确	偏重于研究地图的总体信息,而较少地涉及单个制图目标的信息
	面向滤波的综合	当低通滤波时,地图信息的局部高频被消除;反之,则是低频被消除	较适用于简单的曲线光滑处理	不能体现出"舍弃次要、突出主要、区别对待"的思想
	启发式综合	把整个综合优化过程分解为若干个子过程来实现,并把它们分别予以算法化	子过程基本等同于传统制图综合的某些手法(如选取、概括、合并等)	某些概指意味着对某些主要特征的取舍,如海岸线的概括等
	分形综合	用分形几何来描述难以用欧氏几何中的直线、光滑曲线、光滑曲面等来描述的具有多层嵌套的自相似结构	自相似性不随观察尺度的减小而消失	不同的分形体会有相同的分维数,这将导致在综合前对地物的错误识别

地图合并(Map Conflation)是指将同一地区两幅或两幅以上不同的地图合并成一幅图,新生成的地图在某些方面,如点位精度、详细程度或现势性均比原图好。现实世界中,同一地物的数据往往被不同部门重复地采集,由于所用仪器、观测方法不同以及关心的内容有所侧重,这些重复采集的数据不仅比例尺、点位精度可能不相同,而且数据内容、属性信息也都不相同。为了充分利用已有信息,减少数据采集的高额开销,GIS 应用部门经常需要将这些不同来源的地图数据合并在一起使用,这就

产生了地图合并技术。地图合并技术主要用来集成不同来源的空间数据。通常,它可以用来将老图上的属性数据转到精度更高的新图上,通过比较不同时期的地图数据可以进行变化检测,通过同名地物的识别还可以将一个数据库配准到另一个数据库中。而对于建立一个统一的无级比例尺数据库的主导数据库来说,其中的一个难题就是如何将不同地图的数据编辑组织在一起。不同地图间的不一致性,不仅表现在同一地物的位置差异,而且还表现在同名地物匹配出错,其中一个数据库没有相应的地物或者同一地物给出的属性不一致。利用地图合并技术可以将同一地区不同部门提供的地图合并成一个完整统一的地图,从而建立起一个统一的地图/地理数据库。

随着地理信息系统(GIS)应用领域的不断扩展和需求层次的日益提高,人们越来越多地需要在不同分辨率、不同空间尺度上对地理现象进行观察、理解和描述,即越来越多地需要对多尺度的空间数据进行分析、处理和表达,这就导致对无级比例尺GIS需求的出现。由于技术的原因,目前主要是通过重复建库的方法来满足对多尺度数据的需求。但这种方法存在着很大的缺点,例如,造成数据的重复存储、数据更新不方便以及需要更多的时间和费用来建库等。地图自动综合便是解决此问题的最有效途径。同时,为了能够解决在计算机屏幕图形清晰易读的情况下,获得同一目标不同详细程度的信息,也就是获得它们的多尺度信息,便出现了细节层次模型(Level Of Detail,LOD)技术。

LOD技术可以分成与视点无关和与视点相关两大类。一是与视点无关的LOD技术,主要根据不同的误差标准在尽可能保持模型外形的前提下,自动生成不同精细程度的简化网格模型,在绘制过程中,根据视点的位置选择相应的网格模型进行绘制。二是与视点相关的LOD技术,根据视点动态地生成简化模型。目前,国内对LOD技术也开展了一些研究工作。如提出了一种把与视点无关的LOD技术和与视点相关的LOD技术结合起来的实时绘制技术,即先根据应用领域的要求或用户指定的误差范围,用与视点无关的网格简化算法对模型进行处理,再把得到的简化模型提交给与视点相关的网格简化技术来处理,进行实时绘制。

通过对GIS环境下空间数据多尺度特征及其表达的讨论,可以认识到无级比例尺GIS的发展对众多GIS学者来说,是一个很大的挑战。在较长的一段时间里,无级比例尺数据库是我们渴望得到但又很难达到的目的,而自动综合的任务就是挑战这个难题。在目前条件下,由于自动综合的复杂性和困难性,在无级比例尺数据库无法完全实现的情况下,可能的途径只能是根据主导数据库,通过自动综合的手段得到满足不同尺度需要的新数据库,预先存储起来供不同尺度信息显示时使用。同时,面向无级比例尺的空间数据库为解决无级比例尺的信息综合提供了可靠的应用支撑,所以也有必要对空间数据仓库索引技术进行研究。无级比例尺的信息综合不仅需要数据库的支持,而且也需要对无级比例尺统一描述信息的语义、信息的编码、Internet计算环境下空间信息的发布进行深入的研究。此外,对于空间数据的多尺度显示来说,在细节层次模型的研究上,也需要在以下几个方面进行深入研究,如表面属性(如彩色、纹理等)的统一处理、多分辨率模型的管理、视点和视区有关的 LOD 生成和绘制算法、LOD 层次之间的平滑过渡和实时连续 LOD 绘制、基于 LOD 的限时图形绘制、模型近似误差度量标准等方面。

7.2.2 多尺度空间数据的组织

空间数据建设首先要面对多比例尺空间信息集成问题。多比例尺是指一个 GIS 系统中同时存在几种比例尺的空间数据。当系统中包含几种比例尺数据时,GIS 便可以提供不同尺度、不同层次上的空间信息服务。如从小比例尺到大比例尺的图形浏览是一个从区域到对象的空间放大过程。从放大动机上分析,小比例尺空间信息起到了一个信息索引提示的作用。

多比例尺 GIS 的空间数据组织形式主要有两种:一种是动态方式,即在 GIS 中建立一个较大比例尺的主导数据库,而其他层次比例尺的空间数据库从该库中动态派生、综合而来;另一种是静态方式,即在 GIS 中建立能够集成多种比例尺的空间数据库。

(1) 动态方式以某大比例尺空间数据为基础数据,随着比例尺的缩小,系统动态生成其他尺度的空间数据。该方法体现的是一种无级比例尺的概念,它更多地依靠空间数据的分类、分级及数量选取、内容选取和图形概括等自动综合算法。动态派生方式的优点是空间数据库只存储大比例尺空间数据即可,简化了空间数据的组织与管理。缺点是在综合模型不完善的情况下,自动综合有较大的局限性;由于需要进行动态计算,信息浏览速度将受到严重影响。

(2) 静态方式是一种预先构建出多比例尺空间数据体系的方式。若现有空间数据的尺度体系不完备,它强调应首先采取综合的方法综合出所欠缺的尺度数据,然后集成生成一个完整的多比例尺数据体系。该方式的优点是能够充分利用中间尺度的空间数据,使其和传统的制图综合方法相结合,快速地浏览各种尺度下的空间信息。缺点是增大了空间数据的组织和管理难度,增加了存储容量。

人类信息获取实际上是一种有序的方式对思维对象进行各种层次的抽象,以便使自己既看清了细节,又不被枝节问题扰乱了主干,因为"超过一定的详细程度,一个人能看到的越多,他对所看到的东西能描述的就越少"。因此,城市 GIS 既要满足用户对地理环境宏观层面的认识,又考虑到他们有观察局部细节微观层面的要求,这就要求 GIS 应该提供多比例尺的空间信息。

多比例尺动态组织主要是为了减轻空间数据库组织与管理的难度,其出发点是对大比例尺空间数据的自动综合。自动综合被认为是图形综合的最终目标,但目前自动综合理论与方法还存在着一些不足,主要体现在:① 从几何图形的角度,虽然人们在简单图形选取、独立曲线化简等方面设计了一些较好的算法,但这只是纯几何的角度,由于目前对属性信息和几何信息的分别管理,纯几何综合方法还有较大的局限性,如图形的自动合并效果就一直不太理想;② 从空间关系的角度,空间信息的多比例尺体现"区域、景观、图斑单元"的层次关系,空间关系也有尺度效应,空间关系依托于空间实体,它是一种结构或数据,应随着空间实体的剔除、合并而消失或改变,当前图形综合的研究还很少顾及空间关系因素,更谈不上空间关系的自动建立;③ 从属性综合角度,空间信息包括几何与属性信息,因此,图形综合必须配合属性综合,以避免单纯的图形化简,才能够体现目标的数量、质量、重要性指标,当前主要是利用属性信息进行目标的筛选,这是一个物理过程,比较容易自动实现,但随着空间目标的重组、融合,属性信息必然要发生质变,此时自动综合不能保证空间信息语义上的连贯性。

空间数据的多比例尺组织首先是一个分级问题,空间信息分级与人们使用空间信息的习惯密切相关。关于尺度分级的定性研究,比尔(Beer)曾定性地提出了分级的概念模型,即"空间分辨率圆锥"模型。作为概念模型,比尔只是示意了不同分辨率空间数据之间的关系,笼统地要求研究者应对多比例尺表现范围作一个约定,但它并没有给出具体规定。特普费尔在对分级问题的研究中,发现地物要素的选取数量与地图比例尺之间有着密切的关系,并建立了如下开方根模型的基本公式:

$$N_2 = N_1 \sqrt{(S_1/S_2)} \tag{7-1}$$

式中,N_1 为原图地物数量,N_2 为新编图上应选取的地物数量,S_1 为原图比例尺分母,S_2 为新图比例尺分母。许多国家的制图人员针对该公式进行了大量的讨论和试验,趋向性的意见认为:开方根规律对编图实践具有指导意义,特别是对于离散分布的点状(如居民地)和面状(如湖泊群)等要素的选取基本上是正确的。

建设多种比例尺空间数据库时,要建立数据库内部的逻辑联系,使之形成逻辑上无缝的任意比例尺即多种比例尺数据协调的数据库。更小比例尺数据可以通过缩编更新得到,以保持多种比例尺数据的一致性。

在 GIS 中,应该有一个主导数据库,它的主要功能是可以进行多比例尺的表示,这些比例尺一般来说都小于主导比例尺,它不是建立和维护多个比例尺的数据库来对应不同的制图输出,而是直接将主导数据库中的数据转换成较小的比例尺来表示,这是一种更为有效的方式。而实质上,由于空间信息的综合规律难以描述和表达,地理信息的自动综合问题一直是困扰地图学及 GIS 界的国际性难题。当前的数据库为了满足人们的不同要求，不得不存储多种比例尺、不同详细程度的空间数据，即同一空间实体的多种表示共存于同一数据库中。因此，在数据的多尺度表达上，在学术界就会有各种各样的技术来解决目前的问题。

多尺度 GIS 是指在 GIS 系统中存储多种比例尺的空间数据，用户根据需要调用不同比例尺的数据。而现有的 GIS 系统中并没有实现多尺度，其原因在于设计 GIS 软件平台时没有考虑多尺度的数据模型。要加入多尺度功能就必须改变系统的底层结构。近几年来，对多尺度 GIS 研究的内容主要是多尺度数据的组织与管理、多尺度 GIS 的可视化、不同尺度数据的自动生成、不同坐标系的空间数据的统一、不同投影的空间数据的关联等等。

实际上，多尺度 GIS 同样存在着缺点，如数据的重复存储、数据更新不方便以及需要更多的时间和费用来建库等。而无级比例尺 GIS 是以一个大比例尺数据库为基础数据源，在一定区域内空间对象的信息量随比例尺变化自动增减，从而实现一种 GIS 空间信息的压缩和复现与比例尺自适应的信息处理技术。例如，在无级比例尺 GIS 中，如果一个要素如机场被选上后，在大比例尺图上将显示详细的情况，如跑道、建筑物、加油站等；但当用户缩小窗口后，机场综合后将依用户选择的任意比例尺显示出来；进一步缩小窗口，机场的表示甚至只能用机场的符号来表示了。所以，无级比例尺 GIS 是地理信息系统和自动制图系统的最终目标。

由于大量的地学数据随时间的变化在时态上呈现多样性，而空间数据无级比例尺的信息综合，使得这些海量数据在比例尺连续的变化中也呈现了多样性。尤其是在面向无级比例尺的空间数据仓库中，由于维护的空间数据是各种比例尺、各种专题数据的并集，数据量空前巨大，因此建立空间数据库索引将会提高数据查询速度、优化数据存储格式。而 GIS 所涉及的是与多维时空属性相关的数据，所以应在空间数据库、数据仓库和数据挖掘的基础上，通过空间数据引擎对 GIS 信息进行统一的组织和管理，提供高效查询方法，并提高分析和辅助决策的能力。

综上分析，基于大比例尺数据动态地派生出其他尺度的空间信息还存在一定的难度，其综合结果仍需要大量的后续处理，所以它还不能完全取代人工综合。因此，一个实用的 GIS 系统中，为了确保空间信息在各种尺度上的合理性、连贯性，空间数据库应先集成各种尺度的空间数据。

§7.3　GIS 数据库维护与更新

随着 GIS 技术向更深发展，对数据现势性的要求也越来越高。很多 GIS 系统在建立初期，对图库的建设比较重视，一旦图库建成，对库的维护和更新就缺少有效的更新与技术保障机制。但是，GIS 数据库中的地形等要素等几乎每天都在变，因此，GIS 数据库也必须随之经常更新，优质、现势的数据是 GIS 系统的血液。一旦没有新鲜血液，GIS 的功能就会失去其真正的价值而基本成为死库，所有依赖 GIS 作出分析的准确性和可靠性也难以保证。

7.3.1 数据更新手段

1. 航测法更新

航测数字测图是数据获取和大面积更新最主要的方法。随着航测数字测图技术的不断发展和全数字摄影测量系统的应用，航测数字测图方法日益显示其在 GIS 空间基础数据库建立和更新方面的优越性，具体体现在：航片包含的关于地表物体的信息极其丰富，传统的地形制图只是从中提取了部分信息，因此从航片中可以提取不同领域所需的信息；载体飞行后很短时间内即可采集数据，航片信息的现势性高于人工或自动数字化现有图；航片上的信息反映的是地表的原始状况，既未预解译也未作制图综合；从作业速度和经济性角度看，在面积较大的情况下摄影测量方法也优于地面测量方法。此外，在数据更新方面摄影测量方法亦有其优势。

2. 利用遥感图像更新

从图像上提取的矢量数据采用和原始数据库中相同的数据结构加以存储，作为一种新的数据源辅助 GIS 数据库的建立、维护和更新。将原有的 GIS 矢量数据和 SPOT 和 TM 融合后得到的图像在几何位置配准的基础上进行叠加显示，目视发现变化，采用手工编辑的方法实施对 GIS 矢量数据的更新。进入 21 世纪，卫星遥感影像种类增多，影像分辨率提高，1 m 分辨率的卫星影像已实现商业化。因此，应用卫星遥感影像更新城市地图具有广阔的发展空间。

3. 全野外数据采集更新

采用 GPS、全站仪等直接在野外采集要素的空间坐标，然后编辑成图。

上述数据更新方法，均在不同程度上依赖 GPS 技术，其控制目前大多采用 GPS 技术，GPS、RTK 等技术在全野外数据采集中的份额不断加大，GPS 全站仪的不断应用在数据更新方面将发挥更大的作用。

GPS 集成到 GIS 可用于野外，使实时获取野外数据成为现实，从而能及时地得到最新的数据，解决了数据的更新问题。数据更新对 GIS 的成败是决定性的，否则，任何 GIS 分析的结果都将失去其现实的意义。通过 GPS 接收机可以获得精确的地理信息,从而可以获得准确的野外数据,对数据的进一步处理将产生积极的影响。

GIS空间数据更新是通过GIS信息服务平台,用现势性强的现状数据或变更数据更新GIS数据库中非现势性的数据,达到保持GIS现状数据库中空间信息的现势性和准确性或提高数据精度的目的;同时将被更新的数据存入历史数据库供查询检索、时间序列分析、历史状态恢复,为决策管理和研究服务。因此,GIS空间数据更新不是简单删除替换,在更新的同时要记录历史。GIS空间数据更新的实质是空间实体状态改变的过程,即实现由现实世界中的现状的地理实体转变为数据库中的现状实体及由数据库现状实体转变为数据库历史实体两个状态的转变。

7.3.2 实时更新技术

1. RTK 技术

GPS实时动态测量(Real-Time Kinematic,RTK)是在已知点上设置一台GPS接收机作为基准站,并将一些必要的数据,如基准站的坐标、高程、坐标转换参数等输入GPS控制手簿,一至多台GPS接收机设置为流动站。基准站和流动站同时接收卫星信号,基准站将接收到的卫星信号通过基准站电台发送到流动站,流动站将接收到的卫星信号与基准站发来的信号传输到控制手簿进行实时差分及平差处理,实时得到本站的坐标和高程及其实测精度,并随时将实测精度和预设精度指标进行比较,一旦实测精度达到预设精度指标,手簿将提示测量人员是否接受该成果,接受后手簿将测得的坐标、高程及精度,同时记录进手簿。RTK定位测量中,精度随着流动站与基准站距离的增大而降低。所以流动站与基准站之间的距离不能太大,一般不超过5~10km范围。目前国际测绘领域的RTK,无论是单频和双频RTK系统,都采用UHF电台播发差分信号,为了接收到基准站发射的差分信号,要求基准站和流动站之间的天线必须"准光学通视"。这在沙漠、戈壁、沙滩、海岸、平原等地区的几公里范围内,一般都能顺利进行RTK测量。但在城区和丘陵地带则难以成功实施RTK测量。为了提高各点到基准站的距离,应使其能准光学通视,在测量中,事先选择了测区均匀分布的2个以上已知点作为控制点,在其上设置基准站。同时要考虑到基准站上的"净空",即基准站上空无卫星信号的大面积遮掩和影响RTK数据链通信的无线电干扰以及提高基准站天线的架设高度。图7-6是RTK-GPS的系统结构图。

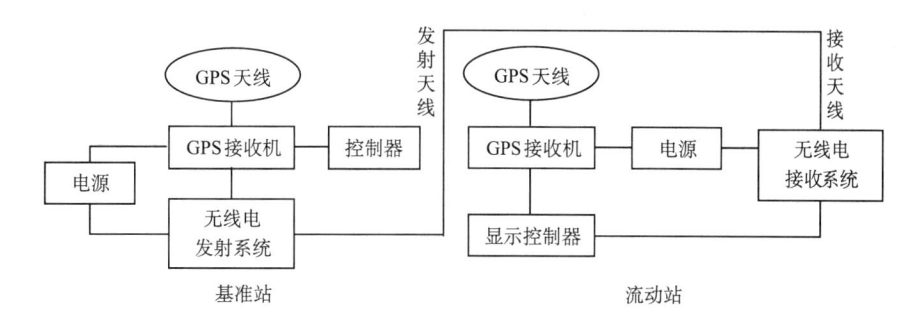

图 7-6　RTK-GPS 系统结构图

RTK 与全站仪联合进行 GIS 数据采集是一种行之有效的新方法。RTK 与全站仪联合进行 GIS 数据采集可以优劣互补。如果仅用全站仪进行 GIS 数据采集,就必须建立图根控制网,这样须投入大量的时间、人力、财力;如仅用 RTK 进行 GIS 数据采集,可以省去建立图根控制这个中间环节,节省大量的时间、人力和财力,同时还可以全天候地观测。由于卫星的截止高度角必须大于 13°～15°,它在遇到高大建筑物或在树下时,就很难接收到卫星和无线电信号,也就无法进行 GIS 数据采集。如果用 RTK 与全站仪联合 GIS 数据采集,上述弊端就可以克服。即在进行 GIS 数据采集时,空旷地区的地形、地物用 RTK 测之,村庄、城市内的建筑物、构筑物用 RTK 实时给出图根点的三维坐标,然后用全站仪测之。这样可以大大加快 GIS 数据采集速度,提高工作效率。

高精度 GPS 实时差分定位 RTK 技术是目前最为广泛使用的测量技术之一,但它的应用受到电离层和对流层影响的限制,使原始数据产生了系统误差并导致以下缺点:

(1) 用户需要架设本地参考站;

(2) 误差随距离增长;

(3) 误差增长使流动站和参考站的距离受到限制(<15km),因而需要建设足够多的流动站;

(4) 其精度为 1cm+1ppm,可靠性和可行性随距离增大而降低。

2. VRS 技术

VRS(Virtual Reference Stations,虚拟参考站)技术把 RTK 技术推向了一个更趋完美的地步。它的实施将改变以往 GPS 作业单打独斗的局面,使一个地区的数据采集等工作成为一个有机的整体,在进一步提高数据精度和可靠性的同时,还降低了建立 GPS 网络的成本。

由于 VRS 技术的种种先进性,一经问世就受到世界各国的广泛关注。与 RTK

技术相比，VRS 主要有以下几个优势：

(1) 增大了流动站与参考站的作业距离，用户作业范围可扩大到 50km，且完全保证精度；

(2) 费用大幅度降低，70km 的边长可使 GPS 网络的建设费用大大降低，按 70km 边长计算，每个三角形可覆盖 2 200km^2 的面积，与建设常规的 RTK 系统相比费用可下降 70%，用户无需架设自己的基准站；

(3) 相对常规的 RTK 测量精度 1cm+1ppm，1ppm 的概念没有了，精度始终在 1~2cm 之间，得到了提高；

(4) 提高了可靠性；

(5) 改进了 OTF 初始化时间；

(6) 测量用户可通过 Internet 获取存储在控制中心的历史改正值用于事后差分；

(7) 应用范围更广泛，包括城市测量、城市规划、GIS、市政建设、交通管理、机械控制、工程监控、船舶车辆导航、公安消防、农业、气象、生态环保等领域。

VRS 系统集成应用了 GPS、Internet、无线通信和计算机网络管理等技术，整个系统由 GPS 固定参考站系统、数据传输系统、GPS 网络控制中心系统、数据发播系统和用户系统五个部分组成。固定参考站负责实时采集 GPS 卫星观测数据并传送给控制中心，它分布在整个网络中。一个 VRS 网络通常包括 3 个以上的固定 GPS 基准站，站与站之间的距离可达到 70km，所有固定参考基准站均与 GPS 网络控制监控中心相连接。

控制中心是 VRS 系统的核心，由 VRS 管理软件、计算机、路由器和通信服务器组成。它接收由固定参考站发来的所有的数据，也接收从流动站发来的概略坐标。GPS 流动站通过数字移动电话网络（如 GSM、CDMA、GPRS 等）向控制中心发送标准的 NMEA 位置信息，告知它的概略位置，控制中心接收信息并重新计算所有 GPS 数据、内插到与流动站相匹配的位置，再向流动站发送改正过的 RTCM 信息，流动站可位于网络中的任何一点，这样 RTK 的系统误差就被减少或得到消除。这样便为一个虚拟的、没有实际架设的参考站创建提供了原始的参考数据。网络控制中心具体执行以下几个重要任务：

(1) 导入原始数据并进行质量检查；

(2) 存储 RINEX 和压缩 RINEX (Receiver Independent Exchange) 数据；

(3) 改正天线相位中心；

(4) 系统误差模型化及估算；

(5) 产生数据，为流动站接收机创建虚拟基站位置；

(6) 产生流动站所在位置上的 RTK 改正数据流;

(7) 发送 RTK 改正数据到野外流动站。

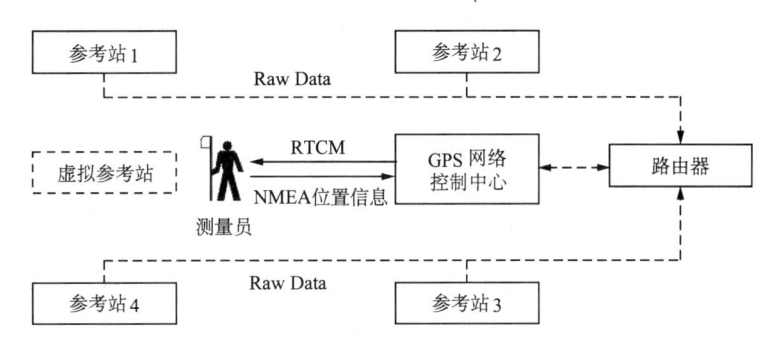

图 7-7　VRS 网络数据流程图

图 7-7 给出 VRS 网络数据的流程图。此外,VRS 系统中,参考站一般需要配置双频 GPS 接收机、大地型 GPS 天线、UPS 电源以及通信线路到控制中心的调制解调器等。GPS 网络控制中心则要求配置路由器、用于数据处理的 PC 机、用于移动电话或广播通信的数据接口服务器等等,图 7-8 即为 VRS 系统硬件结构图。

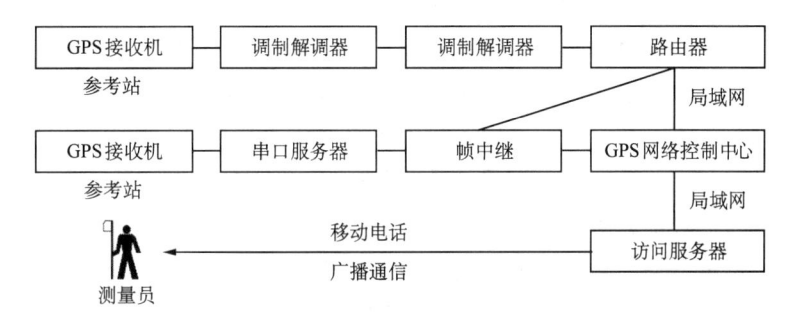

图 7-8　VRS 参考站网络硬件结构图

7.3.3　数据库更新操作

数据更新方式有直接对数据库操作和对底图图形操作更新两种。数据集与图层的区别在于地图图层是在地图窗口中对数据集的可视化表达,因此,数据与图形不能等同。对数据库直接更新,不需要打开图形,而是直接对数据集进行操作,一般用于整体更新特定区域内的一些要素和所有要素。图形界面的编辑操作则一般面向对象,实现局部要素的更新。

1. 区域空间要素的整体更新

区域空间要素整体更新,通常是通过开窗方式更新窗口内的几类或全部空间要素,主要用于区域空间要素变更很大、数据现势性很差的情况。它要求源数据准确度能够得到保证,整体更新成本较高,更新区域可以是标准图幅或行政区单元(权属单位)。数据更新的前提是用于更新的数据与被更新数据位于同一坐标系,使之可叠加分析。因此,坐标匹配是数据更新不可缺少的环节。由于数据源的多尺度性,在实际更新中,一般是同比例更新或用大比例尺数据更新小比例尺数据,因此数据综合也成为数据更新的重要环节。叠加开窗是根据更新数据范围,在数据库确定被更新的区域同时进行数据更新。数据接边处理是编辑处理数据库中被更新区域与周围数据之间的一致性问题。

区域空间要素整体更新的数据源一般以电子数据格式存在,其操作对象是数据集,主要是通过数据集之间的空间叠加分析(Overlay Analysis)实现的。叠加分析是将同一区域内两组或两组以上的要素进行叠加,产生新的空间要素实体,这些要素实体将带有参与叠加的组信息。叠加一般有一个面要素数据集参与。在 GIS 中两个数据集之间的叠加分析主要有求交、取子集、更新三种方式,不同方式在应用中的地位和作用也不同。求交是对两个数据集进行求交处理,生成的数据集中的实体带有两个数据集属性,包括 Intersect、Union、Identity,它们的重要区别在于整个输出数据集范围不同。在数据更新中主要用于获取变更前后两个数据集之间相联系的信息,如变更前后的历史继承关系、变更前后的地类变化信息。

叠加分析中可以通过 Clip 和 Split 实现从输入数据集中提取子集,Clip 提取的子集范围是叠加数据集的范围,Split 是执行一系列 Clip 操作,将一个数据集分割成若干子数据集,在空间信息更新中可用于变更数据源的提取。通过叠加分析,用于更新被叠加数据集的方式包括 Erase 和 Update;Erase 是擦除被叠加数据集中与叠加数据集重叠的区域;Update 是替换被叠加数据集中与叠加数据集重叠的区域,是区域要素整体更新中的主要方式。

在区域要素整体更新过程中,一般首先取子集获取更新数据源,然后求交获取变更继承关系信息,最后擦除基本数据集并更新源数据中数据集覆盖的区域。叠加分析是区域要素整体数据更新中一个关键环节。然而,边界不一致是叠加分析更新数据的产物。因此,数据接边处理与图斑公共边界线处理也是区域整体更新的一个重要环节。由于数据源尺度、数据获取方式等引起的数据精度和准确度的差异,经常出现在数据整体更新时,相邻区域边缘处的地物不一致。数据自动接边处理的关键技术在于边界不一致的自动检测,目前主要通过人工或半自动方法实现。对于位移一般通过加权平均值和平差处理的方法实现自动拼接。在 ArcInfo 中利用提供的 EdgeMatch 交互接边处理工具,将被调整的点拉伸到参考点的坐标位置实现。

由于数据源的尺度不一、获取方式各异,如进行图形综合时采用不同方法,特别是在利用遥感影像获取时,因为分类、判读或分类标准不同,提取的图斑所表达的范围不一致。因此,在区域要素整体更新叠置操作时,图斑间往往不能保持拓扑邻近而出现不重合或叠加现象。图斑边界不一致性遵循以下几条规则:面积较小;形态扁长,周长与面积的平方根较大;组成多边形的弧段仅为两条,而且来自不同的图斑;每个节点关联四条弧段。对于图斑边界线相交型的不一致现象,一般采用精度占优法、面积占优法、公共边界长度占优法或中轴线法,对于拓扑结构数据,ArcInfo 提供的 Eliminate 是实现公共边界不一致性处理的有效方法。分离型不一致现象,一般采用精度占优法或中轴线法。艾廷华提出利用 Delaunay 三角网提取主骨架线实现复杂类型的图斑边界线不一致现象。

2. 局部对象的更新

用于区域局部对象更新的数据源可以有两种方式:电子数据和非电子数据(如直接输入坐标和直接勾绘)。局部更新操作的对象是空间要素、对象,根据空间要素对象之间的相互关系,一般只需要更新点、线和面要素;注记与地物属性紧密联系,可以根据属性实现自动更新。对于局部更新一般参照调查工作底图勾绘,以遥感影像或其他系统的数据作为背景,叠加现状数据勾绘更新。在变更过程中由于不同来源数据的精度不同,经常产生数据不匹配现象,因此,匹配处理是局部更新的重要环节。

拓扑结构数据模型以空间实体间拓扑关系为基础组织管理几何要素。数据拓扑关系以整个管理区域为单位建立,所有涉及空间实体几何属性的编辑、更新操作(如增加、删除、修改地理实体)就必须对整个区域进行拓扑重建,局部更新效率较低。但基于拓扑结构的空间数据更新可以充分享用实体之间的共享边界,减少数据输入量,通过拓扑重建实体之间拓扑关系,保持了图斑的基本特性。面向对象数据模型以对象实体为单位存储管理空间几何要素,强调空间实体的完整性。实体之间拓扑关系是隐含存在的,一般在分析时临时建立。面向对象数据模型局部更新比较方便,对单个实体增加、删除、修改不影响其他要素实体,因此效率较高。但面向对象数据模型实体间不能共享公共点和边界线,需要重复存储,因此在变更编辑过程中很难保持相邻实体间的边界共享,容易产生边界不一致的现象,这要求在数据更新时要充分利用原有边界线或探索不同更新实现方式以满足不同变更的类型。

实体空间关系操作在数据更新中的应用不同于区域要素整体更新。在交互式空间实体图形变更编辑操作中,其操作对象是单个实体,因此,采用的空间分析方法也有差异。整体更新采用数据集之间的叠加分析实现,而单个实体更新通过空间实体之间的空间关系操作实现。单个实体更新主要通过基本实体和实体之间的空间逻辑关系的比较实现分割和合并及其组合操作,所有复杂变更都可以经过相继的两个实体操作实现。如一个图斑分割成四个图斑,可以先分成两个,然后再继续经过两次分割。因此,分析空间实体之间空间关系,有助于变更操作实现。空间实体之间的主要关系有 Equals、Contains、Within、Crosses、Disjoint、Overlays、Touches 等。在用面状实体作参照实现面状实体变更时,有四种基本的空间操作类型。求交(Intersect)是求取同时包含在基本实体与参照实体中的点集合构成的共有面状。异或(Difference)求取基本实体中不包含在参照实体之间的点集合构成的面状实体或求取基本实体中包含在参照实体中的点集合构成的面状实体。以上两种操作主要实现面状实体的分割操作,应用更多的是线面操作实现面实体的分割。合并(Union)是求取包含在基本实体中或参照实体中的所有点形成一个面状实体。相并(And)与合并操作原理相似,区别在于合并是在两个有公共边界线的面状实体之间的操作,而相并可以是两个相离的面状实体相并,相并结果是生成一个复合的面状实体。因此,具有公共边界的两个面实体还可以通过相并操作实现合并。

总体来说,空间数据更新的实现离不开 GIS 空间分析,空间数据库更新要在 GIS 这一地理信息服务平台中实现,由于数据源获取方式、更新操作对象等不同,区域空间要素整体更新与局部更新的实现有着本质的区别。GIS 数据模型对数据更新实现也具有较大的影响,一般而言,拓扑结构更适合整体更新,而局部更新在面向对象模型中更容易实现。此外,在空间数据更新中引入智能捕捉 CAD 制图技术是解决在基于面向对象数据模型系统中边界重合问题的有效方法。

图 7-9 是 GIS 数据库更新的示意图,数据更新一般首先在临时库中操作,然后更新现势库,并将被更新的部分保存到历史库中。

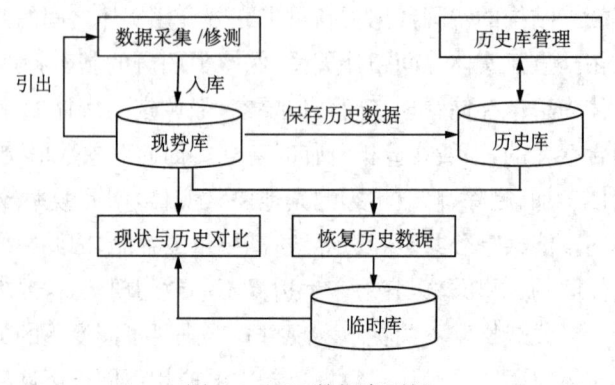

图 7-9 GIS 数据库更新

§7.4 GPS在智能交通中的应用

交通运输是国家的经济命脉,是生产力的重要体现,智能交通则是今后交通发展的一个主流方向。基于计算机、通信、自动化控制、GIS、GPS等高新技术建立的智能交通系统(ITS)可以充分发挥现有交通基础设施的潜力,改善交通安全状况,提高运输效率和经济效益。

作为ITS的重要组成部分,车载导航一直是智能交通的研究热点,它同时也是GIS/GPS集成的一个重要的研究应用领域。GPS定位技术是一种最直接、最经济、最可靠和最成熟的技术。GIS则是ITS应用的重要支撑平台,它所特有的空间数据描述与数据模型、空间数据分析算法、多尺度多时态多种信息源的集成显示与存储管理以及网络信息发布功能等为智能交通提供了有力的技术支持。利用GIS的电子地图,结合GPS的实时定位技术,可以为广大用户提供实时便捷的空间信息服务,如:帮助出行者选择最佳路径,提高效率;为驾驶员提前提供道路信息,例如道路转弯、交通事故易发区的提示,降低交通事故发生率,等等。

从严格的意义上讲,GPS提供的是空间点的动态绝对位置,而GIS提供的是地球表面地物的静态相对位置,二者需要通过同一个大地坐标系统建立联系。实际应用中,若在非集成方式下使用GIS和GPS技术,则常常产生以下两方面的问题:其一,在实地位置和图上位置之间建立联系只能靠目测估计,速度慢,准确性差;其二,在动态定位或者缺乏参照物的场合中,由于不能确定实地位置和图上位置之间的对应关系,只能靠目测来获得测点周围地物的相对位置,受人眼视野窄、不能定量等因素的影响,靠目测获得的测点周围地物相对位置在信息量、准确性等方面存在严重不足。所以,在智能交通、自动驾驶、公安侦破等既需要空间点动态绝对位置又需要地表地物静态相对位置的应用领域,GIS与GPS集成几乎是一种必然的选择。具体主要有以下几种集成模式:① GPS单机定位+栅格式电子地图;② GPS单机定位+矢量电子地图;③ GPS差分定位+矢量/栅格电子地图。

导航最直观的目的就是为用户进行路径规划和引导。对于交通管理部门,基于导航系统,则可以实时监测车流量,为车辆的智能调度提供决策支持;可以加强交通安全管理力度;还有利于紧急救援的实施,并且可以实现交通事故的模拟、重现,协助事故分析,等等。根据不同的标准可将车载导航系统分成不同的类型:

(1) 按照数据库可划分为静态导航系统和动态导航系统,前者用于导航的路况信息数据库相对稳定,后者则按照交通流实时刷新路况信息数据库,导航系统收到实时信息后动态调整选取新的路径;

(2) 按照导航地点可划分为近端导航系统和远端(中央)导航系统,区别主要在

于前者导航算法由车载系统自身完成,后者由信息中心完成,然后利用无线通信手段对用户携带的车载系统导航;

(3) 按照导航设备划分为自主导航系统和基于基础设施的导航系统,自主导航即导航功能由用户系统独立完成,基于基础设施的导航需要用户系统通过识别路边的信号杆以提取信息。

7.4.1 车载导航的组件结构

车载导航系统是在 GPS/GIS 的基础上发展起来的一门新技术。它由 GPS 导航、自律导航、嵌入式技术、车速传感器、陀螺传感器、LCD 显示器等组成(图 7-10)。它和地理信息系统(GIS)、无线通信网络以及计算机车辆管理信息系统相结合,形成一个 GPS/GIS 综合服务网络。

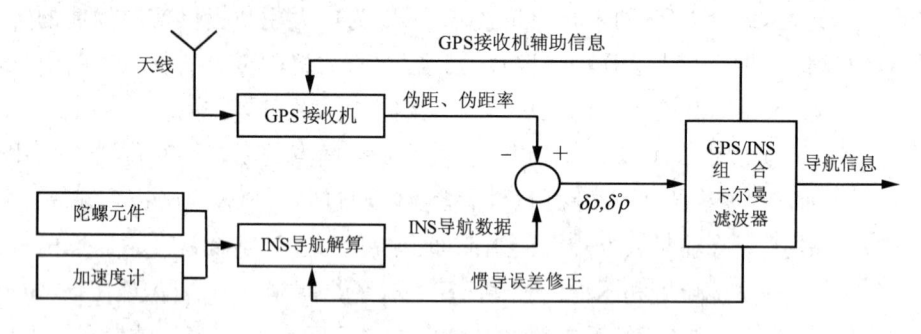

图 7-10 车载导航系统组成原理图

车载导航系统的主要模块有:定位模块、路径规划模块、人机接口模块、通信模块和辅助功能模块。

(1) 定位模块。目前车辆导航定位有自主式、非自主式和组合式三种。自主式车辆定位导航系统利用了导航的惯性原理,使用陀螺仪、里程仪等传感设备测量车辆的位移。非自主式车辆定位导航主要以 GPS 作为定位的手段。组合式车辆导航系统定位则是前两者的组合。单一以 GPS 作为导航手段,在经过高大建筑或涵洞下时,易出现定位信号丢失现象,即"丢星"现象,通过组合,将 GPS 定位和航迹推算定位(Dead Reckoning, DR)混合使用。GPS 选用带自动推测导航算法的 GPS - OEM 板,再结合角速度传感器和里程仪。当 GPS 接收机跟踪不到卫星或卫星数不够时,系统自动由 GPS 方式切换到 INU(Initial Navigation Unit,角速度传感器和里程仪)接收方式。角速度传感器接收里程仪输出的信号,以 GPS 的定位数据为起始位置,经航位推算,输出车辆的位置坐标,从而保证连续定位。图 7-11、图 7-12 分别给出定位模块的硬件组成及软件结构。其中软件部分主要包括电子地图显示算法、信息融合算法以及地图匹配算法等。

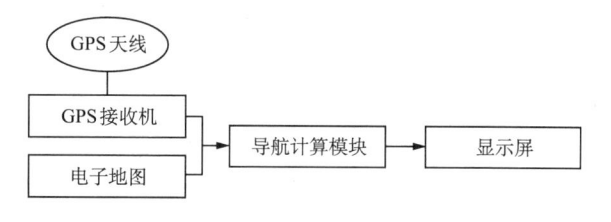

图 7-11　定位模块硬件结构图

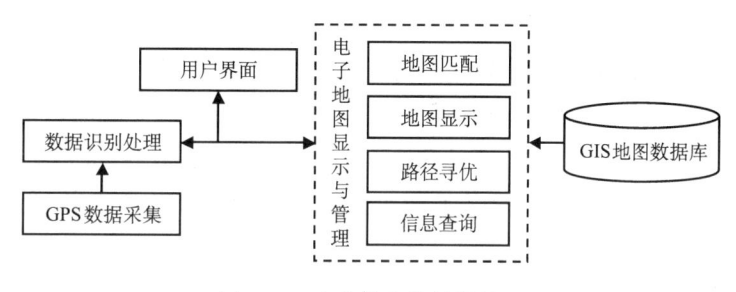

图 7-12　定位模块软件结构图

(2) 路径规划模块。路径规划模块主要由路径选取算法软件组成。搜索条件主要是路径最短条件。优化算法是路径规划的核心内容,可以利用不同的方式来实现,如深度搜索、宽度搜索等算法,具体实现可以用神经网络、模糊集合的知识来设计有效的软件。

(3) 人机接口模块。人机接口模块是提供用户同导航设备相交互的模块,包括显示器、触摸屏、按键等,通过人机接口模块,用户向导航系统输入路径规划的起始地点和目的地,在系统完成路径规划后,再通过人机接口模块完成路径引导,其引导方式主要有语音、视频两种方式。在导航仪中人机接口主要指显示接口和输入接口。显示接口是将电信号实时地转成直观的可视图像的电子设备,现在广泛应用的显示屏是彩色液晶显示器(LCD),功耗低和小巧实用是液晶显示器的主要特点。对于路径的显示有两种模式,一种是点模式,即在电子地图上只显示车辆的当前位置,另一种是线模式,将车辆的运行轨迹显示在地图上。两种模式均可以存储车辆的历史数据,供将来查询。考虑到导航仪的特殊应用场合,输入接口的设计一定要安全且操作简单。所以,现在设计方案大多采用触摸屏方式,触摸屏是一种控制设备,可以外接在任何一种显示器上,如 CRT、LCD 或 ELD。用户可以通过触摸屏直接在显示器显示的电子地图上选取目的地,系统根据选取的目的地完成路径的规划选取,直接在电子地图上显示出来,这样就极大地简化了操作,同时也提高了驾驶的安全性。

(4) 通信模块。由于交通状况非常复杂，车辆堵塞情况随机分布，如果以静态路径导航的方式并不能实现真正的路径规划。要实现真正的路径规划，必须让导航系统实时跟踪交通状况，对路径实现动态规划，这样才能真正实现实时导航，从而提高道路的利用率，提高交通效率。而要实现实时动态导航，必须由交通中心将路况信息传递给车载导航系统。同时，车载导航系统也需要将车辆的位置信息传递给交通中心。这一切，都离不开无线通信这个环节。

目前，主要有两种通信系统：GSM 移动通信系统(Global System for Mobile Communication)和集群通信系统(Trunk Mobile Radio System)。根据交通数据信息特点，如果利用 GSM 移动通信系统的话，一般选用 GSM 短消息业务作为数据传输方式，这样一来可以节约通信费用，二来能够保证数据传输的稳定性。集群通信系统是共享频率资源、分担费用的多用途、高性能的无线电调度系统。目前，集群系统主要是模拟制式，由于 GPS 定位导航数据是数字信号，因此需要经调制解调器调制成模拟通信系统能够传输的音频信号，再通过车载电台传送。这两个通信系统都有各自的缺陷，利用 GSM 移动通信系统的短消息业务来传送数据信号，虽然信号覆盖面积大，性能稳定，但实时性不好，偶尔会发生数据延迟现象。利用集群方式虽然实时性好，但信号覆盖面积不大，一般只在当地有效。如果车辆在外地，那么集群方式就无法使用了。在这种情况下，采用两种传输方式混合使用，能够使用集群方式的时候使用集群方式，在集群方式无效的时候，由车载计算机将其切换到 GSM 方式，整个过程由车载计算机自动完成。

(5) 辅助功能模块。此外，在车载系统中加入防盗程序，在车辆被非法启动的情况下，防盗程序可以通过通信模块将车辆被盗消息以短消息的形式通知车主，同时以警示信号通知交通中心，显示被盗车辆位置，车辆本身还会发出警示信号。

7.4.2 车载导航的数据组织

导航中的数据是对通常 GIS 数据进行编辑加工，增添了许多有关道路网络、交通信息和车辆导航的数据，同时去除了与道路交通关系不大的冗余数据。导航系统中数据也进行分层存储。在导航与定位系统中，把数据分为几个对象：面状对象、线状对象以及注记对象。对于面状对象，实际上就是多边形，包括居民地、绿地、河流等等。为了进行区分，在进行具体表示时具有不同的颜色属性。在这里把多边形看成基类，河流、绿地、居民地等等可以看成多边形不同的子类，体现了面向对象的继承性。线状对象在导航系统中主要指交通网络。整个交通网络由属性不同的道路组成，其中道路的等级属性是最重要的一个方面。根据实际情况可以分为不同的等级，比如国道、省道、环城路、一般公路等等。在这里，道路网络看成基类，不同等级的公路看做不同的子类。另外道路网络还有其他属性信息,包括道路的名称、道路中节点的数目、道路的等级、道路的长度等信息。注记对象用来标识地物,比如各个学校、医院、旅游景点等等。为了检索的方便以及导航系统操作的特点,把这些地物按类型分类,每一个类型相当于一个子类,在此基础上进行计算和分析。

基于交通信息的电子地图是车辆导航系统中必不可少的,地图数据是电子地图的核心,分为非空间数据(属性数据)和空间数据。空间数据表示的基本任务就是将以图形模拟的空间物体表示成计算机能够接受的数字形式。空间数据有两种基本的表示模型:栅格数据模型和矢量数据模型。其中矢量数据模型对空间的描述是将空间实体从形态上抽象为点、线、面3种基本图形。地理实体的对象可分为4类:点状对象、线状对象、面状对象、辅助对象,如图7-13所示。

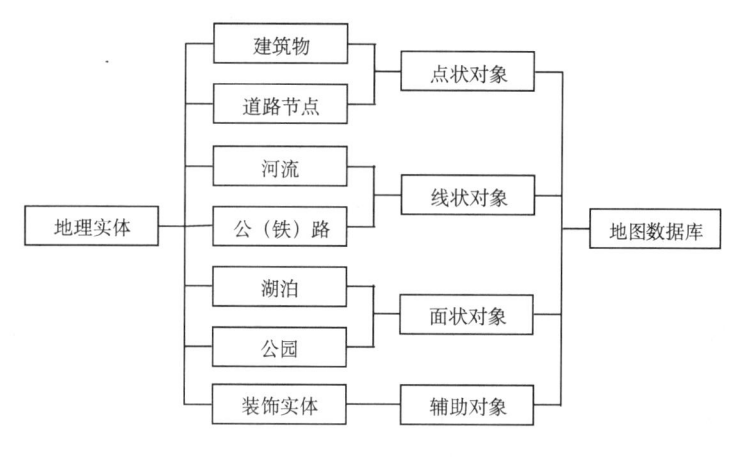

图7-13 地理实体分类

电子地图将现实世界抽象为相互联结不同特征的层面(Layer)组合,地理实体采用分层组织的方式,具有相同或相近特征的实体往往放置在同一层中。分层太少不利于地图制作与分类,分层太多则过于繁杂。在本例中共用了5层来组织地理实体,分别为:政区层、道路层、水系层、建筑物层、装饰层,如图7-14所示。

电子地图的操作与管理是电子地图功能的核心,主要有电子地图的缩小、放大、漫游、信息查询、路径回放等。

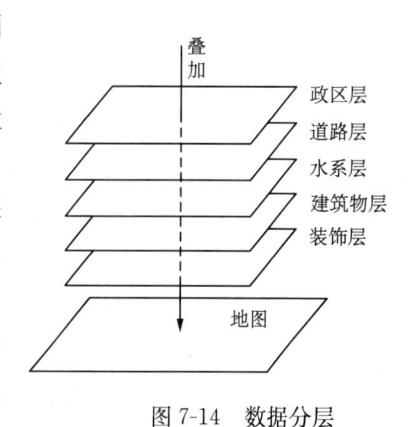

图7-14 数据分层

导航数字地图的坐标系通常采用大地坐标和平面直角坐标。但是,采用大地坐标需要注意几个问题：一是有许多不同的大地坐标系基准，当存在不同的坐标基准或不同的导航系统时，需要注意相互间的转换关系；二是三维航空或空间定位采用大地坐标不方便，因为不同基准的大地高是不同的；三是采用大地坐标不便于车辆跟踪和导航的相关计算，如直接计算两点间的距离和方位角就很不方便。采用高斯直角坐标对于车辆跟踪、地图匹配的应用较为方便，利用两点间高斯坐标的坐标差可以方便地计算两点间的距离。根据需要，大地坐标和高斯坐标可以通过投影变换相互转换。

目前，导航数字化地图的制作还没有统一的规范，因此导航数字地图在精度和信息表示上也就存在很大的差异，误差的纠正方法和原图的性质有关，例如扫描地形图的误差主要为旋转、平移、缩放和局部变形等，其主要的纠正方法是先利用地形图的坐标格网和扫描地图的坐标格网点，作为对应的控制点进行分块定位和定向，采用一阶或高阶多项式拟合对地图进行纠正，这种方法的特点是以地形图为基准，利用计算机技术自动确定坐标格网点，然后分块纠正。其缺点是当原始地形图中无方格网时则无法进行，这时需要采用其他方法来确定纠正控制点。对于影像图可以采用图像与图形叠加配准的纠正方法，其特点是采用计算机图形技术对影像和图形进行配准确定纠正控制点，再利用多项式拟合法进行纠正。与前一方法不同的是，在进行局部与整体纠正的同时，还进行了重复纠正，这一方法要求地形图提供足够的地形信息，以提供足够的纠正控制点。如果原始地图精度较差，无法用于车辆导航，可采用GPS实测坐标作为纠正控制点，步骤为纠正控制点的选取和测量、坐标的归算和多项式拟合纠正。地图纠正控制点是用来进行地图纠正的控制点，其在地图上的坐标可以通过一定的测量方法获得，对应的实地坐标通过GPS定位或其他测量方法确定，然后采用合适的纠正模型就可以获得地图纠正的转换参数，将原来存在变形的地图纠正为需要的导航地图。选择纠正控制点一般要求点位分布均匀、易于识别且适合GPS测量。因此，有时还需要在实地先选点再测量，如道路交叉点、开阔的道路拐点等。GPS测量的方法可以采用单点导航定位测量（15～100m）、差分GPS测量（0.1～10.0m）、高精度静态测量（毫米级）或实时动态定位（RTK）测量（厘米级）等方法。地图上的纠正控制点可以应用适当的软件进行测量。在获得了纠正控制点后，由于GPS测量的坐标是WGS-84坐标，而数字地图采用的可能是高斯坐标、城市直角坐标、任意直角坐标等，因此两者之间先要归算至同一性质的坐标系下，这就需要知道数字地图的坐标基准参数，这样就可以实现两者之间的坐标转换。如果数字地图的坐标系为未知的直角坐标系，则可以先将GPS坐标转换为高斯直角坐标，然后采用坐标比较或者将两者显示在图像上比较，如果两者坐标有明显的差异，则先概略计算两者的平移常数，或者将对应纠正控制点坐标作中心化处理，其坐标差作为平移常数。然后将平移后的GPS控制点显示到地图上，粗略检查两者的匹配程度。由于数字化地图的变形除了包括平移、旋转、缩放外还存在局部变形，因此采用一般的坐标变换模型（平移、旋转和缩放）可能难以解决局部变形及不均匀变形的问题，对于这种地图，纠正模型大多选择多项式拟合，如一次多项式、二次多项式或三次多项式。对应控制点的个数应不少于其中一组系数的个数。当两者相等时直接按线性方程组求解，当控制点的个数多于系数的个数时，则按最小二乘法求解。选择何种模型纠正地图，需要根据地图变形的性质、地图的比例尺及面积范围等来决定，一般而言，对于小面积范围的均匀变形可以采用一次多项式，否则应采用高次多项式，但要注意高次的振荡显著的问题。

基于 GIS 的电子地图是智能交通系统一个必不可少的组成部分，是建立 ITS 的重要基础。路径引导、路径规划、地图匹配等功能模块都是在电子地图基础上实现的。电子地图是将现有地图进行矢量化，把地图以点、线、区域的形式表达出来，并建立点、线、区域之间的包含和邻接等拓扑关系，便于计算机进行存储、检索、处理等。电子地图将实物抽象为节点、弧段形状点，用连续的坐标表示出来，可以进行相关的检索、显示、查询。

电子地图的主要功能包括：车辆动态轨迹的显示、目标查询、最优路径的选择。

（1）车辆动态轨迹在电子地图中显示可以分为定位和地图匹配两步。系统中的车辆接受 GPS 和推算定位（Dead-Reckoing，DR）等相关的定位信息，通过车载计算机的分析处理，得到定位信息并与电子地图进行匹配就可确定车辆的动态位置，实时提供给用户动态地图位置信息。由车载通信设备向控制中心送回实时的动态信息，就可完成特种车辆、公交车辆的监控。

（2）目标查询包括属性查询和拓扑查询等内容。属性数据是在建立电子地图库时融入其关系模型中，将地图和属性数据分别进行存储和管理，在两者之间建立关联关系，可以相互查询。拓扑查询是在建立拓扑关系后，对其进行邻接、包含区域查询、显示。

（3）最优路径的查询也是用户查询的一个重要内容，选择最优路径并不是简单意义上的寻找最短行车路径或距离。选择最优路径要综合考虑路况、时间、外界干扰、车流量等要素，通常的做法是通过已有的资料，分析某个时间段内路网资源的运输能力，定出相应的权函数，求出到达目的地的加权最小距离累积和。当出现突发事件或者交通堵塞时，改变相应的权为无穷大，阻塞此路段。控制中心将这些信息加工后，再返回给用户。在此路段适当的范围内建立缓冲区，提示缓冲区内的用户重新进行最优路径选择。缓冲区外的用户进入此缓冲区时，发出相应的阻塞消息，防止用户进入阻塞路段。阻塞路段恢复正常后，取消发出机制，恢复原来的权值。

（4）GIS 电子地图库的存储和检索。电子地图及相关属性数据构成了电子地图库。由于电子地图库中包含丰富的图形和属性数据,自然出现了地图图形数据和属性数据等海量数据的存储和检索问题。数据存储的基本要求是准确且便于快速检查。在建立电子地图时,需要采用合理的数据结构,对电子地图进行分层管理,提高检查的效率。在车载系统中,计算机把即将进入的路段图形数据调入缓冲区中,其他附属的图形和属性数据不调入,提高调用工作效率;只有车载系统进入查询状态时,计算机才将相应的信息调入缓冲区中,从而提高电子地图库检查速度。

7.4.3 应用实例

在智能交通系统中,基于 GPS 与 GIS 的车辆导航与监控、调度系统的开发与应用正日益受到国内外各部门的重视,并显示出巨大的技术、经济和社会效益。在发达国家,由于其经济实力雄厚,通信基础设施完善,GPS/GIS 集成技术支持下的车辆导航与监控应用已经非常普及,目前在我国也得到较快的发展。本节是一个集成应用 GPS/GIS 技术的城市公交实时调度系统的应用实例。

城市公交实时调度系统首先通过公共交通上装载的 GPS 接收机获得公交移动定位信息及其他交通路况信息,并借助无线电通信发送到调度管理中心;调度中心通过处理把车辆的位置显示在电子地图上;最后,管理人员利用 GIS 平台对数据进行分析和管理,并根据公交运行状况和交通信息进行实时调度。

1. 系统组成

系统由车载单元、无线电通信网络和控制中心三部分组成(图 7-15)。

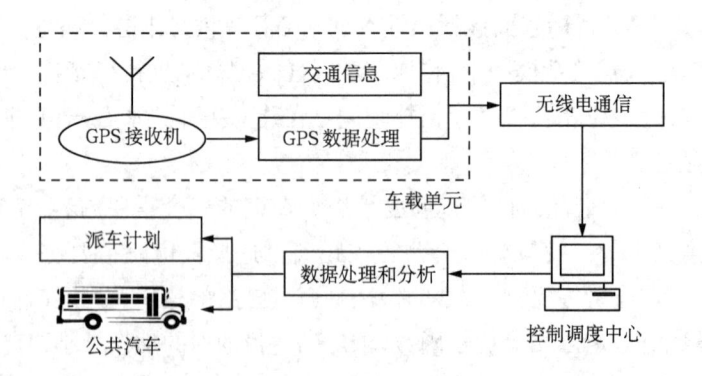

图 7-15 调度系统示意图

车载单元由 GPS 接收机和数据输入设备组成。车载单元可实时读出 GPS 接收机的定位信息和 GPS 导航电文,可向 GPS 接收机输出设置信息,还可以对接收到的信息进行实时处理,并通过无线电通信传送到控制调度中心。无线电通信系统借助于现有的公用数字化移动通信网（GSM）提供短消息业务。GSM 网是我国移动通信的短消息服务的主要形式，它提供的短消息业务可以满足调度系统数据传输的需要。使用 GSM 的短消息业务可以实现数据的调度指令、车辆信息及交通信息的传播。

监控调度中心包括两部分：一部分是接收和分析无线电网络信息的接收设备；另一部分是控制调度服务器，主要负责移动目标定位数据、调度信息的存储和调用。控制调度中心一方面接收无线电通信发送的信息，并把这些数据进行处理和分析，同时把车辆定位信息与电子地图相匹配并显示在电子地图上，另一方面又根据车辆的运行状况和交通信息，调整调度计划，发送调度命令。

2. GPS/GIS 接口

GPS 和 GIS 的接口问题就是解决 GPS 接收机与计算机串口实时通信问题，实时读取串口信号，转换成用户所需信息后显示到电子地图上。具体处理时，首先打开通信口，根据 GPS 接收机设置通信波特率、传输格式并清除接收队列，一旦串口事件发生，提出请求，主窗口即刻响应并检查所产生事件。具体信号接收基于 DDE 机制实现。DDE 是过程之间的通信机制（IPC），它使用 Windows 消息和共享内存，使相互合作的应用程序能够交换数据。用客户机/服务器（Client/Server）的术语来讲，数据的提供者为服务器，数据的接收者就是 DDE 的客户机。在 DDE 中，客户机应用程序和服务器应用程序必须都知道数据格式。系统使用的 DDE 对话格式为：经度、纬度、速度、方向、高程、时间。

3. 坐标匹配

车辆位置在电子地图上实时显示非常关键，如果车辆位置不能动态实时地显示在地图上，就达不到车辆实时调度监控的目的。通过 GIS 提供的接口接收 GPS 传递的车牌号、经度、纬度、运行速度、时间等信息之后，利用数字地图存储的道路数据，按照一定算法将车辆位置强制性复合到道路上，其算法如下：

(1) 在距离由 GPS 得到的定位点 100m 范围内，搜索道路；

(2) 道路的方向要与 GPS 信号的方向一致；

(3) GPS 得到的当前定位结果与上一点得到的定位结果间的距离除以时间间隔不可能大于汽车限速（200km/h），否则认为是粗差；

(4) 把 GPS 误差分解为平行道路方向和垂直道路方向，垂直道路方向误差通过数字地图得到消除；

(5) 当 GPS 信号丢失时，根据汽车的最近位置、速度及方向，推估汽车当前的位置、方向。

不过,由于城区地物特征复杂,受高大建筑物、隧道、立交桥、树木等地物的反射和遮蔽以及其他无线电的干扰,车载 GPS 接收机在某些路段可能接收不到卫星信号而形成 GPS 定位盲区。这样车辆的位置往往不能正确地显示在电子地图上。这时可以采用航迹推算法(Dead Reckoning,DR)配合地图匹配算法对车辆位置进行改正。当车辆位置偏离数字地图的道路链时,运用地图匹配算法找到最近的道路链,并将车辆位置校正于该道路链上。随着车辆的行驶,可以根据车辆行驶方向的变化和行驶的距离来确定线路的形状并与地图进行匹配。

4. PDA 导航

手持 GPS 车辆导航系统是一个基于手持终端的地理信息系统的解决方案,系统通过 GPS 定位让用户在任何时间和任何地点都能获得地理位置信息。用户可以利用手持 GPS 车辆导航系统来进行车辆的定位导航,从而为车辆驾驶者解决了如何合理选择行车路线的问题。手持 GPS 车辆导航系统由手持 GPS 车辆导航系统软件、相关的矢量电子地图、PDA、数据通信线、汽车点烟器电源适配器、GPS 接收机和 GPS 天线组成。手持 GPS 车辆导航系统通过汽车点烟器适配器,为 GPS 接收机和 PDA(Palm、Journada、iPaq、Clié 等)提供电源。GPS 接收机和 GPS 天线接收和计算 GPS 卫星的信号,解算出瞬时的经度、纬度、速度、方向,并且通过与 PDA 相连接的数据通信线,把这些信息实时传送给 PDA,在矢量电子地图上显示用户当前的位置,为用户提供定位和导航的服务。另外,手持 GPS 车辆导航系统软件可以让用户在 PDA 上进行地图的基本操作(缩小、放大、漫游等)、单位查询、街道查询、最近地理目标查询、指定范围地理目标查询、距离估算、路径选择等功能,从而为用户选择合理的行车线路提供决策的依据。将 PDA 用做车载导航系统有其更加轻便、通用性更好和移动性更强等优越性。图 7-16 是掌上 GPS 导航系统的软件构造模型。

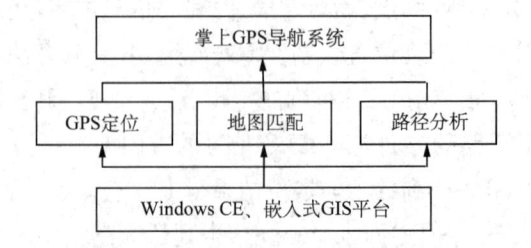

图 7-16 掌上 GPS 导航系统的构造模型

参 考 文 献

[1] Stuart Cording. 车载 GPS 导航系统的蓝牙接口方案. 单片机与嵌入式系统应用, 2004, (9):84-86.
[2] 胡丛玮等. 基于 GPS 定位的导航地图的转换与纠正方法. 同济大学学报, 2003, 31(1):69-72.
[3] 黄晓瑞等. GPS/INS 组合导航及其在军用车辆中的应用. 航空兵器, 2000, (5):10-13.
[4] 江吉智, 诸昌铃. 基于 Windows CE 的手持车辆 GPS 导航系统的设计. 现代计算机, 2003, (4):76-80.
[5] 金继读, 詹家民, 吴庆忠. GPS - RTK 配合全站仪联合进行数字化测图. 矿山测量, 2003, (4):3-6.
[6] 李建军, 陈涛. GPS/GIS 在城市公共交通调度系统中的应用研究. 交通科学与经济, 2003, (1):56-58.
[7] 李学夔, 郝志航, 刘金国. GPS 多功能车载自主动态导航系统的研究与设计. 计算机测量与控制, 2003, 11(10):806-808.
[8] 刘业光, 欧海平. GPS 网络 RTK 虚拟参考站技术在广州的应用前景初探. 城市勘测, 2002, (2):5-8.
[9] 吕志伟. 关于 GPS 用于道路信息采集与更新系统的研究. 测绘通报, 2002, (12):25-27.
[10] 毛政元, 李霖. "3S"集成及其应用. 华中师范大学学报(自然科学版), 2002, 36(3):385-388.
[11] 潘瑜春, 钟耳顺, 赵春江. 空间数据库的更新技术. 地球信息科学, 2004, 6(1):36-40.
[12] 任一峰, 薛笑芳, 郭圣权. GPS 电子地图车辆导航系统研究. 华北工学院学报, 2004, 25(3):204-208.
[13] 沈晓蓉, 滕继涛, 范跃祖. GPS/DR 组合导航系统在车辆连续定位中的研究. 压电与声光, 2003, (6):476-479.
[14] 孙美玲, 李永树. GIS 环境下空间数据多尺度特征及其关键问题探讨. 四川测绘, 2002, (4):154-157.
[15] 田艳霞, 王兰英. 车辆导航与定位系统中面向对象数据的组织与实现. 四川测绘, 26(1):33-35.
[16] 王家耀, 成毅. 空间数据的多尺度特征与自动综合. 海洋测绘, 2002, 7(4):1-3.

第八章　RS 与 GIS 的集成

本章主要介绍了遥感(RS)与地理信息系统(GIS)两两集成的相关理论与最新技术。目前 RS 与 GIS 集成的实现方式主要有"分开但是平行的结合"、"表面无缝的结合"和"整体的集成"三种形式。对 GIS 而言，遥感主要为 GIS 提供大面积的实时数据源；对遥感而言，GIS 主要为遥感提供了功能强大的数据处理手段。

为了灵活地对遥感和 GIS 数据同时进行处理，需要探讨能够统一管理矢量数据、栅格数据和 DEM 数据的三库一体化数据模型。时空对象进化数据模型同时具备生命周期模型、事件模型以及面向对象模型的优点，还可以很好地表达时空对象的异构进化过程以及在进化过程中产生的因果关系，能够满足多时相多源异构数据的集成需要，从而可作为三库一体化的时空数据库建设的模型基础。对于点状地物、线状地物、面状地物，采用面向实体的描述方法直接记录位置描述信息并建立拓扑关系，完全保持了矢量的特性；而用元子空间填充方法建立位置与地物的联系又具有栅格的性质，这样就将矢量与栅格统一起来。由此，发展了线性四叉树编码、细分格网方法和粗格网索引方法。

在遥感技术的支持下，能实现 GIS 数据库的自动/半自动快速更新。遥感信息的实时获取，关键在于时间 t 参数，即遥感的时间分辨率。多种重复观测周期、多源传感器的多角度观测为遥感信息的实时获取提供了条件。获取的空间信息通过分类比较或启发式搜索算法实现变化信息的自动检测，从而进行 GIS 数据库的自动快速更新。GIS 数据库更新是一个关于时间 t 的动态优化过程，其实质是保持现实世界和数据库之间的动态映射关系。

GIS 对遥感的辅助作用最主要的表现是 GIS 用于遥感图像的处理与分析。如果在影像理解过程中加入从 GIS 数据库中提取的专家知识和经验，必将大大提高影像解译的精度和可靠性。空间数据挖掘与知识发现的方法有空间统计学、规则归纳法、聚类分析、空间分析、模糊集、云理论、粗集、神经网络法等。基于 GIS 数据库知识挖掘的遥感图像分类，可以利用 GIS 数据将遥感图像分层分析，或把 GIS 数据作为遥感图像分类的训练样本和先验信息，或根据 GIS 对象进行面向对象的图像分类，或提取 GIS 中的知识进行专家分类。

20世纪90年代以来,新的探测器和成像技术为进一步获取适当比例尺的空间信息创造了条件,同时也使数据管理问题变得更加复杂,越来越依赖于GIS技术。实际应用中,遥感与GIS有着紧密的关系和很强的互支持性。遥感为GIS提供了最好的一种数据获取手段,为GIS数据库的建立和更新提供条件;而GIS则可以辅助进行遥感图像分析,提高分析的精度和可靠性,因此两者的集成是十分必要的。

RS与GIS集成的实现方式主要有三个阶段三种形式:分开但是平行的结合(不同的用户界面、不同的工具库和不同的数据库)、表面无缝的结合(同一用户界面、不同的工具库和不同的数据库)和整体的集成(同一用户界面、同一工具库和数据库),如图8-1所示,未来要求的是整体的集成。而RS与GIS的集成在功能上重点是以下四个方面:① GIS矢量数据和遥感图像数据同时显示;② 把遥感图像处理结果纳入GIS;③ 把图像与GIS矢量数据复合的结果纳入GIS;④ 把GIS空间分析的结果纳入图像处理与分析过程,发挥GIS的辅助决策作用。

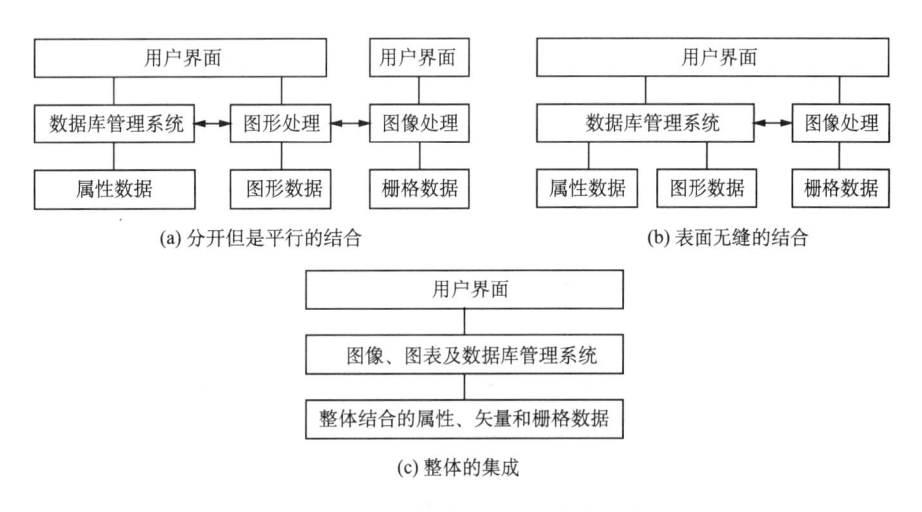

图8-1 GIS与遥感的三种集成方式

§8.1 三库一体化的时空数据库系统

8.1.1 时空数据模型

1. 时空数据模型的基本目的

时空数据模型是从时空角度针对时空对象进行全面研究的基本条件。好的数据模型应便于对时空数据的合理组织和再利用,应付不断变化的多样的应用需求,使时空数据库具有足够长的生命周期,也能够使基于该模型的地理信息系统的灵活性和可扩展性得到增强。差的数据模型将限制时空数据库的适用范围:一旦应用需求稍有变化,时空数据库将不得不重新建设,从而使时空数据的利用率降低,使管理加工成本大大增加。

时间是时空数据模型中需要被考虑的基本要素。一般地说,时间被抽象为一个没有端点的线,无限延伸到过去和未来,时空变化总是对应着这条线上的某一个点。现实世界中的时空对象涉及的是"现实时间"(Event Time,World Time 或 Valid Time),但是对它们的认识和表达还需要一个"数据库时间"(Database Time, System Time 或 Transaction Time),这个"数据库时间"反映时空对象在信息系统中的产生、发展和消失等的记录时间。一般地说,时间用于标识时空对象时有两种方式:标识其瞬态特征的采样时刻(如快照模型)和标识其时态特征的变化周期(如生命周期模型)。

空间、时间和时空过程是紧密联系的。郭仁忠把空间信息的主要内容具体地分为九类:空间位置、空间分布、空间形态、空间关系、空间统计、空间关联、空间对比、空间趋势和空间运动。辛顿(Sinton)把地理信息定义为被观察的事物(Theme,Phenomena 或 Objects)、被观察事物的位置(Location)和观察时间(Time)。一般地说,当撇开时间的因素时,狭义的空间信息就是时空对象在几何空间中的瞬间状态(空间特征或称几何特征)及几何空间中的瞬间关系,广义的空间信息就是时空对象在与时间轴正交的度量空间中的一切瞬间状态(包括几何特征以及非几何特征,或称空间特征和属性特征)以及对象之间的各种联系等等。时空数据模型的建立着重于表达与时间相关的广义空间信息和时空关系,需要直接或间接地定义时空数据的组织结构(Organization)、操作方式(Operations)以及时空数据约束(Constraints)。

时空状态的变化可能是连续的,也可能是离散的。离散的时空状态会稳定地持续一个时间段(Life Span 或 Time Interval)。由于时空对象的变化往往是局部的,其不同时态版本数据之间的过多冗余会严重降低存储效率,易于造成信息混淆,不利于数据分析,但是却往往能简化数据存取方式。如何在存储效率、存取性能及存取方便性之间取得平衡是时空数据模型设计需要考虑的重要内容。

时间的表达有可能是模糊的,即以"大概什么时候"的方式被表达。空间特征以及空间关系的表达由于错误的数据、不完整的数据、不精确的数据以及尺度或者度量手段等原因可能存在不确定性(Uncertainty 或 Fuzziness)。对于时间以及空间的不确定性的数据表达、数据操作以及数据分析等的研究仍然是一个富有挑战性的课题。

2. 时空对象的时态版本

时空对象的瞬间特征(空间特征以及相关的属性特征)及瞬间的相互关系构成时

空对象的一个"时态版本"。对于时空对象的空间时态版本进行表达的数据模型一般称为空间数据模型。空间数据模型根据其所表达的空间特征的维数一般可分为二维模型、三维模型以及介于两者之间的准三维模型。二维模型要求首先把现实世界中的真实对象投影到某个平面，在此基础上再基于栅格的或者矢量的数据结构对空间对象的几何特征、平面分布及相关属性进行描述。二维矢量图形一般可以基于简单点、复合点、简单线、简单有向线、复合线、复合有向线、多边形、复合多边形得到表达。二维模型被广泛地用于地图制图以及二维空间关系分析。关于三维或者准三维模型的定义是有争论的，一般地说，那些只描述空间实体的外部轮廓的模型被称为准三维模型，而通过若干相邻的无缝隙体元（规则体元或非规则体元）的集合来描述一个空间实体的模型被称为三维模型。准三维模型常用于三维数字景观表达；三维模型常用于地质体的表示与分析，它的每个体元的几何特征、空间分布及相关属性都是需要被描述的内容。

目前在关系型数据库中，由于空间特征的结构复杂性，空间特征往往被包装为关系表中的一个单独数据域（字段），对它的存取可以通过一次数据库访问完成，但是对它的解译要依赖特定算法，无法利用 SQL（Structured Query Language）基于其内部结构和细节进行查询。如果将空间特征拆解并用若干个关系表存储，可以基于空间特征的内部细节进行数据更新或查询，但是空间特征的重构往往不能通过一次数据访问完成。

时空对象之间的空间关系主要包括顺序关系（Order Relationship，如相对方位关系等）、度量关系（Metric Relationship，如距离约束关系等）、拓扑关系（Topology Relationship，如点、线、面、体之间的邻接、相交以及包含关系等）以及模糊空间关系（如邻近、次邻近关系等）。一般地说，存在着五种不同用途的空间关系模型：9 元组模型（9-intersection Model）、基于 Voronoi 图的模型（Voronoi-based Spatial Algebra for Spatial Relationships）、不确定拓扑关系模型（Uncertain Topological Relationships Modeling）、扩展拓扑模型（Extended Topological Relationships）和维数模型（Dimensional Model）。其中常用的是 9 元组模型，它把空间特征分为边界（Boundary）、内部（Interior）和外部（Exterior），通过比较两个空间特征的边界、内部、外部之交集的内容、维数、分块等，确定它们之间的空间关系。

3. 传统的时空数据模型

关于时空数据模型的研究大约从 20 世纪 80 年代前后开始兴起，通过时间与空间概念的融合，时空数据模型在表达时空对象瞬态特征以及空间关系的同时，还能够综合反映时空对象的时空变化和时空关系（主要为时序关系和因果关系）。兰格劳

(Langran)在1989年把时空数据模型的建模思路主要分为两类:侧重于表达时空对象的时态特征及时序关系的"面向过程的建模"(Process Modelling)和侧重于反映时空对象间因果关系的"面向时间点的建模"(Time Modelling)。在20世纪90年代以来,"面向对象的建模"(Object-Oriented Data Modelling)思想讨论也特别多,分别介绍如下。

1) 面向过程的建模

表达时态特征及时序关系的面向过程建模的研究成果比较重要的有快照模型(Snapshot Models)、底图叠加模型(Base Map with Overlay,又称基态修正模型 Base State with Amendments)、时空复合体模型(Space-time Composites)、生命周期模型(Life Span)以及变时间粒度存储模型(Segmented Storage with Various Chronons)等。

快照模型描述在不固定间隔时间点上时空对象的空间特征的全面映像,它很适合于栅格化的空间特征表示,例如在不同时间点上获得的针对相同区域的遥感图像。但是在基于矢量的空间特征表达中,基于此类模型的不同时态版本之间由于没有建立直接联系,它不能回答诸如"对象的哪一个部分在什么时间发生了什么样的变化"以及"某个局部特征的之前或之后的状态(Temporal Neighbors)是什么"等问题,并且基于快照模型的数据库的数据冗余相当大,它未能得到大规模使用,但无疑它是最简单和最直观的时空数据模型,基于这种模型的时态数据可以被一次性地完整存取。

基态修正模型的核心思想是记录时空对象空间特征的一个初始状态("基态"),然后在后继的时间序列上,只记录空间特征相对于前一时间的变化了的部分("修正"),而对象的每一个时态版本将通过"基态"与发生在该时间之前的所有"修正"的叠加来获得。和快照模型相比,它极大地减少了数据冗余,并且能够回答前述的快照模型不能回答的问题,但是,随着"修正"次数的增加,对象时态版本的重构计算复杂性也变得越来越大。

兰格劳于1988年在基态修正模型的基础上提出一个时空复合体模型来表达空间特征的变化。当对象从一个时间点转到下一时间点时,没有变化的部分将被分离出来,并和变化的部分一起被合成为对象的新时态版本。基于该模型的时态版本数据从概念上讲可以被直接地获取。该模型的复杂性在于将时空对象没有变化的部分进行分离的过程,此外,随着时间的延续,这种分离过程也会导致空间特征的"碎片"(Fragments)越来越多。

时空对象的特征变化往往是不同步的,每一个时态特征在时间轴上占据的区间长短也往往不一致。基于这种考虑,兰格劳、拉法特(Raafat)等人讨论了一种用生命周期来表达时态特征有效区间的模型,类似于用于栅格数据压缩的游程编码:一个特征状态只有在与先前的状态不同时才被记录下来。在这个模型里,时态特征可以具有更一般的意义,即包含空间特征以及非空间特征。对于历史特征而言,其生命周期起点和终点都是过去的某个确定时刻。而现势特征起于过去的某个确定时刻,但是其终点时刻是未定的(这种未定时刻可以用一个数据库的一个特殊值来标示,如 NIL 或 NULL)。基于这种模型,通过设置相应的生命周期,可以避免稳定的时态特征在多个时间点上的重复记录,从而大大减少数据冗余。综合来看,这种模型的可实现性是较强的,基于这样的模型的时空数据查询也可以很容易地用 SQL 实现(图 8-2)。

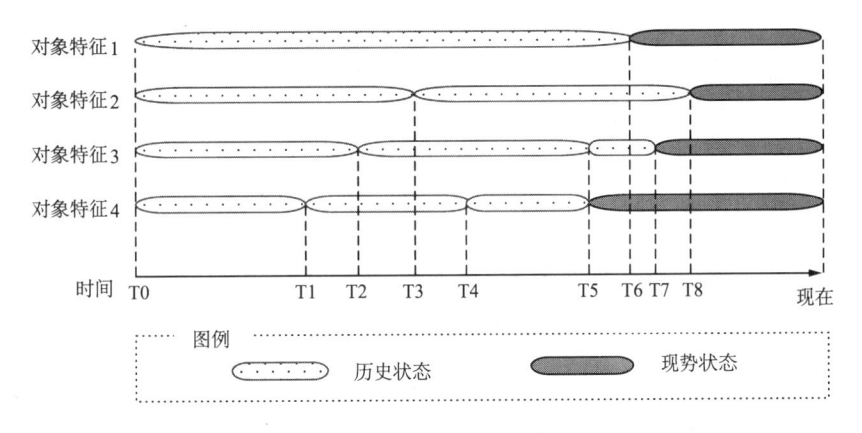

图 8-2　生命周期模型

以上这些模型的本质是通过控制时态特征的空间粒度(覆盖范围)来控制其时态版本之间的数据冗余。从实体—关系模型的角度看,实体的时态版本根据其空间粒度一般可被分类为三个级别:关系级(Relation-level)、元组级(Tuple-level)以及属性级(Attribute-level),其中关系级版本涉及整个实体,其粒度最大,数据冗余也最大,属性级版本的粒度最小,数据冗余也最小。

国内学者唐常杰等提出了一种变时间粒度存储模型,该模型根据数据需求的"厚今薄古"特点把时态对象的历史分为三个时代(古代、近代、现代)和两个过渡区间(古代—近代过渡期和近代—现代过渡期),通过时代转移算法和压缩采样算法进行数据提炼,并进行分介质、变粒度的存储,能够提高存储效率和改善查询速度,但是需要构建专门的数据管理系统。

2) 面向时间点的建模

时空变化都是在某个时间点上发生的。在面向过程建模方法的基础上,面向时间点建模的目标还在于表达在某个时间点上导致实体发生变化的原因。面向时间点的建模研究成果主要是基于事件(Event-Based)的模型。

佩科特(Peuquet)在 1995 年提出一个基于事件的模型,这个模型中的事件就是指"变化",特别地,对于渐变(Gradual Changes)而言,"事件是在变化累积到某种足够大的程度时发生",这样的"事件"可以反映时序关系,但是不能反映因果关系。兰格劳把时空对象的历史看成是"事件改变对象状态"(Events Transform One State into Next)的过程。陈军等人把土地分割中的决策行为看成是一系列事件,把这些事件看成是导致土地状态变化的原因。黄杏元等给出了基于事件的因果关系表达的一般模式,称之为"全信息对象时空数据模型"。综合来看,基于事件的模型中"事件"的定义仍然处于探讨当中,但是可以认为"事件"就是导致变化的"原因"。基于事件的因果关系模式可以被简化成图 8-3 所示的表达。

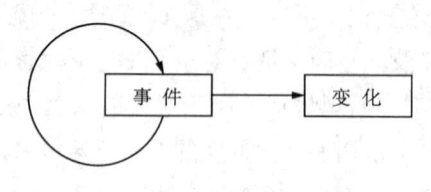

图 8-3 基于事件的因果关系表达

3) 面向对象的建模

"面向对象"是一种方法学。面向对象的思想最初起源于 20 世纪 60 年代中期的仿真程序设计语言 Simula 67。20 世纪 80 年代初,Smalltalk 语言及其程序设计环境的出现成为面向对象技术发展的一个重要里程碑。到 20 世纪 80 年代中后期,面向对象的程序设计已发展成为一种成熟的、有效的软件开发方法。面向对象的方法使人们分析、设计一个系统的方法尽可能接近人们认识一个系统的方法。其基本思想是,对问题域进行自然分割,以接近人类思维的方式建立问题域模型,从而使设计出的软件尽可能地描述现实世界,构造出模块化的、可重用的、可维护性好的软件,并能控制软件的复杂性和降低开发维护费用。

沃博伊斯(Worboys)在 1990 年用面向对象思想中的泛化(Generalization)、继承(Specialization 或 Inheritance)、聚集(Aggregation)、组合(Association)、有序组合(Ordered Association)等概念扩展了基于实体—关系(Entity-relationship)的建模方法,提出和讨论了"面向对象的数据建模",并据此就对象之间的结构性关系进行了建模的讨论。综合来看,"面向对象的模型/数据模型"在不同文献中的表述是有差异的,目前在时空数据建模及管理中涉及的"面向对象"往往都是"面向对象"思想的部分应用,主要可以分为以下两种情况:

(1) 把对象分解为由若干特征或子对象组成的集合,专注于描述对象的直接特征以及通过对象之间的结构性联系反映出的间接特征(如一个区域包含另一个区域,一块土地被某个人所拥有,一个几何体由几个子几何体组成),这类模型本质上是在实体—关系模型基础上整合使用了面向对象思想中的"聚集"、"组合"、"有序组合"等技术手段(如图 8-4 中由 Open GIS Consortium, Inc. 提出的几何对象模型)。

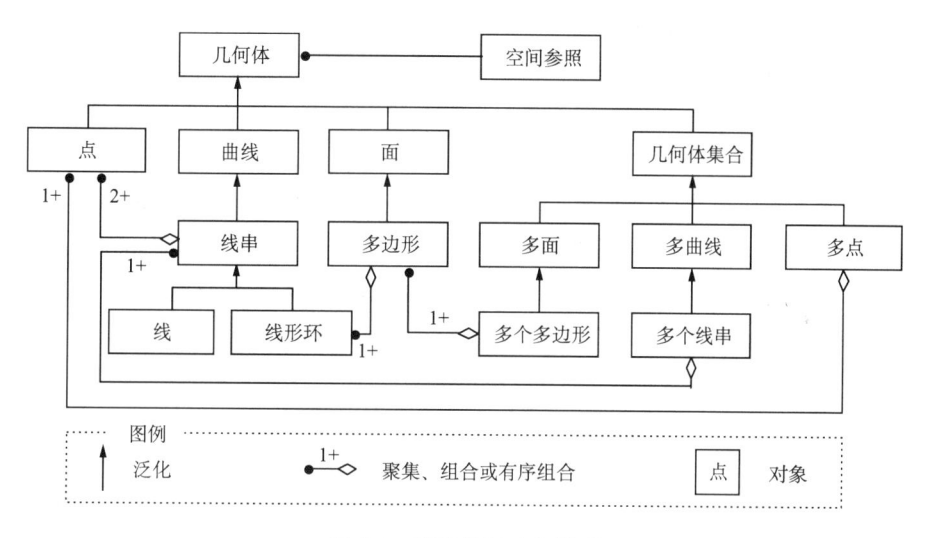

图 8-4 简单几何对象模型

(2) 在数据库系统中实现"面向对象的数据管理",又可分为两种情况:其一是将一个对象的所有数据封装存储,使得该对象在数据库中看起来更像一个"整体",以便于在"对象级别上"实现数据存取,这种封装使得基于对象细节进行数据查询的难度被增加了;另外一种是把针对某类对象的可一般化的数据操作过程包装为数据库机制的一部分,这种方案可以实现针对对象数据的某种自动约束、智能操作或者智能检索(参见 8.1.3)。

"面向对象的数据建模(Data Modelling)"和"面向对象的数据模型(Model)"是两个需要加以区别的概念:前者是一个"过程",而后者是这个"过程"的结果。沃博伊斯在 1990 年讨论"面向对象的数据建模"时曾经指出"面向对象的数据模型的清晰定义是不存在的"。在"面向对象的程序设计"(Object-oriented Programming)中,需要考虑的是如何实现对象内部复杂性的封装(Encapsulation)以及对象外部特性(即对象的外部接口,通过对象的特征、对象的行为以及对象对于外部事件的响应方式来反映)的设计。对于程序设计而言,由于程序本身就是逻辑机制的实现,对象的行为以及针对外部事件的响应逻辑可以直接用对应的程序逻辑来表达,因此"面向对象的程序设计"寻求的主要是对象机制的对应程序逻辑的实现方案,也即"面向对象的程序模型";对于数据模型而言,对象所有需要表达的内容将通过数据来进行描述,"面向对象的数据建模"寻求的是基于数据的对象自然机制及其状态变化过程的表达模式,这个表达模式就是"面向对象的数据模型",目前的"面向对象的数据模型"普遍忽略了对于一个对象的自然行为过程以及对象针对外部环境事件的自然响应过程的表达模式。由于数据模型的目的就是揭示和表达对象,如无特殊需要,不必对对象进行"封装",以避免造成数据使用和理解上的困难。

4. 对象进化数据模型

对象进化数据模型是从系统论思想的角度出发,借鉴面向对象的思想构建的能够综合反映时空对象的瞬态关系、时空变化(包括同构的和异构的变化)以及造成这些时空变化的因果关系的数据模型,该模型同时具备生命周期数据模型的特点。

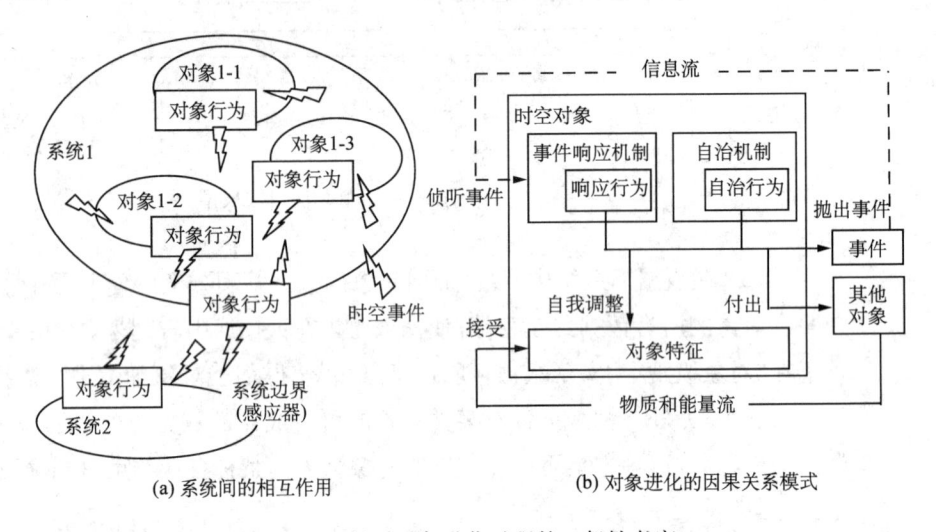

(a) 系统间的相互作用　　(b) 对象进化的因果关系模式

图 8-5　针对对象进化过程的一般性考察

从系统论的角度来看,用数据来实现对于一个时空对象的描述,需要考虑该对象所处的时空环境及其参与的时空过程。本质上,对象是一个系统,其所处的环境也是一个系统(同时也是对象),对象与其环境系统之间不断地进行信息、物质和能量的交换,导致对象自身及其环境发生某种变化,这种变化在"对象进化数据模型"中被称做"对象的进化"(图 8-5)。图 8-6 为从对象进化数据模型的角度考察地籍信息系统中某个宗地的特征发生变化的过程的例子。从这些图中可以看出:

(1) 对象的变化包括特征变化和机制变化,其直接驱动力是其自身或外部某一对象的行为;

(2) 对象行为要么因对象的自身需要(自治机制)而起,要么因感知外部事件(反应机制)而起,它起着实现对象自身进化或在对象间交换物质与能量的作用;

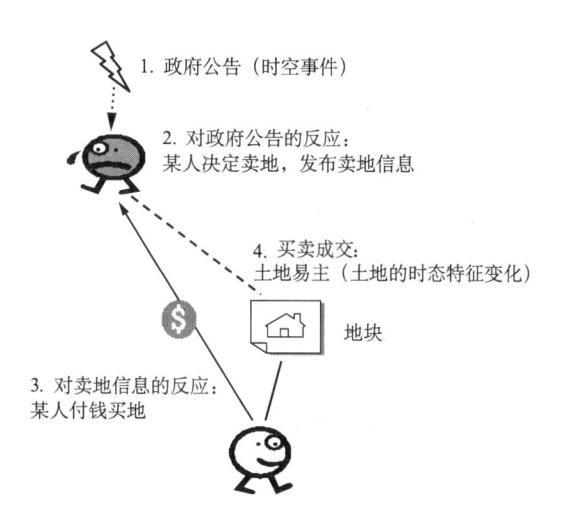

图 8-6 土地所有者的变化（宗地对象的特征进化）

（3）时空事件由对象的某个行为触发而生，它起着时空对象之间的信息通道的作用。

对象机制的变化通过其在不同时间阶段的行为得以具体体现，因此对对象进化过程及其间发生的因果关系的数据表达应从对象的特征集合、自治行为集合、事件响应集合三个方面进行。

参见图 8-7，对象的特征集合由多个稳定特征（图 8-7 中 4）和非稳定特征（图 8-7 中 5）组成，每个非稳定特征又可表达为在时间轴上不重叠的若干特征状态的有序排列（图 8-7 中 8）。特征在某个时间点的具体状态通过某个特征值（图 8-7 中 10）来表示，这个特征值具有与所描述的特征相对应的某个数据结构。事件信息（图 8-7 中 2）和行为描述（图 8-7 中 6）本质上也是一种特征值，对于行为的描述包括一个由该行为触发的事件的 ID 的集合。特征数据结构的定义须根据具体需要而设计，设计时需注意存储效率与存取性能之间的平衡。当一个对象行为（图 8-7 中 6）是因为响应外部事件而被激活时，它从属于对象的一个事件响应过程，否则，它就是一个自治行为，自治行为的"事件响应 ID"为空。对象对于外部事件的响应过程（图 8-7 中 7）可能是由多个外部事件共同触发的结果，它包含着至少一个行为。对象对于外部事件的响应过程以及对象的行为综合反映了对象的内部机制。

时空事件、对象、对象时态特征以及对象行为都需要用一个时间标识来表明它们各自在时间轴上的对应位置或存在范围，根据时间标识与当前时间的关系可确定相关数据是历史数据、现势数据还是未来数据。对于对象以及对象的特征状态而言，这个时间标识用"生命周期"结构来表达（图 8-7 中 1），生命周期的起点和终点都对应着导致这个周期开始或结束的原因,即某个对象的行为。对象的行为是导致某个事件在某个时间发生的原因(图 8-7 中 2);对象的行为可以导致另外某个对象的诞生,或者导致自己或另外某个对象的"消亡";对象的行为又可能是导致它自身或者其他对象的某个特征从一个状态变化到另外一个状态的原因。基于对时空事件、对象、对象时态特征、对象行为以及对象事件响应过程的这种综合描述,时空中的时序关系和因果关系可以得到全面表达,而对象间的瞬态关系(空间关系或非空间关系,如一个空间区域包含另一个空间区域,一块土地被某个人所拥有等)在对象的时态版本中可以得到表达。

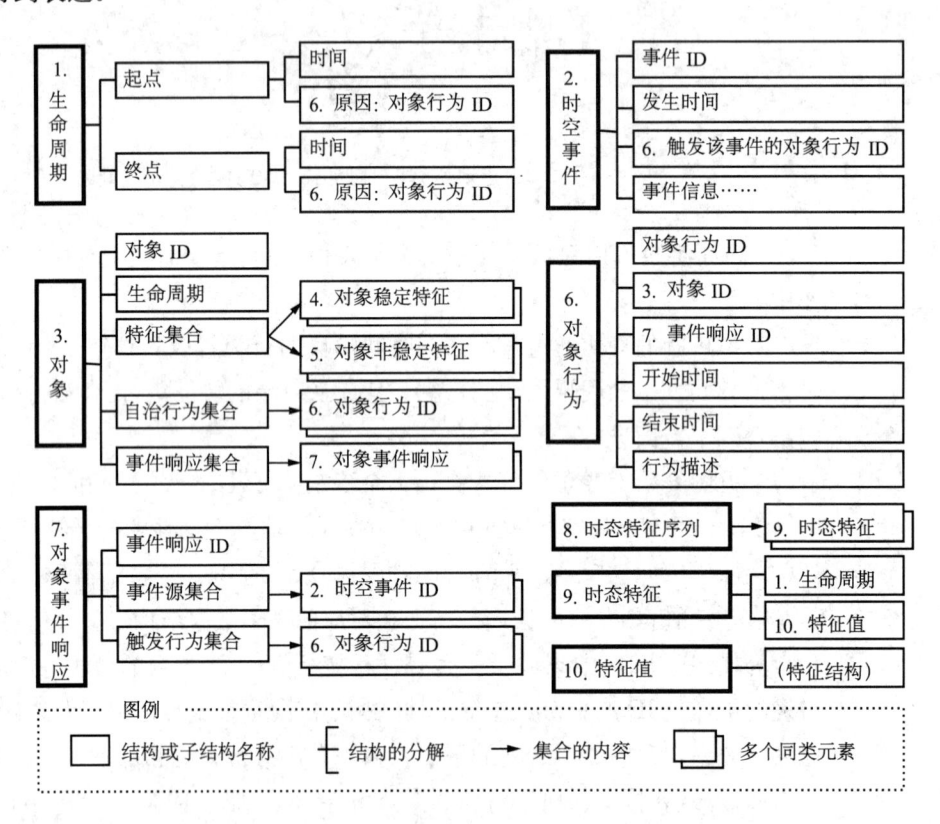

图 8-7 对象进化数据模型的基本框架

对象进化模型可以兼容传统的对象数据模型,即对象行为和事件响应过程是描述对象的可选结构。一个没有行为和事件响应机制的对象是一个只能被动接受操作的"数据体",时空事件本质上就是这样一个对象。从数据结构的角度来看,对象进化过程中的特征变化可能会出现两种情况,即同构变化(渐变)和异构变化(突变)。同构变化指特征与对象一起产生或消亡,并且其时态特征序列可基于同一特征结构而被表达。异构变化指某一特征在对象生命周期内可能会突然消失、突然产生或者被另外某种新特征(具有不同的特征结构)所取代。同构变化和异构变化的特征都是对象特征集合的组成元素,对象的每个特征都是对象数据表达的一个重要方面,其结构的产生与消失也必须用生命周期来进行标识。

综合来看,对象进化数据模型可以很好地反映时空对象之间的相互作用过程,记录对象的变化以及表达时空中的因果关系。图8-8所示为一个基于对象进化数据模型的简化的地籍信息数据库的关系型结构。为简化起见,假设系统中只有地籍宗地(Parcel)与办公人员(Official)两种对象(均在Objects表中用唯一的ObjectID标识),"生命周期"均通过StartTime、EndTime、StartCausation以及EndCausation表达,同时假设地籍宗地对象有两个不稳定特征:边界(ParcelBorder)和权属所有者(ParcelOwner),办公人员对象有一个稳定特征"基本信息"(OfficialInfo)和一个不稳定特征"职衔"(OfficialRank)。这个系统中的所有结构定义都在MetaData中记录,所有对象特征类型都在ObjectFeatures中登记。对象的异构特征变化被表示为一个旧的特征类型被一个新的特征类型所取代,其在ObjectFeatures中的对应数据表示为:旧的特征类型的EndTime被给定,同时一个新的特征类型的数据记录产生,这个新记录的StartTime等于旧特征类型的EndTime,它的EndTime是Null。Events中记录的是被这个系统所关心的一些事件,例如某个时刻某个高级办公人员发出了一个命令或者政府发出了某个公告,等等。EventResponses记录的是对象针对外部事件的反应过程,例如一个办公人员为了完成上级命令而完成的一个事务过程,触发这个过程的源事件ID被记录在SourceEvents中,在这个过程中被激活的对象行为或者对象的自治行为被记录在Behaviors中,SourceEvents与Behaviors之间的多对多的关系通过EventResponses得以实现。ParcelMap2000和ParcelMap500分别存储1∶2 000和1∶500两种空间尺度的宗地细节图,它们是宗地对象的同一时空特征的多空间尺度表达。在图8-8中,为便于理解,对象的每个特征的结构只用了一个表来描述,实际上,对象的很多特征(例如宗地图)往往需要用一个主表和若干副表协同表达。基于图8-8的结构,可以得出一个地籍宗地变化的因果关系链:从宗地边界的每个状态的生命周期可以获知是谁的行为在什么时间以什么方式(分割、合并等)导致了边界变化;从行为、事件响应过程与源事件的关系可以进一步获知行为被激活的原因(政府行为?上级命令?);如果行为是在上级的命令下激活的,还可以获知上级为什么要发出这个命令(权属所有者的申请?);如果宗地边界是以合并或分割方式改变的,从行为描述中可以获知参与合并或者分割的"源宗地",等等。

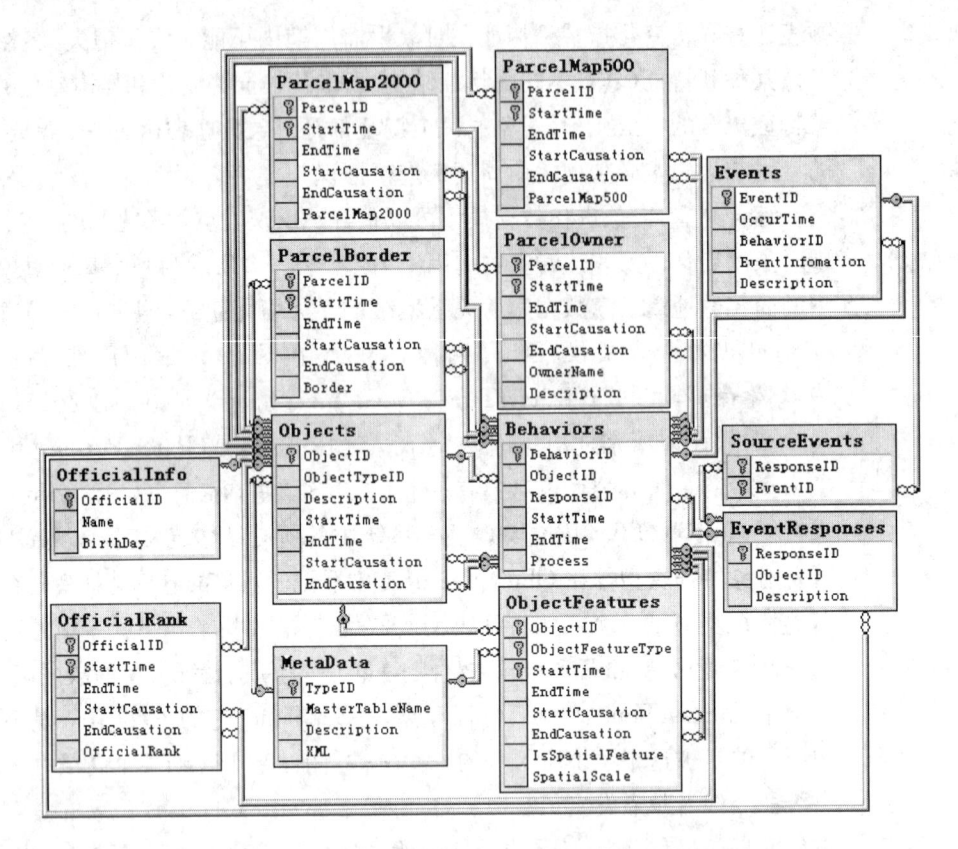

图 8-8 地籍信息系统中对象进化模型的实现

5. 时空对象的标识

在为时空对象进行数据建模时，必须考虑到，时空对象的"变"与"不变"是相对的，当一个对象被明确地定义好之后(可能是一个大的地区，一栋小房屋，甚至是图像中的一个小栅格)，它必有一个本质特征(Essential Elements 或 Essential Property)用以识别它，或者区分它与其他对象，并且这个本质特征在对象的生命周期中具有稳定性，其变化意味着对象的"终结"。

对象本质特征的界定在信息系统构建过程中体现着很强的主观意愿，根据不同的应用目的往往会有不同的定义，但最基本地，对象必可以通过设置一个具有唯一性的标识(ID)用以识别或者区别它，因此时空对象的 ID 是多源异构数据集成的最基本的"联系点"，也是实现矢量数据、栅格数据和 DEM 数据的三库一体化所需要依赖的基本数据元素：无论是矢量数据、栅格数据还是 DEM 数据，都必然是描述某个现实对象的数据，通过将这些数据与对应的对象 ID 进行关联，就可以自然地建立起这些数据之间的内在联系。

8.1.2 一体化数据结构

1. 一体化数据结构的概念

新一代集成化的地理信息系统,要求能够统一管理矢量数据、栅格数据和DEM数据,称为三库合一。关于矢量数据和属性数据的统一管理,近年来取得了突破性的进展,不少GIS软件生产商先后推出各自的空间数据库引擎(SDE),初步解决了矢量数据、属性数据的一体化管理。DEM数据一般是以TIN或GRID来表示。而按照传统的观点,矢量数据和栅格数据被认为是两类完全不同性质的数据结构。在表达空间对象时,在基于矢量的GIS中,人们主要使用边界表达方法,用一个或一组取样点坐标表达一点、一条弧段或一个多边形。实际上,这些取样点在计算机内部只是一些离散的坐标,在空间表达方面并没有直接建立位置与地物的关系,在计算机中往往通过解析计算来进行判别。在基于栅格的GIS中,一般用元子空间填充表达法来表示面状地物。通过对元子空间填充表达法的分析,人们也尝试采用此方法来表达线状实体,每个线状实体除记录原始取样点外,还记录线状实体路径所通过的栅格;同时面状实体除记录它的多边形边界外,还记录中间包含的面域栅格。这样的取样数据就具有矢量和栅格双重性质,一方面,它保留了矢量的全部特性并建立了拓扑关系;另一方面,它具有栅格的特性,建立了栅格和地物的关系,路径上的任意一点都直接与实体联系。因此,对于点状地物、线状地物、面状地物,都采用面向实体的描述方法直接记录位置描述信息并进行拓扑关系的建立,完全保持了矢量的特性,而元子空间填充方法建立了位置与地物的联系具有的栅格的性质,这样就将矢量与栅格统一起来,也就是一体化数据结构的基本概念。

要实现一体化数据结构,就要满足以下要求:

(1) 支持遥感与GIS的整体集成。GIS的数据结构既可以支持GIS的功能,也能支持直接对遥感数据进行图像处理,避免GIS数据与图像数据之间的转换,最终达到图像处理模块与GIS模块合二为一。

(2) 解决遥感图像分类精度与GIS数据精度不匹配的问题。由于遥感图像分辨率的限制,从遥感图像中所能识别地物的最小粒度往往与GIS中的数据不一致,而且不同遥感数据源的分辨率也不一致,因此以遥感数据更新GIS可能造成GIS中数据的混乱、冲突。要解决这一问题,GIS的数据结构应支持各种数据在不同分辨率上分层融合。

(3) GIS的数据结构应有利于知识的提取与组织利用。地理目标具有丰富的属性特征,目标之间有很强的空间相关性,目标受地理环境的影响很大。GIS 的数据结构应当能够表达复杂对象,有一定的空间表达能力、语义表达能力,有利于数据间以"联想"的方式传递信息。

(4) 为了建立点状、线状、面状地物的具体一体化数据结构,先约定如下规则: A. 地面上的点状地物,它仅有空间位置,没有形状和面积,在计算机内部只表示该点的一个位置数据;B. 地面上的线状地物,它有形状但没有面积,它在平面上的投影是一条连续不间断的直线或曲线,在计算机内部需用一组元子填满整个路径并且表示该弧段相关的拓扑信息;C. 地面上的面状地物,具有形状和面积,在计算机内部表示为一组由元子填满路径的边界和由边界包围的紧致空间。

2. 一体化数据结构的表示方法

1) 不规则三角网方法

不规则三角网(Triangulated Irregular Network,TIN)是对有限个离散点,每三个最邻近点联结成三角形,每个三角形代表一个局部平面,再根据每个平面方程,可计算各网格点高程,生成 DEM。不规则三角网是产生 DEM 数据而设计的采样系统。它既减少规则格网方法带来的数据冗余,同时在计算(如坡度)效率方面又优于纯粹基于等高线的方法。TIN 模型根据区域有限个点集将区域划分为相连的三角面网络,区域中任意点落在三角面的顶点、边上或三角形内。如果点不在顶点上,该点的高程值通常通过线性插值的方法得到(在边上用边的 2 个顶点的高程,在三角形内则用 3 个顶点的高程)。所以 TIN 是一个三维空间的分段线性模型,在整个区域内连续但不可微。TIN 的数据存储不仅要存储每个点的高程,还要存储其平面坐标、节点连接的拓扑关系、三角形及邻接三角形等关系。TIN 模型在概念上类似于多边形网络的矢量拓扑结构,只是 TIN 模型不需要定义"岛"和"洞"的拓扑关系。有许多种表达 TIN 拓扑结构的存储方式,一个简单的记录方式是:对于每一个三角形、边和节点都对应一个记录,三角形的记录包括 3 个指向它 3 个边的记录的指针;边的记录有 4 个指针字段,包括 2 个指向相邻三角形记录的指针和它的 2 个顶点的记录的指针;也可以直接对每个三角形记录其顶点和相邻三角形。每个节点包括 3 个坐标值的字段,分别存储 X,X,Z 坐标。这种拓扑网络结构的特点是对于给定一个三角形查询其 3 个顶点高程和相邻三角形所用的时间是定长的,在沿直线计算地形剖面线时具有较高的效率。当然可以在此结构的基础上增加其他变化,以提高某些特殊运算的效率,例如在顶点的记录里增加指向其关联的边的指针。

2) 细分格网方法

从原理上说,上述讨论要设计的一体化数据结构是一种以栅格为基础的数据结构。但由于栅格数据结构的精度较低,因此,可以采用细分格网方法来提高点、线实体的表达精度和面实体的边界线的表达精度,使一体化数据结构的精度达到或接近矢量表达的精度。

细分格网方法是在有点、线目标通过的基本格网内,再细分 256×256 个细格网,当精度要求较低时,可细分成 16×16 个细格网(图 8-9)。为了与整体空间数据库的数据格式一致,基本格网和细分格网都采用线性四叉树的编码方法,将采样点和线性目标与基本格网的交点用两个 Morton 码表示(都采用十进制 Morton 码,简称 M 码)。其中,M_1 表示该点(取样点或附加的交叉点)所在的基本格网地址码,M_2 表示该点对应的细分格网的 Morton 码,即 M_1 和 M_2 是由一对 x,y 坐标转换成的两个 Morton 码。例如,$x = 210.00$m,$y = 172.32$m,当基本格网的边长为 10m,则基本格网为 32×32,而在每个弧段通过的基本格网内再细分为 256×256 个细格网时,坐标 x,y 可以转换为 Morton 码后为 $M_1 = 785$,$M_2 = 24\,543$。

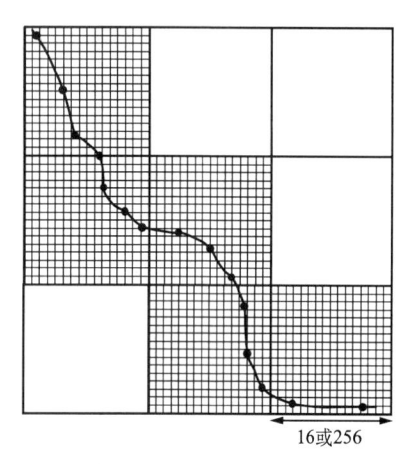

图 8-9 细分格网示意图

3) 粗网格线性四叉树索引方法

空间数据的区域信息常常采用四叉树数据结构存储,其原理为:将空间区域按照四个象限进行递归分割($2^n \times 2^n$,且 $n \geqslant 1$),直到子象限的数值单调为止。对于同一种空间要素,其区域格网的大小随该要素空间分布特征而不同。如图 8-10 所示,(a)为区域划分的过程,(b)为该区域对应的四叉树,其中树根代表整个区域,树的每个节点有 4 个子节点或为空,为空的节点称为叶结点,叶结点对应于区域分割时数值单调的子象限。

建立四叉树有两种方法:自上而下方式(top-down)和自下而上方式(bottom-up)。自上而下方式是先检测全区域,其值不单调时再四分划,直到数值或内容单调为止。自下而上方式是先将区域划分成足够小的格网($2^n \times 2^n$,且 $n \geqslant 1$),然后依次判断相邻 4 个网格值是否完全相同。若不完全相同,则作为 4 个叶结点记录下来;若完全相同,则将它们合二为一,并将其中一个网格值赋予它,它的地址为原4个单元中第一个单元的地址,为节省存储量,中间结点不保存。

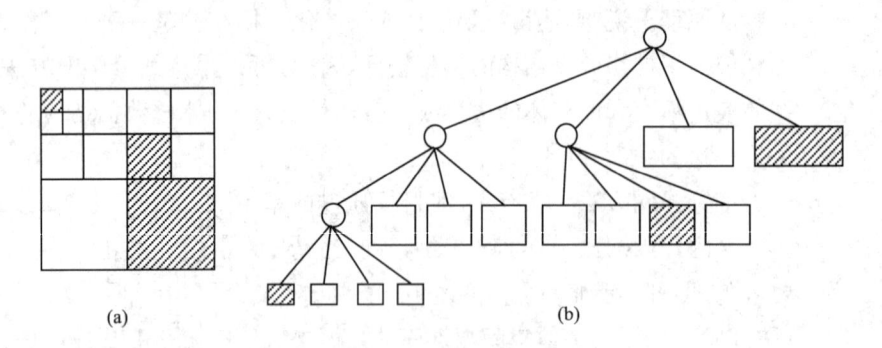

图 8-10 四叉树压缩编码表示法

四叉树常见有常规四叉树和线性编码四叉树(LQT)。常规四叉树每个结点存储6个量:4个子结点指针、1个父结点指针(根结点的父指针为空,叶结点的子指针为空)和1个结点值。线性编码四叉树每个结点存储3个量:地址、深度和结点值。

线性四叉树编码是计算每个网格单元的地址,其计算公式为 ADDRES$(I,J)=2I_B+J_B$,其中 I_B、J_B 分别为行 I 和列 J 的二进制形式。如区域是 $2^n \times 2^n$ 的矩阵,这样生成的地址由 N 个数字组成。它正是自下而上的方法。由于栅格数据常常不一定正好是 $2^n \times 2^n$ 的矩阵,为了能对不同行列数的栅格数据进行四叉树编码,一般对不足 $2^n \times 2^n$ 的部分以 0 补足。对于补足部分生成的叶结点可不存储,这样存储量也不会增加。

栅格矩阵数据转换成四叉树以后是一个大型的线性数据文件,如果直接对其检索效率很低。一般在数据库技术中,人们通常使用 B 树或 B+树索引大型数据文件,这是提高数据库操作效率的一项重要技术。地理信息系统中的空间数据,尤其是线性四叉树或二维行程编码的数据是与位置有关的,而且一般是用 Morton 地址码作为关键字,Morton 码本身隐含了位置信息。如果采用粗网格的线性四叉树索引方法,建立索引文件与空间位置的直接关系,则可省去查找索引文件的时间,而根据关键字(隐含了位置信息)直接进入某个索引项。因此,对于线性四叉树编码数据文件,则可以采用线性四叉树索引方法。

线性四叉树索引方法是在线性四叉树的基础上,将 16×16 个基本格网组成一个粗网格,每个粗网格也用十进制的 Morton 编码。这些粗网格形成一个索引表,它的顺序也是按线性四叉树地址码排列的。在索引表中每个记录都用一个指针指向对应的粗网格中包含的第一个记录在线性四叉树文件中的起始地址。为了统一起见,每个线性四叉树的叶结点不能超过一个粗网格。这样，便建立了索引记录与线性四叉树线性表的关系，如图 8-11 所示。

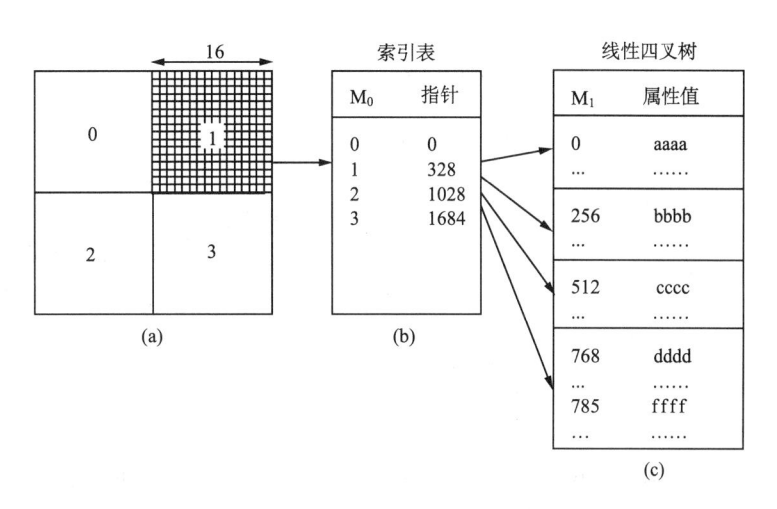

图 8-11　粗网格索引

根据某点的位置信息可直接进入索引记录，进而找到该点对应于线性四叉树文件的记录。例如，查找 $M_1=785$ 的叶结点的属性值，先计算它的粗网格地址码 $M_0=785/256=3$，然后指向索引中的第 4 号记录(记录号＝M_0+1)，根据这个纪录的指针找到该粗网格在线性四叉树表中的起始记录号，接着再往下查找，即可得到该叶结点的属性值。由于粗网格 Morton 码与记录号存在直接的联系，就可以省去索引文件中的 Morton 码，而用隐含的记录号代替，这样就不用搜索索引表，而是直接定位记录。

粗网格索引是面向位置设置的索引，因此使用线性四叉树索引方法，只要设置一级索引表，因为查找时可直接按主关键字(Morton 码)进入索引项，没必要再建立更高一级的索引。

为了便于插入和删除操作，可以引入某些 B＋树的思想。首先将线性四叉树的向量数据按一定规格分成数据块，如以 512bytes 为一数据块。分块时按照两项原则，第一原则是每个数据块不超过 512bytes，另一原则是一个数据块中对应的栅格数据不能跨越一个粗网格，即一个数据块中不能包含有两个粗网格的 Morton 码。这样，每个粗网格索引总是从某一数据块的起点开始，若一个粗网格的数据不满一个数据块，则该数据块后面的存储区为空；若一个粗网格的数据量大于一个数据块，则开辟两个或两个以上的数据块，并且与 B＋树一样将所有数据块用链指针串起来，链指针放在每个数据块的末尾。对于插入和删除操作，这种方法具有与 B＋树相同的效率。当要在线性四叉树文件中插入一个记录时,如果该记录对应的数据块不满512bytes,则直接插到这一块,必要时,只需移动该数据块中的有关记录,索引指针和其他数据块都不必变化,当该数据块记录已满时,开辟一个新的数据块,并修改原数据块末尾的指针,指向新数据块,并把新数据块的指针指向原数据块老指针所指的地址。

3. 一体化数据结构的设计

线性四叉树编码、细分格网法和粗格网索引方法以及有关一体化数据结构的概念为一体化数据结构的设计奠定了基础。在一体化数据结构中,所有空间位置数据采用线性四叉树地址码为基本数据格式,保证了各种几何目标的直接对应;采用粗格网索引方法可以提高检索效率;采用细分格网方法可以不存储原始采样的矢量数据,用转换后的数据格式来保持较好的精度。图 8-12 所示的地物标识中包括了点状地物和结点(10010~10014)、线状地物和弧段(20008~20015)、面状地物(30010~30013)。

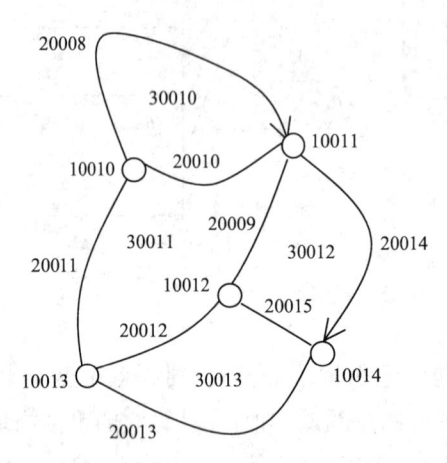

图 8-12 包含有点、线、面的地物

1) 点状地物和结点的数据结构

根据约定,点状地物和结点只有位置,没有形状和面积,因此不必将点状地物作为一个覆盖层分解为四叉树,只需要将点状地物的坐标转化为 Morton 地址码 M_0 和 M_1,而不管整个构形是否为四叉树。这种结构简单灵活,不仅便于点的插入和删除操作,而且对于一个栅格内包含多个点状目标的情况也能很好地处理。这样可以用一个文件来表达所有的点状地物和弧段之间的结点,其结构如表 8-1。很显然,这种点状地物的数据结构几乎与矢量数据的结构完全一致。

表 8-1 点状地物和结点的数据结构

点标识号	M_0	M_1	高程 Z
…	…	…	…
10010	23	1026	4
10011	86	5682	5
…	…	…	…

2) 线性地物的数据结构

一个线性地物是由一个或多个弧段组成的,线性地物的四叉树表达要和面域的四叉树数据相互对应。采用元子空间填充方法可以建立位置与线性地物的联系,使得线性地物的数据结构相当简单,而且能非常容易地与其他地物类型的四叉树数据进行交互和插入、删除等操作。每个线状实体除记录原始取样点外,还记录线状实体路径所通过的栅格。对线性地物的表达只需要用一连串数字来表达每个线性地物所经过的栅格路径,因此要表达整个路径则要求该线性地物所经过的栅格地址要全部记录下来。首先建立一个弧段的数据文件,如表 8-2 所示。

表 8-2 弧段的数据结构

弧标识号	起结点号	终结点号	中间点串(M_0, M_1, M_Z)
...	...	...	...
20008	10010	10011	24, 1058, 4, 36, 1534, 5...
20009	10011	10012	88, 1432, 5, 102, 4036, 6...
...	...	...	...

表 8-2 中的起结点和终结点是该弧段的两个端点,它们与结点数据结构连接构建了弧段与结点之间的拓扑关系。其中的中间点串既包含了原始取样点(已转换成用 M_0 和 M_1 表示),又包含了该弧段路径通过的所有格网边的交点位置码,它所包含的 Morton 码填满了整个弧段路径。同时可以看出其结构也充分考虑了线性地物在地表的空间特征,通过记录曲线通过的 DEM 格网边上的高程值能较好地表达它的空间形状和长度。

这种数据结构比单纯的矢量结构增加了一定的存储量,但它解决了线性地物的四叉树表达问题,使它能与点状和面状地物一起建立统一的基于线性四叉树编码的数据结构体系,这对于点状地物与线状地物的相交、线状地物相互之间的相交以及线状地物与面状地物相交的查询问题变得相当简便和快速。

3) 面状地物的数据结构

按照基本约定,一个面状地物应包含边界和边界所包围的整个区域。面状地物的数据结构除记录它的多边形边界外,还要记录中间包含的面域栅格。面状地物的边界是由弧段组成的,关联弧段构成多边形区域,由关联弧段与弧段数据结构连接建立起多边形与弧段之间的拓扑关系。另外它还要记录面域栅格的信息,面域信息则由线性四叉树或二维行程编码文件表示。

点状和线状地物无法形成覆盖层,而面状地物形成覆盖层,各类地物可能形成多个覆盖层。如地面上的建筑物、广场、耕地、湖泊等可视地物可作为一个覆盖层,而行政区划和土壤类型又可形成另外两个覆盖层。这里规定每个覆盖层都是单值的,即每个栅格内仅有一个面状地物的属性值。一个覆盖层是一个紧致空间,即使是岛也含有相应的属性,每个覆盖层需要分解一个四叉树或用一个二维行程线性表来表示。为了建立面向对象的数据模型,叶结点的格网值不是基于地物的属性而是基于目标的标识号,并且用循环指针将同属于一个目标的叶结点链接起来,形成面向地物的结构。表 8-3 是对应的二维行程线性表(2DRE)。

表 8-3 2 维行程线性表

基本格网 M_0 码	循环指针
0	32
16	52
32	56
52	61
56	62
61	B
62	A
…	…
…	…

2DRE 线性表是按基本格网的 Morton 码顺序排列的,表中的循环指针指向该地物的下一个子块的记录(或地址码),并在最后指向该地物本身。只要进入第一块就可以顺着指针直接提取该地物的所有子块,这样可以避免像栅格矩阵那样为了查询某一个目标而遍历整个矩阵,从而大大加快了查询速度。

对于面状地物中的边界格网的值一般采用以面积为指标的四舍五入方法来确定,即为两地物的公共格网其值取决于哪个地物占该格网的面积比重大。如果要精确进行面状地物的面积计算或叠加运算,可以进一步引用弧段的边界信息参与计算或修正。

表 8-2 的弧段文件和表 8-3 的 2DRE 文件是面状地物数据结构的基础,面状地物的文件结构如表 8-4 所示。表中的面块头指针指向 2DRE 表中该地物对应的第一个子块。

表 8-4 面状地物的数据结构

面标识号	弧标识号串	面块头指针
30010	20008，20010	0
30011	20009，20010，20011，20012	16
30012	20009，20014，20015	64
…	…	…

这种结构是面向目标的,并具有矢量的特点,通过面状地物的标识号可以找到它的边界弧并顺着指针提取出所有中间面块。同时它又具有栅格的全部特征,2DRE 表本身就是面向位置的结构,表 8-4 中的 Morton 码表达了位置的相关关系,前后两个 Morton 码之差隐含了该子块的大小。一个覆盖层形成一个 2DRE 表,从第一个记录到最后一个记录表示面块覆盖了工作区域的整个平面。给出任意一点的位置都可在 2DRE 表中顺着指针找到面状地物的标识号确定是哪一个地物。

4) 复杂地物的数据结构

由几个或几种简单地物(点、线、面)组成的地物称为复杂地物。例如我们可以将一条河道的河面、岸边围墙、闸门等作为一个复杂地物,用一个标识号表示。复杂地物的数据结构如表 8-5 所示。

表 8-5 复杂地物的数据结构

复杂地物标识号	简单地物标识号串
…	…
40008	10025，20008，30010，30025
40009	30006，30007
…	…

8.1.3 数据库管理

1. 数据库管理的主要目标

数据库管理主要涉及数据库结构的定义以及数据的增加、删除、修改和查询四个方面的操作,这些都与数据库所使用的数据存储与组织方式有着密切的联系,其中数据结构的定义常常需要对数据规定一些约束条件,包括完整性、一致性以及正确性约束,而对于数据的增加、删除和修改必须满足这些数据约束条件。

不同的数据库系统对于数据的管理实现方案往往是不一样的,但是一般需要提供两类操作语言来实现管理目的：即 DDL（Data Definition Language，用于定义和管理作为数据库组成部分的若干数据结构的语言），如 SQL（Structured Query Language）中的 Create Database、Create Table 等；还有 DML（Data Manipulation Language，用于数据的增加、删除、修改和查询），如 SQL 中的 Insert、Delete、Update 以及 Select。

2. 时空数据的组织方式

时空数据组织方式实际上是时空数据的一种特殊数据结构，这种结构往往首先被数据的访问者接触和理解，从而事实上起到对于数据的组织和访问导航作用。目前常用的时空数据组织方式主要有基于二维空间特征的分层（Data Layer）和分幅（Data Tiling）两种方式。分层组织方式是将具有相同几何类型（点、线、面）及主题特征（水系、道路、居民地等）的数据放在同一个"图层"（栅格数据一般作为独立"图层"），空间区域可通过该区域内所有数据层的叠加来综合描述；分幅组织方式是利用规则格网将大面积的空间数据"割"成若干分幅，空间区域可通过将该区域内的所有分幅数据进行拼接来综合描述。分层的缺点是不同图层间的空间关系比较难以掌握，分幅的缺点是分幅边缘部分的数据操作和查询很不方便，两者常常被结合使用。

随着"数字城市"等应用的开展，多尺度空间数据的集成组织模型也得到较多的研究，目前的主要着眼点在于二维的不同比例尺下的空间数据的组织方式研究。不同尺度下针对同一时空对象（通过相同的 ID 来标识）的几何特征或属性特征的描述往往是异构的，但是区域与子区域之间的包含关系可基于同一结构表达，因此多尺度集成的空间数据可建立以区域为基本数据组织单元（可以将区域看成是不规则边界，而这种基本数据组织单元就是规则分幅向不规则分幅的扩展）和以父子区域间拓扑关系为联系的组织体系，这种组织方式的一个典型应用是控制电子地图在不同的计算机屏幕比例尺下的显示细节，即细节分层技术。

3. 三库一体化的数据库管理

由于矢量数据、栅格数据和 DEM 数据的三库一体化的实现有着两种可能的级别，即物理上的一体化或者逻辑上的一体化，针对这两种不同级别的一体化实现方案，需要考虑不同的管理手段。物理上的一体化意味着三类数据将在同一数据库系统中进行存储，逻辑上的一体化意味着针对矢量数据、栅格数据和 DEM 数据的不同，可能会采用不同的物理存储方案，但是需要在统一的操作层面上实现管理，即要实现对于使用者而言的无缝数据操作。

物理上一体化的数据集成，其管理基于相应的数据库系统实现，特殊情况下还可以基于数据库的功能作一些二次开发来加强数据库的管理功能。

逻辑上一体化的数据集成，又分为两大类情况：

1) 集中式存储

在同一台计算机上使用不同方案来实现不同数据的存储和管理，如栅格数据用文件方式存储，矢量和属性数据用数据库系统存储。此种情况下，需要构建专门的系统来实现数据的管理。

2) 分布式存储

在多台计算机上综合地利用不同的存储手段来实现数据的存储和管理。

一般地说，在分布式存储系统中，不同的数据库节点主要为不同的局部信息系统提供数据存取服务，其数据更新往往在局部信息系统内完成，但是需要为全局系统的数据消费提供只读式服务。分布式的数据存储由于数据的多源异构等问题会造成数据访问和理解的困难，所需要构建的数据库管理系统远比集中式的数据库管理系统复杂，如果系统中各个数据库节点基于一个统一的逻辑数据模型而构建（参见8.1.1，统一的逻辑数据模型并不要求统一的物理数据结构和相同的数据库系统），则有利于构建一个统一的管理平台，在此情况下，基于统一的逻辑数据模型，各个数据库节点都应该提供针对各自数据结构的语义描述，即元数据（Metadata），进而实现多源异构数据在不同局部系统间的相互理解以及数据交换。

4. 面向对象的数据管理

如果某类对象的行为及其针对外部事件的响应机制已被获知，并且如果这种机制是恒定的，则这类对象往往可以"程序化"并且其状态可以基于其初始状态及其所处的环境而被推理得出，此类对象本身不需要用数据来进行描述，但是它们往往又是描述某些其他对象的逻辑基础，这种情况下，可把这类对象包装为数据库管理机制的一部分，以实现"面向对象的数据管理"（参见 8.1.1 中关于"面向对象的数据模型"的介绍）。

对象数据管理小组（Object Data Management Group，一个由志愿者组成的国际组织，在 2001 年完成 ODMG 3.0 Specification 之后已经解散）曾经提出一个用于存储"对象"的标准（Standard for Storing Objects，又称 Object Data Standard），其中包括对象定义语言（Object Definition Language）和对象查询语言（Object Query Language）的规范，类似于 DDL 和 DML 的功能。在这个标准中，对象的"状态"是可变的，对象的"行为"是"预定义的一组操作"之一，也即是固定的，可被管理程序调用，因此该标准本质上是基于面向对象思想的数据库功能扩展的方案。

"面向对象的数据管理"作为传统数据管理方式的扩充,对于一个信息系统的构建是有重要意义的,有助于简化信息系统中的数据管理,并使得针对数据的理解得到增强。

§8.2 RS 支持下的 GIS 数据库更新

8.2.1 遥感信息的实时获取

遥感信息主要指记录在感光片或磁带上的目标信息和运载工具上的设备环境数据。21 世纪的航空、航天卫星遥感将以多光谱、多时相、多分辨率、多传感器以及全天候等特点为地学研究及 GIS 数据库更新获取地球表面的各种信息。在遥感的 5 个参数 (x,y,z,λ,t) 中,t 表示时间分辨率,遥感信息获取的实时性集中体现在遥感的时间分辨率 t 上。

1. 遥感的重复周期

遥感的重复周期是关于遥感影像间隔时间的一项性能指标。遥感探测器按一定的时间周期重复采集数据,这种重复周期又称回归周期。它是由飞行器的轨道高度、轨道倾角、运行周期、轨道间隔、偏移系数等参数所决定。这种重复观测的最小时间间隔成为时间分辨率。

时间分辨率的大小除了主要决定于飞行器的回归周期外,还与遥感探测器的设计等因素直接相关。如美国 Landsat 卫星 1-3 号,轨道高度 910km,倾角 98°,绕地一周 1 032 分钟,覆盖周期 18 天。Landsat 卫星 4-5 号,轨道高度 705km,倾角 98.23°,绕地一周 99 分钟,覆盖周期 16 天。法国 SOPT 卫星高度 832km,倾角 98.7°,绕地一周 101 分钟,覆盖周期 26 天。地球同步卫星的覆盖周期在理论上是任意的,仅取决于传感器对地观测的频度,如气象卫星每 12 小时进行一次红外扫描成像,那么其覆盖周期即为 12 小时。

根据遥感系统探测周期的长短可将时间分辨率划分为三种类型:

(1) 超短或短周期时间分辨率。主要指气象卫星系列(极轨和静止气象卫星),以"小时"为单位,可以用来反映一天以内的变化。如探测大气海洋物理现象、突发性灾害监测(地震、火山爆发、森林火灾等)、污染源监测等。

(2) 中周期时间分辨率。主要指对地观测的资源环境卫星系列(Landsat、SPOT、ERS、JERS、CBERS-1 等),以"天"为单位,可以用来反映月、旬、年内的变化。如探测植物的季相节律,捕捉某地域农时关键时刻的遥感数据,以获取一定的农学参数进行作物估产与动态监测,农林牧等再生资源的调查,旱涝灾害监测,气候学、大气和海洋动力学分析等。

(3) 长周期时间分辨率。主要指较长时间间隔的各类遥感信息,用以反映以"年"为单位的变化,如湖泊消长、河道迁徙、海岸进退、城市扩展、灾情调查、资源变化等等。至于数百年、上千年的自然环境历史变迁,则需要参照历史考古等信息研究遥感影像上留下的痕迹,寻找其周围环境因子的差异以恢复当时的古地理环境。

可见,多时相遥感信息可以提供目标变量的动态变化信息,用于资源、环境、灾害的监测、预报,并为更新数据库提供保证;还可以根据地物目标不同时期的不同特征,提高目标识别能力和精度。

2. 遥感信息的时间延拓

遥感信息具有二维空间的特点,在环境、资源、大气、地质、农业、林业等领域的规划、管理和决策中发挥着越来越重要的作用。但遥感信息又是一个瞬时信息,即它所反映的是摄影成图一瞬间的状况,这对于有些方面的应用并没有太大的影响,如地物分类、矿产地质结构、土地利用等。但是对于连续的物理化学过程的研究,这种瞬间信息就暴露出致命的缺陷。例如,蒸发在一天里的变化是非常明显的。因此,能否将瞬时的遥感信息进行时间的延拓是遥感应用中的一个关键问题。

目前国内外在此领域研究的成果表明,具有规律性、周期性变化的过程是可以延拓的,如太阳辐射、净辐射通量、蒸发通量等。例如,太阳辐射的瞬时值和最大值之间有如下的函数关系:

$$S_i = S_m \sin\left(\frac{\pi t}{N}\right) \tag{8-1}$$

式中,S_i 为某一时刻的太阳辐射瞬时值,S_m 为中午的太阳辐射最大值,N 为太阳升起和落下的周期,t 为时间变量。很显然,当 $t=N/2$ 时,$S_i=S_m$。如果对上式进行时间积分可以得到:

$$S_d = \int_0^N S_m \sin\left(\frac{\pi t}{N}\right) dt = \frac{2N}{\pi} S_m \tag{8-2}$$

式中,S_d 为日总量。

这种瞬时值的时间延拓,首先需要地面同步的实际观测资料的支持,其次这种时间延拓还必须在理想的天气状况下才可以取得满意的结果。因而在实际应用中会出现或大或小的误差,需要进行订正。

如果说具有周期性的物理化学过程参数可以通过以上方法进行时间上的延拓的

话，那么对于具有非周期性的过程，例如洪水过程的演进、污染物质的扩散等，遥感技术的应用就明显受到限制。如何将瞬间的遥感信息与实际的物理化学过程相互联系与耦合来解决遥感应用中的时间尺度问题，是遥感应用需要解决的关键问题之一。

3. 遥感信息获取的实时性及其应用

对于地面上的某一区域，同一传感器按照固定的重复观测周期对其进行观测。不同传感器有着不同的重复观测周期，可以相互补充。例如，空间分辨率在20～500m范围内的传感器被称为中分辨率传感器，由于具有相近的空间分辨率，它们对地面上同一区域的观测结果在很大程度上可以互补。对于周期性的变化，可以利用遥感信息的时间延拓能力来获得变化过程的信息。因此，多种重复观测周期、多源传感器的多角度观测为遥感信息的实时获取提供了条件，也为多种地学研究和应用领域提供了有价值的技术手段。

1) 更新GIS数据库

动态多时相的遥感数据是GIS数据库的重要信息源。由于它具有周期短、数据源丰富的特点，尤其适于不断更新数据库。详见8.2.3的论述。

2) 进行动态监测与预报

遥感应用从资源清查、定性描述的静态阶段到动态分析、预报并直接参与生产管理，必须解决时间分辨率的问题。如利用短周期遥感信息——气象卫星云图进行天气、海况（海洋表面物理状况、温度场、风场、波浪）、渔情的监测与预报，我国约每半个月1次，而日本则每天2次，并能及时送到出海的船上由电视屏幕显示出来。由于及时掌握情报，日本的产鱼量约是我国的10倍。英国利用气象卫星与气象雷达相结合，进行台风或暴雨形成与晴空湍流的监测预报，时间分辨率的要求达几十分钟到1小时。他们用雷达确定云的移动速度、水滴大小、云顶高度等参数，从而推测这个云团可输送多少水量，用气象卫星作整个天气形势分析来预报2小时内的天气变化。英国还用此方法来控制整个威尔士山区水库的闸门。此外，根据火山的地热常在热容量卫星和红外波段上的反映来预报夏威夷火山的爆发，也是短周期遥感信息利用较成功的例子。

过去因受到遥感资料的限制，较难得到研究区域内不同年份、不同季节的多时相资料，因而许多动态方面的工作难以进行，一些动态研究课题仅停留在实验性及方法性的探讨上。随着我国地面站的交付使用，遥感信息源不断增加，周期性遥感图像和数据资料不断积累，动态研究也就越来越成为可能。当然这方面的研究还不仅是多时相的问题,它需要多因子的综合分析,需要其他资料的支持。

3) 进行自然历史变迁和动力学分析

湖北江汉平原上,河流交叉纵横,湖泊星罗棋布。这里古代发育了大湖"云梦泽",曾经有 2 000 多个湖泊。解放前夕的地图上还保留有 609 个湖泊。但现在通过卫星图像的核实仅留下 300 多个,并且湖廓界线也发生了变化。原来的小湖丧失殆尽,中等湖泊也有部分不复存在,即使洪湖、大同湖这样的大湖也被肢解破碎。平原上湖泊的明显消长变化直接影响到区域水系网络、农田灌溉、生态环境、水生资源等。这些变化需要动态信息(较长间隔、不同时相的卫星图像、航空相片等)及时更新,这些要求通过遥感和历史资料的结合是可以达到的。

北京城市的发展从长周期时间分辨率的陆地卫星影像上可以提供不少的信息。约距今 3 000 年前北京最早的城址——蓟城,在今天城区的西南角。从卫星影像上可以看到古城的东南部淀泊沼泽的残迹和永定河游移不定的故道,北部山区沿北东、北西走向断层形成的山口(南口及古北口等)以及燕山、太行山冲洪积扇带。古城就位于永定河古冲积扇前缘潜水溢出带内,又是古代渡口附近的交通枢纽点。这里水源丰富,交通发达,因而发展了古城蓟城。随着城市的发展,水源条件的变化,北京古城也几经迁移、几度兴衰。结合考古历史资料,我们不仅可以从影像上识别历史上的古城内城、外城街区及护城河的轮廓,而且可以看到 1949 年后对老城的改造、新城的扩建、城镇的并联、郊区农业的园田化以及兴建官厅、密云、怀柔水库后对北京及周边环境背景的影响。

4) 利用时间差提高遥感的成像率和解像率

由于不同时相的遥感图像土壤的光谱特征变化很大,所以在进行土地资源和土壤资源调查中,必须选择差异特征明显的时期。对于华北平原地区则应该抓住两个特征时期,一是冬春时节(一般在 3 月中旬),气候干旱,地面返盐,且地面覆盖差、多呈裸露状,地表水盐动态变化特征和差异以及地貌等现象均反映明显;二是春末或秋末时节(一般在 5 月上旬或 9 月上旬),即作物成熟期,水盐土条件的差异集中反映在作物的类别与长势上。利用这两个时间差进行对比,可以得到任何一个单时相所得不到的信息,有效地提高了图像解译能力。研究内蒙古草场流域下垫面问题,既要了解对径流起滞蓄作用的草地盖度、森林郁闭度等(应选用 7、8 月份的影像),又要了解枯水期的河流状况(应以本年 10 月～次年 4 月的影像作参考),两者对比分析,提高解译精度。可见,合理利用光谱响应,选择合适时相的遥感图像进行对比,将有助于分析和识别地物。

8.2.2 变化信息的自动检测

空间变化信息的提取目前主要通过两种方法来获取：一种方法是分类后比较法，即先对不同时相遥感图像单独分类，然后对分类结果进行比较以获得变化类型、数量和位置信息；另一种方法是直接比较法，即通过图像像元的比较，进行直接分类获得变化类型信息。第一种方法先分类后对比，所以对分类标准和精度要求较高，需要的工作量大，而对两期图像信息源与时相的一致性要求相对不高；第二种方法直接基于不同时间地表辐射特性变化的信息提取，对遥感图像的大气校正、传感器统一、几何配准、后期处理等方面有严格要求，但效率较高。分类后比较和直接比较两种检测方法又有多种变化信息提取方法，主要有：多时相合成图像变化法、影像差异法、影像比值法、影像回归法、主成分分析法、植被指数法、变化向量分析法等。

为了实现动态监测，必须把遥感和 GIS 集成在一起构成一个能在整体上发挥作用的系统。人们已经开始将 GIS 作为支撑软件，结合相关的遥感数字图像处理技术，初步形成了如图 8-13 所示的地表覆盖动态监测系统。在每个变化监测任务的开始，系统吸收多波段图像作为输入；图像差异分析模块将所输入的新图像与从 GIS 系统调出的最近期图像进行配准，然后对两个图像作差异分析，在必要的情况下还进行 K-L 变换和集群分析等，以便产生包含变化信息的中间图像；分析结果被送到变化特征提取模块后，潜在变化区域的有用特征从中间图像被提取出来，包括变化区域的范围、百分比和图像特征等，它们被记录在区域特征记录表里；最后，区域特征记录表传送到变化识别模块，在此借助各种识别算法和某些知识规则，对变化的程度、范围和类别进行识别。

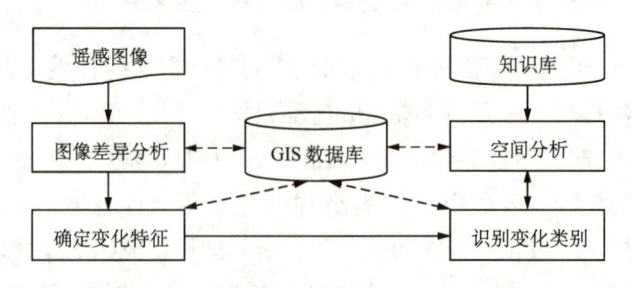

图 8-13 RS 与 GIS 结合用于地物变化检测

未经解译的遥感图像虽具有丰富的信息，但其意义通常是不明确的，并且没有充分地结构化，所以直接从遥感图像上发现变化的区域和范围比较困难。鉴于此，可以将 GIS 中的背景信息作为一种结构提供给待分析的图像，不过 GIS 提供的背景信息一般只能降低从遥感图像上发现变化的区域和范围的难度，并不能完全表示变化的范围和如何去寻找这些变化的区域。也就是说，即使有 GIS 提供的背景信息，若要从遥感图像上较快地发现变化的区域还需要一定的启发式知识。

利用启发式知识发现变化的区域与启发式搜索有关。常需要定义一种能反映求解路径优劣程度的数值函数 $f(\cdot)$，作为比较选择的参考，此函数一般被称为评价函数。最常见的基于评价函数的搜索方法是"最佳优先"搜索(Best-First，BF)，即在问题求解空间的每个选择点上，取 $f(\cdot)$ 值最佳的方法进行搜索。珀尔(Pearl)引入平均计算量的概念和搜索的概率模型，对启发式搜索的研究有重要推动作用。

20 世纪 80 年代初，张钹等利用启发式搜索与统计推断的相似性，提出了一种新的启发式搜索技术，称之为统计启发式搜索技术，简称为 SA 算法。该搜索过程分为两步，首先利用统计推断的方法判断搜索树(或图)中哪个部分最可能包含目标，而将包含有目标的可能性很低的那部分(子树)删去。然后在被选出的子树上用通常的启发式搜索技术展开，展开到一定程度再回头判断被选出的子树中哪一个子树最可能包含目标，这样交叉进行，直到找到目标为止。由于在搜索过程中加上一个进行全局判断的步骤，而全局判断是基于统计推断技术，也就是利用不同部分之间统计量的"差异"，而不是利用估计的"精度"，这样，在一定假定下 SA 算法可以避免"指数爆炸"的问题。

SA 算法由两个重要环节构成。

1. 搜索树的模型

设一个一致的 m-枝树 G，其起点(根)为 S_0，在深度 N 处有唯一目标 S_N。设对 N 层的每个节点 p 定义一个值 $v(p)$，设目标满足：

$$v(S_N) \leqslant \min_{p \in 第N层} v(p) \tag{8-3}$$

对 G 中任一结点 n，以 $T(n)$ 表示 G 中根于 n 结点的子树，若 n 在第 i 层，称 $T(n)$ 为 i-子树。例如，对应图 8-14(a)的层次分割，我们可以得到图 8-14(b)的搜索树，n 在第三层，因而 $T(n)$ 为 3-子树。

当搜索进行到某一步，记所有已展开的结点构成的子树为 G'，称为展开树。$T(n) \bigcap G'$ 为 $T(n)$ 中的展开子树。

每个结点 n 都有启发式信息：设对每个 $n \in G$，给定一个函数值 $f(n)$，设 $f(n)$ 是对 $\{\min_{p \in T(n), p \in 第N层} v(p)\}$ 的某种估计。于是 BF 算法就是在开始点中取 $f(n)$ 值最小者优先展开。例如，日温差是一个可以利用遥感信息获取的相对独立的变量，利用 NOAA/AVHRR 的第 4、5 波段昼夜图像可求得日温差，并可将其作为启发式信息用来确定裸地的存在。这里存在的问题是如何根据日温差建立搜索树。如果在建立搜索树的过程中,不采用统计的方法引入全局信息,必然只能将局部的日温差信息赋给搜索树中的每个节点,这样一来对每个节点上的日温差信息与裸地之间的对应关系就必须相当确定,也就是说用局部日温差信息估计裸地的存在必须达到足够高的"精度"。为了满足这个要求,一般要付出相当大的估算代价。若是在搜索过程中利用不同部分之间统计量的"差异",就可以大大减少计算的复杂性,因而利用统计方法获取全局信息并将它与搜索树的结点相对应就成了客观的要求。

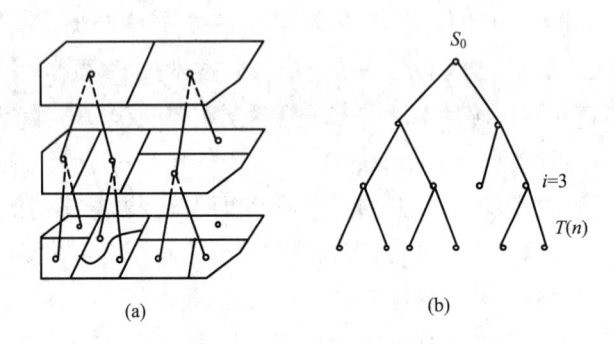

图 8-14 空间信息搜索树

2. 提取统计量

要利用统计推断方法,首先要求得到有关的统计量,以下就是一种从 $f(n)$ 提取合适的统计量的可行方法。

固定 $n \in G$,令 $T_k(n)$ 是 $T(n)$ 中的展开树,且其中已展开的结点有 k 个。令统计量:

$$a_k(n) = F(f(p), p \in T_k(n)) \tag{8-4}$$

其中,F 是 $f(p)$ 的某一组合函数。

每当 $T(n)$ 中展开一个结点,用上述方法即可产生一个统计量 $a_k(n)$。以后,若对子树 $T(n)$ 继续进行观察,即在 $T(n)$ 中继续展开结点,并按式 8-4 计算,可得到统计量的一个新的观察值 $a_k(n)$。

对于图 8-14 上的各个结点,可将式 8-4 所描述的通过组合函数获得统计量的过程具体化为以下的算法。

先介绍算法涉及的几个概念:S_i 表示图像上的分割块,B_i 表示 S_i 的相邻集,D_i 描述分割块 S_i 的参数,$C_{i,j} = C(D_i, D_j)$ 表示由分割块 S_i 和 S_j 的参数确定的分割块之间的组合代价。在这几个处理对象中,如果是为了快速发现变化的区域,S_i 和 B_i 多半可由 GIS 给出。对于参数 D_i,一般应包括由图像直接计算得到的统计量 $a_k(n)$,

在必要的情况下也包括来自 GIS 的说明。

算法分为以下 3 个步骤。

1) 初始化

(1) $P^0 = \{S_1, S_2, \cdots, S_n\}$（初始分割）；

(2) $k = 0$ 和 $m = n$；

(3) $\forall S_i \in P^0$，计算 D_i 和 B_i；

(4) 计算 $CS = \{C_{i,j} | S_j \in B_i \text{ 且 } i > j\}$。

2) 组合分割块

(1) $k = k+1$ 和 $m = m+1$；

(2) 发现 $C_{u,v} = \min\limits_{C_{i,j} \in CS}(C_{i,j})$；

(3) $P^k = (P^{k-1} \cup \{S_m\}) \cap \overline{\{S_u, S_v\}}$；

(4) 从 D_u 和 D_v 计算 D_m；

(5) $B_m = (B_u \cup B_v) \cap \overline{\{S_u, S_v\}}$；

(6) $\forall S_i \in B_m, B_j = (B_j \cup \{S_m\}) \cap \overline{\{S_u, S_v\}}$；

(7) $CS = (CS \cup \{C_{m,j} | S_j \in B_m\}) \cap \overline{\{C_{i,j} | i, j = u \text{ or } v\}}$。

3) 组合终止条件

如果不再需要组合则停止，否则，转到步骤 2)。

在此，对子树 T 进行某种推断，即对 T 对应的统计量 $\{a_k(n)\}$ 进行某种统计推断。$\{a_k(n)\}$ 又称子树统计量或全局统计量。

假如没有任何大气、土壤湿度、太阳高度角或物候差异等存在于两幅遥感数字图像间，它们在没有变化的同一区域将具有同样的数字值，差异值为零；变化的区域将具有正差异值或负差异值。但实际上由于环境因素的影响，区域是否变化难以被确定，差异值是零、正值或负值也难以计算。好在为了快速地发现变化的区域在很多情况下我们不一定要精确地确定变化的量，只需知道区域间变化的差别。例如，两个区域的变化量分别是 10 和 4，我们利用某种函数将其分别估计为 6 和 -1。这两个估计值不仅与真值之间相差很大，而且连正负都改变了，但是根据这个估计我们仍能正确地发现前者变化较大，因为这个估计虽不精确，但它正确地给出了两者的差异。而统计启发式搜索方法就是利用不同区域之间在统计上的本质差异来正确且快速地引导发现区域变化的过程。

8.2.3 GIS 数据库的动态更新

1. GIS 数据库更新的实质

GIS 数据库是反映现实世界的现势和变迁的各类空间数据及描述这些空间数据特征的属性的数据集合。在现实世界(物方)与 GIS 数据库(像方)之间存在着一种空间映射关系。在这种映射中,物方的空间实体映射为像方的数据元素。如物方的一个道路交叉点映射为像方的一个点元素(包括空间特征和属性特征),一条道路映射为一个线元素,一个湖泊映射为一个多边形等。

按照动态变化特性,可将 GIS 分为静态 GIS 和动态 GIS 两种模式。在静态 GIS 中,物方与像方是一种静态映射关系。在动态 GIS 中,物方与像方存在着动态的映射关系。保持这种动态映射关系是 GIS 数据库更新的实质。

借助于空间映射,可以将 GIS 数据库更新看做一个检测物方、像方差异,并逐渐减少这种差异的过程。设在一个公共空间基础上,物方空间实体集合为 O,像方对应的数据元素集合为 P,那么 O、P 间特征差异的范数 M 为:

$$M = \|O-P\|, M \geqslant 0 \tag{8-5}$$

GIS 数据库更新可以定义为一个最优化的过程,这个过程使得范数 M 为最小:

$$更新 \equiv MIN\{M\} \equiv MIN\{\|O-P\|\} \tag{8-6}$$

很显然,M 反映 O、P 间的相似一致性。M 越大,则 O、P 间的相似一致性越差,说明数据库现势性差;反之,M 越小,则 O、P 间的相似一致性越好,说明数据库现势性强。要增强 GIS 的现势性,就要使 M 为最小。考虑到物方空间实体的动态变化,设在时刻 t 有 O_t、P_t,则上式变为:

$$更新 \equiv MIN\{\|O_t - P_t\|\} \tag{8-7}$$

一般来说,GIS 数据库更新可采用全部更新或局部更新途径。全部更新时,就是以新的 P_t 替代数据库中的 P_{t-1},这相当于全部重新采集并输入 GIS 数据。局部更新时,只需检测和采集物方空间实体的变化量 ΔP。设 $\Delta P = O_t - P_{t-1}$,在一定的附加约束条件(如更新精度要求)下求出 $\|O_t - P_{t-1}\|$ 为最小的优化解 ΔP,从而更新结果 $P_t = P_{t-1} + \Delta P$。从这个意义上讲,GIS 数据库更新是一个关于时间 t 的动态优化过程。

2. GIS 数据库的遥感更新方法

GIS 数据库有多种更新方式,包括遥感、GPS、数字摄影测量、野外测量和实地调查等。遥感具有快速、宏观、准确的特点,特别是其具有较高的光谱分辨率、空间分辨率和时间分辨率,是 GIS 数据库更新最重要的数据源。

遥感更新方式与直接采集地物空间实体特征数据的更新方式不同,它是将地物空间实体(物方)映射到遥感图像空间,再从图像空间映射到数据库空间(像方)。遥感图像是地表经过空间映射后的映像,它包含了地物空间实体集的信息。在图像空间上进行的信息提取实质上是生成空间实体集的过程。根据空间实体的层次性,空间实体集可以分解为一系列不同的空间实体子集,直至不需再分的空间单元;每一空间单元通过映射对应于 GIS 数据库特征数据集中的一数据元素。

GIS 数据库更新实质上是要更新变化了的空间单元对应的数据元素。空间单元与数据元素之间存在着一一对应关系。当将一个数据元素变换到图像空间时,就得到一个相应的空间单元,我们称其为初始空间单元。初始空间单元是 GIS 数据库现势性在图像空间的体现。当遥感图像对应的地表环境发生变化时,在图像空间反映为空间单元的变化。这时空间单元与初始空间单元间可能产生差异。当这种差异超过一定的限度时,就需要对数据元素进行更新。

在更新过程中,空间单元与初始空间单元间存在如下的几种关系:

(1) 空间单元消失——在图像上不存在与初始空间单元对应的空间单元,因而应删除与初始空间单元对应的数据元素;

(2) 空间单元增加——在图像上不存在与空间单元对应的初始空间单元,因而应增加与空间单元对应的数据元素;

(3) 空间单元部分空间位置发生变化——在图像上空间单元与初始空间单元相对应,但空间单元部分空间位置发生了变化,因而需要按照数据库对空间位置的精度要求,根据空间单元的空间位置来修正初始空间单元对应的数据元素的空间位置;

(4) 空间单元属性特征发生变化——在图像上空间单元与初始空间单元空间位置相对应,但空间单元属性发生了变化,因而应根据空间单元的属性特征来修正初始空间单元对应的数据元素的属性特征;

(5) 空间单元与初始空间单元一致——在图像上空间单元、初始空间单元的空间位置与属性特征均一致,空间单元未发生变化,无需更新。

综上所述,遥感支持下的 GIS 数据库更新利用遥感图像,借助空间单元与数据元素的关系,在图像空间检测空间单元的变化,达到更新 GIS 数据库数据的目的。

以 1∶25 万 GIS 数据库更新为例(图 8-15),其主要技术流程包括如下三个部分:

(1) 资料收集。主要包括遥感影像的选择和购买、现势资料的收集、各种测量数据和大比例尺地形图数据的收集、其他资料的收集。主要目的是为数据库更新提供尽可能多且质量好的资料和数据。

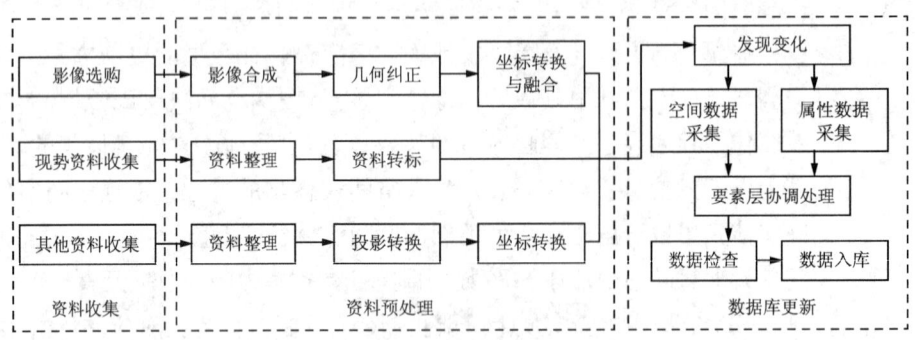

图 8-15　1∶25 万数据库更新主要技术流程

（2）资料预处理。主要包括遥感影像的彩色合成、几何纠正、影像增强和融合、现势资料的整理和转标以及其他数据和资料的整理、坐标转换和投影转换等。主要目的是为更新数据采集作前期准备。

（3）数据库更新。主要包括数据比较发现变化、变化要素空间位置数据采集、变化要素属性数据采集、各要素层协调处理、更新数据检查和更新数据入库。这部分是更新工作的重点，将产生更新后的 1∶25 万数据库。

§8.3　GIS 辅助的遥感图像分析

GIS 对遥感的辅助作用最主要的表现是 GIS 用于遥感图像的处理与分析。GIS 不仅是一个管理空间数据的系统，还包括信息量十分庞大的数据库。这些数据库中的数据涉及环境、资源、土地、地形、军事、农业、城市等多方面的信息，它们是自然、社会和经济现象或实体的客观反映，其中隐含着关于地物及其相互关系的知识，例如地物的位置、形状、属性、状态以及空间分布、空间关联、空间聚类和空间演变等方面的知识。而遥感图像分析需要处理多源、多波段、多时相、多尺度的影像资料，工作量大，规律性强。因此，如果在影像解译过程中加入从 GIS 数据库中提取出的专家知识和经验，必将大大提高影像解译的准确性和可靠性。

8.3.1　空间数据挖掘

1. SDMKD 的发展

为了利用专家系统完成知识的自动获取，在 20 世纪 60 年代末出现了用计算机模拟人类学习的机器学习（Machine Learning）学科。在研究应用机器学习与数据库技术的过程中,数据库管理系统一般被用来存储数据,而机器学习被用来分析数据。为了将数据的最大价值挖掘出来,以获取最多的知识,又出现了一门称为从数据库中发现知识(即 KDD)的新学科,从数据库中发现先前未知却有用的知识,为决策分析提供技术支持。遥感、GPS 和 GIS 等技术的应用和发展,使空间数据的膨胀速度远远超出了常规的事务型数据,"数据爆炸但知识贫乏"的现象在空间数据中更为严重。1994 年在加拿大渥太华举行的 GIS 国际会议上,李德仁首次提出了从 GIS 数据库中发现知识——KDG(Knowledge Discovery from GIS)的概念。他系统分析了空间知识发现的特点和方法,认为从 GIS 数据库中可以发现包括几何特征、空间关系和面向对象的多种知识,KDG 能够把 GIS 有限的数据变成无限的知识,可以精炼和更新 GIS 数据,使 GIS 成为智能化的信息系统,并第一次从 GIS 空间数据中发现了用于指导 GIS 空间分析的知识。1995 年,在加拿大召开的第一届知识发现和数据挖掘国际学术会议上,数据库中的数据被形象地喻为矿床,再次出现了崭新的数据挖掘(Data Mining,DM,又被译为数据发掘、数据开采或数据采掘等)学科。

随着研究和应用的深入,人们对 KDD 和 DM 的理解越来越全面,相继又出现了知识提取(Knowledge Extraction)、信息发现(Information Discovery)、信息收获(Information Harvesting)、数据考古(Data Archaeology)等含义相同或相似的名称。具体名称虽然不同,但其本质是相同的,都是从数据库中提取事先未知却有用的知识。其中,DM 和 KDD 较为常用,DM 多用于统计、数据分析和信息系统等领域,而 KDD 多用于人工智能和机器学习等领域。为了统一认识,在总结该领域进展的权威专著《数据挖掘:概念和技术》中,KDD 被重新定义为从大量数据中提取出可信的、新颖的、有效的、能被人理解的模式的一种高级处理过程;DM 则是 KDD 中通过特定的算法在可接受的计算效率限制内生成特定模式的一个步骤。其中,模式是指用某种语言对数据的特性进行描述的表达形式,其搜索有一定的非完全性、自动性和智能性。由此可见,二者是难以分离的,同时使用二者即数据挖掘和知识发现(DMKD)才较为适宜。因此,DMKD 是数据获取技术、数据库技术、计算机技术和管理决策支持技术等发展到一定阶段的产物。

由于空间数据在人们发现知识和改造自然的过程中具有越来越重要的作用,对空间数据挖掘和知识发现的研究应用也正越来越引起人们的极大关注。SDMKD 目前已经成为国际研究和应用的热点,并且取得了相当多的理论和技术成就,很多学者对此及时予以总结。李德仁系统研究了粗集和云理论在空间数据挖掘中的理论和技术,提出了用于空间数据挖掘的地学粗空间理论。默里(Murray)和卡斯特罗(Castro)回顾了探测性空间数据分析的聚类发现技术,分析了基于统计学、数据挖掘和地理信息系统的空间模式识别和知识发现方法。科佩尔斯基(Koperski)、阿迪亥凯瑞

(Adhikary)和哈南(Hanan)总结了空间数据挖掘的发展,认为巨量的空间数据来自从遥感到 GIS、计算机制图、环境评价和规划等各种领域,空间数据的累积已经远远超出人们的分析能力,数据挖掘已经从关系数据库和交易数据库扩展到空间数据库。他们就空间数据生成、空间数据聚类和挖掘空间数据关联规则等方面总结了空间数据挖掘的发展现状。哈南和坎伯(Kamber)在其数据挖掘专著中,系统讲述了空间数据挖掘的概念和技术。汪闽和周成虎根据自己的认识讨论了空间数据挖掘的研究进展。

2. SDMKD 的内涵

DMKD 是计算机、数据库和网络等技术发展到一定阶段的、多学科交叉的产物,目的在于从数据库中自动挖掘事先未知且潜在有用的知识。作为 DMKD 的主要研究内容之一,SDMKD 则是从空间数据库中提取隐含的但为人所感兴趣的空间规则、概要关系或摘要数据特征等。由于空间数据库的特殊性,SDMKD 被赋予了更为丰富和崭新的内容和任务,沿着宏观(如地球空间信息科学的空间关联规则等知识的挖掘)和微观(如分子生物学的染色体空间特征等知识的挖掘)两个方向同时发展。

SDMKD 是在空间数据库的基础上,综合利用统计学方法、模式识别技术、人工智能方法、神经网络技术、粗集、模糊数学、机器学习、专家系统和相关信息技术等,从大量的空间生产数据、管理数据、经营数据或遥感数据中提取人们可信的、新颖的、感兴趣的、隐藏的、事先未知的、潜在有用的和最终可理解的知识,从而揭示出蕴含在数据背后的客观世界的本质规律、内在联系和发展趋势,实现知识的自动获取,提供技术决策与经营决策的依据。

可见,SDMKD 是利用数据挖掘方法,按照一定的度量值和临界值从空间数据库中抽取知识以及与之相关的预处理、抽样和数据变换的一个多步骤相互链接、反复进行的人机交互过程。它是发现,而不是证明,可以归纳为数据准备(了解应用领域的先验知识和应用、生成目标数据集、数据清理、数据简化与投影)、数据挖掘和知识发现(数据挖掘功能和算法的选取,在空间的关联、特征、分类、回归、聚类、函数依赖等特定的规则中搜索感兴趣的知识)和数据挖掘后处理(知识的解释、评价和应用)三部分。

借助网络,SDMKD 不仅可以利用本部门内部自己的数据,也可以利用本领域更大范围甚至全部的数据,得到更有普遍意义的规则和模式。它和建立在多维视图基础之上的 OLAP(On Line Analytical Process)相结合,就是 SOLAM(Spatial Online Analytical Mining)。

从分析的观点看,SDMKD 主要是寻找空间数据中隐含数据间的相关性或关系的有效性等数据格式;从逻辑的观点看,SDMKD 是演绎推理的一部分,是一种特殊的空间推理工具;从认知科学的观点看,SDMKD 是一个从具体到抽象、从特殊到一般的过程,它使用归纳法发现知识,使用演绎法评估所发现的知识,算法是归纳和演绎的结合;从挖掘的对象看,数据结构可以是层次、关系、网状或面向对象的数据,数据形式可以是矢量、栅格或矢栅混合的数据,数据内容可以是空间的文本、图像、数据库、文件系统的数据或其他任何组织在一起的空间数据集合(如多媒体和网络资源等);从系统的信息源看,SDMKD 含有空间数据库提供的原始数据或空间数据仓库提供的成品数据、用户对控制器发出的高级命令和来自各个方面的存入系统知识库的领域知识;从应用的观点看,在专家和信息技术人员总结和表述知识与规则、从外部输入系统形成知识库时,由于知识的复杂性、模糊性和难以表达性,传统的方法往往会碰到严重的困难,而这正是 SDMKD 的长处所在。

3. SDMKD 和空间数据仓库

数据仓库技术的出现是数据库、并行处理、分布式技术和网络飞速发展的需要,它能够利用分散的异构环境数据源及时得到准确的信息。数据仓库建立在一个比较全面和完善的信息应用基础之上,用于支持高层决策的分析,并不是要替代数据库。当组织、存储、查询和分析数据时,数据库常停留在记录级的数据,让查询语言去找某些特定的事实。数据仓库则较少对记录级的数据感兴趣,而是查看所有的事实,寻找具有某种含义深长的模式或关系,如发展趋势或运行模式等。数据挖掘就是为寻找未知的模式或趋势在数据仓库的细节数据中进行搜索的过程。

空间数据仓库是面向主题的、集成的、稳定的、基于时间段的动态信息集合,是空间信息理论方法和空间数据引擎、数据库管理系统等的集成,用于支持空间信息管理中的决策制定过程。空间维和时间维是空间数据仓库反映现实世界动态变化的基础。SDMKD 的对象可以是空间数据库,也可以是空间数据仓库。如果利用空间数据库实施空间数据挖掘,那么需要根据要求对空间数据库进行清理、拆分和重组。而高于空间数据库的空间数据仓库,遵循一定的原则用多维数据库来组织和显示数据,将不同数据库中的数据粗品汇集精化成为半成品或成品(数据件),可被稍加整理或直接用于 SDMKD。在数字地球中,空间数据挖掘的对象一般为空间数据仓库。在体系结构上,空间数据仓库系统由元数据、数据集、数据变换工具、数据仓库和数据仓库工具等组成。

空间数据仓库和 SDMKD 密切相关。空间数据仓库从空间数据库中抽取和精化新的模式,把 SDMKD 扩充到它的空间数据仓库系统中,作为数据仓库工具之一,能够增强用户的决策支持能力。从空间数据仓库中挖掘知识时,存在验证驱动数据挖掘和发现驱动数据挖掘等方式。前者由用户假设主导,在较低层次上利用各种工具通过递归的检索查询以验证或否定自己的假设;后者是机器自动地从大量数据中发现未知的、有用的模式。在实际研究应用中,已经出现了为空间数据挖掘服务的星形模型和雪花模型的多维数据仓库、多重尺度数据仓库的页式存储、数据仓库工程规划、基于数据仓库的信息网络技术、相对于关系数据库的主题数据仓库、数据仓库在决策支持和在线事务处理中的数据组织、空间数据仓库的原型系统、基于数据仓库的决策支持系统、基于大型数据仓库的数据挖掘技术等理论、方法或系统等。胡光道和陈建国的资源评价分析系统就由以各种原始数据库为内容的事务处理层和以数据仓库、联机分析处理和数据挖掘为核心的分析应用层两部分所组成。王冰清和怀进鹏提出的一种集成化的IDSS(智能决策支持系统)的开发环境,将传统的DSS结构与数据仓库相结合,把数据挖掘作为一种特殊的模型应用于数据仓库中的知识发现。王艳华和蒋加伏分析了基于数据仓库的数据挖掘技术。杨晓、任清珍和苏灵现则直接认为数据仓库和数据挖掘密不可分。

虽然由于空间关系、空间计算和空间分析的复杂性,空间数据仓库的研究和建立皆较为复杂和困难,但是它能够为空间信息的有效管理和大众分发提供有效的工具,满足在数字地球中广泛共享空间信息的要求。

4. SDMKD 所能发现的知识

SDMKD挖掘的空间知识主要包括空间的关联、特征、分类和聚类等规则。一般表现为一组概念、规则、法则、规律、模式、方程和约束等形式的集合,是对数据库中数据属性、模式、频度和对象簇集等的描述。GIS数据库是空间数据库的主要类型,从中可以发现的基本知识类型有普遍的几何知识、空间分布规律、空间关联规则、空间聚类规则、空间特征规则、空间区分规则、空间演变规则、面向对象的知识等,可用特征表、谓词逻辑、产生式规则、语义网络、面向对象的表达方法和可视化等表达GIS知识。

1) 空间关联/序列规则

空间关联规则(Spatial Association Rules)是空间实体之间同时出现的内在规律,指空间实体间相邻、相连、共生和包含等空间关联规则,发现的知识采用逻辑规则表达。空间关联规则是空间数据挖掘的重要知识内容。当空间数据库是时空数据库或存有同一地区不同时间的历史数据时,可以把空间实体数据之间的关联规则与时间相联,挖掘带有时间约束的空间序列规则。基于时序的空间序列规则(Spatial Serial Rules)根据空间实体数据随时间变化的趋势预测将来的值。为了发现序列规则,不仅需要知道空间实体是否发生,而且需要确定事件发生的时间。

2) 空间特征/区分规则

空间特征规则(Spatial Characteristic Rules)是某类或几类空间实体的几何和属性的共性特征。共性的几何特征规则指某类实体的数量、大小和形态等一般特征,足够多的样本的几何特征的直方图数据可以转换为先验概率知识。空间区分规则(Spatial Discriminant Rules)指两类或几类实体间的不同空间特征规则。其中,空间分布规则是主要的空间区分规则。空间分布规律指实体在空间的垂直、水平分布规律,如高山植被的垂直分布、公用设施的城乡差异、异域地物的坡度坡向分布等规律。

3) 空间分类/回归规则

空间分类规则(Spatial Classification Rules)根据空间区分规则把数据集中的数据映射到某个给定的类上,用于数据预测。空间回归规则与其相似,也是一种分类器,其差别在于空间分类规则的预测值是离散的,空间回归规则(Spatial Regression Rules)的预测值是连续的。二者常表现为一棵决策树,根据数据值从树根开始搜索,沿着数据满足的分支往上走,走到树叶就能确定类别。空间分类或回归的规则是普及知识,实质是对给定数据对象集的抽象和概括,可用宏元组表示。

4) 空间聚类/函数依赖规则

空间聚类规则(Spatial Clustering Rules)把特征相近的空间实体数据划分到不同的组中,组之间的差别尽可能大,组内的差别尽可能小,可用于空间实体信息的概括和综合。与分类规则不同,进行聚类前并不知道将要划分成几个组和什么样的组,也不知道根据哪些空间区分规则来定义组。空间函数依赖规则(Spatial Functional Dependency Rules)旨在发现空间实体的属性间的函数关系,挖掘知识用以属性名为变量的数学方程来表示。

上述空间知识规则具有广泛的实际用途。空间知识不仅能够对空间智能分析,在数据库记录间识别联系,为被挖掘的数据库产生摘要,形成预报和分类模型,最终提供给空间信息专家系统或空间决策支持系统;而且可以用于遥感影像解译中的约束、辅助和引导,解决同谱异物、同物异谱现象,减少分类识别的疑义度,提高解译的可靠性、精度和速度。如道路和城镇或村落相连、河流和道路的交叉处为桥梁等规则被应用于影像分类,可以提高分类的精度和更新空间数据库。空间知识之间不是相互孤立的,在解决实际问题时,经常要同时使用多种规则。

8.3.2 知识发现的方法

1. 空间统计学

空间统计学(Spatial Statistics)是依靠有序的模型描述无序事件,根据不确定性和有限信息分析、评价和预测空间数据。它主要运用空间自协方差结构、变异函数或与其相关的自协变量或局部变量值的相似程度实现基于不确定性的空间数据挖掘。基于足够多的样本,在统计空间实体的几何特征量的最小值、最大值、均值、方差、众数或直方图的基础上,可以得到空间实体特征的先验概率,进而根据领域知识发现共性的几何知识。空间统计学拥有较强的理论基础和大量的成熟算法,能够改善 GIS 对随机过程的处理、估计模拟决策分析的不确定性范围、分析空间模型的误差传播规律、有效地综合处理数值型空间数据、分析空间过程、预测前景,并为分析连续域的空间相关性提供理论依据和量化工具等。所以,空间统计学是基本的数据挖掘技术,特别是多元统计分析(如判别分析、主成分分析、因子分析、相关分析、多元回归分析等)。

克雷西(Cressie)利用地理统计数据、栅格数据和点数据三种空间数据描述现实世界,并据此提出了一个通用模型。由于大部分空间数据挖掘的研究偏重于提高静态数据查询的效率,所以王(Wang)、杨(Yang)和芒茨(Muntz)基于统计信息,研究了一种由用户定义的主动空间数据挖掘的方法。应用空间统计学的克吕格方法,由一组已分类的观测点直接估计未观测点位的属于各类别的验后概率,求得类别变量在任一位置上所观测到的各类别的概率知识,就可以从影像上获取模糊分类信息。

2. 规则归纳法

规则归纳(Rules Induction)是在一定的知识背景下对数据进行概括和综合,在空间数据库或空间数据仓库中搜索和挖掘以往不知道的规则和规律,得到以概念树形式(如 GIS 的属性概念树和空间关系概念树)给出的高层次的模式或特征。背景知识可以由 SDMKD 的用户提供,也可以作为 SDMKD 的任务之一自动提取。在推理方法中,归纳不同于基于公理和演绎规则的演绎以及基于公认知识的常识推理,而是根据事例或统计的大量事实和归纳规则进行的。决策规则是数据库中总的或部分的数据之间的相关性,是归纳方法的扩充,其条件为归纳的前提,结果为归纳的结论,大致包括关联规则、顺序规则、相似时间序列、If Then 规则等。

空间关联规则发现是 SDMKD 的重要内容。目前的研究主要集中在提高算法的效率和发现多种形式的规则两方面,并以逻辑语言或类 SQL 语言方式描述规则,以使 SDMKD 趋于规范化和工程化。一条空间关联规则可表示为 X→Y(c%,s%,i%),其中,X 和 Y 是空间或非空间谓词的集合,c%、s% 和 i% 分别是规则的可信度、支持度和兴趣度。科珀斯基(Koperski)和哈南提出了一种在地理信息数据库中挖掘强空间关联规则(空间数据库中使用频率较高的模式或关系)的算法,并给出了两步式的空间优化技术。程继华和施鹏飞提出了多层次关联规则的挖掘算法,利用集合"或"、"与"运算求解频繁模式,提高了挖掘的效率。许龙飞和杨晓昀分析了广义关联规则模型的挖掘方法、挖掘策略和规则挖掘语言。哈南、卡瑞皮斯(Karypis)和库玛(Kuma)提出了挖掘关联规则的智能数据分配和混合分类两个 Apriori 并行算法。埃克隆(Eklund)、柯克比(Kirkby)和萨利姆(Salim)在土壤盐度分析中把决策支持系统和 GIS 数据相结合,发现了用于环境规划和二级土壤盐碱化监测的关联规则。阿斯皮纳(Aspinall)和皮尔逊(Pearson)把风景生态学、环境模型和 GIS 结合在一起,通过综合地理评估,研究了美国黄石国家公园的汇水处环境条件,发现了用于环境保护的关联规则。涂星原研究了基于数值属性的关联规则的挖掘。克莱蒙蒂尼(Clementini)、费利斯(Felice)和科珀斯基(Koperski)在宽边界的空间实体中挖掘出了多层次的空间关联规则。左万利研究了在含有类别属性的数据库中提取关联规则的类型转换技术。丁祥武在关联规则模型中增加了描述关联规则时效性的时态信息,并根据数据记录之间的时间间隔和相邻记录中项目的类别合并同类记录。程继华等提出了基于概念的关联规则的挖掘算法。肖利等提出了一个基于关系操作的挖掘广义关联规则算法,在多概念层上交互挖掘关联规则。面向属性归纳(Attribute Oriented Induction,AOI),亦称概念提升,适于数据分类。但对于涉及不同主题地图信息的系统,要求面向属性归纳方法能够分析不同主题地图上的不同空间特征之间的关系。

当数据之间的规律无法用关联规则描述时,肖利等挖掘的转移规则描述系统此时期到下个时期的状态按照一定的概率进行转移,下个时期的状态取决于前期的状态和转移概率。朱明、王俊普和蔡庆生在实例特征矩阵的基础上,提出了一个最优特征集的启发式搜索算法,并将其与特征选择的贪心算法相比较。

序列规则和时间紧密相关。克里格尔(Kriegel)等在分析巴西阿拉鲁阿马湖(Logoade Araruama)的盐渍海岸礁湖的时间序列的空间数据时,发现了保持水文和盐分平衡的知识。丁祥武提出了序列规则中相邻项目集之间的时间间隔约束,欧阳为民和蔡庆生将序列模式的发现从单层概念扩展到多层概念,提出了自顶向下逐层递进的方法,在不同概念层发现序列模式。偏离检测是数据挖掘的一种启发式方法,欧阳为民和蔡庆生将使数据序列突然发生大幅度波动的数据视为例外,提出了一种线性的偏离检测算法。在数据库变化不大时,渐进式序列规则挖掘算法能够利用前次的结果加速本次挖掘过程。序列规则挖掘还有序列规则的维护等问题尚待解决。

此外,杨学兵等的实时数据挖掘算法能在实时过程控制中自动挖掘,并根据挖掘的知识预测趋势。莱文(Levene)和文森特(Vincent)发现了关系数据库的功能独立和包含独立的规则,信息处理使用了基于知识规则挖掘的分类方法。当没有背景知识时,空间数据挖掘应该考虑聚类分析。

3. 聚类分析

聚类分析(Clustering Analysis)主要是根据实体的特征对其进行聚类或分类,按一定的距离或相似测度在大型多维空间数据集中标识出聚类或稠密分布的区域,将数据分成一系列相互区分的组,以期从中发现数据集的整个空间分布规律和典型模式。聚类分析是统计学的一个分支,与规则归类不同的是,聚类算法无需背景知识,能直接从空间数据库中发现有意义的空间聚类结构。已有的聚类算法多为模式识别设计,用特征表示的目标为多维特征空间的一个点,在特征空间中聚类。空间数据库中的聚类是对目标的图形直接聚类,聚类形状复杂,数据量庞大,使用经典的基于多元统计分析的聚类法则速度慢、效率低。这对空间数据挖掘中的聚类算法提出了更高要求,如能处理点、线、面等任意形状,计算效率高,算法需要的参数能自动确定或用户易确定等。默里(Murray)和卡斯特罗(Castro)回顾了探测性空间数据分析的聚类发现技术。

聚类算法主要有分割和层次两类。分割算法根据目标到聚类中心的距离迭代聚类,适用于聚类为凸形、类间相距较远且直径相差不悬殊的情况,否则会产生分割错误。为了改善分割算法,在 CLARANS 的基础上,恩(Ng)和哈南提出了随机搜索的改进 Kmedoid 算法,埃斯特(Ester)等用基于 R 树的数据聚焦法进一步提高其效率。周成虎和张健挺则提出了基于信息熵的时空数据分割聚类模型。层次算法将数据集分解成树状图子集,直到每个子集只包含一个目标,可用分裂或合并的方法构建,它无需参数,但要定义停止条件。

概念聚类是分割算法的一种延伸,它用描述对象的一组概念取值将数据划分为不同的类,而不是基于几何距离来实现数据对象之间的相似性度量。概念聚类能够输出不同类以确定其属性特征的覆盖,并对聚类结果给予解释。当利用概念聚类实行空间数据挖掘时,需对数值型字段数据概念化。哈南和富(Fu)先用相同的小间隔将数值字段中的数据分段,然后将数据段合并成期望的数据个数基本相同的概念段,实现较简单,效率较高。但是他用于分割每个数值型字段的数据段的 Interval 是一个不变的量,用于概念分段的标准只有数据个数,没有考虑数据的分布。为此,李世祥和李涛涛采用变间隔分割数据,考虑了概念分段时的数据个数和数据分布。

埃斯特、克里格尔和徐(Xu)使用聚类技术研究了在大型空间数据库中挖掘类别判读知识的技术。诺尔(Knorr)和恩分析了空间数据挖掘中的聚类和特征关系,提出了发现聚合亲近关系和公共特征的算法。埃德温(Edwin)等通过构造地理信息系统中的聚类器,发现了空间物体的边界形状匹配关系的部分规律。还有学者根据类别和特征,研究了空间数据库中的邻近关系匹配算法。腾(Tung)等提出一种在空间数据挖掘中实行空间聚类时,处理河流、高速公路等阻隔的算法。默里和谢里(Shyy)在分布显示和空间数据挖掘中集成了属性和空间特征,提出了一种交互的探测性空间数据聚类分析技术。

此外,还有基于密度的 DBSCAN 算法、针对栅格数据的基于数学形态学的算法、模糊聚类和神经网络聚类方法等。

4. 空间分析

空间分析(Spatial Analysis)是利用一定的理论和技术对空间的拓扑结构、叠置、图像、空间缓冲区和距离等进行分析的方法总称,目的在于发现有用的空间模式。探测性的数据分析(Exploratory Data Analysis,EDA)采用动态统计图形和动态链接技术显示数据及其统计特征,发现数据中非直观的数据特征和异常数据。埃斯特(Ester)、克里格尔(Kriegel)和桑德(Sander)在空间数据库管理系统的基础上,基于邻图和邻径,提出了针对空间数据库的挖掘空间相邻关系知识的算法。邱凯昌把探测性的数据分析与空间分析相结合,构成探测性的空间分析(Exploratory Spatial Analysis,ESA),再次与 AOI 结合,则形成探测性的归纳学习(Exploratory Inductive Learning,EIL),它们能在 SDMKD 中聚焦数据,初步发现隐含在数据中的某些特征和规律。默里(Murray)和卡斯特罗(Castro)对探测性空间数据分析的聚类发现技术作了回顾。图像分析可直接用于发现含有大量图形图像数据的空间数据挖掘,也可作为其他知识发现方法的预处理手段。

赖纳茨(Reinartz)给出了他关于现实世界的数据挖掘方案及其实验结果。高光谱成像获取的地表图像包含了丰富的空间、辐射和光谱三重信息。王晋年等认为高光谱信息挖掘技术是高光谱数据应用延拓与深入的重要环节,其核心在于光谱信息的挖掘。他们基于高光谱遥感信息的特点,探讨分析了以地物识别与分类为目标的高光谱数据挖掘技术,包括基于模式识别的高光谱信息挖掘技术、基于光谱波形特征的挖掘技术以及亚像元光谱信息挖掘。马建文和马超飞分析了地面物质和结构光谱与卫星遥感信息间的关系,建立了空间角度模型,通过对 TM 卫星数据的挖掘,说明了基于空间角度算法在处理多波段遥感数据时的数学能力。布和敖斯尔提出了基于知识发现和决策规则的盐碱地 GIS 和遥感分类的方法,把盐碱地分类的地学专家思想和区域专家的思想应用到 GIS 数据挖掘中,并把从 GIS 数据库中发现的知识按一定的规则应用到华北平原地区的盐碱地分类的决策中,能够简化数据运算过程,减少或避免分类过程中人为误差的产生。陈春香应用机器学习中的数据驱动发现学习方法处理广东云浮—阳春地区的地球化学数据的实践证明,可以挖掘出隐含在数据间的各参数间的相互关系及参数组合规律,加强人们对数据的理解,为地球化学找矿提供更合理的决策信息。周成虎和张健挺从信息熵的基本概念出发,认为地学空间数据子集划分产生的互信息或熵减源于子集划分,使得各个子集的不确定性或模糊性降低,并且子集之间的差异性增大,因此具有最大熵减的子集划分方案代表一定的地学模式和地学规律。他们并以此为基础分别探讨了地学数据属性要素的子集划分产生多维属性关联规则以及通过空间和时间的子集分割来进行聚类的方法。埃斯特等以空间的点为基本单位,研究了多空间物体的相邻关系的处理技术,集成了空间数据挖掘算法和空间数据库管理系统,同时利用相邻图形和路径以及小型的初始数据库操作挖掘空间模式,使用相邻索引来提高初始数据库的处理效率。穆宗(Mouzon)、杜波依斯(Dubois)和普拉德(Prade)在空间可能因果关系的属性异常诊断索引中,使用一致和诱导的算法挖掘了属性不确定性对异常诊断影响的知识。

5. 模糊集

模糊集(Fuzzy Sets)用隶属函数确定的隶属度描述不精确的属性数据,重在处理不精确的概率。模糊性是客观的存在,系统的复杂性愈高,对它的精确化能力就愈低,模糊性愈强。在空间数据挖掘中,模糊集可用做模糊评判、模糊决策、模糊模式识别、模糊聚类分析、合成证据和计算置信度等。模糊集在 GIS 中把类型、空间实体分别视为模糊集合、集合元素,空间实体对备选类别论域的连续隶属度区间为[0,1]。每个空间实体与一组元素的隶属度有关,元素隶属度用于表示实体属于某类型的程度,它越接近于 1,实体就越属于该类型。具有类型混合、居间或渐变不确定性的实体可用元素隶属度描述,如一块含有土壤和植被的土地,可以由两个元素隶属度表示。传统的集合具有精确定义的界线,为 0,1 二值逻辑。给定一个元素,要么完全属于集合,要么完全不属于。因反映空间非匀质分布的地理属性不确定性的概率是可变的,类别变量的不确定性主要源自定性数据所固有的主观臆断性、易混淆性和模糊性,故没有明确定义的界线的模糊集合论,较传统集合论更适于研究非匀质分布和模糊类别。对于遥感图像的计算机分类处理,模糊类别域的生成可根据所使用的分类器不同而输出不同的中间结果,如统计分类器中有某像素隶属于各备选类别的似然值及神经元网络分类器中的类别激活水平值。

在应用模糊集研究基于属性不确定性的空间数据挖掘的过程中,伯勒(Burrough)讨论了不确定性数据的模糊布尔逻辑模型;坎特斯(Canters)评价了从模糊土地覆盖分类中估计面积的不确定性规律;瓦泽戈尼斯(Vazirgiannis)和海凯迪(Halkidi)利用模糊逻辑处理数据挖掘的空间不确定性;全斌和马智民借助模糊关系数据模型发现了土地适宜性的评价知识;王新洲和王树良提出了融模糊综合评判和模糊聚类分析为一体的模糊综合法,基于绝对均值距离的模糊聚类分析,分别用于挖掘土地的地价和级别属性不确定性;模糊隶属度知识也用于表达遥感影像中的不确定相邻边界的像素类别。

模糊隶属度一旦确定,模糊集合的后续数值计算实际上已经把不确定性抛开,并没有继续向前传送至结果,而且模糊集合主要处理具有模糊性的属性不确定性,对于同时含有模糊性和随机性的不确定性空间数据挖掘,它只能丢弃随机性,这是不合适的。

6. 云理论

云理论(Cloud Theory)是一个分析不确定信息的新理论,由云模型、不确定性推理和云变换三部分构成。云理论把定性分析和定量计算结合起来,可以用于处理GIS中融随机性和模糊性为一体的属性不确定性。云在空间由系列云滴组成,远观像云,近视无边。云具有期望值、熵和超熵三个数字特征。期望值是概念在论域中的中心值,完全隶属于该定性概念;熵是定性概念模糊度的度量,其值越大,概念所接受的数值范围越大,概念越模糊;超熵反映云滴的离散程度,其值越大,隶属的随机离散度越大。云理论构成定性和定量相互间的映射,处理GIS中容模糊性(定性概念的亦此亦彼性)和随机性(隶属度的随机性)为一体的属性不确定性,解决了作为模糊集理论基石的隶属函数的固有缺陷。云理论已经用于空间关联规则的挖掘、空间数据库的不确定性查询。

7. 粗集

粗集(Rough Sets)由上近似集和下近似集组成,是一种处理不精确、不确定和不完备信息的智能数据决策分析工具,较适于基于属性不确定性的空间数据挖掘。粗集从集合论的观点出发,在给定论域中以知识足够与否作为实体分类的标准,并给出划分类型的精度。上近似集中的实体具有足够必要的信息和知识,确定属于该类别;论域全集以内且下近似集以外的实体没有必要的信息和知识,确定不属于该类别;上近似集和下近似集的差集为类别的不确定边界,其中的实体没有足够必要的信息和知识,无法确切地判断是否属于该类别,为类别的边界。若两个实体有完全相同的信息,则它们为等价关系,不可区分。根据利用统计信息与否,现存的粗集模型及其延伸可以分为代数型和概率型两大类。粗集的基本单位为等价类,类似于栅格数据的栅格、矢量数据的点或影像的像素。等价类划分越细,粗集描述实体越精确,但存储空间越大,计算时间也越长。基于粗集的决策规则推理具有演绎、归纳和常识等推理的原理,也有其自身的特点。决策规则是演绎推理规则和归纳方法的扩充,不同点在于决策规则强调优化,而归纳则不必关心它的优化形式。粗集的决策规则从条件出发做出恰当的或近似的决策,常识推理是从区域专家共享的知识开始推导出区域中有趣的、公认的知识。粗集不排斥不确定性,力求按照实体的原型来研究实体,为基于不确定性的空间数据挖掘提供了一个新的理论基础。

在空间分析时,粗集的数学基础是近似域,不同于模糊集的模糊隶属度、证据理论的证据函数、云理论的隶属度概率空间分布等。模糊集重在模糊性,基础为模糊隶属度;云理论兼容模糊性和随机性,基础为云变换;粗集重在不完备性,基础为上、下近似集。在自变量集 x 和因变量集 $\mu(x)$ 之间,模糊数学是一一对应关系,即对一个特定的 xk,只存在唯一的隶属度 $\mu(xk)$,且 $\mu(xk) \in [0,1]$,粗集是一对区域关系,即对一个特定的 xk,存在隶属区域 $[\{\min \mu(xk)\}, \{\max \mu(xk)\}]$;云理论则是一对多云滴关系,云滴根据隶属度在空间随机离散分布,聚集到一定程度成为一朵云。

粗集理论自从被波赖克(Pawlak)提出后,已经突破原来的医疗诊断领域,被广泛应用在机器学习、人工智能、模式识别、近似推理、知识发现等领域。在此过程中,粗集日臻完善,已经从初始的偏重定性分析(如上、下近似集的描述,最小决策集的生成)发展到现在的定性定量并重(如粗概率、粗函数和粗微积分的表示与计算),并且与模糊集、概率论和证据理论等互相交叉,形成粗模糊集、粗概率集和粗证据理论等。

在空间数据挖掘中,利用粗集可以分析空间数据库中的属性重要性、属性不确定性、属性表一致性和属性可靠性,研究属性可靠性对决策的影响,简化数据、属性表和属性依赖,发现数据相关性,评估数据的绝对不确定性和相对不确定性,由数据产生决策算法,发现数据中的范式及因果关系,生成最小决策和分类算法等,指导不确定影像分类、模糊边界划分等。如全国农业原始数据经过统计归纳得到普遍化的数据后,粗集可对其再次简化,生成最小决策算法和多种知识。粗集已被用于描述属性ROSE不确定模型,分辨不精确的空间影像和面向目标的软件评估,实现空间数据清理(Data Cleaning)中的数据转换,用于基于属性不确定性的银行粗选址,从数据库中发现不确定属性的知识,集成多源不确定的属性数据,实现定性和定量语言值的粗转化。结合模糊隶属函数的遥感影像粗分类、粗邻域和粗属性精度等,卞学海基于信息系统在粗集环境下,提出了一种适应非一致性数据的自增长必然规则学习算法。刘清等通过粗集软计算使决策表中的属性简化和属性值区间化,从中挖掘出的数据隐含格式,删去了冗余规则,具有广泛的表达能力和代表性,并保持了决策表的原有用途和原有性能。然后分别用基于统计或专家经验方法计算带可信度因子的产生式规则和基于 Rough 集方法计算带 Rough 算子的决策规则两种不同方法开发同一个系统，后者比前者更加理论化和实用化。

基于粗集的数据挖掘系统有 GROBIAN、RSDM、LERS、TRANCE、ProbRough、ROSETTA、RSL、Rough Family、TAS、Rough Fuzzy Lab、PRIMEROSE、KDD-R 等。

此外，还可以在粗集的基础上，发展专门针对空间信息学的地学粗空间理论。利用粗集理论、模糊数学和插值函数等技术，基于属性不确定性，在空间数据库或空间数据仓库中，可以挖掘和发现用于影像分类和分析、地价评估和空间表达、城乡结合部用地分析和规划的知识。

8. 神经网络法

神经网络(Neural Network)是由大量神经元通过极其丰富和完善的连接而构成的自适应非线性动态系统，并具有分布存储、联想记忆、大规模并行处理、自学习、自组织、自适应等功能。神经网络由输入层、中间层和输出层组成。大量神经元集体通过训练来学习待分析数据中的模式，形成描述复杂非线性系统的非线性函数，适于从环境信息复杂、背景知识模糊、推理规则不明确的非线性空间系统中挖掘分类知识。神经网络对计算机科学、人工智能、认知科学以及信息技术等都产生了重要而深远的影响，在空间数据挖掘中可用来进行分类、聚类、特征挖掘等操作。以 MP 和 Hebb 学习规则为基础，存在的神经网络可分为三类：用于预测、模式识别等的前馈式网络，如感知机(Perception)、反向传播模型、函数型网络和模糊神经网络等；用于联想记忆和优化计算的反馈式网络，如 Hopfield 的离散模型和连续模型等；用于聚类的自组织网络，如 ART 模型和 Koholen 模型等。李(Lee)在空间统计学中用模糊神经网络估计了处理空间分布异常的规则。此外，神经网络与遗传算法结合，也能优化网络连接强度和网络参数。

神经网络具有鲜明的"具体问题具体分析"特点，其收敛性、稳定性、局部最小值以及参数调整等问题尚待更深入的研究，尤其对于输入变量多、系统复杂且非线性程度大等情况。

此外，研究空间数据挖掘的还有遗传算法、可视化、决策树、空间在线数据挖掘、发现状态空间理论、基于灰色分析的灰色系统、基于信息无序互动的混沌理论、基于信化概念的未确知数学等。

当然，上述理论和方法不是孤立的，为了在空间数据挖掘和知识发现中得到数量更多、精度更高的可靠结果，常常要综合应用它们。例如，使用空间统计学对数据进行分析后，再用粗集理论泛化初步的结果，然后由云理论实现知识的概括和定性定量的转化。因 SDMKD 需要考虑的因素很多,故应根据特定的需求选择数据挖掘的理论、方法和工具。

8.3.3 基于知识的遥感图像分析

在遥感影像自动解译或目标识别中,利用影像以外的信息提高解译和识别的质量一直是遥感工作者十分重视的方法。如何把已有的 GIS 数据作为辅助数据用于遥感图像分类中,如何提高辅助数据利用的自动化和智能化程度,仍然是遥感领域需要深入研究和解决的问题。

通过空间数据发掘技术从已有的空间数据库中发现知识,可以用于遥感影像解译中的约束、辅助、引导,解决同谱异物、同物异谱问题,减少分类识别的疑义度,提高解译的可靠性、精度和速度。由于知识是对数据进行概括、浓缩和消除冲突的结果,因此利用从空间数据中提取的知识,往往比直接利用空间数据本身更有效、更可靠。

SDMKD 是建立遥感影像理解专家系统知识获取的重要技术手段和工具,遥感影像解译的结果又可更新 GIS 数据库,因此,SDMKD 技术将会促进遥感与 GIS 的智能化集成。

1. 利用 GIS 数据将遥感图像分层分析

在遥感图像分析过程中利用 GIS 数据最简单的方法是将研究区域的场景和影像进行分层,即根据地形、水文、地质和物候等特性将研究区分为主要的几部分,各个部分的特性各不相同。这样划分可以针对不同的地区,采用不同的分析方法,将分类中容易受其影响的地物分层识别,降低混淆的几率。

例如,森林覆盖的分类,受高程和坡向影响较大。同样是森林,高度不同,则生长的树种不同,而且阳坡和阴坡也不相同。这种关系仅用遥感资料解决是不现实的,而可以通过将地形图中高程和坡向在地理位置上与遥感图像配准对应起来分析。具体做法是:根据高程和坡向分级,例如可分为小于 500m、500~1 000m、大于 1 000m 三层高程,按方位角分为东南坡、西北坡和南坡三层。根据实际情况再将两个条件组合,例如,小于 1 000m 的东南坡区域,用组合后的每一层遥感数据分开后再分类。显然,不同高程和不同坡向森林覆盖不同,分类时侧重不同。这样可以弥补由于光谱类似而造成的类别混淆,改善了分类质量。

又比如,目前的 TM 图像根据光谱信号无法将居民地中的草地、花园与农作物区别开来,因此可以将居民地与农作物分级分类,即先根据光谱信息分类将居民地与植被覆盖区分开。然后分别再在居民地和植被范围内分类,得到居民地中的绿化区与农作物区。这实际上是根据先验知识建立面向研究区域的分类结构,提高利用现有光谱分辨率辨别地物的能力。

从上面的分析可知,通过分层处理,便于对各分割部分采用不同的分析处理方法,可以提高遥感分类与分析的精度。

2. GIS 数据作为遥感图像分类的训练样本和先验信息

利用 GIS 数据和遥感图像叠加,将 GIS 内部数据作为训练样本,通过对 GIS 中的地物属性进行统计,获得各类地物分布的先验概率。以往在经典遥感图像分类如最大似然法中,由于缺乏研究区域内各类地物分布的先验概率,往往假设各类地物分布的先验概率相同,而将其作为相同项消去不作考虑。显然,这与实际情况是不相符的。通过在图像分类过程中,对像元判别时使用不同的先验概率,可以提高分类精度。

另外,可以将 GIS 中地物的边界数据作为图像分割的先验信息,改善分割的连通性。遥感图像的分类结果常常很零碎,与实用专题图具有明显规则的边界差别较大,这主要在于遥感图像中的地物边界存在大量的混合像元,使得仅依靠光谱信息的分类方法难以得到规则的边界。将 GIS 数据引入到分类过程中,以 GIS 中地物边界为依据,建立分类迭代收敛的条件。例如,常用的非监督分类方法如 K 均值法和 ISODATA 法,其分类过程是一个迭代过程,收敛的标准是以像元在光谱空间与所属类别聚类中心的距离最小,可见仅使用了光谱信息。通过引入 GIS 中地物的空间信息,以 GIS 数据为指导,在结合光谱信息分类的基础上,迭代计算各分割图像块边界与 GIS 中对应地物边界距离,综合以上两个距离作为分类收敛的最终条件。这里通常采用 Housdoff 距离计算 GIS 中地物目标边缘图像与分割影像边缘之间的距离,是二者之间的近似匹配。Housdoff 距离的表达式如下:

$$H(A,B) = [\max_{a \in A} \min_{b \in B} d(a,b) + \max_{b \in B} \min_{a \in A} d(a,b)]/2$$

这里使用 Housdoff 距离而不使用常用距离如欧氏距离,其原因在于常用距离对局部变化非常敏感。通过迭代计算目标边缘与分割影像之间的 Housdoff 距离,当其达到最小时作为充分分割的条件。其结果能够大大改善遥感图像分类结果的连通性,与实际的地物分布较一致。

3. 根据 GIS 对象进行面向对象的图像分类

将 GIS 中存储的各地物目标作为不同对象,建立面向对象的地物数据库,其主要内容包括能够辅助遥感图像分析的相关信息,如地物的物理属性、形状大小、空间组织结构以及相邻地物的物理属性等方面。在常规的监督分类过程中,目标类由用户指定,而在面向对象分类中,目标范围由地物目标在 GIS 中的几何关系确定。

对于实效性较好的 GIS 数据,可以在对多源遥感数据分类(多源遥感图像对提高分类精度具有一定的作用)后获得标记图像,然后逐个统计 GIS 中地物目标范围内各地物标记直方图,得到分布概率最大的地物标记,最后给该地物目标赋以最大分布概率对应的物理属性,完成 GIS 数据的快速更新。当然,这要求一个前提,即保证 GIS 中绝大部分地物目标区域内仅有一种地物占主要地位。该方法比较适用于对农业区土地利用的普查情况。

实际上,GIS 中存储的地物信息必然有一部分不能反映当前情况,这种变化对于分类来说主要体现在 GIS 中各个地物目标出现形状和物理属性的改变。在这种情况下,可以集成 GIS 中的地物的空间信息于遥感图像的分割过程中,分割的方法可以采用边缘监测或区域生长。GIS 中空间信息在影像分割过程中可以看做地物分布的初始模型,作为影像分割的初值,并起到检测分割结束和去掉无关边缘的作用。通过集成 GIS 空间信息的影像分割,获得用于进一步分类的区域对象。然后逐区域对象分类,最后合并具有相似地面覆盖类型的相邻地物,解决分割过细的问题。

这种方法的优点是,集成 GIS 空间信息的图像分割确定了各地物目标的空间分布,降低了混合像元对光谱分类的影响,对于图像中具有较小面积的地物目标也能确定下来,而且可靠性较高。其关键之处在于对图像分割的合理性,如果分割不充分会造成部分地物不能提取。而分割过细又将增加处理时间,二者需要很好地兼顾。

4. 提取 GIS 中的知识进行专家分类

GIS 发展的一个很重要的方向是智能化的决策支持系统,其中最主要的表现就是专家系统的应用。将应用领域的专家知识和经验表达成计算机能识别和应用的形式(即规则),让计算机模拟专家解决问题的途径来解决问题,以提高系统的自动化程度和可靠性。该方法的主要思想是将 GIS 中现存的各种空间关系和属性信息,通过空间数据挖掘与知识发现的方法,转化成专业性较强的规则和知识,形成知识库和规则库,应用到 RS 图像分类识别过程中,克服以往图像分析判据过于单一的不足,改善图像分类的质量。其特点在于它是一种基于知识的图像分类识别方法,联合运用底层次的图像分割结果和 GIS 中的环境信息(如土壤类型、高程、坡度等)以及专家解译的经验和知识,通过人工智能技术合并来自不同领域数据的、具有不同确定程度的信息。分析数据本身和分析模型存在的不确定性在图像分析过程中的传递,减轻了由于对整个数据源的信息接收、传递和分析过程不了解而带来的不确定性对影像分析的影响。

例如，图 8-16 是南京市江宁区 1999 年 SPOT 的分类结果比较。通过分类回归树算法构建决策树获取分类规则（主要包括光谱相应特征、纹理特征、地形因子和形状指数四类规则）进行遥感图像分类，总体精度达到 87.79%，而监督分类的总体精度为 79.01%。可见，对于地块破碎、土地利用与覆被情况复杂的江南典型区，基于知识的遥感影像分类方法是提高遥感图像自动分类精度的有效途径之一。

(a) 监督分类的结果　　　　　　(b) 基于知识分类的结果

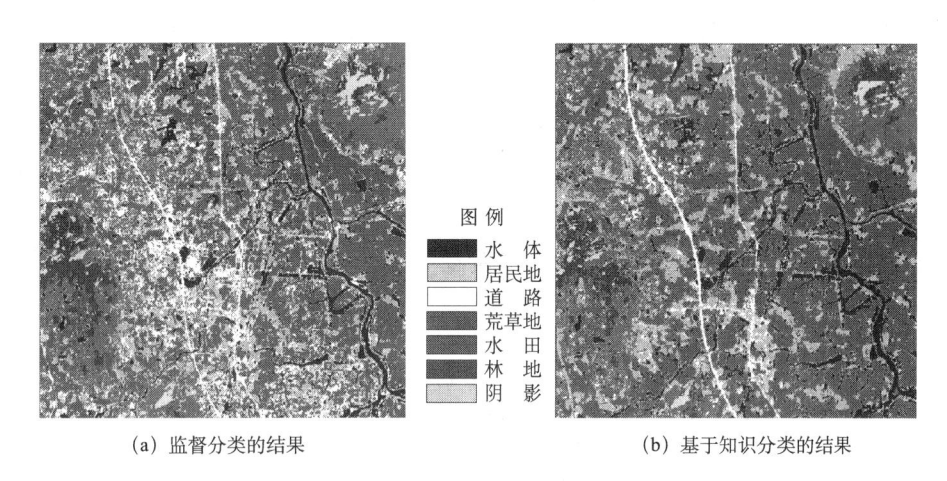

图 8-16　基于知识分类与监督分类的效果比较（南京市江宁区）

参 考 文 献

[1] T. Abraham, J. F. Roddick. Survey of Spatio-temporal Databases. *GeoInformatica*, 1999, 3: 61-99.

[2] J. M. Beaulieu. Hierarchy in Picture Segmentation: A Stepwise Optimization Approach. IEEE Trans. *PAMI*, 1989, 11(2): 150-163.

[3] J. Chen, J. Jiang. An Event-based Approach to Spatio-temporal Data Modeling in Land Subdivision Systems. *GeoInformatica*, 2000, 4: 387-402.

[4] H. Gartner, A. Bergmann, J. Schmidt. Object-oriented Modeling of Data Sources as a Tool for the Integration of Heterogeneous Geoscientific Information. *Computers & Geosciences*, 2001, 27: 975-985.

[5] G. Langran, N. R. Chrisman. A Framework for Temporal Geographic Information. *Cartographica*, 1988, 25: 1-14.

[6] G. Langran. A Review of Temporal Database Research and Its Use in GIS Applications. *I. J. Geographical Information Systems*, 1989, 3: 215-232.

[7] G. Langran. Issues of Implementing a Spatio-temporal System. *I. J. Geographical Information Systems*, 1993, 7: 305-314.

[8] H. A. Morris. A Fuzzy Object Oriented Approach for Managing Spatial Data with Uncertainty [Dissertation]. New Orleans: Tulane University, 1999.

[9] Open GIS Consortium, Inc. OpenGIS® Simple Features Specification for SQL Revision 1.1. May 5, 1999.

[10] J. Pearl. Some Recent Results in Heuristic Search Theory. IEEE Trans. *PAMI*, 1984, 6(1): 1-12.

[11] D. J. Peuquet, N. Duan. An Event-based Spatio-temporal Data Model (ESTDM) for Temporal Analysis of Geographical Information System. *I. J. Geographical Information Systems*, 1995, 9: 7-24.

[12] H. Raafat, Z. S. Yang, D. Gauthier. Relational Spatial Topologies for Historical Geographical Information. *I. J. Geographical Information Systems*, 1994, 8: 163-173.

[13] M. F. Worboys. A Unified Model of Spatial and Temporal Information. *The Computer Journal*, 1994, 37: 26-34.

[14] M. F. Worboys, H. M. Hearnshaw, D. J. Maguire. Object-oriented Data Modeling for Spatial Databases. *I. J. Geographical Information Systems*, 1990, 4: 369-383.

[15] 陈述彭，赵英时. 遥感地学分析. 北京：测绘出版社，1990.

[16] 程昌秀，周成虎，陆锋. 对象关系型 GIS 中改进基态修正时空数据模型的实现. 中国图象图形学报，2003, 8(A), No. 6: 697-702.

[17] 戴昌达，姜小光，唐伶俐. 遥感图像应用处理与分析. 北京：清华大学出版社，2004.

[18] 邸凯昌. 空间数据发掘与知识发现. 武汉：武汉大学出版社，2003.

[19] 冯学智，都金康等. 数字地球导论. 北京：商务印书馆，2004.

[20] 傅国斌，李丽娟，刘昌明. 遥感水文应用中的尺度问题. 地球科学进展，2001, 16(6): 755-760.

[21] 郭仁忠. 关于空间信息的哲学思考. 测绘学报，1994, 23(3): 236-240.

[22] 何建华，刘耀林. GIS 中拓扑和方向关系推理模型. 测绘学报，2004, 33(2): 156-162.

[23] 胡著智，王慧麟，陈钦峦. 遥感技术与地学应用. 南京：南京大学出版社，1999.

[24] 黄杏元，马劲松，汤勤. 地理信息系统概论. 北京：高等教育出版社，2001.

[25] 蒋捷，陈军. 基于事件的土地划拨时空数据库若干思考. 测绘学报，2000, 29(1): 65-70.

[26] 李德仁，关泽群. 空间信息系统的集成与实现. 武汉：武汉大学出版社，2000.

[27] 李德仁，王树良，史文中等. 论空间数据挖掘和知识发现. 武汉大学学报(信息科学版)，2001, 26(6): 491-499.

[28] 李德仁，王树良，李德毅. 论空间数据挖掘和知识发现的理论与方法. 武汉大学学报(信息科学版)，2002, 27(3): 221-233.

[29] 李雪梅，商瑶玲，王东华. 利用遥感影像更新全国 1：25 万数据库的技术方法. 测绘通报，2002, (10): 12-18.

[30] 林广发，冯学智，王雷等. 以事件为核心的面向对象时空数据模型. 测绘学报，2002, 31(1): 71-76.

[31] 马吉苹等. 遥感影像理解专家系统判据研究. 遥感在中国. 北京：测绘出版社，1996.

[32] 邵峰晶. 数据挖掘原理与算法. 北京：中国水利水电出版社，2003.

[33] 佘江峰，冯学智，林广发等. 多尺度时空数据的集成与对象进化模型. 测绘学报，2005, 34(1): 71-77.

[34] 唐常杰，于中华，游志胜等. 时态数据的变粒度分段存储策略及其效益分析. 软件学报，1999, (10): 1085-1090.

[35] 吴立新，史文中，C. Gold. 3D GIS 与 3D GMS 中的空间构模技术. 地理与地理信息科学，2003, 19(1): 6-11.

[36] 叶泽田，文沃根. GIS 数据库的遥感更新方法研究. 测绘科学，1998, (4): 26-29.

[37] 虞强源，刘大有，谢琦. 空间区域拓扑关系分析方法综述. 软件学报，2003, 14(4): 777-782.

[38] 赵萍. 基于知识的江南典型区土地利用/覆被分类研究. 南京大学博士学位论文，2003.

[39] 赵仁亮，陈军，李志林等. 基于V9I的空间关系映射与操作. 武汉测绘科技大学学报，2000，25(4)：318-323.
[40] 赵英时等. 遥感应用分析原理与方法. 北京：科学出版社，2003.
[41] 张钹，张铃. 问题求解理论及应用. 北京：清华大学出版社，1990.
[42] 张瑞菊，陶华学. GIS与空间数据挖掘技术集成问题的研究. 勘察科学技术，2003，(2):21-24.
[43] 张友水. 绍兴典型区土地利用变化信息提取与研究. 南京大学博士学位论文，2004.

第九章 "3S"集成的技术实现

本章是本书最后一章,重点从技术实现层面阐述"3S"整体集成的核心内容,共分四节。前三节分别论述多源空间数据集成、空间分析模型、地学应用模型与"3S"应用系统的集成以及现代通讯技术,特别是移动通信技术与"3S"技术系统的集成等。阐述内容涵盖这些技术的产生与发展背景、发展现状,并着重阐述了这些技术的实现途径,包括一些可行的技术实现方案、相应的特点以及它们的应用领域等等。第四节重点介绍两个典型的集成实例:基于"3S"技术的精准农业农作集成系统和基于"3G"(GIS-GPS-GSM)集成的120急救系统,通过这两个实例明确反映"3S"集成系统的设计方法及其技术实现的特点。

§9.1 多源信息集成

9.1.1 多源信息集成的目的和意义

1. 多源空间数据集成

地球空间数据具有多源、多尺度、多时相以及数据量大、涉及专业部门多、共享效益高等一系列特征。记录是空间数据的最小单元,它描述每一个地学过程或地理特征的时空特征和属性。多个同类的地理特征记录组织到一起则成为数据集,它是数据在数据库中存储、处理、传输和输出的基本单元,平时我们所说的地球空间数据其实是指空间数据集。若干个数据集往往以不同的主线特征(如区域、自然要素、社会经济要素或某种应用目的)有机地在物理空间上或逻辑上组织到一起形成数据库。多源空间数据的综合运用、共享乃至互操作必然要面对数据集成的问题。

集成是指通过结合分散的部分形成一个有机整体,空间数据集成的说法很多,根据其侧重点可分如下几类:① GIS 功能观点认为数据集成是地理信息系统的基本功能,主要指由原数据层经过缓冲、叠加、获取、添加等操作获得新数据集的过程。② 简单组织转化观点认为数据集成是数据层的简单再组织,即在同一软件环境中栅格和矢量数据之间的内部转化,或在同一简单系统中把不同来源的地理数据(如:地图、摄影测量数据、实地勘测数据、遥感数据等)组织到一起。③ 过程观点认为地球空间数据集成是在一致的拓扑空间框架中地球表面描述的建立或使同一个地理信息系统中的不同数据集彼此之间兼容的过程。④ 关联观点认为数据集成是属性数据和空间数据的关联,如 ESRI 认为数据集成是在数据表达或模型中空间和属性数据的内部关联;戴维·马丁(David Martin)认为数据集成不是简单地把不同来源的地球空间数据合并到一起,还应该包括普通数据集的重建模过程,以提高集成的理论价值。

从形式上,数据集成是不同来源、格式、特点、性质的地球空间数据逻辑上或物理上的有机集中,有机是指数据集成时充分考虑了数据的属性、时间和空间特征、数据自身及其表达的地理特征和过程的准确性。

由此,我们认为地球空间数据集成是对数据形式特征(如格式、单位、分辨率、精度等)和内部特征(特征、属性、内容等)作全部或部分的调整、转化、合成、分解等操作,其目的是形成充分兼容的数据集(库)(图 9-1)。地球空间数据集成分为三个层次:概念层、逻辑层和物理层,涉及的内容分别为:数据集成的方式方法等概念模型、数据集成模型的逻辑表达和数据集成的具体实现。

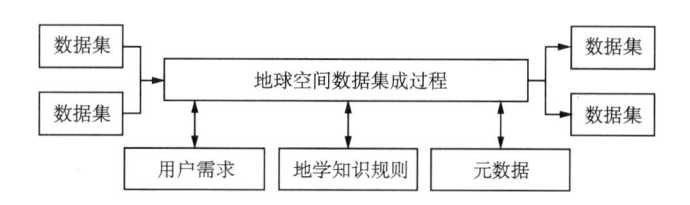

图 9-1 地球科学数据集成机理框架结构示意图

2. 集成的主要目标

数据集成的目标可以简单地表达为建立无缝数据集(库)。数据集(库)无缝表现在数据的空间、时间和属性上的无间断连续性(图 9-2)。空间无缝指地理特征在不同数据集中的空间范围连续性;时间无缝指地学过程允许范围内的时间不间断;属性无缝指属性类别、层次的不间断特征。数据尺度已作为地球空间数据更根本的一个属性融合到了数据的空间、时间和属性中。数据集成即是寻找数据集之间连续性的表达方式,它表现为两个方面:不同尺度数据之间的集成和相同尺度数据之间的集成。不同尺度同种要素数据反映的是该地学要素过程在不同大小空间上表现的规律,其集成是使数据集之间不间断并能自然过渡,即形成全尺度的地球空间数据(或部分连续尺度)。在相同尺度之间则主要是确定该尺度上表达某地学过程详细程度的标准,然后使在空间上邻接的地学特征能在物理上或逻辑上连接起来,对数据使用者不出现间断。

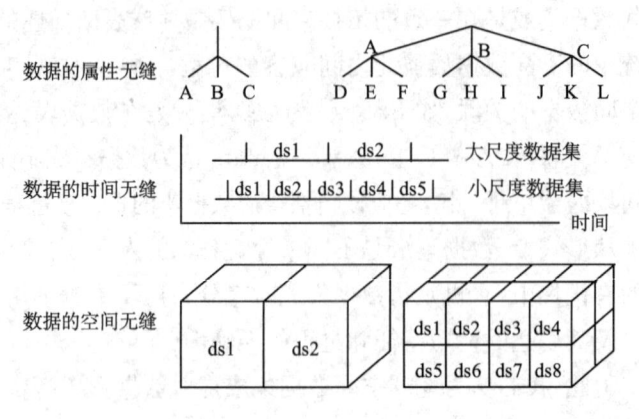

图 9-2 空间、属性、时间无缝数据集(库)的表现示意图

9.1.2 地学数据集成的系统结构

数据用户对数据要求的多样性决定了地学数据集成目标的复杂性，这里从地学数据集成的作用机理和集成中数据流的运行状况及实际的地学数据集成应用角度，给出了多源数据集成的结构(图 9-3)。

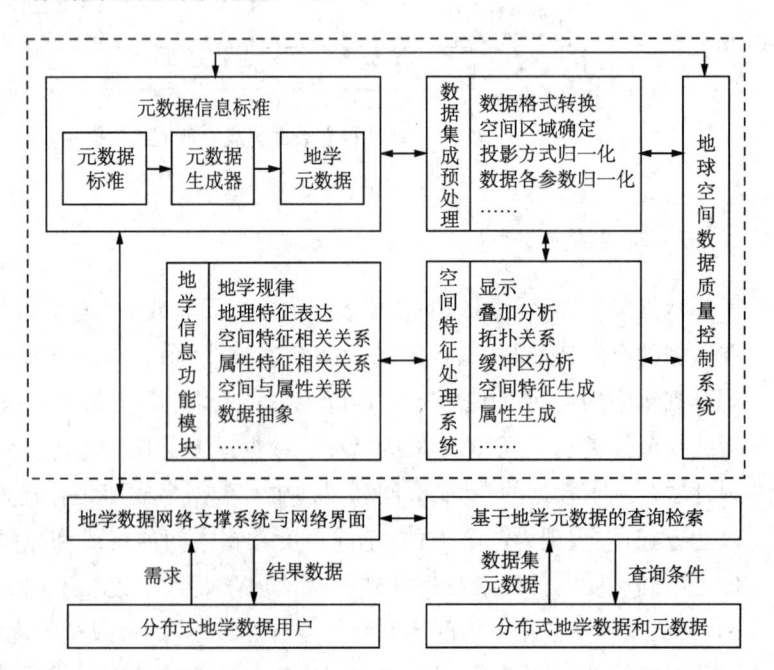

图 9-3 面向应用目标的地学数据集成系统结构

地学数据集成系统包括:网络支撑的集成系统界面、数据检索查询功能块、数据集成模块、地学规则功能块、数据预处理模块、元数据功能块和数据质量控制功能块等部分。各部分在系统中有自己独特的作用。

(1) 网络支撑的集成系统界面。该部分的作用是:将集成系统中的各模块贯穿起来,以服务器形式处理并对用户提出的问题给予回答,控制系统功能流等。

(2) 数据检索查询功能块。根据用户需求通过元数据在分布式地学数据库中寻找满足条件的数据集,并将符合条件的数据集的元数据内容反馈给系统,为系统的下一步操作提供依据。

(3) 数据集成模块。是集成系统的核心模块,它以地理信息系统的功能为基础并增加了一些特殊功能。它执行对数据集空间属性及其相关关系的具体处理,以形成符合条件逻辑或物理数据集(库)。

(4) 地学规则功能块。该功能块相当于一个地学专家知识系统,提供一系列地学数据相关规则。它服务于数据质量检测、评价和控制、集成中具体数据实体特征的处理和新形成数据集中某些特征的处理。

(5) 数据预处理模块。根据系统提出的要求将需要集成的数据逻辑或物理特征集中到一起,对集成数据的外部特征(数据格式、投影形式等)一致性和数据自身特征(不同数据集中对应特征空间位置、属性、数据的时间等)的一致性进行检查并作相应的处理,完成对数据的分割操作等。

(6) 元数据功能块。提供数据集元数据模式和生成功能,记录系统处理过程中关于系统和数据的动态信息以辅助系统实现其他操作。

(7) 数据质量控制功能块。该功能块的作用是评价、检测数据质量,通过系统控制集成处理中各种影响数据质量的各类参数的设定,利用数据质量标准对集成结果进行评价等。

地学数据集成系统的各功能块是针对系统中可能出现的各种问题设置的,在某一具体集成应用项目中可能只用到系统的某些功能。系统各模块是相互关联的整体,网络支撑是系统的整体平台,数据检索查询、数据集成、地学规则、数据预处理等是集成中具体处理问题的依据与实现模块,元数据是数据正常处理及处理后保证数据质量的基础,数据质量控制贯穿于整个集成系统。

9.1.3 多源数据的无缝集成

1. 集成模式

1) 数据格式转换

对其他软件数据格式的包容性,是衡量一个 GIS 的软件是否成功的重要标准之一。数据格式转换是集成多格式数据的一种通用方法。GIS软件通常都提供与多种格式交换数据的能力。数据交换一般通过文本的(非二进制的)交换格式进行,为了促进数据交换,美国国家空间数据协会(NSDI)制定了统一的空间数据格式规范SDTS(Spatial Data Transfer Standard),我国也制定了地球空间数据交换格式的国家标准CNSDTF(Chinese Spatial Data Transfer Format)。业界还流行着一些著名软件厂商制定的交换格式,如AutoDesk的DXF、ESRI的E00、MapInfo的MIF等,由于被广泛地接受,成为事实上的标准(Facto-standard)。由于缺乏对空间对象统一的描述方法,不同格式用以描述空间数据的模型不尽相同,以至于数据格式转换总会导致或多或少的信息损失。DXF着重描述空间对象的图形表达(比如:颜色、线型等),而忽略了属性数据和空间对象之间的拓扑关系;E00侧重于描述空间对象的关系(如拓扑关系),而忽略了其图形表达能力。因此,CAD数据输出为E00格式将丢失颜色、线型等信息,而ArcInfo数据输出到DXF时则会损失拓扑关系和属性数据等有价值的信息。另外,通过交换格式转换数据的过程较为复杂,需要首先使用软件A输出为某种交换格式,然后再使用软件B从该交换格式输入。一些单位同时运行着多个使用不同GIS软件建立的应用系统。如果数据需要不断更新,为保证不同系统之间数据的一致性,需要频繁进行数据格式转换。

2) 数据互操作

数据互操作模式是Open GIS Consortium(OGC)制定的数据共享规范。GIS互操作是指在异构数据库和分布计算的情况下,GIS用户在相互理解的基础上,能透明地获取所需的信息。OGC为数据互操作制定了统一的规范,从而使得一个系统同时支持不同的空间数据格式成为可能。根据OGC颁布的规范,可以把提供数据源的软件称为数据服务器(Data Servers),把使用数据的软件称为数据客户(Data Clients),数据客户使用某种数据的过程就是发出数据请求,由数据服务器提供服务的过程,其最终目的是使数据客户能读取任意数据服务器提供的空间数据。OGC规范基于OMG的CORBA、Microsoft的OLE/COM以及SQL等,为实现不同平台服务器和客户端之间数据请求和服务提供了统一的协议。OGC规范正得到OMG和ISO/TC211的承认,从而逐渐成为一种国际标准,将被越来越多的GIS软件以及研究者所接受和采纳。目前,还没有商业化GIS软件完全支持这一规范。数据互操作为多源数据集成提供了崭新的思路和规范。它将GIS带入了开放式的时代,从而为空间数据集中式管理和分布存储与共享提供了操作的依据。OGC标准将计算机软件领域的非空间数据处理标准成功地应用到空间数据上。但是OGC标准更多考虑到采用了Open GIS协议的空间数据服务软件和空间数据客户软件,对于那些已存在的大量非 Open GIS 标准的空间数据格式的处理办法还缺乏标准的规范。而从目前来看,非 Open GIS 标准的空间数据格式仍然占据已有数据的主体。数据互操作规范为多源数据集成带来了新的模式,但这一模式在应用中仍存在一定局限性:为真正实现各种格式数据之间的互操作,需要每种格式的宿主软件都按照统一的规范实现数据访问接口。为解决数据格式转换带来的种种问题,理想的方案是在一个软件中实现对多种数据格式的直接访问。多源空间数据无缝集成(Seamless Integration of Multi-source Spatial-data,SIMS)就是这样一种技术。

2. 无缝集成

多源空间数据无缝集成(SIMS)是一种无须数据格式转换、直接访问多种数据格式的空间数据集成技术,具有如下特点:

(1) 多格式数据直接访问。这是 SIMS 技术的基本功能,由于避免了数据格式转换,为综合利用不同格式的数据资源带来了方便。

(2) 格式无关数据集成。GIS 用户在使用数据时,可以不必关心数据存储于何种格式,真正实现格式无关数据集成。

(3) 位置无关数据集成。如果使用大型关系数据库(如 Oracle 和 SQL Server)存储空间数据,这些数据可以存放在网络服务器甚至 Web 服务器,如果使用文件存储空间数据,这些数据一般是本地的。通过 SIMS 技术访问数据,不仅不必关心数据的存储格式,也不必关心数据的存放位置。用户可以像操作本地数据一样去操作网络数据。

(4) 多源数据复合分析。SIMS 技术还允许使用来自不同格式的数据直接进行复合空间分析。用户可以使用一个格式为 ArcInfo Coverage 的土地利用数据集和一个存储于 SDE 的行政区划数据集进行叠加分析,叠加结果可以存储到 SuperMap 的 SDB。SIMS 技术的核心不是分析、破解和转换其他 GIS 软件的二进制文件格式,SIMS 提出了一种内置于 GIS 软件中的特殊数据访问体系结构。它需要实现不同格式数据的管理、调度、缓存(Cache),并提供不同格式数据之间的互操作能力。

SIMS 技术体系是一种紧凑三层结构,包括:数据消费者(Customer)、数据代理(Agency)和数据提供者(Provider)。每一层有明确分工:数据提供者直接访问数据文件或者数据库,并通过数据代理提供给其他模块使用;数据消费者消费和使用数据的模块,通常负责对数据的各种分析、处理和表现;数据代理是维系数据消费者和数据提供者之间的一种数据格式。比如 SQL Server 引擎访问存储在 SQL Server 中的空间数据,Oracle 引擎访问 Oracle Spatial 数据库,SDE 引擎访问 ESRI SDE 支持的各种数据库,SDB 引擎存取 SuperMap SDB 等。为方便引擎的管理和调度,每个引擎具有统一的接口,封装成动态连接库(Dynamic Linking Library)。类似于一些软件的插件(Plug-in 或 Add-in)机制,引擎 DLL 存放在特定目录下,程序启动时自动搜索该目录,动态调入并注册。一般而言,空间数据引擎只提供存储、读取、检索、管理数据和对数据的基本处理等功能,不负责进行空间分析和复杂处理。但是基于第三方 API(如:Oracle Spatial 和 ESRI SDE)开发的引擎可以提供更多功能。

§9.2 应用模型集成

9.2.1 基于 COM 的 GIS 模型库

空间模型库是当前 GIS 领域一个十分活跃的研究领域。布兰宁(Blanning)早在 20 世纪 80 年代初便提出了模型库的概念,并用模型库查询语言(MQL)来管理模型;之后,多克(Dolk)等提出了基于框架和知识表达的模型抽象技术;1987 年,杰弗里(Geoffrion)设计了结构化模型构造语言,并首次将结构化程序设计思路引入模型生成问题;1988 年,马哈那(Muhana)等又将系统论的概念用于模型管理系统;1993 年,梁(Liang)在模型管理系统中,使用了同类推理知识学习方法;范黑(Vanhee)建立了基于模型概念的模型运行环境系统。1996 年,韦塞林(Wesseling)设计了动态模型语言,用以支持空间数据结构。黄跃进等采用框架来进行模型库的构建和管理,由于层次结构比较明显,因此在便于模型的重建和组合的同时,他们将模型分为单独模型和合成模型两类框架。

尽管模型的计算机表示和实现可很大程度地加速问题的解决,但由于传统的程序表示存在如下两个缺点:一个是由于模型建立方法完全与实际应用联系,因此使模型难于修改,而只能用于具体的问题;另一个是由于存储和计算上的冗余,因而使每个模型都有一套完整的实现过程,即使在同一个系统中,相似的应用也分别对应着一个模型,而这些模型只有细微的差别。这就造成了模型的开发与存储的不必要重复。

1. COM 组件技术的引入

面对软件挑战而发展的面向对象技术(Object Oriented),其基本出发点是尽可能按照人类认识世界的方法和思维方式来分析和解决问题,并以对象为中心综合功能抽象和数据抽象。由于面向对象方法以其特有的对象封装性和类的继承性,其开发的软件具有可复用、易扩展、易维护、易集成等特性,因此能很好地满足系统的实际使用需求。在 GIS 所解决的问题中,许多空间实体都可视为面向对象中的对象,而现在流行的 GIS 软件也逐渐采用了面向对象的思想,如 ArcInfo、MapInfo 等。而如今不少 GIS 软件供应商开发的基于 ActiveX 的可编程 GIS 控件,则更加成熟地应用了面向对象的思想。20世纪90年代末,互联网的迅猛发展要求软件能在更为广阔的环境中应用。鉴于面向对象的思想已经难以适应这种分布式软件模型,于是组件设计思想得到了迅速的发展。组件化就是将复杂程序设计成一些小的、功能单一的组件模块,由于这些组件模块可以运行在一台或者多台计算机上,因此适用于不同的运行环境,甚至适用于不同的操作系统,如 OMG(对象管理组织)和微软分别提出了CORBA(共同对象请求中介结构,基于 UNIX 平台)和 COM(组件对象模型,基于微软 Windows 平台)解决方案。COM 定义了组件程序之间进行交互的标准,也提供了组件程序运行所需的环境。在 COM 标准中,组件(也称为模块)既可以是一个动态链接库(DLL,进程内组件),也可以是一个可执行程序(EXE,进程外组件)。因为 COM 是以对象为基本单元的模型,所以在程序之间进行通信时,通信的双方应该是组件对象,而组件程序仅是提供 COM 对象的代码载体。由此可见,协作的组件与组件或者组件与程序可以在不同的计算机上应用,即实现了分布式的应用要求。微软不仅定义了 COM 规范标准,而且提供了具体的实现方法,同时 COM 组件对象模型也采用了成熟的面向对象技术。在微软的系统平台上,COM 技术被应用到各个层次,即从底层的 COM 对象管理到上层的应用程序交互均提供了很好的 COM 应用范例,同时也展示了 COM 技术强大的生命力。另外,实践证明,COM 具有语言无关性、进程透明性和可复用性等特点。

GIS 应用软件的体系结构可用层次结构来表达,其最顶层是用户界面,用于提供用户与应用系统之间的可视化交互;底层是数据的存储管理层,负责属性和空间数据的输入、输出和显示等基本操作;中间层则是空间分析模块,用于主要基于空间的各种分析功能的实现。可以认为,GIS 的系统功能是由基本数据处理、管理功能和空间分析功能组成。其中,后者则因系统和应用目的、对象不同而异,这是 GIS 系统区别于其他系统的特色。

GIS 系统中有许多功能是常用的,如空间查询、空间统计、缓冲区分析、数字高程模型创建等,但也有些不常用。研究和实践证明,GIS 的空间功能最好是通过建立模型的方式来实现,但是,由于空间模型需要操作空间数据,因此难度远大于一般模型的创建。

这里通过引入 COM 组件技术来建立空间模型组件库,即通过分析 GIS 的功能来提取出最常用的功能,再采用组件技术,并以空间组件形式来实现,进而提供给不同的 GIS 系统使用。

2. 基于 COM 组件的空间模型库构建

可复用的 GIS 空间模型组件旨在实现对地理空间数据的操作和提供复杂应用的功能组成,并辅助决策分析。基于组件的 GIS 应用软件开发模型应既能方便地描述客观系统,又能真实地反映客观世界。从功能方面讲,空间模型组件主要是用于完成从现实系统到软件系统的转变。同传统软件开发一样,必须通过抽象化来将现实世界的客观系统用逻辑系统表达出来,进而才能提取出复用的构件,其主要工作为:一是提取 GIS 通用功能,作为组件创建的基础;二是进行模型组件库设计与实现;三是空间模型组件设计与实现。

1) 模型提取

COM 组件的特色是复用性,这就是说,要求模型组件是通用的。尽管组件技术的这个特点脱离了具体的应用,但客户程序能比较容易地对模型组件进行扩充,因为组件模型是可继承的。可复用构件的提取是一个复杂的过程,为了从领域中提取复用构件,必须先对系统的功能及数据流程进行分析和抽象,而后才能从抽象的模型中抽取复用部分,而每个模型分别表示一个功能或部分,模型的相互结合就组成了 GIS 核心的空间分析,目前,可提取的通用功能作为组件的内容包括:

(1) 量测分析,包括距离、面积、周长量测;

(2) 缓冲区分析、邻近度分析,包括点邻域、直线邻域、曲线邻域、多边形邻域等分析;

(3) 多边形分析,包括多边形叠置、点包含分析、线穿越分析、多边形合并等;

(4) 数字高程分析,包括高程等值分析、断面分析、容积分析。

2) 模型组件库管理平台

在属性模型库的研究中,则采用数据库的管理方式来对属性数据文件进行管理。尽管空间模型同属性模型有较大区别,但仍有共同之处,如模型仍是数据库的基本单元,由于其对应一个或多个文件,并要求对接口、功能和实现技术进行描述,因此,仍然可以采用与关系型数据库的记录表结构类似的管理方式来建立模型组件字典和支持组件的查询、创建、组合等操作。组件库有如下两种库:一个是根据抽取的通用功能建立的基本模型组件库;另一个是用户定义的模型组件库,对基本模型组件可进行继承开发或者组合成新组件库,属于应用层次的模型组件库,可面向具体的领域(如土地资源、市政设施管理、环境管理、灾害监测等)进行建模。其中,第二类模型组件库便于应用的扩展。根据 COM 规范,组件接口具有不变性,但类似于 C++中类的继承性,接口也可以继承发展。根据应用需求,客户程序可在模型组件的基础上,通过扩展新功能或集成多个组件来实现更高层次的功能。例如,一条河流发生某种污染,假设该污染只危害水稻作物,那么模型组件库就提供了线缓冲区模型组件和图层叠置模型组件,且可用的数据有河流、农田(未分类)栅格图和土地利用分类栅格图,据此,用户就可以构造新的应用模型,即首先使用线缓冲区组件来确定河流污染范围,然后使用叠置分析来得到最后受影响的水稻范围,以便为决策提供参考信息。这是典型的组件应用。由此可见,使用基本组件可很容易地构造应用模型。

确定模型的表示形式是模型库的基础和核心,而不同的模型表示形式则对应着不同的模型库管理方法,如在空间模型组件库中,组件库的组成包括:直接通过从功能抽象而创建的基本组件以及用户通过对基本组件进行组合或继承发展而创建的用户自定义模型库。由朗博(Rumbaugh)提出的对象建模技术是当前面向对象技术中较为普遍采用的一种软件开发方法。它用对象模型、功能模型及动态模型来描述整个系统。一般地说,建立一个应用系统的对象模型主要包括定义类与对象、确定对象之间的关系和完成对象模型。基于对象的建模方法,首先将模型组件功能抽取出来,然后按照规范来设计基本组件接口,最后使用编程语言开发工具来实现组件,其中,基本组件接口的设计最为关键,这是组件技术规范的核心。另外,必须对当前的模型组件进行详尽的分析,同时需要编写组件模型字典。该字典内容包括:输入参数的数量和类型、输出参数的数量和类型、模型实现技术、算法的引用文献、组件编制的单位和人员。例如对于线缓冲分析组件,需要输入的参数有线表示、缓冲区域、权重因子等,其分析结果为缓冲范围预警。这些参数是最基本的,因为它们负责客户程序同组件的数据交流。模型组件的开发可根据开发者的需求来选择,而模型组件最后以动态链接文件DLL或以可执行文件形式入库,由于这种基于二进制代码级的标准与开发语言无关,因此拓展了模型组件的应用范围。

9.2.2 应用模型与GIS集成的现状

在地学研究中,地学现象被抽象表示为对象状态数据模型和对象模拟模型。对象状态数据模型表示地学对象的瞬时或平均状态值,如地形分布数据等。对象模拟模型表示地学对象的状态序列中反映的规律,如洪水演进模型等。对地学对象进行分析处理的方法被抽象表示为对象分析处理模型,如缓冲区分析模型等。对象状态数据模型、对象模拟模型和对象分析处理模型是地理信息科学主要的研究内容,是设计、实现地理信息系统的理论基础,是地学研究与实践中主要的技术手段。目前的地理信息系统主要是以对象状态数据模型的表示和处理为核心,研究地学空间信息与属性信息的表示与处理算法。虽然也通过程序包的形式提供了部分对象分析处理模型,但实质上是一个地理数据库管理系统,基本上没有对模拟模型和分析处理模型提供统一的表示与处理。由于在地学研究与实践中需要以状态数据模型、模拟模型和分析处理模型的方式把地学现象数字化,独立于地理信息系统的其他空间分析系统和模型库管理系统得到了发展,形成了地理信息系统、空间分析系统和模型库管理系统三足鼎立的状况。由于三大系统不是在统一的框架下分析、设计与开发的,相互之间存在不协调、难共享的问题,影响了它们在地学研究与工程实践中的应用。集成作为多种技术融合的手段,毫无疑问将为三大系统的深入应用提供有效的帮助。一般把集成的研究分成数据集成与功能集成两个方面,研究模型与 GIS 的高效、合理的通信机制,实现模型和 GIS 之间的数据和功能的共享。按模型和 GIS 集成的紧致程度,可划分成对等式集成和嵌入式集成两大类。对等式集成包括标准交换文件方式、空间数据库方式和空间数据处理工具包方式。标准交换文件方式通过 GIS 与模型的 Import/Export 功能生成一个标准的数据中介文件,通过该文件实现数据的共享。这种方式可充分利用已有的专业模型,并可利用现有分析软件(如 SAS、SPSS、GLIM 等)实现数据的分析,同时又便于用高级语言开发新的专业模拟模型及数据分析模型,是目前常用的集成方式。这种方式比较容易实现,但时间和空间效率均不高。嵌入式数据集成包括 GIS 内嵌模型、GIS 宏语言开发的内嵌模型和模型内嵌 GIS 功能三种方式,它们都属于紧致集成方式。其中,GIS 内嵌模型由 GIS 开发商直接提供,能充分利用 GIS 软件本身所具有的资源,具有较高的效率。在功能集成上主要包括外部模式、内部模式和动态模式三类方法。

在外部模式方式下,模型与 GIS 的集成主要是数据的共享集成,一般没有直接的 GIS 功能集成。内部模式方式下,模型与 GIS 不但具备较佳的数据集成效率,也具备较好的功能集成性。动态模式通过 OLE 技术,为模型及 GIS 的使用提供了一个灵活的操作环境,但在这种方式下,模型与 GIS 之间的数据共享效率不如内部模式。模型与 GIS 集成的研究主要集中在模型系统与地理信息系统之间的相互数据访问上,没有从整体的角度研究对象状态数据模型、对象模拟模型和对象分析处理模型的关系,也就没有提出统一的三类模型表示和处理规范。本章根据集成的需要,分析并提出了一个元数据和元模型体系,在此基础上,探讨了数据集成、功能集成以及综合性应用集成的实现方案。

1. 元数据和元模型

地学模型包括对象状态数据模型、对象模拟模型和对象分析处理模型,它们分别由地理信息系统、模型库管理系统和空间分析系统提供管理和处理。一般有三级表示形式,即概念级表示形式,对应于地学专家对有关问题的直接表示形式;逻辑级表示形式,对应于分析人员采用的数学和逻辑表示形式;物理级表示形式,对应于计算机内部的二进制表示形式。

不同的系统对这三种模型的表示形式一般是不同的,模型与地理信息系统的集成研究最基础的就是为不同的系统提供统一的三类模型的表示形式,实质就是研究对象状态数据模型、对象模拟模型和对象分析处理模型的元数据和元模型。

1) 元数据

为表示对象状态数据模型,在数据库领域先后提出了层次型数据库管理系统、网络型数据库管理系统、关系型数据库管理系统和对象型数据库管理系统。地理信息系统的出现使得各种空间数据库系统得到发展,在关系型数据库管理系统基础上提出了基于域的栅格数据表示形式、基于对象的矢量数据表示形式以及混合表示形式。每种表示形式又有众多的实现方案,缺乏统一的接口,不利于对象模拟模型和对象分析处理模型访问处理这些类型的数据。研究规范化的元数据体系是地理信息系统发展与集成研究的重要基础。李军等从元数据等角度探讨了基于数据内容的数据集成概念模型和过程。在关系数据库上,实现了全关系化的空间数据和属性数据的表示,并在此基础上实现了面向对象数据语义的表示,为地学对象空间与属性数据的基于对象的表达提供了基础。

2) 元模型

对象模拟模型和对象分析处理模型虽然性质不同,但在表示形式和处理方式上是一致的。自 20 世纪 70 年代后期提出模型库思想以来,模型的管理经历了模型、模型软件包和模型库系统三个发展阶段。第一阶段的模型彼此独立,缺乏对模型的管理;第二阶段缺乏对大批模型的有效管理,不利于选择需要的模型;第三阶段实现了基于模型库的模型管理。目前已提出了若干种模型表示和管理的方法,包括关系表示方法、ER 表示方法、抽象表示方法、程序表示方法等,其中较为重要的有关系表示方法和抽象表示方法。这些方法缺乏对模型的一般结构的深入研究,使得模型与地理信息系统的集成以及模型与模型的集成应用受到限制。研究并提出元模型的结构和实现算法是模型库管理系统发展与集成研究的另一个重要基础。根据数据库管理系统发展的经验和前人对模型库管理系统的研究表明,新一代模型库管理系统应具有如下主要特征:模型表示有比较统一的逻辑表示形式,有独立于模型的求解方法,能够表示模型使用所需的有关辅助信息,便于根据这些信息从模型库中快速选取出所需的模型,具有组合开发能力。根据这些原则,提出了基于对象的元模型表示方法,把模型的表示和管理构建在数据库管理系统中,以类属关系和构成关系综合表示。其中,构成关系可把一个复杂的模型分解为若干简单的模型,类属关系则反映模型的层次体系。此外,为了便于实现机理性模型和方法性模型,从元模型基础上还派生了模拟模型和分析处理模型两大类。在模拟模型层次上对各种模拟研究提供了基于时间帧的一维、二维、三维和多维动态模拟方法,强调动态性和机理性,是实现机理模型的基础。在分析处理模型层次上提供了地理信息系统中各种分析处理方法的抽象,是实现各种分析处理算法的基础。

2. 集成方法

在元数据以及元模型的基础上,地理信息系统、模型库管理系统和空间分析系统都采用统一的状态数据模型体系和模型体系,自然也就实现了最简单的松散型的数据集成。模型系统能按标准化的元数据体系访问 GIS 中的数据,而 GIS 也可按元模型的结构把模型集成到 GIS 中,实现数据集成和功能集成。图 9-4 描述了模拟地理现实空间的对象状态模型与模拟模型的集成。但在实际的应用中,常出现具有一定的处理流程的综合应用方案,数据、模拟模型和分析处理模型构成特定的拓扑结构,体现综合的数据流程。这种应用模式对集成提出了更高的要求,需要集成系统提供应用模式拓扑结构的表示与处理,并在该结构形式下提供数据与功能的集成。因此需在功能集成与数据集成的基础上,进一步研究综合拓扑型集成系统。综合拓扑型集成系统主要解决应用模式拓扑结构的表示与处理以及其中的具体模型的抽象,而基于数据流机制的数据流图可以表示和处理这种拓扑结构。数据流图是由结点和管道构成的数据流网络,它表示拓扑结构中各结点之间的数据传送和依赖关系。数据流图中结点的运行是由输入口的数据驱动的,只要某一结点的所有输入端口的数据均到达并满足要求,该结点就会被驱动,执行后产生的数据从结点的输出端口输出,并经数据管道送到其他需要此结点结果数据的结点入端口处。数据流图的运行是由源结点驱动的,数据首先从数据流图中的源结点中流出,当数据沿数据流图中的管道流到其他结点时,就会驱动其他结点进行计算,并产生新的数据流传到更多的结点处。当数据流图中的所有结点都运行完毕时,整个应用模式也就运行结束。

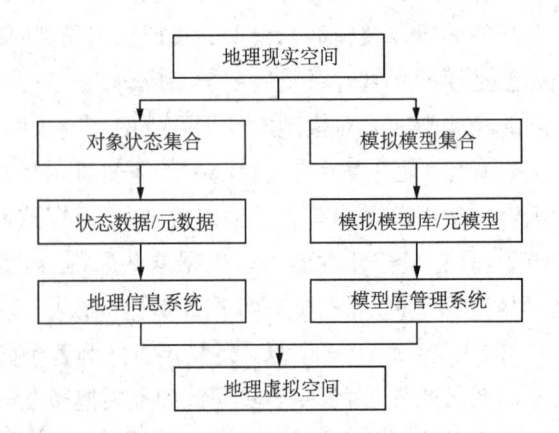

图 9-4 对象状态模型与模拟模型的集成

根据地学信息处理的特点,把结点分为五类,即数据泵结点、数据池结点、模拟模型结点、可视化结点和数据处理结点。数据泵结点是源结点或终结点,它从文件或数据库中取得数据,并传送到数据池结点或把从数据池结点流入的数据输出到文件或数据库中,它是所构成的数据流图中的数据输入、输出端口。数据池结点是所构成的数据流图中的数据缓冲单元,管理着流经该结点的数据。每个数据池结点的入端口和出端口的个数是可变的。根据数据流图的不同,它可有 0 到 1 个入端口及 0 到多个出端口。可视化结点是数据的表现单元。当数据池结点把数据发送到可视化结点时,它根据流图设计者设置的可视化参数,把数据以图形、图表、表格、文字等形式表达出来。可视化结点可有 1 到多个入端口,视具体的可视化结点而异,但一般都没有出端口。数据处理结点是数据的处理单元,当数据流经该单元时,它对该数据进行处理,并把处理结果返回到源数据池结点中,一般它提供可视界面以供使用者交互式地编辑、修改数据。这类结点一般有 1 到多个入端口,而无出端口,当使用者或处理单元本身修改了数据并回馈到数据池结点时,数据池结点就会向与之相连的各个结点发送新的数据。模型结点包括空间分析模型结点和模型模拟结点 2 种。它们一般内定有 0 到多个入端口及 0 到多个出端口。当所有入端口的数据都已齐备并且其运行指令开关被使用者打开时,它就开始进行模拟运算或数据分析计算。原则上模型结点本身只负责数据的计算工作,其他工作如数据读写、可视化等皆由其他类型的结点实现。

管道也分为五种类型,即单向无条件管道、单向计数管道、单向开关管道、单向条件管道和双向无条件管道。单向无条件管道连接的源结点和目标结点的数据通路永远是畅通的,是最常用的一种数据管道。单向计算管道每运算一次,数据就把它内部的计算器加 1,当计算器值大于内部的运输总次数时,就关闭管道,切断源结点与目标结点的数据联系。它一般用于循环型数据流图中,控制整个流图或流图的某一局部的运行次数。单向开关管道内部有一开关变量。当其初始为真时,源结点把数据从此管道送到目标结点,该管道的开关变量则自动变为非真。当源结点又需发送数据时,由于开关变量值为非真,故取消本次数据传送,而开关变量又自动变为真值,为下次数据传输打开通道。它一般用于构造需要开关条件的数据流图。单向条件管道内部有一条件表达式,当需通过此管道传输数据时,首先计算条件表达式的值,若值为真则进行数据传输,否则取消本次数据传输。它一般用于构造在多个通路中进行选择性数据传输的数据流图。双向无条件管道只能用于数据池结点与数据处理结点的连接。它虽是双向管道,却有主从方向之分,从数据池结点到数据处理结点的是主方向,另一方向为从方向。只有主方向启动以后,从方向才能工作。设置该管道的目的是为了便于数据的交互式处理,它不能用于其他结点对之间的连接。数据流机制的核心是提供集成系统中对象状态数据、模拟模型、空间分析模型的数据连接机制，提供应用模式拓扑结构的抽象表示与处理。与数据流机制类似，能提供这样的拓扑结构表示的机制还有许多，Petri网等这样的系统建模工具就是一个较好的实施集成系统的基础。

9.2.3 应用模型的集成方式

应用模型的集成方式包含源代码方式、函数库方式、可执行程序方式、组件集成方式和模型库方式等。其中组件集成是现在常用的集成方式，而模型库方式是正在研究的一个热点。

1. 源代码集成

利用 GIS 系统的二次开发工具和其他的编程语言，将已经开发好的应用分析模型的源代码进行改写，使其从语言到数据结构与 GIS 完全兼容，成为 GIS 整体的一部分。这种方式是以前 GIS 与应用分析模型集成的主要方式。源代码集成方式的优点在于：应用分析模型在数据结构和数据处理方式上与 GIS 完全一致，虽然此方式是一种低效率的集成方式，但比较灵活，也是比较有效的方式。源代码集成方式的缺点在于：一是 GIS 开发者必须读懂应用分析模型的源代码，并在此基础上改写源代码，在改写过程中可能会出错；二是 GIS 的开发者在对应用分析模型深入理解的基础上，编写应用分析模型的源代码。

2. 函数库集成

函数库集成方式是将开发好的应用分析模型以库函数的方式保存在函数库中，集成开发者通过调用库函数将应用分析模型集成到 GIS 中。现有的库函数类型包括动态连接和静态连接两种。函数库集成方式的优点是：GIS 系统与应用分析模型可以实现高度的无缝集成。函数库一般都有清晰的接口，GIS 的开发者一般不必去研究模型的源代码，使用方便。而且函数库中的库函数是经过编译的，不会发生因改写错误而产生模型的运行结果不正确的情况。函数库集成方式的缺点是应用分析模型的状态信息很难在函数库中有效地表达；由于应用分析模型的结构是一个相对封闭的体系，虽然函数库提供的一系列函数在功能上是相关的，但是函数库本身的结构却不能很好地表达这种相关性；函数库的扩充与升级也是问题，动态连接虽然可以部分地克服这一问题，但是接口的扩展却仍然是困难的。静态连接依赖于编程语言和编译系统的映像文件，这就造成了很大的不方便。

3. 可执行程序集成

GIS 与应用分析模型均以可执行文件的方式独立存在,二者的内部、外部结构均不变化,相互之间独立存在。二者的交互以约定的数据格式通过文件、命名管道、匿名管道或者数据库进行。可执行程序集成方式可分为独立方式和内嵌方式两种。独立的可执行程序的集成方式是 GIS 与应用分析模型以对等的可执行文件形式独立存在,即 GIS 与应用分析模型系统两者之间不直接发生联系,而是通过中间模块实现数据的传递与转换。独立的可执行程序的集成方式的优点是:集成方便、简单,代价较低,需要做的工作就是制定数据的交换格式和编制数据转换程序,不需太多的编程工作。独立的可执行程序的集成方式的缺点是:由于数据的交换通过操作系统,所以系统的运行效率不高,用户必须在两个独立的软件系统之间来回切换,交互式设定数据的流向,自动化程度不高;由于系统的操作界面难以一致,系统的可操作性不强,视觉效果不好,同时这种方式受 GIS 的数据文件格式的制约比较大,二者的交互性和亲和性受到影响。内嵌的可执行程序的集成方式其实质与独立的可执行程序的集成方式是一样的,为支持驱动应用分析模型程序,GIS 与应用分析模型程序之间的集成通过共同的数据约定进行,GIS 通过对中间数据与空间数据之间的转换来实现对空间数据的操作,系统具有统一的界面和无缝的操作环境。内嵌的可执行程序的集成方式的优点是:对于开发者,集成是模块化进行的,符合软件开发的一般模式,便于系统的开发和维护。用此集成方式开发的系统其系统运行性能比独立的可执行程序的集成方式好;操作界面对于用户来说也是统一的,便于操作。内嵌的可执行程序的集成方式的缺点是:这种集成方式的开发难度很大,开发人员必须理解应用分析模型运行的全过程并对模型进行正确合理的结构化分析,以实现应用分析模型与 GIS 之间的数据相互转换以及相互之间的功能调用。

4. 基于组件的集成

组件技术是现在最流行的软件系统集成方法,随着技术的发展,GIS 系统和模型系统都在争相提供尽可能多的可以方便集成的软件模块。应用这些软件模块和支持组件编程的语言,比如 VB、Delphi、VC 等可以很方便地开发出 GIS 与模型集成的系统。

5. 模型库集成

模型库是指按一定的组织结构存储的模型的集合体。模型库可以有效地管理和使用模型,实现模型的重用。模型库符合客户机/服务器(C/S)工作模式,当需要模型时,模型被动态地调入内存,按照预先定义好的调用接口来实现模型与 GIS 系统的交互操作。

模型库管理系统需要实现建库和维护等诸多功能,并解决两类不同方式的存储模型管理问题。对于基础模型库,可通过模型的分类模式,来完成基础模型的物理存取;实现方式可采用类似于树形目录的文件管理方式进行管理。对于应用模型库,需解决关系的输入、存储、检索等问题,以便充分利用操作系统的文件管理功能。对属性库和索引库可通过索引关键字进行操作,通过对属性库和索引库的操作进入相应代码库中的相应地址,达到执行所选模型的目的。

9.2.4 基于 GIS 的应用模型集成

将专业应用模型集成到 GIS 系统中不仅能增强 GIS 的分析功能,同时也能提高已有模型的重用率。实现 GIS 与应用模型的无缝集成,挖掘 GIS 在各领域的应用已受到诸多学者专家密切关注。目前专业应用分析模型与 GIS 的集成方式有多种,而模型库支持下的模型与 GIS 集成方式是较为理想的,也是被公认为最有前景的集成方式。模型库技术的发展及其支持下的 GIS 与应用分析模型集成研究有助于推动空间决策支持系统的发展,使 GIS 真正成为辅助用户管理、决策的空间信息系统平台,进而推动 GIS 的深层次应用。空间决策支持系统的发展,反作用于模型库设计及 GIS 与应用分析模型的集成研究,使之取得了突破性的进展。然而,目前模型库支持下的 GIS 与应用分析模型集成还存在一些问题。当前的模型库方式主要解决结构性较强的数学类应用问题,对于结构性较差的复杂决策问题则只能以提高系统开发复杂度、增加决策过程中的人工干预为代价,勉强应付。而事实上,一定领域的决策问题总有一定的规则、约定和规律性,如果把这些规则、约定、规律加上专家知识经验融入决策系统中,即由模型与知识规则共同协作来完成对复杂问题的决策分析,那将使空间决策支持系统在智能性和空间决策能力上提升到一个新的层面。因此有必要对纯粹的模型库支持下的 GIS 与应用分析模型集成体系作进一步扩展,使之更规范、灵活、智能、高效。目前,已出现了一种智能型的空间决策支持模型库构架,它以空间决策支持技术(SDSS)为基础,以模型为核心,以知识为驱动,集强大的模型管理、模型运行和智能分析功能于一身,将 GIS 与专业应用模型有机结合,实现无缝集成。

1. 模型库系统

模型库系统(Model Base System,MBS)是对模型进行分类和维护,支持模型的生成、存储、查询、运行和分析应用的软件系统,它主要包括基础模型库、应用模型库、模型库管理系统、模型库应用四部分，其基本结构如图 9-5 所示。其中，模型库管理系统（Model Base Management System，MBMS）是处理模型存取和各种管理控制的软件；而基础模型库则是用来存储通用规范的可多次重复使用的基础模型；应用模型库是存储专业问题的应用模型，主要是为了满足不同用户的需求以及模型生成的需要。在模型库系统的支持下，由用户自行构模，以提高模型的重用性。模型字典（Model Dictionary，MD）是模型库管理系统的核心，直接参与对模型的分析、定义、设计、实现、操作和维护。

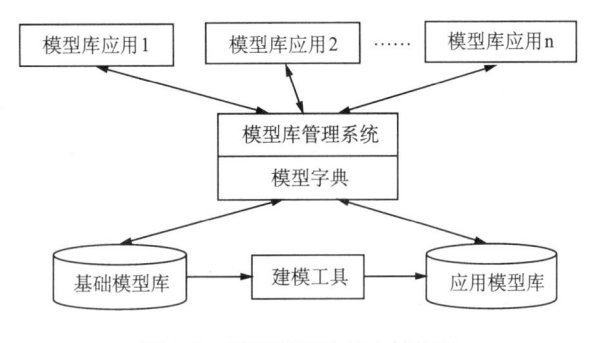

图 9-5 模型库系统基本结构图

2. 智能化模型库支持下的 GIS 与应用模型集成

模型库支持下的 GIS 与应用分析模型集成方式是较为理想的集成方式。模型库系统具有完整的模型管理功能，能够提供原子模型，又能动态组合复合模型，使系统的灵活性增强，可扩展性也很好，另外，它同时支持模型的动态调用和静态链接，内存可动态分配，使得系统运行效率很高。基于模型库的应用分析模型与 GIS 集成方式虽然具有很大优势，也在应用中取得了不少进展，但它也不是万能的，因为它不能实现所有的应用分析模型与 GIS 的无缝集成，它只适用于结构化程度较高的模型，解决较简单的空间决策问题。与此相对的是，GIS 应用领域还有许多需要专家、用户中途决策，不断反馈，给予人工干预才能将模型运行进行到底的决策问题。以水质模型应用为例，当模拟某河道水质在时空区间上的污染变化时，用户输入污染物排放浓度、水位过程等基本参数后，系统自动计算中间参数。当要实施模型时，还面临着从模型库中选择模型的问题，因为某些因素（如污染物的生物化学作用）考虑与否将导致选用的水质模型不同。设想如果该系统具有一定的智能性，能自动根据输入参数、中间参数及自身记忆的知识规则进行模型选择，那将给决策者带来极大的便利。因此赋予空间决策系统一定的智能性，解决模型库支持下的应用分析模型与 GIS 集成问题，不仅是实际应用的需要，也是 GIS 与模型共同发展的需要。

1) "具备知识"的智能模型库系统框架

"具备知识"的智能模型库系统框架如图 9-6 所示。其核心部分是模型库运行体，它是决策过程中模型调用、组合和运行的场所。推理机和黑板结构是服务于模型库的智能部件。其中，推理机的作用主要有：通过知识经验规则协助用户建立应用模型，在决策过程中为模型的顺利运行提供知识推理和规则调用，并可根据模型运行情况来改进优化模型库中的模型。而黑板结构是知识推理过程中必不可少的公共信息区，或者说是推理过程中各个推理模块的通信枢纽，包括有数据黑板、状态黑板和结论黑板。数据黑板是记录用户输入信息和中间信息，状态黑板记录当前知识源的有关状态，结论黑板保存推理的结果。智能模型库系统主要有两个外部交互接口，一个是与 GIS 系统通信的接口，接收 GIS 的模型调用请求与用户的中间交互及模型运行结果返回等；另一个是知识获取接口，通过专家经验知识或从数据库中进行数据挖掘等渠道来建立知识库。

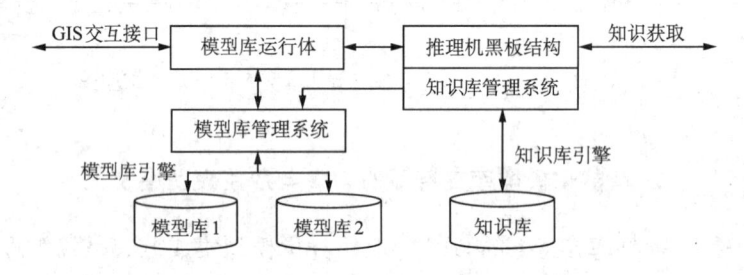

图 9-6 智能化的模型库体系框架

2) 服务于模型库的知识获取

智能模型库系统中的知识库系统通过对外界知识的获取服务于模型库系统，主要表现在：一是知识库系统为模型库系统提供经验规则、专家知识，辅助用户进行模型运作，从而提高模型库的智能性；二是模型库系统中的模型并非固定不变，它会随着参数、环境等因素的变化而变化，通过和知识库系统中的知识不断磨合，模型将得到进一步的验证、修改，最终通过模型库管理系统得以优化。知识库系统通过对外界知识的不断获取丰富知识库，知识库中累积的知识越多，整个系统的智能性就越高。一般来说，服务于 GIS 模型库的知识库中的知识主要有两种获取渠道：领域专家的经验知识输入和对 GIS 数据库进行知识挖掘。行业专家与用户对系统的理解和操作形成一般的概念性知识，应用开发人员通过和他们反复地交流、归纳、总结、抽象，最终形成逻辑性知识。这些知识和一般的知识表达有较大的差别，它所包含的知识严密、完整、条理明晰且能够用计算机来存储和处理。开发人员在此期间可以用各种建模工具(如 OMT、ROSE、VISIO 等)来建立知识模型,并利用 UML(建模工业标准)工具模块生成标准模型,通过知识库引擎将知识导入知识库。

3) 智能模型库支持下 GIS 应用分析模型的集成

集成思路是先将模型库中的模型设计成统一规范的接口,以便模型与数据及模型与模型间进行数据和功能的共享;其次,GIS 系统中引入数据转换器,访问 GIS 多源数据时,通过转换器将数据转换成统一规范的格式,这样,规范的数据能通过规范的模型接口进入模型,智能模型库支持下的 GIS 与应用分析模型集成框架如图 9-7 所示。集成框架的核心是智能模型运行池,它由数据转换器、推理机黑板结构和模型运行体三部分组成。智能模型运行池接收到 GIS 的决策模型运行请求后,一方面从模型库中调出具有统一规范接口的相应模型,进入模型运行体;同时,从数据库中调出数据,经数据转换器转换后也进入模型运行体,在模型与数据俱全的情况下模型开始运行,运行过程中,需要数据、状态及结构在黑板结构中的暂存、推理机的知识推理、用户的中间参与,必要时,还要进行其他模型的嵌套或再调用。模型运行结束后,分析结果从智能模型运行池返回给 GIS 系统进行显示或再入库。如何为模型库中的模型设计一个通用的标准数据接口也很关键。各模型有了统一接口后,就只需关注其算法本身,而无需再关注其与外界(其他模型或数据)间的交互问题了。例如设计以下的数据接口:Model Interface(double ** pData)。其中参数 pData 的类型为指针,pData 的每个成员均为一个指针,存储相应参数的数据,实际参数的个数及各参数的名称、含义及类型等信息则由模型字典管理的模型参数表来管理。

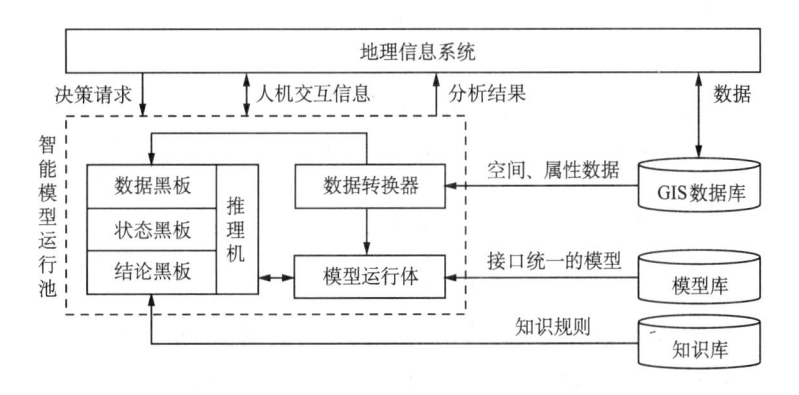

图 9-7 智能模型库支持下 GIS 与应用分析模型集成框架

§9.3 "3S"与通信技术的集成

9.3.1 集成的可行性

以"3S"技术为代表的地球空间信息技术具有全数字、全自动、数据标准化等特点,能够顺利实现与各种通信设备的接口。网络和通信技术在近几十年取得了令人鼓舞的飞速发展,特别是宽带网络技术、IP 技术、WAP 技术以及数字微波技术、卫星数据中继技术和调频副载波技术的发展为地球空间信息技术与之结合创造了必要的基础条件。其发展趋势可以从以下几个方面进行概括。

1) 公用骨干电信网向分组化、大容量化发展

为了更加低廉有效地处理和传送数据、语音和视频信息,电信网正由传统的电路交换网向基于 IP 的分组网转移。基于 IP 的分组网采用 TCP/IP 协议使得不同网络间的连接大大简化,而宽带 IP 网巨大的网络带宽和流量使信息流量大大增加,可以满足不同业务和大量用户的要求,这一点为大数据量的空间数据(特别是影像)的网上传送提供了可能。宽带 IP 网推动了高速路由技术的发展。高速路由器的出现省去了 ATM,直接在 SDH 网上运行 IP 数据包,这就是 IPoverSDH。将 G 位 T 位线速路由交换技术与密集波分复用(DWDM)技术结合,就可以完全抛开 ATM 和 SDH,在光纤上直接传送 IP 数据包,这就是 IPoverWDM。就 IP 业务而言,采用 IPoverWDM 省去了 ATM 层的处理,传输效率比有 ATM 时提高了许多,实施简单,价格也便宜。采用密集波分复用技术后,省去了 SDH 设备,每个通信不再是 SDH 的分复用一个通信道,而是独占密集波分复用的一个通道,进一步提高了网络的效率,降低了网络的造价。另外,卫星通信开始向宽带化、移动化发展,满足卫星广播电视和数据直播业务的地球同步轨道卫星、用于定位系统和移动电话系统的中低轨道卫星已经商用化,满足大数据量的多媒体交互业务的低轨道宽带卫星正在积极研制中,这些都使得空间信息技术与通信技术的集成成为可能。

2) 接入技术向宽带化、无线化发展

接入网是目前通信网的瓶颈,首先要解决宽带化问题,以满足多媒体通信和高速 Internet 数据下载的需要。一方面,为用户提供宽带业务的接入网技术如光纤到家庭(FTTH)、XDSL 和 HFC 已经成熟并开始应用于通信工程;另一方面,基于宽带无线接入技术的多点分配系统(LMDS)、移动宽带系统(MBS)、无线局域网和无线 ATM 的应用研究日益广泛。支持快速链接、高速率数据下载业务的接入技术为空

间数据的网上发布、浏览和分析处理提供了技术保障。

3) 移动通信向高码率发展

随着通信业务向大数据量和实时化方向发展,2MB/s 的码率越来越不能满足用户各种新的宽带业务的需要。目前国外开始研究第四代移动通信系统,第一步目标是 10MB/s 的码率。高码率移动通信系统的发展可以提高空间信息技术中要求进行实时、大数据量传送的应用系统的效率(如数字化战场)。

4) 通信终端向多媒体和移动化方向发展

如何结合各自的技术优势,不受信息资源和用户访问时的位置限制,以统一的标准向用户提供无处不在、多种多样的信息网络服务,成为网络界和电信业界共同关注的一个焦点,即通信终端的多媒体化和移动化。会议电视、PSTN 可视终端、IP 电话、WAP 手机、呼叫中心和家庭信息终端都是为适应通信终端的多媒体化和移动化发展的。值得一提的是,基于 Internet 中广泛应用的标准(如 HTTP,TCP/IP,SSL,XML 等),提供一个对空中接口和无线设备独立的无线 Internet 全面解决方案,同时支持未来的开放标准的 WAP 协议,旨在通过定义一个开放的全球无线应用框架和网络协议标准,将 Internet 和高级数据业务以智能信息传送的方式引入数字移动电话、PDA(个人数字助理)等无线终端,并实现兼容和互操作。多媒体和移动化的通信终端为空间数据的适时、交互处理提供了基础平台。

9.3.2 集成的基本模式

1) GPS 与通信技术集成

20 世纪 80 年代以来,尤其是 90 年代以来,GPS 卫星定位和导航技术与现代通信技术相结合,在空间定位技术方面引起了革命性的变革。用 GPS 同时测定三维坐标的方法将测绘定位技术从陆地和近海扩展到整个海洋和外层空间,从静态扩展到动态,从单点定位扩展到局部与广域差分,从事后处理扩展到实时(准实时)定位与导航,绝对和相对精度从米级到厘米级乃至亚毫米级,从而大大拓宽了它的应用范围。通过 GPS 与通信集成系统在工程领域的应用,可以实现大型水电站大坝、建筑物、大型滑坡的实时监测,在导航领域可以实现海洋和内河运输,航空飞行与机场的导航以及公安、交通、银行等部门的车辆管理与安全防范。具体应用如下:

(1) GPS 与调频副载波技术集成局部广域差分服务系统;
(2) GPS 与卫星通信技术集成广域差分服务系统;

(3) GPS 与数字微波和光纤通信技术集成大坝安全监测系统；
(4) GPS 与移动通信技术集成车辆监控与调度系统；
(5) 具有全球定位功能的新一代手机。

2) GIS 与通信技术集成

目前，GIS 的发展一方面基于 Client/Server 结构，即客户机可在其终端调用在服务器上的数据和程序；另一方面，通过互联网络发展 InternetGIS 或 WebGIS，可以实现远程寻找所需要的各种地理空间数据，包括图形和图像，并且可以进行各种地理空间分析，这种发展趋势通过现代通信技术使 GIS 进一步与信息高速公路接轨。具体应用如下：
(1) 基于 WAP 技术的无线终端(PDA、手机)空间信息服务系统；
(2) 基于 Internet 和 IP 技术的网络 GIS。

3) RS 与通信技术集成

遥感信息的应用分析已从单一遥感资料向多时相、多数据源的复合分析过渡，从静态分析向动态监测手段过渡，从对资源与环境的定性调查和系列制图向计算机辅助的定量自动制图过渡，从对各种现象的表面描述向软件分析和计量探索过渡。在我国，遥感技术的发展已从单纯的应用国外卫星资料发展到发射自主设计的遥感卫星，如已发射的用于气象研究的风云卫星、中巴资源卫星、尖兵卫星等。多源遥感影像融合的遥感应用领域也得到很大扩展，如天气预报、土地利用动态监测、洪水监测、农作物估产、城市规划、土地管理以及海洋、环境、资源等领域。通信技术是遥感应用的基础，贯穿数据的获取、传输和应用的全过程。具体应用包括：基于卫星影像的土地资源实时动态监测系统，机、星、地一体化灾害应急系统，基于 GPS/INS 的无人机遥感侦察和三维成像系统，侦察卫星数据传输与应用系统。

4) "3S" 与通信技术集成

"3S" 集成是指将 GPS、RS、GIS 有机地集成在一起，通过与通信技术的集成，构成整体的、实时的和动态的对地观测、分析和应用的运行系统，提高 "3S" 应用的自动化、实时化和智能化功效。如美国俄亥俄州立大学、加拿大卡尔加里大学和我国武汉大学进行的集 CCD 摄像机、GPS、GIS 和其他传感器为一体的移动式测绘系统(Mobile Mapping System)。

9.3.3 集成的若干问题

1) 空间数据的压缩与解压缩

空间信息的集成面临多传感器的多源数据的处理问题,其中海量的空间数据必然带来数据传输和存储问题。庞大的数据量即使是宽带高速网也不能使影像在万维网上以多种比例尺任意漫游,因此,空间数据的压缩显得尤为重要。此外,空间数据的管理和使用,如影像数据库的建立(影像无缝漫游)、网上数据分发、数据通信传播、ISDN,都要求对空间数据进行压缩和解压缩处理。空间数据的压缩技术涉及三个互相制约的技术指标,即压缩和解压缩速度、压缩比和压缩质量。从这三个相互制约方面着手,研究三者最优条件下的压缩技术是空间数据的压缩和解压缩的关键。被誉为"数学显微镜"的小波技术由于具有优良的时频分析能力、变焦性能,能有效地应用于空间数据的压缩和解压缩。结合分形理论,从空间数据的组织特点、信息特征出发,利用小波理论进行空间数据的压缩和解压缩将成为空间数据压缩领域的研究热点。此外,还需建立网上空间数据(特别是影像数据)的压缩和解压缩模型,实现空间数据的无约束通信。

2) 基于WAP技术的空间数据浏览

WAP(无线通信协议)是在数字移动电话、因特网或其他个人数字助理机、计算机应用之间进行通信的开放式全球标准。从技术角度看,无线互联属于窄带网,网络环境非常不稳定,本身技术含量要求特别高,基于WAP的空间数据浏览更为困难。根据WAP的特点,技术研究的重点应放在服务器端,以尽量减少客户端的负荷。从这一点看,服务器端空间数据的组织模型是WAP浏览的关键技术。另外,WAP应用的本质在于个人化和本地化,这种复杂的应用又反过来要求其具有稳定的、可扩展性的交易环境,因此,在考虑服务器端空间数据的组织时,要研究具有可兼容、扩展和交互的、满足客户端要求的空间数据浏览技术。

3) 分布式空间数据库管理

数据管理是建立一个基于Internet用于数据更新和存储的集矢量和影像数据为一体的网络数据库,并对数据进行更新,从而保证空间信息的现势性。以分布式基础空间数据库和元数据为主要数据源,根据对外服务的内容,通过对空间数据的密级认定,对源数据进行分析、加工、变换和提取空间数据的基础性、公益性数据作为公开发布内容。以计算机网络为信息发布载体,通过分布式数据库管理系统、WebGIS、虚拟现实技术等的应用以及专用信息发布平台和空间数据搜索引擎的开发应用,向社会提供高质量的信息服务。用户使用搜索引擎根据元数据在网上查询所需要的空间数据,然后按电子商务的交易方式购买或免费获取空间数据。目前,Web 数据库访问技术有 CGI、Web 服务器专用 API、JDBC、Object Web 四种方法。Object Web 是最新一代的动态网页技术,主要是 Java/CORBA 和 ActiveX/DCOM 两种互相竞争的技术。Object Web 通过分布式对象技术允许客户机直接调用服务器,开销小,避免了 CGI 形成的"瓶颈"。两种方式都是独立于语言的且可代码重用。但 ActiveX/DCOM 目前只能在 Windows 上运行,而 Java/CORBA 具有跨平台的特性,具有十分突出的优点。

4) 实时空间数据双向无线移动通信技术

在移动通信技术中,可以通过如 GSM 短消息、无线数传电台等公用和专用系统实现空间数据的双向实时移动通信,所需解决的问题是大数据量和多通道的问题。在 WAP 技术中,采用"蓝牙"(Bluetooth)技术可以实现 WAP 服务器端和用户端间简单的查询、分析功能。但是,在大多数应用领域,如数字化战场、灾害应急系统、智能交通等中,要求通信交换的空间数据是大数据量、实时的、双向的,即现场数据(图像、地理信息等空间数据)与指挥中心(服务器端)的决策、控制保持双向实时无线通信。因此,研究实时空间数据双向无线移动通信是 WAP 中的关键技术之一。即使到了第二代、第三代无线移动通信条件下,仍需要针对实时空间数据双向传输和远程控制与互操作进行技术攻关。

§9.4 技术集成的典型应用

9.4.1 精准农业的应用

精准农业(Precision Agriculture,PA)首先由美国农业工作者于 20 世纪 90 年代初倡导并实施的。在国外,与 Precision Agriculture 意义相近的词有 Precision Farming、Site-specific Agriculture(Farming)、Site-specific Crop Management、Prescription Farming 等。相应地,国内也有不同的译法,如精确农业、精细农业、精准农业、精细农作、定位农业、农作物定位管理与处方农作等,其内涵都是一致的。

精准农业,通俗地讲就是综合应用现代高新技术,以获得农田高产、优质、高效的现代化农业生产模式和技术体系。具体说就是利用遥感、卫星定位系统等技术实时获取农田每一平方米或几平方米为一个小区的作物生产环境、生长状态和空间变异的大量时空变化信息,及时对农业进行管理,并对作物苗情、病虫害、墒情的发生趋势,进行分析、模拟,为资源有效利用提供必要的空间信息。在获取上述信息的基础上,利用智能化专家系统、决策支持系统,按每一地块的具体情况做出决策,准确地进行灌溉、施肥、喷洒农药等。

精准农业作为一种新型农业,必须实现信息技术与农业生产的全面结合,特别是要解决好以"3S"技术为核心的农业生产与管理使用关键技术,下面简要介绍"3S"技术在精准农业应用中的一个实例——基于"3S"的智能型精准农作集成系统。

1. 精准农业农作集成系统的应用目标与实施模式

精准农业农作集成系统的目标是在基础农业数据库、农情速报系统、田间作物诊断系统和专家对策系统的基础上,将 GIS、RS、GPS 等现代高新技术有机地结合在一起,设计、开发和研制有空间型农田信息系统和对地定位系统的智能型的现代化农业自动控制装备,使其能够自动、精确、智能化地完成施肥、喷药、灌溉、播种等田间作业。

开发上述系统是从传统农业向现代化精细农业发展的必然结果。其意义体现在三个方面:一是减少浪费,降低成本,它将彻底改变目前普遍存在的田间作业如灌溉、施肥、杀虫等的粗放和盲目性,达到节约资源、降低成本的目的;二是大大提高生产效率和经济效益,本系统研究目标的实现将不但提高农业生产的自动化、现代化和科学化水平,而且必将使农户在减少投入的同时获得农作物的增产和净收入的提高;三是减少污染,保护环境,本系统的实现将会有效地避免化肥、农药的过量使用,从而减少农业对环境的不良影响,使我国农业逐渐向清洁型农业发展。本系统以"精确定位定量作物管理"(Site-specific Crop Management)理论为指导,即农作物耕作和管理必须依据所识别的田间实地点位的具体环境条件来进行定量的管理。一方面,就环境条件而论,必须重视一定地区内土地的环境因子如土壤结构、肥力、水分状况、病虫等因素的不一致性,并对实际点位上的各种农田因子(氮、磷、钾、水)进行评估。而评估这些农田因子现状条件的前提是,主要的农田因子都可识别、数量明显到可以被控制、具有一定的稳定性。另一方面,就作物本身而言,超出其根系范围以外的营养和水分它是不能吸收到的;即使能够吸收到,也并不是养分越多越好。因此,该理论克服了传统农业中的土壤结构、肥力、水分状况、病虫等因素的不均匀性与统一的均匀实施农作措施之间的矛盾,使农作实施和管理因苗、因土的不同而进行。

本系统定名为"基于3S的智能型精确农作集成系统"。根据我国农田的管理现状,可采取两种取样和实施作业模式,一是实地固定设施模式,二是移动设备模式。两种模式在设施设备开发和管理上相互独立,各具特点,分别适应不同地区农业现代化的要求。

2. 基于田间固定设施的智能型农作系统的开发和研制

这种系统适用于我国东部、东南部平原田块分割较细、水网密布、农业集约化水平较高的地区以及我国东南和西南丘陵、高原、盆地地势崎岖不平、大型机械化农机具无法使用的地区。上述地区均属于精耕细作型农业区。其基本框架见图 9-8，系统可分为三个部分。

(1) 农作控制室：装备有主控服务器（进行数据管理和 GIS、RS、GPS 等软件的操作）、（水、肥、药）配料仓、农作喷洒自控仪（包括时间管理器）以及用于农情信息服务中心交换信息的 Modem 等；

(2) 田间固定农作设施：包括（水、肥、药）喷头和土壤状态/作物产量监测器（探头）两种；

(3) 配料输送管网：包括连接水井与控制室之间的水管、连接控制室与各喷头之间的配料（水、肥、药）输送管道等。

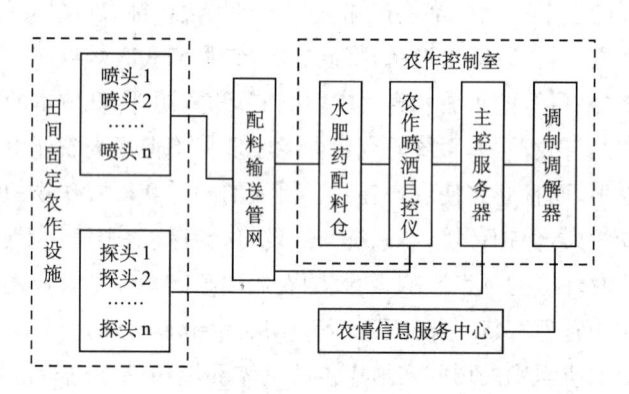

图 9-8　基于田间固定设施的智能农作系统框架

根据具体情况，配料向农田的传输和农作实施可有两种方案：一是每准备一个样区便立即实施，因而各喷头的作业是在时间管理器的控制下按一定先后顺序进行的；二是各样区的配料先储存在自己的配料罐中，待所有样区的配料罐中均准备好后，各喷头便可同时作业。两种方案各有优缺点，前者造价较低，但不能保证各样区在同样的环境条件下实施；后者造价虽高，但可实现各喷头的并发操作。

3. 基于移动设备的智能型农作系统的开发和研制

这种系统适合于地势平坦，农田大块连片，便于我国西北和东北农业基地拖拉机、康拜因(Combine)等机械化农机具操作的地区。系统可分为三个部分(图 9-9)。

(1) 操作(牵引、装载、操纵)平台:即农用拖拉机。

(2) 智能化控制组块:包括主控服务器(进行数据管理并进行 GIS、RS 和 GPS 软件操作)、土壤状态/作物产量监测器、差分 GPS(DGPS)接收机、实时成图仪、农作喷洒自控仪等。

(3) 农机具:包括肥仓(又细分为氮、磷、钾、微量元素等子仓)、种子仓、农药仓、水箱等。此外系统还可通过标准 Modem 与农情信息服务中心进行数据交换。

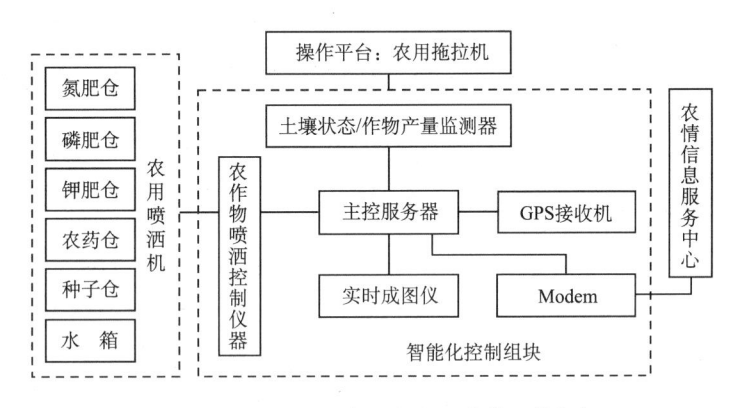

图 9-9　基于移动设备的智能型农作系统框架

基本原理(图 9-10)是:首先依靠差分 GPS(DGPS)精确定位,按一定规模的标准取样,使用"土壤状态/作物产量监测器"测定各种土壤数据(土壤类型和土壤肥力即氮、磷、钾含量等土壤营养元素)、病虫害数据、苗情数据和产量数据(前一年的单株产量和本年度的产量指标)。这些数据与已有的基础农业数据库和从卫星遥感资料提取的作物的面积、布局、长势、水旱灾情等数据融合在一起,形成农田空间信息系统(GIS)。GIS 系统在模型库、方法库和专家知识库的支持下,对上述数据进行分析和处理。得出农情诊断结论,继而根据农情诊断作出知识推理和决策(包括产量预测、各因子配方、耕作强度及田间管理的时间调度等),形成"配方和措施地图"。这种地图是可显示的数字地图,既可存入软盘,也可刻入光盘。在使用时将软盘或光盘插入专用的系统即可。当拖拉机牵引着本系统在农田中喷洒水、肥、药、种子时,所装载的DGPS 定位系统把实地位置与上述配方地图上的位置进行匹配,这样,主控服务器(计算机)就可以根据其所在位置对应的土壤信息及养分信息自动判定当前位置应该喷洒的肥料水量及其配方,并随时给"农作喷洒控制仪"发指令。该控制仪根据配方指令调节各配料仓的出料阀门,从而改变配方比例和输出量。这样便可以真正做到以数十株为基础的因苗、因土的精确施肥、喷药。

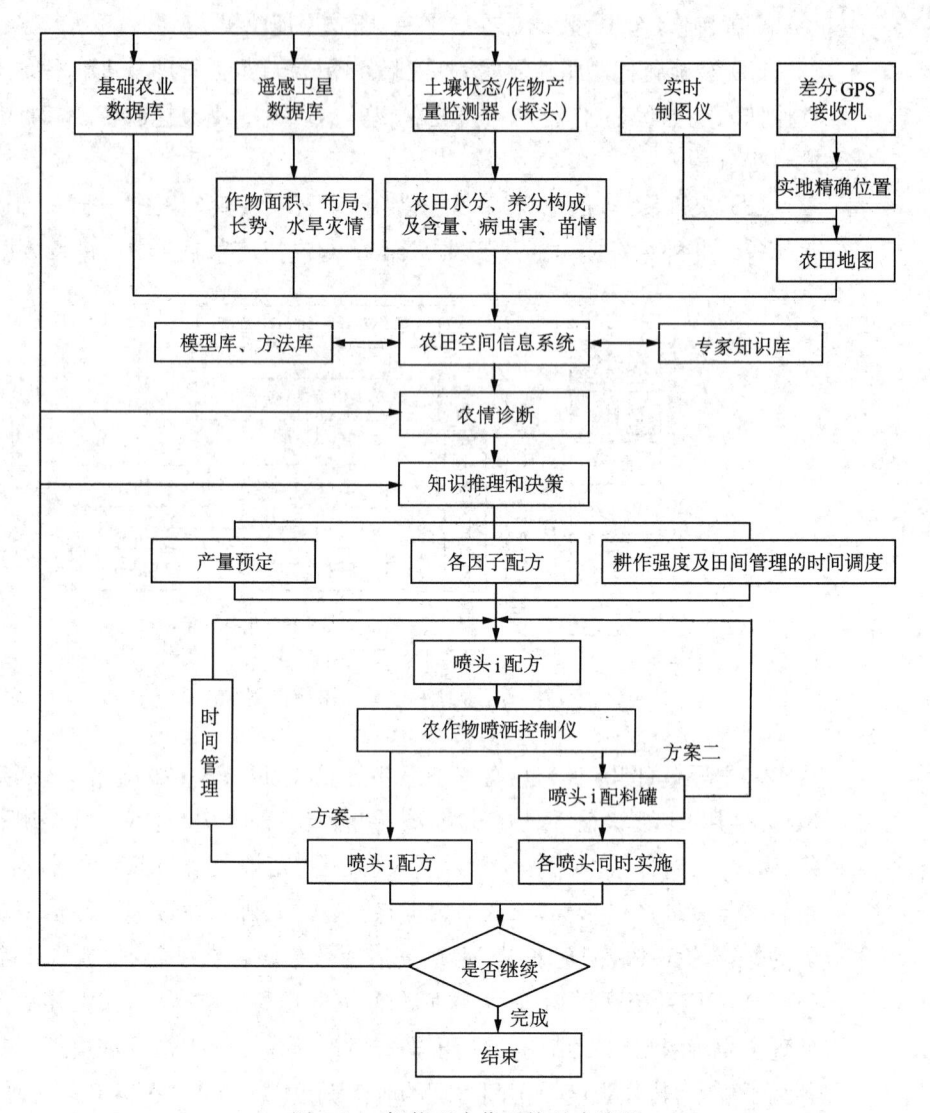

图 9-10 智能型农作系统基本流程

9.4.2 急救系统的应用

通信技术特别是移动通信的发展,有力地推动了"3S"技术应用于更广泛的领域,特别是智能交通、城市应急、110 警务系统、120 急救系统、119 消防系统等这类具有实时定位监控和路径规划功能的应用。本节介绍的是一个由北京大学遥感与地理信息系统研究所设计的基于"3G"集成(即 GIS、GPS 和全球可移动通信系统 GSM 的集成)的空间信息决策支持系统——120 急救系统。120 急救系统是与 120 电话相连接的集病员定位、数据库管理、空间决策支持等于一体的信息处理系统,以下简要介绍该系统的设计思路、功能构架和关键技术。

1. 120 系统分析

传统的 120 工作系统是接线生与呼救者之间的人工语音通信,通过语言交流和工作人员的个人决策来实施紧急救援工作。近些年有些地区建立了医院 MIS 系统,能有效地解决医院的日常管理和统计分析工作,但对于急救这样一个实时性要求很强的城市安全保障系统远远不够。基于"3G"集成的 120 急救系统要解决的问题是病员(呼救者)、医院和医疗资源(急救车和医疗条件)之间的有效配置问题(图 9-11)。

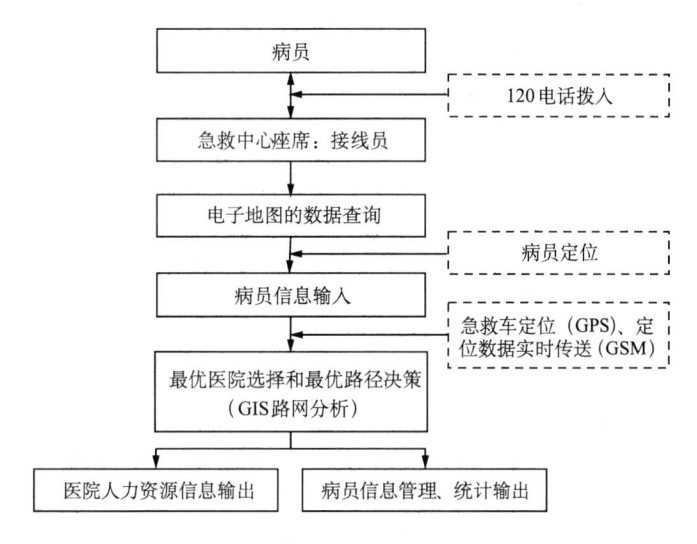

图 9-11 "3G"集成的 120 急救系统工作流程

(1) 病员的定位。信息流始于病员的 120 电话拨号,120 来电经系统的 Call Center 处理获得来电号码和病员的病情状况后,电话号码管理系统查询数据库获得拨号地理经纬度,GIS 系统则完成空间数据库与病员拨号位置的匹配。

(2) 急救车辆的实时定位。系统通过急救中心的无线通信系统以轮询方式立即向所有的急救车辆发出定位请求,车载端的无线通信系统得到请求后,立即将当前急救车辆的 GPS 位置和状态发回指挥中心。

(3) 最优医院的选择。系统根据病员病情特点和病员与医院的距离远近在全区域医院进行最优医院搜索。

(4) 最佳行车路径的决策。根据医院与病员的位置,通过系统路网数据库的网络分析得到最佳急救车行车路径。其中病员位置、急救车位置(GPS定位)、医院状态都必须是实时的信息,需要结合无线通信的功能(GSM)。只有通过对通信系统(GSM)和空间信息分析模型(GIS)以及全球定位系统(GPS)进行有效的集成才能达到目的。

2. "3G"集成的120系统的结构组成

1) 系统的总体结构

图9-12展示了本系统的基本控制实体。其中,控制中心(PCC)是其他二级控制分中心的汇聚节点(一般一个区域只有一个PCC);二级控制分中心(SCC)可以有多个,每个地理小区拥有一个SCC节点,最终归全区的PCC管理。这种分解要求一个通信流管理,SCC节点是120二级分中心管理的分布代理。PCC是根节点,控制着事件跟踪、规划路线提供、文件的审批以及二级控制分中心SCC的管理。全部节点联成一个Intranet网络,并向Internet开放。内网采用授权方式控制和监管,外网则由节点控制器管理,允许专业用户访问服务器。

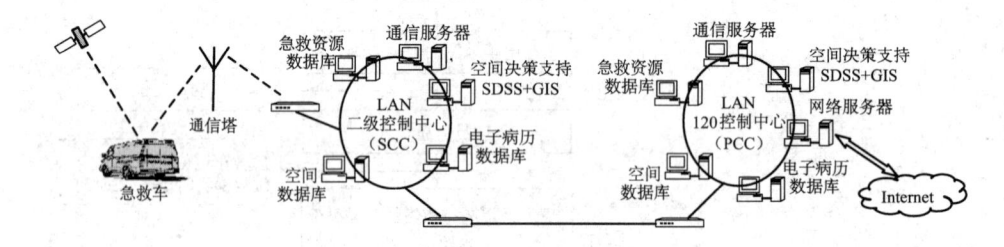

图9-12 "3G"集成的120急救系统组成

2) 节点的功能设置

120急救系统分三级控制,一级控制节点(PCC)为市级急救中心,二级节点为二级分中心(SCC),第三级为移动中的急救车。各级控制节点包括以下内容的实现:① GIS地理决策支持模块,本模块集成了城市空间信息数据,具体包括:市政基础设施、工业区、城市网络、工厂、居民点、土地利用、事故信息等,相关地图信息的功能也可以并入GIS中;② 每个SCC节点都有一个关系数据库存储着医院、医疗资源、急救车和固定电话位置等信息的数据库;③ 空间决策支持系统包括决策(路径规划的指标等)辅助工具和空间分析工具,本系统使用GIS和多种数据库完成;④ 通信服务给空间决策系统与急救车定位系统形成联盟,保障路线规划的实时性和路线的最低时间代价,通信服务还保障了PCC路线规划数据的传送和事件历史数据的保存,这种服务还允许授权用户(如警察、法院等)对PCC和SCC原始数据的访问;⑤ Web

服务提供 Java Applets 允许访问不同节点的资源,用户可以通过通用的浏览器实现他们的查询,采用透明的中间件作为客户端和服务器端通信的桥梁,这种中间件支持 SQL 查询,使查询结果更加标准化。根节点维护整个网络的监管(全市网络),二级控制中心负责本区内的监管。SCC 也仅仅收集本区内的数据。SCC 采用组件结构,通过代理机制实现分布式的 Web 服务。PCC 维护全区网络的统一监控,并保证整个系统数据的唯一性。根控制节点(PCC)的数据库保存以下几类数据:事件(病员)、急救车、医院和道路等信息。二级控制中心采用 GSM 无线通信直接与急救车通信,它可以提供双向的通信,完成急救车线路的动态导引以及向 PCC 控制中心报告任何重大事件(大型事故、特殊事件)。

3. 基于"3G"集成的 120 系统

1) 系统构件设计

构件关系图(图 9-13)给出 120 急救系统软件结构的元对象关系。这是 DBMS 和 GIS 集成的结果。从这个模型中可以看出 GIS 与通信技术集成是本系统重要组成部分,包括:① GIS 引擎专用于空间数据操作;② 数据服务(数据引擎)提供应用对象的属性数值,这些数据来源于多个数据源,诸如 GPS 车辆定位数据、医疗传感器、远端数据库、文件等;③ 数据库引擎提供 DBMS 管理的 SQL 查询,其操作由 GIS 引擎完成 GIS 功能。

2) 数据收录处理

120 急救系统采用 C/S 结构组网,数据服务器端完成数据处理,多种处理集中在数据源接口端,这样有利于 GPS 急救车辆定位数据的处理。在一个安装了无线通信和 GPS 设备的系统中,GPS 组件的职责在于使用实时的通信机制提供车辆的定位信息。GPS 组件通过无线通信组件完成一个呼叫收发。这些无线呼叫转换成位置和时间信息便可以为路径决策所用。基本的信息包括经度和纬度信息。当然,GPS 可以提供更为完整的信息,包括速度、方向、时间、卫星信号状态等,具体可根据实际需要提取。GPS 模块是 GPS 设备的逻辑表现,GPS 模块以组件接口对象实现。每个 GPS 设备都以副本 GPS 对象的方式在组件模块中表现出来。这样,数据收录组件的用户机就可以通过 GPS 对象调用远端车载 GPS 的所有功能。系统还提供 GPS 管理者专门用于所有 GPS 的管理,以方便客户机对所有 GPS 的访问和创建新的对象代表其他 GPS 设备或者删除不再需要的对象等。

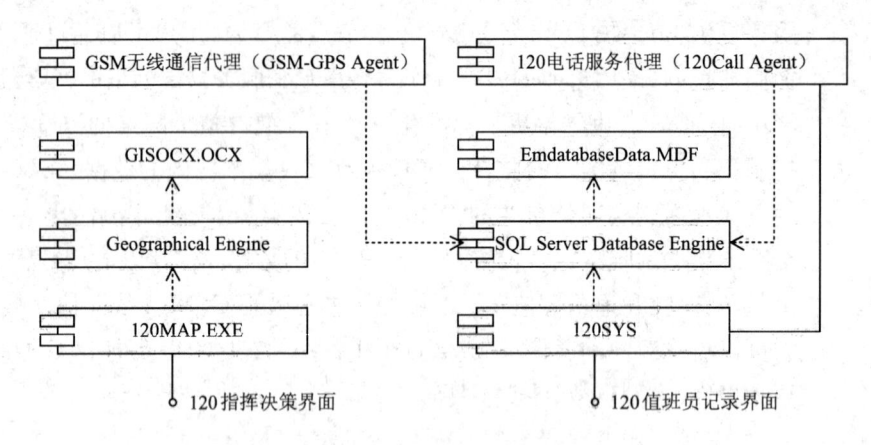

图 9-13 "3G"集成的 120 急救系统构件关系

GPS 对象包含从物理设备接收来的定位信息。在监控模式下,客户机可以注册到任意 GPS 对象以得到最新接收的 GPS 数据。为实现这一目标,客户机必须启用一个或多个的观察对象,一般的主对象提供机制来注册观察者对象,GPS 对象从主对象处继承这些行为。客户机可以从组件的 GPS 管理员处检索到 GPS 对象的完整列表。观察者一旦在 GPS 对象中注册,这种机制就开始工作。每次 GPS 的位置变化,观察者对象都可以得到通知,所以它才可以完成这些预设的任务。GPS 组件可以拥有很多类型的客户,诸如,原文屏幕打印用户,图形位置显示用户,或者完成计算或存储信息以及对信息的其他任何方式的处理等。

3) 急救车路径规划

120 急救车道路规划涉及最优路径选择问题。一般有两类路径优化问题:网络中任意两点间和多点间的最优路径计算问题。对于网络中的任意两点之间最短距离,可以用经典的 Dijkstra 算法实现。对于网络中任意多点的连接问题,可以根据著名的旅行商问题的解法进行计算。

参 考 文 献

[1] 陈军,邬伦. 数字中国地理空间基础框架. 北京:科学出版社,2003.
[2] 承继成,林珲,周成虎等. 数字地球导论. 北京:科学出版社,2000.
[3] 邸凯昌. 空间数据发掘与知识发现. 武汉:武汉大学出版社,2003.
[4] 龚健雅. 当代 GIS 的若干理论与技术. 武汉:武汉测绘科技大学出版社,1999.
[5] 龚健雅,朱欣焰,朱庆等. 面向对象集成化空间数据库管理系统的设计与实现. 武汉测绘科技大学学报,2000,25(4):289-293.
[6] 龚敏霞,闾国年,张书亮等. 智能化空间决策支持模型库及其支持下 GIS 与应用分析模型的集成. 地球信

息科学,2002,4(1):91-97.

[7] 靳强勇,李冠宇,张俊. 异构数据集成技术的发展和现状. 计算机工程与应用,2002,20(11):112-114.

[8] 李德仁. 论 RS、GPS 与 GIS 集成的定义、理论与关键技术. 遥感学报,1997,1(1):64-68.

[9] 李德仁,关泽群. 空间信息系统的集成与实现. 武汉:武汉测绘科技大学出版社,2000.

[10] 李德仁,李清泉. 论空间集息技术与通信技术的集成. 武汉大学学报(信息科学版),2001,26(1):1-7.

[11] 李德仁,李清泉,谢智颖等. 论空间信息与移动通信的集成应用. 武汉大学学报(信息科学版),2002, 27(1):1-8.

[12] 李德仁,王树良,李德毅等. 论空间数据挖掘和知识发现的理论与方法. 武汉大学学报(信息科学版), 2002,27(3):221-233.

[13] 李德仁,王树良,史文中等. 论空间数据挖掘和知识发现. 武汉大学学报(信息科学版),2001,26(6): 491-499.

[14] 李军,费川云. 地球空间数据集成研究概况. 地理科学进展,2000,19(3):203-211.

[15] 李军,庄大方. 地学数据集成的理论基础与集成体系. 地理科学进展,2001,20(2):137-145.

[16] 李树楷. 遥感时空信息集成技术及其应用. 北京:科学出版社,2003.

[17] 阎国年,张书亮,龚敏霞等. 地理信息系统集成原理与方法. 北京:科学出版社.2003.

[18] 马爱军,王延章. 空间决策支持系统的数据集成方法. 计算机工程与应用,2002,(14):88-91.

[19] 齐清文. 地球信息科学中的集成化与信息产品开发. 乌鲁木齐:新疆科技卫生出版社,2003.

[20] 宋关福,钟耳顺,刘纪远等. 多源空间数据无缝集成研究. 地理科学进展,2001,19(2):110-115.

[21] 苏理宏,黄裕霞. 基于知识的空间决策支持模型集成. 遥感学报,2000,4(2).

[22] 韦中亚,田原,刘宇等. 构筑于 GIS-GPS-GSM 技术集成的 120 急球系统设计. 地理学与国土研究,2002, 18(1):35-37.

[23] 薛安,倪晋仁,马蔼乃. 模型与 GIS 集成理论初步研究. 应用基础与工程科学学报,2002,10(2):134-142.

[24] 袁智德. 空间信息产业化现状与趋势. 北京:科学出版社,2004.

[25] 岳天祥. 资源与环境模型标准文档库及其与 GIS 集成. 地理学报,2001,56(1):107-112.

[26] 张文江,陈秀万,李京等. 基于 COM 组件技术的 GIS 空间模型库研究. 中国图象图形学报,2003,8A(1): 110-114.

[27] 钟志勇,陈鹰. 空间信息数据集成分析方法的研究. 遥感信息,2000,(4):18-20.